BREWING TECHNOLOGY OF
HUANGJIU

黄酒
酿造技术

第四版

谢广发◎编著

中国轻工业出版社

图书在版编目（CIP）数据

黄酒酿造技术 / 谢广发编著. -- 4 版. -- 北京：
中国轻工业出版社，2025. 3. -- ISBN 978-7-5184-5029-9

Ⅰ. TS262. 4

中国国家版本馆 CIP 数据核字第 20249ME853 号

责任编辑：狄宇航

策划编辑：江　娟　　责任终审：李建华　　封面设计：锋尚设计
版式设计：王超男　　责任校对：朱燕春　　责任监印：张　可

出版发行：中国轻工业出版社（北京鲁谷东街 5 号，邮编：100040）
印　　刷：北京君升印刷有限公司
经　　销：各地新华书店
版　　次：2025 年 3 月第 4 版第 1 次印刷
开　　本：710×1000　1/16　印张：26.75
字　　数：544 千字
书　　号：ISBN 978-7-5184-5029-9　定价：68.00 元
邮购电话：010-85119873
发行电话：010-85119832　010-85119912
网　　址：http：//www. chlip. com. cn
Email：club@ chlip. com. cn
如发现图书残缺请与我社邮购联系调换
230406K7X401ZBW

序

《黄酒酿造技术（第四版）》付印在即，可喜可贺！作者谢广发教授请我作序，这着实有点难为我了——生平，我除了为自己的拙著写过自序外，还真没给他人写过序，写序实非吾之所长也。然，谢教授坚持，敬辞不敏，且勉为之。

我与谢教授相识久矣！深知其为人之诚，投身科研之专，钻研学问之深。尤其是在黄酒领域的研究时间之长，科研成果之多，出的论文之巨，在业内是很少有人能够企及的。谢教授为人率直坦荡，不管是做科研，还是做学问，抑或是写论文，多为原创，言必有据，出必有典，主题明确，观点鲜明，这是我所欣赏和推崇的。

在我看来，黄酒是一个古老的酒种，从远古传承至今，本身就是一个奇迹。而奇迹的背后，有些是我们已经知其然的，但仍有许多是我们至今尚不能知其所以然的东西，这就给我们的科学工作者提供了探究研发的空间和机会。做科研，黄酒的学问深矣！

然，喧嚣尘世，浪得虚名的人比比皆是，而真正沉下心来搞研究的人是少之又少！当下，顶着学术皇冠行走于"科学江湖"的骗子不是越来越多了吗？其中，更有不乏巧用他人在某一领域的研究成果装点自身门面、借机误导人们错位对真正研究者研究成果认知的卑劣行径者！与这些巧舌如簧的无耻之徒并行于世，悲乎？！但也或许正因为此，敏于行、讷于言的谢教授们方显得尤为难能可贵。

在我的认知中，谢广发教授就是一个真正静下心来钻研学问、精益求精并执着地在黄酒领域勇攀科研高峰的学者——由谢教授编著的《黄酒酿造技术》这本专业图书，在较短时间内即将刊印第四版就是明证！这至少说明了两个问题：一是该书比较受欢迎，二是作者一直在不断地精益求精、一直在不断地为该书输入自己或他人最新的科研成果，与时俱进。这是黄酒行业之幸，也是莘莘学子之幸！相信该书必将为中国黄酒事业的振兴作出应有的贡献。

科学的本质是实事求是。以本人之拙见，求实是第一性，科学是第二性，有了这二者，才可能有创新性。记得绍兴乡贤、著名历史地理学家陈桥驿先生在为《中国绍兴黄酒》一书所写的序言中，特别强调的也正是这一点："实事求是，言必有据；引用历史文化用语要完全准确，不能断章取义，更不能臆引。"谨以这纸短文向实事求是的谢广发教授致以诚挚的敬意！期望行业涌现出更多实事求是的科研人才、钻研学问的真正学者。

国家黄酒工程技术研究中心主任

绍兴黄酒研究院院长

傅建伟

2024 年 5 月

第三版序

黄酒是世界最古老的酿造酒之一，是我国宝贵的文化遗产。近年来，由于科学研究和技术改造投入加大，黄酒酿造的原理得到了更为系统的解析，技术工艺也取得了长足的进步，然而鲜见有反映当前黄酒行业科技最新面貌的专业书籍。

谢广发教授有 25 年在黄酒龙头企业从事生产技术和研发工作经历，实践经验丰富，是一名既懂实践又懂理论的黄酒专家。我们最初认识于 2002 年，那时他在江南大学深造，师从著名酿酒专家赵光鳌教授。虽然我是任课教师，但交往和了解不多。直至 2012 年开始科研合作，才对他有了较多了解。他勤奋务实，执着于黄酒科研与工艺革新，多项科研成果在行业龙头企业得到推广应用。

谢广发教授熟悉黄酒行业的最新技术进展。他编著的《黄酒酿造技术》（第三版）一书内容丰富，融入了他多年来生产实践和科研的结晶，并结合最新的科技进展和理解，对黄酒酿造实践及原理进行了详细的论述。此书很好地整理了近年来的技术和科研成果，是一本具有较高学术水平、理论联系实际的黄酒生产技术书籍。

黄酒酿造技术是前辈留下来的宝贵财富，其多菌种发酵的机制非常复杂。在科技飞速发展的今天，我们必须在前人研究的基础上，将最新的理论和技术成果应用于黄酒酿造工艺中，才能使黄酒酿造技术得到更好传承，使黄酒产业跟上时代发展的步伐。相信此书的出版，将对黄酒酿造原理和技术创新起到一定的促进作用。

陈　坚

2019 年 12 月于江南大学

前　　言

本书前三版均受到广大从业人员的欢迎，并被用作高校和绍兴市黄酒酿造技师、高级技师培训教材，出版后很快售罄并重印。第四版在第三版基础上进行了修订、补充和完善，兼顾理论性和实用性，并力图为行业科技创新提供有益的借鉴和思路。

第四版是在前三版的基础上进行编写的，前三版编写人员已在各版署名，这里不再一一列出。参与本版编写的人员（排名不分先后）有浙江树人学院谢广发教授，中国绍兴黄酒集团有限公司（浙江古越龙山绍兴酒股份有限公司）孙爱保董事长、徐岳正正高级工程师、寿虹志高级工程师、王水江高级工程师、王志新高级技师、董建钢高级技师、叶建强高级技师、黄剑工程师，国家黄酒工程技术研究中心周建弟正高级工程师、王兰高级工程师、何洪城工程师、毛瑛瑛工程师，会稽山绍兴酒股份有限公司孙国昌高级工程师、毛青钟正高级工程师、胡梦莎高级工程师、俞志方高级技师，江南大学陆健教授、吴殿辉副研究员，绍兴文理学院彭祺副教授，绍兴鉴湖酿酒有限公司金建明工程师，陕西朱鹮酒业有限公司杨烨副总经理，河南南阳市黄酒协会裴全洲秘书长，河南润之酒业有限公司王金刚董事长，山东妙府黄酒有限公司于秦峰总酿酒师。编写分工如下：谢广发拟定大纲，负责编写第一、二、三、四、六章和统稿；寿虹志负责编写第五章；毛青钟、胡梦莎负责编写第七章；周建弟、毛瑛瑛负责编写第八章；孙爱保、徐岳正担任顾问并负责审稿。

本书的出版得到浙江省绍兴黄酒产业创新服务综合体资助，并列入浙江树人学院首批"四新"重点教材建设项目。在本书编写过程中，参考并引用了大量相关文献资料（包括个别图片），由于篇幅原因，无法一一注明，在此向所有被引用文献的作者致以诚挚的敬意！由于编写者水平和见识所限，错误和不当之处在所难免，恳请广大专家和同行不吝指正。

谢广发

2024 年 5 月

第三版前言

本书第一版和第二版均受到广大从业人员的欢迎，出版后很快销售一空。第三版在第二版基础上进行了修订，补充了黄酒行业最新技术和装备，增加了厦门白曲、清爽型黄酒、封缸酒等内容，并增列了一些生产实例，内容更为丰富，力求与时俱进地反映黄酒行业的最新技术面貌。

全书由谢广发教授级高级工程师负责编写，参与编写人员有毛青钟教授级高级工程师、寿虹志高级工程师、周建弟高级工程师、陆健教授、陆胤教授、周景文教授、张波讲师、李国龙高级工程师、张辉高级工程师、边文刚高级酿酒师、戴炯工程师、叶建强技师、王水富技师、王志新高级技师、董建钢高级技师、刘兴泉教授、吴殿辉副研究员、孙军勇博士、钱斌高级工程师、范国光高级酿酒师、金建明工程师。

编写分工如下：谢广发教授级高级工程师负责编写第一、二、三、四、六章和统稿，寿虹志高级工程师负责编写第五章，周建弟高级工程师、钱斌高级工程师负责编写第七章。

中国工程院院士、江南大学校长陈坚先生在百忙中为本书作序，黄酒界前辈许朝中先生、张和笙先生、陈豪锋先生在编写过程中给予了热心帮助，在此表示衷心感谢！

由于编著者学术水平和见识有限，错误不当之处在所难免，而罗列的一些基础研究有待系统深入并形成体系，恳请广大专家和同行不吝赐教，以期今后进一步完善。

谢广发

2019 年 12 月于浙江树人大学

第二版前言

本书自第一版出版以来，受到广大从业人员和高校、科研单位从事黄酒研究人员的欢迎，有的高校作为教材使用。第二版在第一版基础上进行了修订，并补充了最近几年黄酒行业采用的新技术、新装备和最新科研成果，增加了黄酒生产分析检验的内容。

全书由谢广发教授级高级工程师担任主编，寿虹志高级工程师编写第五章，周建弟高级工程师、钱斌高级工程师编写第七章，陆健教授、孙军勇博士、刘兴泉教授参与编写。编写人员均具有多年从业经历，在国家黄酒工程技术研究中心、浙江古越龙山绍兴酒股份有限公司、江南大学等单位从事黄酒科研、生产技术和质检工作。

在本书的编著过程中，得到吴宗文硕士、吴殿辉博士、沈斌工程师的大力帮助，在此表示衷心的感谢！

由于编者水平有限，错误和不当之处在所难免，敬请广大专家、读者批评指正。

谢广发

第一版前言

黄酒是世界最古老的酿造酒之一，也是我国的特产，被誉为"中华国粹"。近年来，由于人们消费观念的不断成熟，黄酒特有的绿色、营养、保健优势逐步显现出来，黄酒行业呈现出快速发展的势头。与此同时，由于对科学研究和技术改造投入的加大，黄酒的酿造技术也取得了较大进步。本书吸收了黄酒行业的最新技术和成果，对黄酒的酿造技术及原理做了详细介绍和论述，其中许多研究成果属首次编入书中。

本书可作为从业人员的参考用书、大专院校相关专业教材，以及晋升高级技师的培训教材。

全书由谢广发教授级高级工程师负责编写，寿虹志高级工程师编写第五章，陆健教授参与了编写工作。

在本书的编写过程中，得到曹钰、吴春、李旺军、应维茂、孙军勇、管政兵、蔡国林、胡国林、茹水平的大力帮助，在此表示衷心的感谢！

由于编者水平有限，错误和不当之处在所难免，敬请广大专家、读者批评指正。

谢广发

目　　录

第一章 | 绪论

中国是酿酒历史最悠久的国家之一，以独树一帜的酿酒技艺、独具风格的黄酒和白酒闻名于世。现代啤酒和葡萄酒是外来酒种，只有 100 余年的历史。一般认为，白酒始于元代或宋代，而其酿造工艺是在黄酒酿造工艺基础上发展而来的。黄酒是以谷物为原料，由多种微生物参与发酵而成的一种低酒精度发酵原酒，保留了发酵过程中产生的各种营养成分和活性物质，具有极高的营养价值。随着人们生活水平的提高和保健意识的增强，黄酒因其特有的绿色、营养、保健功效必将受到越来越多消费者的青睐。

第一节 黄酒的历史沿革

一、黄酒的起源

黄酒是我国历史最悠久的酒种，与啤酒、葡萄酒并称为世界三大古酒。黄酒起源于何时？从古至今众说纷纭。

相传夏禹时期的仪狄发明了酿酒。公元前 2 世纪史书《吕氏春秋》云："仪狄作酒"。汉代刘向编辑的《战国策》则进一步说明："昔者，帝女令仪狄作酒而美，进之禹，禹饮而甘之，曰：'后世必有以酒亡其国者'，遂疏仪狄，而绝旨酒"。另一种传说则表明在黄帝时代（公元前 30 世纪初—公元前 21 世纪初）人们就已开始酿酒。汉代成书的《黄帝内经·素问》中记载了一段黄帝与岐伯讨论酿酒的对话。黄帝问曰："为五谷汤液及醴醪奈何？"岐伯对曰："必以稻米，炊之稻薪，稻米者完，稻薪者坚。"

从考古发现看，在上山文化（距今 11000—8500 年）、前仰韶文化（距今 9000—7000 年，包括裴李岗文化和磁山文化等）、北辛文化（距今 7300—6300 年）、河姆渡文化（距今 7000—6000 年）、仰韶文化（距今 7000—5000 年）等许多新石器时代文化遗址中出土了陶器和谷物遗存（图 1-1 和图 1-2），说明这些时期都已具备了人工酿酒的条件。其中，在上山文化中晚期义乌桥头遗址、裴李岗文化舞阳贾湖遗址、前仰韶文化时期临潼零口遗址和宝鸡关桃园遗

1

址、北辛文化中期东贾柏遗址和多处仰韶文化遗址陶器中鉴定出酒的残留物。

图1-1　黄河及长江流域新石器早期文化遗址出土的小口鼓腹罐

（距今9000—7000年；图片来源：《美国科学院院刊（PNAS）》，2019）

1—大地湾一期；2—关桃园二期；3—白家；4—贾湖；5—水泉；

6—彭头山；7—跨湖桥；8—小黄山；9—上山；10—后李。

图1-2　上山文化遗址陶胎中的稃合稻碎壳和炭化稻米遗存

2021年，美国斯坦福大学、浙江省文物考古研究所在 *PLoS One* 期刊上报道了在义乌桥头遗址陶器（距今9000—8700年）中鉴定出酒曲酒残留物。所谓酒曲酒残留物，实际上是淀粉粒（包括稻米、薏米和块根）、霉菌（曲霉和根霉）和酵母的残留物。该研究共检测了20件陶器（包括7件长颈壶形罐、4件盆和9件罐，图1-3），其中8件陶器（6件长颈壶形罐和2件盆）中的淀粉包括未损伤淀粉、蒸煮损伤（糊化）淀粉和发酵损伤（酶解）淀粉，而其余12件中未检出发酵损伤淀粉，仅检测出未损伤淀粉或蒸煮损伤淀粉。由此认为 8 件陶器存在酒曲酒残留物，并得出当时已有人工酿酒的结论。可见，这只是一种推测而已，不能排除淀粉遇到雨水后感染霉菌和酵母菌而糖化发酵的可能性。2004 年，美国宾夕法尼亚大学、中国科学技术大学等联合在 *PNAS* 期刊上发表了"贾湖古酒"的研究论文。该研究采用气质联用、液质联用、红外光谱和稳定同位素分析等手段对舞阳贾湖遗址陶器（距今约 9000 年）中残留物的化学成分进行了鉴定，认为其是一种以大米、蜂蜜、野生葡萄和山楂等为原料酿制的酒的残留物。2019 年，斯坦福大学、郑州大学等在 *PNAS* 上报道了在距今 7900—7000 年的前仰韶文化时期宝鸡关桃园遗址和临潼零口遗址陶器中分别鉴定出酒曲酒（鉴定方法同"义乌桥头遗址"）和谷芽酒（含谷物颖壳植硅体）残留物，酿酒原料为粟黍、小麦族、薏米、稻米，并加入栝楼根、姜、山药、百合等植物。

图 1-3　义乌桥头遗址部分陶器
1，2—长颈壶形罐；3—盆；4—罐。

　　在仰韶文化遗址中，小口尖底瓮（图 1-4）是最常见、最经典的器具之一，最初被认为是汲水器，但通过一系列实验发现并不能用来自动汲水。1991年，考古学家苏秉琦在《关于重建中国史前史的思考》中提出"酒器"说："小口尖底瓮未必都是汲水器。甲骨文的'酉'字有的就是尖底瓮的象形。由它组成的会意字如'尊''奠'，其中所装的不应是日常饮用的水，甚至不是日常饮用的酒，而应是礼仪、祭祀用酒。尖底瓮应是一种祭器或礼器，正所谓'无酒不成礼'。"酿造专家包启安提出"酿酒容器"说，他在《史前文化时期的酿酒——酒的起源》中有如下论述："最早的酒限于当时的技术水平，其酒精成分很低，防止酸败是当时酿造的首要问题。小口尖底瓮是先民的伟大发明，用狭口瓮可以减少空气的接触面积，减少酸败，细长的瓮体可以促进渣滓的沉降，增加澄清酒液的高度，以利吸饮。无独有偶，古巴比伦和古埃及也使用过与我国同型的小口尖底瓮酿造麦酒（啤酒）或葡萄酒，古巴比伦苏美尔人酒的象形文字也是小口尖底瓮形状。"2020 年，斯坦福大学刘莉教授等报道了从仰韶文化早期西安半坡和临潼姜寨遗址、中晚期河南渑池丁村遗址的小口尖底瓮中鉴定出两种谷物酒（酒曲酒和谷芽酒）残留物，早期遗址酿酒原料为黍、粟、大米、小麦族、豆类、栝楼根和芡实等，丁村遗址酿酒原料为黍、大米、薏米、小麦族和栝楼根等。从器形上看，小口尖底瓮不适合用于储藏粮食或煮饭盛粥，因此用作盛酒或酿酒容器的推论具有合理性。用小口尖底瓮酿酒时需要插入地下固定，这种发酵方式被认为是白酒地缸发酵的雏形。刘莉教授等学者认为：小口尖底瓮由前仰韶文化时期的小口鼓腹罐发展而来，并且具有使用功能的连续性。综上所述，人工酒曲酒（原始黄酒）的出现最迟应在仰韶文化早期，甚至有可能在前仰韶文化和上山文化时期，即距今 7000～9000年前。

图 1-4　临潼零口及仰韶文化遗址小口瓮（罐）

1—零口（平底）；2、3—姜寨（仰韶早期，尖底）；

4—仰韶（仰韶中期，尖底）；5—米家崖（仰韶晚期，尖底）。

图 1-5　蛋壳黑陶杯

在以上文化遗址之后的大汶口文化墓葬（距今约5000 年前）和龙山文化遗址（公元前 2500—公元前2000 年）中，发掘到大量的酒器。在大汶口文化墓葬中，有发酵用的大陶尊，滤酒用的漏缸，贮酒用的陶瓮，用于煮熟物料的炊具陶鼎，以及 100 多件各种类型的饮酒器具。据考古人员分析，墓主生前可能是一职业酿酒者。龙山文化遗址中有大量的黑陶酒器，其中蛋壳黑陶杯（图 1-5）是一种高贵的酒礼器。由此可见，在这两个文化时期人工酿酒已经达到了一定规模。

那么，酒是如何发明的呢？在远古时代，人们可能先接触到某些天然发酵的酒，然后加以仿制。晋代的江统在《酒诰》中写道："酒之所兴，肇自上皇，或云仪狄，一曰杜康。有饭不尽，委之空桑，郁积成味，久蓄气芳，本出于此，不由奇方。"江统在我国历史上首次提出了谷物自然发酵酿酒学说，这一学说是符合科学道理及实际情况的。

二、古代黄酒制曲与酿造技术

中国是最早掌握酿酒技术的国家之一。用曲酿酒、双边发酵是中国黄酒生产工艺的特色，区别于西方用发芽的谷物糖化自身淀粉，然后加酵母菌发酵成酒的酿造方式。酒曲是我国古代劳动人民的伟大发明，该技术于19世纪传入西方，奠定了酒精工业和酶制剂工业的基础，并为现代发酵工业的发展做出了巨大的贡献。日本著名微生物学家坂口谨一郎认为：中国发明酒曲，利用霉菌酿酒，可与中国古代的四大发明相媲美。

关于酒曲的最早文字记载可能是周朝的《尚书·说命下》，文中记载商王武丁和傅说的对话："若作酒醴，尔惟曲蘗"。中国先人从自发地利用微生物到人为地控制微生物，利用自然条件选优限劣而制造酒曲，经历了漫长的岁月。我国最原始的糖化发酵剂曲蘗可能是谷物发霉、发芽共存的混合物。在原始社会时，谷物因保藏不当，受潮后会发霉或发芽，发霉或发芽的谷物就可以发酵成酒，这些发霉或发芽的谷物就是最原始的酒曲和酿酒原料。著名微生物学家方心芳先生认为：曲蘗的概念有个发展演变的过程。在上古时代，曲蘗只是指一种东西，就是发霉发芽的谷粒，即酒曲。

随着生产力的发展，酿酒技术的进步，曲蘗分化为曲（发霉谷物）、蘗（发芽谷物），用蘗和曲酿制的酒被分别称为醴和酒。"若作酒醴，尔惟曲蘗"，从文字对应关系来看，可以理解为曲酿酒，蘗作醴。醴盛行于夏、商、周三代，秦以后逐渐被用曲酿造的酒取代。殷墟卜辞中出现了蘗和醴这两个字，还有蘗粟、蘗黍、蘗来（麦）等的记载，说明用于发芽的谷物种类是较丰富的。《周礼·天官》中有："浆人掌共王之六饮：水、浆、醴、凉、医、酏"，表明醴是当时一种重要饮料。后人对《周礼·天官》中的"醴"解释为："如今甜酒矣。"从发酵原理来看，蘗仅起糖化作用，因而醴中乙醇含量很低而糖分较高，而用曲酿酒，则是边糖化边酒化的复式发酵，酒中的乙醇含量较高。因此，醴是一种用蘗经很短时间酿制成的带甜味、酒味较淡的饮料，说明蘗是当时酿酒的主要酒曲和原料。为什么用蘗做醴的方法会被淘汰呢？正如明代宋应星著《天工开物》所讲："古来曲造酒，蘗造醴，后世厌醴味薄，遂至失传，则并蘗法亦亡。"

周代的酿酒技术有明显的发展。《左传·宣公十二年》中记载了一段对话，申叔展问："有麦曲乎？"答："无。""河鱼腹疾奈何？"这段对话说明当时已使用麦曲，麦曲还用来治病。麦曲的运用表明当时曲蘗已开始分为两种明显不同的东西。《礼记·月令》中写道："（仲冬之月）乃命大酋，秫稻必齐，曲蘖必时，湛炽必洁，水泉必香，陶器必良，火齐必得，兼用六物，大酋监之，毋有差忒。"这讲的是酿制黄酒时必须掌握的六大要点。从现代知识来看，这六大要点仍具有指导意义。酿酒技术在这一时期还有一项创造，就是采用重复发酵的方法来提高酒的浓度。《礼记·月令》记载："孟秋之月，天子饮酎"。酎是什么酒？《说文解字》注："酎，三重酒也"。

人工制酒曲时，将谷粒蒸熟或粉碎，使其失去发芽能力，而仅发霉成曲。这是我国制曲史上的重大创新。而由散曲发展到饼曲和块曲，是制曲技术的又一次飞跃，同时使黄酒生产水平大为提高。一方面，饼曲的曲料紧密，内部通气性差、保湿性好（酵母对水分的要求比霉菌高），使好氧菌米曲霉的生长繁殖受到抑制，而利于兼性厌氧菌酵母和根霉的生长繁殖，形成了酵母、根霉型酒曲（小曲）；另一方面，与松散小麦曲料相比，块状小麦曲料更利于制曲过程中水分和温度的保持，使酒曲中微生物得以持续生长和富集，从而提高了米曲霉型酒曲（麦曲）的酿酒性能。饼曲究竟何时在我国制曲史上占据主导地位？从现有的资料推测，起码在西汉，人们常用的酒曲已是饼曲。西汉杨雄所著的《方言》中有 7 种文字是表示酒曲的，其中 4 种被后来东晋的郭璞注为饼曲。成书于东汉的《说文解字》中关于酒曲的注解有几种被解释为饼曲。汉代开始采用喂饭法，曹操向汉献帝推荐的九酝法，原料分九次投入，用曲量很少。说明酒曲起到了提供菌种的作用。

晋代《南方草木状》上卷记载了我国南方的小曲："草曲，南海多美酒，不用曲蘖。但杵米粉，杂以众草叶，治葛汁滫溲之，大如卵。置蓬蒿中荫蔽之，经月而成。用此合糯为酒"。南方小曲用生料制成，并在稻米粉中加中草药，起到疏松曲料和提供生长素的作用，以促进酵母和根霉的繁殖，从而提高酒曲的糖化发酵性能，这一方法沿用至今。

北魏贾思勰的《齐民要术》成书于公元 533—544 年，它比较系统地总结了 6 世纪以前我国黄河中下游地区农业生产经验和科学技术，对酿酒技术有较详细的记载。书中记载了 9 种制酒曲方法，其中 8 种为麦曲（神曲、白醪曲、笨曲），1 种为粟曲。在原料处理上，分为蒸、炒、生三种，三者各有特点：由于根霉缺少羧肽酶，不能利用经加热变性的蛋白质，因此更适合在生料上生长，且生料保留了原料中微生物，可起到接种作用；蒸料使淀粉糊化和蛋白质变性，有利于曲霉生长；炒料能杀灭生酸菌，而根霉孢子耐热性好，能存活下来，且蛋白质热变性程度比蒸料低。麦曲除笨曲单用炒麦外，其余为三种原料合用，而粟曲为蒸、生两种原料合用。该书中的笨曲与清代《调鼎集》中绍兴黄酒用草包曲（与现代绍兴黄酒用块曲基本相同）类似，主要表现在：

（1）酿酒用曲量为原料的 1/6 或 1/7。

（2）小麦磨得较粗。

（3）用脚踏成一尺见方、厚二寸（约合 24.5cm×24.5cm×4.9cm）的块曲。

（4）培养时间 21d。

笨曲与草包曲的主要差别在于原料处理和保温覆盖物，前者为炒麦和艾草，后者为生料和稻草。神曲（除河东神曲外）的用曲量仅为原料的 2.5%～5.5%，原料由生麦、蒸麦、炒麦组成，磨得很细，曲的外形较小且多用手捏成团（"以手团之"）。这与南方的小曲较类似。此外，书中还介绍了黄衣、黄蒸及糵的制作方法，黄衣、黄蒸为熟料制成的散曲，微生物应为米曲霉，用于制作酱油、豆豉和醋。

《齐民要术》中共有酿酒 40 余例，有 3 例采用了酸浆法，说明当时已知道"以酸制酸"了。酸浆法比欧洲在啤酒酿造（糖化醪调酸）中使用生物酸化绿色工艺早 1400 多年。用曲方法有两种，一种是浸曲法，另一种是曲末拌饭法。浸曲法的优点是酒曲粉碎后，浸泡在水中，曲中的酶溶入水中，酵母菌也可渡过停滞期，并开始繁殖，投入米饭后，发酵可以尽快进行。这种用曲方法对于当时不用酒母的北方来说是必要的。

北宋朱肱的《北山酒经》是我国古代学术水平最高的酿酒专著，该书取材于浙江杭州一带，成书年代没有准确记载，应早于李保的《续北山酒经》（1117 年）。《北山酒经》共分为三卷，上卷总结了历代酿酒理论；中卷论述制曲技术，介绍了罨曲、风曲、醾曲三大类 13 种曲的制法；下卷论述酿酒技术。

《北山酒经》中的制曲工艺特点如下：

①制曲原料有麦（面）、米、米面混用，还有加入赤豆的，并普遍添加多种中草药。制曲时麦要先磨成面（白面），因此麦曲实际上应为面曲。

②原料处理上有生料、熟料，且以生料为主。

③以陈曲接种，书中记载有 2 例曲的制法，分别为"抟成饼子，以旧曲末逐个为衣"和"捻成团，须是紧实，更以曲母遍身糁过为衣"，通过人为地选择质量较好的陈曲作为曲种，使性能优良的菌种代代相传，从而提高酒曲的质量。这一方法在现代制酒药（小曲）时仍然采用。

《北山酒经》中的酿酒工艺特点如下：

（1）普遍使用酸浆且重视酸浆的浓度 《北山酒经》中的卧浆不同于现代仅通过浸米来获得酸浆的做法，但原理和目的一样，都是通过乳酸菌发酵产酸。卧浆时间为六月三伏时，因为这时的气温适合乳酸菌的生长。"造酒最在浆，其浆不可才酸使用，须是味重，酴米偷酸全在于浆。大法：浆不酸即不可酘酒。"强调味重的酸浆才能用。对于不同季节制成的卧浆，浓度差异较大，夏天制成的卧浆加入五分至六分的水，而其他季节的卧浆加入的水比夏天要少。浆水要经过充分煎熬杀菌，这与无锡老廒黄酒的工艺相同。

（2）酒母的使用 "酴米"和"合酵"是《北山酒经》中的两个专门术语，"酴米"就是酒母，"合酵"是以正在发酵的酒醅表层及酒曲作种子制成，作为"酴米"的种子。"北人不用酵，只用刷案水，谓之'信水'。然信水非酵也。酒人以此体候冷暖尔。凡酝不用酵，即酒难发醅，来迟则脚不正。"从这段文字来看，当时南方的酿酒技术已超过北方，北方可能仍在使用传统的浸曲法。

（3）通过煮酒来延长酒的保存时间，避免酒的酸败 有观点认为：我国唐朝已发明通过加热处理防止酒的酸败的方法，当时的加热处理有高温"煮酒"和低温"烧酒"两种。宋代以前的"烧酒"指采用低温加热处理的谷物酿造酒，而非谷物蒸馏酒。由此可见，我国采用加热处理延长酒的保存期的方法比西方19世纪中叶发明的葡萄酒、啤酒的巴氏杀菌法早一千多年。

我国福建、浙江南部和台湾等地使用红曲或乌衣红曲酿酒。历史上江西曾盛产红曲，清代杨万树的《六必酒经·卷二》记载："红曲江西为第一，福建为第二，我浙台温为第三"。早在唐代林谞的《闽中记》（成书于851年）中有"俗尚以杭为曲，酝酒微红"的记载，唐代褚载的诗中有"有兴欲沽红曲酒，无人同上翠旌楼"。宋初陶谷的《清异录》有"以红曲煮肉"的记载，成书于南宋绍兴年间的《鸡肋编》记载了红曲酒及红糟煮肉："江南、闽中公私酝酿，皆红曲酒，至秋尽食红糟，蔬菜鱼肉，率以拌和，更不食醋。信州冬月，又以红糟煮鲮鲤肉卖。"红曲的发明是我国古代在利用和培养微生物方面的重大成就之一。红曲除用于酿酒制醋、食品着色外，还具有独特的医疗功效。红曲可能由乌衣红曲逐步演化而来。方心芳先生认为"乌衣红曲很可能是红曲的祖宗"，黄酒专家傅金泉对此做了具体论述。红曲菌生长缓慢，在与其他微生物生长竞争时处于劣势，得到优势生长的机会少。但它具有耐酸、耐热、耐酒精和耐缺氧的特性。耐酸的黑曲霉在浸酸的大米或米饭上生长后产酸发热，使其他微生物难以生长，却为红曲菌的生长创造了条件，这样就制成了乌衣红曲。用乌衣红曲酿酒时，红曲菌大量繁殖，而黑曲霉逐渐死亡，使酒糟中有较多的红曲菌。红曲菌产生的色素溶在酒中，色泽鲜艳，受到人们喜爱，于是人们摸索出使用酒糟作种子培养红曲菌的制曲方法。经过长期人工选育和驯养，红曲达到了现有的纯粹程度。元代《居家必用事类全集》、明代《本草纲目》和《天工开物》记载了红曲（丹曲）的制法。其中《天工开物》介绍得较详细并配有插图，在此提三点：

①选用优良曲种，"凡曲信必用绝佳红糟为料"，这是人工选育菌种的经验方法。

②米经长时间浸泡发酸并加明矾水，保证红曲菌生长所需的酸性环境，并

抑制杂菌繁殖。

③创造了分段加水法，即把水分控制在足以使红曲菌渗入大米内部，但又不能多至使其在大米内部进行糖化或酒化作用，从而得到色红心实的红曲。这里充分体现了古代劳动人民的智慧和技巧。

南宋为避金入侵，迁都杭州，由于大批北人南迁，将北方的制曲酿酒技术带到南方，使南方黄酒有条件融合南、北两大酿酒技术之精华，形成精湛的工艺和优良的品质，而作为当时政治经济文化中心的杭州、绍兴一带，自然是近水楼台先得月。笔者推测，绍兴黄酒工艺很可能在南宋时已基本成型，而在之后的几百年中只是不断改进和完善，这一点从绍兴黄酒的麦曲上也得到体现。清代《调鼎集》中"酒谱"部分对绍兴黄酒的酿造做了详细的阐述，其中草包曲制法："八月鸠工磨粉，不必太细。九月天气少凉，使（便）可盦矣。以榨箱作套，每套五斗，加大麦粉二、三斗，不加亦可。每箱切作十二块，以新稻草和裹，每裹贮曲四块，紧缚成捆。以乱稻草铺地，次第直竖，有空隙处用稻草塞紧，不可歪斜，恐气上升，必至（致）梅（霉）烂……"。草包曲与《北山酒经》中的麦曲有本质上的差别，而与《齐民要术》中的笨曲类似。因此，有理由推测绍兴黄酒的麦曲是在南宋时北方传入，而非南方自创。草包曲采用生料，可能是保留了南方生料制曲的习惯，也可能是北曲在南传时也已采用生料制曲了。至于所用覆盖物稻草和艾草的差别，无非是就近取材罢了。得天独厚的自然环境、糯米原料、鉴湖水与精湛工艺的结合，使绍兴黄酒的品质脱颖而出，成为中国黄酒的杰出代表。遗憾的是，在《北山酒经》与《调鼎集》之间缺乏酿酒专著的佐证。

第二节 黄酒的定义与分类

一、黄酒的定义

黄酒是以稻米、黍米、小米、玉米、小麦、水等为主要原料，经加曲和/或部分酶制剂、酵母等糖化发酵剂酿制而成的发酵酒。以绍兴加饭酒、元红酒为例，其酿造工艺流程如图 1-6 所示。

二、黄酒的分类

1. 按原料分类

（1）稻米黄酒　包括糯米酒、粳米酒、籼米酒、黑米酒等。

（2）非稻米黄酒　包括黍米酒、玉米酒、荞麦酒、青稞酒等。

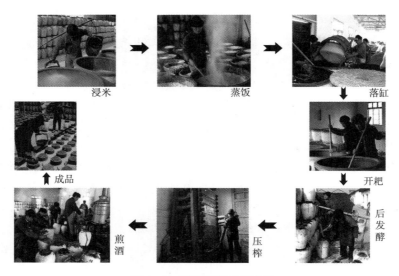

图 1-6　黄酒酿造工艺流程

2. 按产品风格分类

（1）传统型黄酒　以稻米、黍米、玉米、小米、小麦、水等为主要原料，经蒸煮、加酒曲、糖化、发酵、压榨、过滤、煎酒（除菌）、贮存、勾调而成的黄酒。

（2）清爽型黄酒　以稻米、黍米、玉米、小米、小麦、水等为主要原料，经蒸煮、加入酒曲和/或部分酶制剂、酵母为糖化发酵剂，经糖化、发酵、压榨、过滤、煎酒（除菌）、贮存、勾调而成的、口味清爽的黄酒。

（3）特型黄酒　由于原辅料和（或）工艺有所改变，具有特殊风味且不改变黄酒风格的酒，如状元红酒（添加枸杞子等）、帝聚堂酒（添加低聚糖）。

3. 按含糖量分类

（1）干黄酒　总糖含量≤15.0g/L 的酒，如绍兴元红酒。

（2）半干黄酒　总糖含量在 15.1~40.0g/L 的酒，如绍兴加饭酒。

（3）半甜黄酒　总糖含量在 40.1~100g/L 的酒，如绍兴善酿酒。

（4）甜黄酒　总糖含量>100g/L 的酒，如绍兴香雪酒。

4. 按工艺分类

（1）淋饭酒　淋饭酒是因将蒸熟的米饭采用冷水淋冷的操作而得名。其特点是用酒药作糖化发酵剂，米饭冷却后拌入酒药、搭窝培菌糖化，然后加水和麦曲进行糖化发酵。

（2）摊饭酒　将蒸熟的米饭摊在竹簟上冷却，现在基本上采用鼓风机吹冷到落缸温度要求，然后将饭、水、曲及酒母混合后直接进行糖化发酵。绍兴加饭酒、元红酒都为摊饭酒。

（3）喂饭酒 将酿酒原料分成几批，在发酵过程中分批加入新原料继续发酵。浙江嘉兴黄酒和日本清酒都用喂饭法生产。

5. 按糖化发酵剂分类

按糖化发酵剂可分为麦曲黄酒、米曲黄酒（包括红曲、乌衣红曲、黄衣红曲等）、小曲黄酒等。

第三节 黄酒行业的发展现状

一、黄酒行业概况

黄酒是中国最古老的酒种，直到明清时期仍占据主流地位。在明代徐霞客的游记中，完整保存了他个人的饮酒记录。从他饮酒的场合和种类可以推知，烧酒多是乡野百姓的饮用之物，士大夫阶层的宴请以黄酒为主。烧酒在清朝之后流行并得以迅速发展，主要有三方面的原因：一是清初治理黄河需要大量秸秆，导致高粱种植面积增加，高粱作为粮食口感差，而酿制的烧酒的品质比其他粮食好，于是酿制烧酒便成了消化高粱最有效的途径；二是清中期以后人们的生活水平不断下降，烧酒由于酒精度高、刺激性大，平民百姓花费不多也可买醉；三是战乱使黄酒的运输受阻。从清代小说《红楼梦》和《镜花缘》中可以看出，当时饮用黄酒在上流社会仍占主导地位。明清时期绍兴黄酒几乎行遍全国，如"沈永和"畅销北京、天津、上海、广州等地。清光绪初期，绍兴黄酒产量达 7.4 万千升。据酿酒专家辛海庭回忆，在抗日战争爆发前，北京知识阶层饮用黄酒十分普遍。辛海庭回忆道："小时候，北京城饮黄酒之风甚盛，有绍兴酒、仿绍酒、'山东黄''山西黄'……那时候黄酒大多在知识阶层流行，是知识分子餐桌上的常客。饮用黄酒的人群，除了认识到其营养价值之外，更多的是对黄酒代表一定身份和地位的认同。这个局面一直持续到 1937 年抗日战争全面爆发。后来由于黄酒重要产地落入敌手，且连年战乱造成交通阻塞，黄酒渐渐消失了。"

1949 年中华人民共和国成立时黄酒产量已萎缩到 2.5 万千升。中华人民共和国成立后，黄酒行业迅速复苏，国家也十分重视黄酒行业的发展。1952 年，新中国百废待兴，周恩来总理在百忙中关心绍兴黄酒产业的发展，亲自指示有关部门拨款建立绍兴酒中央仓库。1956 年又把"绍兴黄酒的总结提高"列入国家 12 年科学发展规划。20 世纪 90 年代以来，国家产业政策将黄酒列为"积极发展"的酒种，并在税收上给予优惠，征收较低的消费税。但总的来讲，黄酒还是发展较慢的，1998—2002 年一直徘徊在 140 万千升左右。

2002 年后黄酒行业进入健康发展的快车道，2005 年产量突破 200 万千升，2011 年达到 310 万千升，2017 年达到 340 万千升。近几年产量基本保持稳定。

目前取得食品生产许可证的黄酒企业有 900 家左右，除新疆没有黄酒企业注册认证和港澳台不统计外，全国其他各省、自治区、直辖市均有黄酒生产企业，其中，有一定规模或地方特色的有：浙江绍兴、嘉善、舟山、宁波黄酒及义乌、天台、温州红曲（乌衣红曲）酒；江苏苏州、无锡、如皋黄酒及丹阳封缸酒；上海黄酒；福建屏南、福州（老品牌"福建老酒"）红曲酒及龙岩沉缸酒；山东即墨黍米黄酒；陕西谢村、黄关、户县、甘泉黄酒及洋县黑米酒；湖北房县、郧阳、襄阳黄酒及绿杨桥封缸酒；江西客家水酒、九江封缸酒、南昌丁坊酒、吉安冬酒及南城麻姑酒；山西代州黍米黄酒；辽宁大连黍米黄酒；河南南阳红小米黄酒、糯米黄酒，安阳、鹤壁双黄米（小米、稷米）酒；甘肃临夏、庆阳黄酒；广东客家黄酒、兴宁珍珠红酒；安徽南丰、庐江黄酒；湖南岳阳、衡阳黄酒；四川仪陇黄酒……规模较大的黄酒企业有浙江古越龙山绍兴酒股份有限公司（品牌"古越龙山""沈永和""鉴湖""女儿红""状元红"等）、会稽山绍兴酒股份有限公司（品牌"会稽山""汾湖""乌毡帽""唐宋"等）、上海金枫酒业股份有限公司（品牌"金枫""石库门""和""惠泉""锡山""白塔"等）、张家港酿酒有限公司（品牌"沙洲"）、浙江塔牌绍兴酒有限公司（品牌"塔牌"）等，其中前三家为上市公司。"古越龙山""会稽山""女儿红""塔牌""绍兴黄酒""石库门""沙洲""汾湖""乌毡帽""沈永和""和"等曾被认定为中国驰名商标或中国名牌产品。许多黄酒品牌具有深厚历史底蕴和文化内涵。

"古越龙山"：连续 19 年入选"中国 500 最具价值品牌"榜单，连续 13 年入选"亚洲品牌 500 强"榜单，取材于 2500 年前越王勾践（古称"句践"）"卧薪尝胆、筚簬劳师"之典故。绍兴是古代越国都城所在地，龙山位于绍兴城内，因山体状若卧龙而得名，是勾践卧薪尝胆之地。公元前 492 年，越王勾践为吴国所败。战败后的勾践卧薪尝胆，推行生聚教训之策。《吕氏春秋》中有勾践用酒奖励生育的记载："生丈夫，二壶酒，一犬；生女子，二壶酒，一豚。"公元前 473 年，勾践亲自带兵伐吴，家乡父老向他献酒，他把酒当众倒进河的上流，与将士们一起迎流而饮，士卒感奋，战气百倍，大获全胜。古越龙山商标图案以勾践兴师伐吴时的点将台城门和卧薪尝胆之地龙山为背景。古越龙山绍兴黄酒为国宴用酒，并多次作为国礼赠送外国元首。

"沈永和"：2006 年被商务部认定为"中华老字号"，由沈良衡创建于清康熙三年（1664 年），取"永远和气生财"及"永远和你在一起"之意。1910 年，沈永和善酿酒参加南京举办的"南洋劝业会"展览，获清政府颁发的超等奖，并于 1929 年在杭州举办的"西湖博览会"上再获金奖，因此很早就拥有"行销中外，驰名遐迩"的金字招牌。1994年，"古越龙山"与"沈永和"强强联合成立中国绍兴黄酒集团公司。合并前"沈永和"是上海市场第一品牌，合并后由于公司主推"古越龙山"品牌，使该品牌影响力逐渐下降。"沈永和"是现存历史最悠久的绍兴黄酒老字号，承载着厚重的历史文化内涵，为使其得到更好的传承，笔者建议将其加进公司名称中且位列"古越龙山"之前，以提高其显示度。

"会稽山"：会稽山绍兴酒股份有限公司是全国最大的黄酒生产企业之一，其前身为创建于清乾隆八年（1743年）的云集酒坊。创始人周佳木将自己名字"佳木"组合成"集"，取名"云集"，意为名师云集。1915年，云集酒坊绍兴酒在巴拿马太平洋万国博览会上为绍兴黄酒赢得第一枚国际金奖。会稽山地处绍兴南部，曾经是大禹治水成功后庆功封爵的圣地，历史上被列为中国五大镇山之南镇。"会稽山"于1983年注册为黄酒商标，2006年被商务部认定为"中华老字号"。

"塔牌"：1999年被认定为"中华老字号"，取材于江南名塔六和塔，该塔位于我国历史文化名城杭州南翼、钱塘江北岸，为镇江潮而建，取佛教"六和敬"之义，始建于北宋开宝三年（970年）。宣和三年（1121年）因兵火被毁，南宋绍兴年间重建，后经多次修缮，塔高约60m，塔身威严雄伟，塔势庄严。塔是我国民族文化的独特载体。1958年，浙江省粮油食品进出口股份有限公司（"浙粮"）将六和塔提炼为绍兴黄酒出口品牌标识，自此"塔牌"成为绍兴黄酒出口品牌。1995年，"浙粮"创办浙江塔牌绍兴酒有限公司，自产绍兴黄酒并开始内销。"塔牌"以传统手工黄酒为特色，拥有"纯手工绍兴黄酒酿造示范基地"（2013年由中国商业联合会中华老字号工作委员会授予）和"中国黄酒传统酿制技术研究中心"（2014年由中国酒业协会授予）等荣誉。

"女儿红"：绍兴女儿红酿酒有限公司（浙江古越龙山绍兴酒股份有限公司子公司）前身为创建于1919年的金复兴酒坊。相传很早以前，绍兴一裁缝师傅，由于家贫，而立之年才成婚，在妻子怀孕后请酿酒师傅酿了几坛上好的黄酒，准备在儿子出生时庆贺一番。没想偏偏是个"千金"，重男轻女的裁缝一气之下将酒埋在自家天井的桂花树下。一转眼，18年过去，女儿长得亭亭玉立，不但手艺不输其父，而且绣得一手好花，裁缝铺生意越来越红火，此时裁缝才觉得生女儿并不比儿子差。裁缝将最得意的徒弟招为女婿，小两口大喜之日，裁缝取出当年埋在桂花树下的那几坛酒，坛口一开，顿时酒香扑鼻，客人喝后赞不绝口。此后，绍兴逐渐形成一种风俗，在女儿出生当年要酿制几坛黄酒，贮藏于地窖或夹墙内，待女儿出嫁时取出，作陪嫁或用于婚宴款待客人，俗称"女儿红"。"女儿红"于20世纪90年代注册为黄酒商标，2006年被商务部认定为"中华老字号"。

"鉴湖"：2010 年被商务部认定为"中华老字号"，绍兴鉴湖酿酒有限公司（浙江古越龙山绍兴酒股份有限公司子公司）前身为清朝雍正年间绍兴章氏家族创建的酿酒作坊。厂区位于鉴湖源头，因开门见湖，便取名"鉴湖"。三百年来厂址一直保持不变，酒脉不断，目前厂区内仍保留着清代酿酒车间。2016 年，中国酒业协会授予"绍兴黄酒传统酿制工业遗产保护基地"。2019 年，"绍兴鉴湖黄酒作坊"被认定为国家工业遗产。鉴湖牌绍兴黄酒采用传统手工酿造，产量较小，品质优良。

二、黄酒行业的科技进步

（1）浸米、蒸饭设备　以金属大罐代替陶缸浸米，蒸饭设备由木甑改为连续蒸饭机。

（2）压榨设备　以板框式气膜压滤机代替木榨，提高了压榨效率和出酒率，并大大降低了劳动强度。

（3）煎酒设备　20 世纪 50 年代初为能回收酒汽的锡壶煎酒器，50 年代末为蛇管加热器，60 年代发展了列管式煎酒器，80 年代开始采用薄板式换热器，现在已普遍采用薄板式换热器煎酒，酒的损耗和蒸汽消耗量显著降低。

（4）陶坛清洗灌装机的应用　陶坛清洗、刷石灰水、灭菌、灌装实现了自动化操作，不但减轻了劳动强度，提高了生产效率，还能节约大量洗坛水。

（5）黄酒糖化发酵剂改革　1957 年，轻工业部上海食品工业科学研究所在绍兴几家酒厂配合下，对绍兴黄酒生产进行了总结，其中包括对麦曲微生物的分离鉴定，认识到米曲霉是麦曲的主要糖化菌。1966 年，轻工业部食品发酵研究所等单位开始在苏州东吴酒厂进行曲酿改革试点，选育出符合传统黄酒风味的酵母菌株和米曲霉苏–16，制成纯种培养酒母（速酿酒母、高温糖化酒母）和纯种培养麦曲（熟麦曲、爆麦曲）。糖化发酵剂的改革，奠定了机械化黄酒新工艺的基础。

（6）机械化黄酒酿造工艺设备日趋成熟　工艺设备流程如图 1-7 所示。首批年产 1 万千升机械化黄酒酿造车间诞生于 1980 年前后，目前黄酒行业有年产 1 万千升、2 万千升、4 万千升和 10 万千升的机械化黄酒酿造车间，酿造的黄酒质量稳定，风味可与传统手工黄酒媲美，已被消费者普遍接受。机械化黄酒的工艺特点是：

①以大容器金属大罐发酵代替陶缸陶坛发酵，目前最大的前酵罐容积为 $71m^3$、后酵罐容积为 $131m^3$。

②采用了纯种培养麦曲（与自然培养生麦曲混合使用）和纯种培养酒母作糖化发酵剂，保证糖化发酵的正常进行，并缩短了发酵周期。

③从输米、浸米、蒸饭、发酵，到压榨、杀菌、煎酒的整个生产过程均实行机械化操作。

④采用制冷技术调节发酵温度，改变了生产千百年来一直受季节的限制，实现常年生产。

⑤采用立体布局，整个车间布局紧凑合理，并利用位差使物料自流，节约动力，且厂房建筑占地面积小。

图1-7 机械化黄酒酿造工艺设备流程

（7）新型输送泵的应用 在机械化黄酒生产中，浸米时将大米和水混合后采用泵（一般为意大利TECNICAPOMPE的ZCD型螺旋叶轮离心泵或国产海德尔旋盘泵）输送至浸米罐，与原大米单独采用气力输送相比，减少了粉尘污染；投料物料改用泵（一般采用德国西派克BT型螺杆泵）打入前酵罐，与原必须利用位差的溜管输送相比，优化了设备布置和车间布局；发酵醪从前酵到后酵、从后酵到压榨以泵（同浸米用输送泵）代替压缩空气输送，降低了对发酵罐的耐压要求。

（8）发酵智能化自动控制系统的应用 实现机械化黄酒发酵过程计算机自动控制，提高了产品的品质及稳定性。

（9）块曲压块机、种曲培养机和圆盘制曲机的应用 提高了生产效率，减轻了劳动强度，改善了生产条件。

（10）自然培养生麦曲自动化生产工艺和装备取得突破 会稽山绍兴酒股份有限公司与绍兴精功机电有限公司合作研发的"生麦曲自动化生产系统"于2013年建成投产，使自然培养生麦曲（箱曲）实现从进料到出料的自动化生产和温度、湿度的智能化控制。

（11）热灌装技术的应用 瓶装黄酒采用热灌装代替灌瓶后隧道式喷淋杀菌或水浴杀菌，大幅降低了蒸汽和水的消耗。

（12）冷冻和膜过滤的应用 笔者在绍兴市重点科研项目资助下，研发冷冻结合 0.18μm 错流膜过滤沉淀处理技术，并与滤膜厂家合作开发首台国产工业化错流膜过滤设备，于 2003 年首次应用于古越龙山瓶装黄酒生产，提高了黄酒的非生物稳定性。由于采用速冷机冷冻后进保温罐保温冷凝和国产错流膜过滤设备，使冷冻能耗和膜过滤成本大幅降低，已在行业中得到普遍应用。

（13）低产氨基甲酸乙酯（EC）前体酵母的选育取得突破 笔者在浙江省重大科技专项资助下，从绍兴加饭酒发酵醪中选育出 XZ-11 酵母（保藏号：CGMCC NO.5768）。经连续十多年生产应用表明，与 85 号酵母相比，该酵母不但发酵速度快、产酒精能力强（发酵醪酒精度可达 21%vol 以上）和产高级醇含量低，而且能大幅降低黄酒中 EC 前体尿素和瓜氨酸含量。经国家黄酒产品质量监督检验中心检测，该菌株酿制的绍兴加饭酒（未经贮存的新酒）尿素含量在 10mg/L 以下，已由安琪酵母股份有限公司制成产品推广。江南大学陈坚院士团队对 XZ-11 菌株低产尿素机制进行了解析，通过比较 XZ-11 和 85 号菌株编码基因的差别发现，两者基因组上共有 6564 个相同的编码基因，另有 84 个基因是 XZ-11 基因组上特有的，71 个基因是 85 号基因组上特有的，*ARG2* 是 85 号特有的、在 XZ-11 中缺失的、与尿素代谢密切相关基因，能引导流经谷氨酸的碳和氮代谢流进入尿素循环；通过比较转录组分析发现，XZ-11 菌株中由谷氨酸进入尿素循环的氮源流量小于 85 号菌株，而负责将尿素降解的酶 Dur1/2 在 XZ-11 中的表达量比在 85 号中高，表明 XZ-11 对尿素的降解能力强于 85 号，两个因素共同决定了 XZ-11 菌株发酵中尿素积累量比 85 号菌株低。

（14）黄酒中的非挥发性成分研究 北京工商大学和中国农业大学合作利用广泛靶向代谢组学技术从 3 种黄酒（绍兴、房县、即墨）中共初步鉴定出 1146 种非挥发性化合物（986 种、942 种、1002 种），包括 222 种酚酸类、180 种黄酮类、137 种氨基酸及其衍生物、128 种有机酸、127 种生物碱、93 种脂质、68 种糖类、57 种核苷酸及其衍生物、52 种木脂素和香豆素、29 种萜类、18 种维生素和 35 种其他类成分；以口服生物利用度（OB）≥5%、类药性（DL）≥0.14 为筛选标准，113 种化合物被鉴定为中药关键有效成分，其中 78 种化合物是治疗癌症、肿瘤、心血管疾病、高血压、炎症、糖尿病、阿尔茨海默病和神经系统疾病等 386 种疾病的有效药物成分。

（15）黄酒挥发性香气成分研究 2013 年，陈双博士分析鉴定出黄酒（某品牌 10 年陈绍兴花雕酒）挥发性化合物 975 种，包括有机酸类 93 种、酯类 149 种、醇类 61 种、醛类 52 种、缩醛类 55 种、呋喃及内酯类 98 种、硫化物

42 种、含氮化合物 154 种、酮类 73 种、酚类 46 种、其他类化合物 152 种，其中重要香气化合物含量及香气活力值（OAV）见表 1-1。需要一提的是，陈双博士报道绍兴黄酒中 γ-丁内酯含量为 3791.34～7449.95μg/L，Eva Campo 等报道 γ-丁内酯在乙醇水体系中香气阈值为 35000μg/L，以此计算其 OAV 值均小于 1，即 γ-丁内酯不是绍兴黄酒中关键香气物质，而最近有黄酒研究团队将 γ-丁内酯报道宣传为 29 种对绍兴黄酒品质有重要影响的关键物质中的 11 种关键香气物质之一，但未见有关确认依据的报道，有待进一步明确。2018 年，王程成等报道了黄酒重要香气化合物葫芦巴内酯，该化合物具有浓郁的焦糖香，主要在黄酒陈酿过程中形成，在浙江黄酒中的含量为 111.06～244.34μg/L、OAV 值为 11～22，上海黄酒中的含量为 42.05～81.05μg/L、OAV 值为 4～7。

表 1-1　　10 年陈绍兴花雕酒中重要香气化合物含量及 OAV 值

化合物名称	含量/(μg/L)	OAV	化合物名称	含量/(μg/L)	OAV
3-甲基丁酸	3100.66	92.83	苯甲醛	5251.44	5.30
己酸乙酯	392.23	78.45	乙酸异戊酯	145.00	4.83
丁酸乙酯	1242.85	62.14	γ-壬内酯	136.28	4.54
香兰素	1276.45	44.02	乙酸	895342.01	4.48
3-甲基丁醛	2319.64	40.70	乳酸乙酯	416980.15	2.71
苯乙醛	89.67	17.93	异丁醇	85196.00	2.84
丁酸	2789.42	16.12	4-乙烯基愈创木酚	102.62	2.57
二甲基三硫	2.39	11.97	己酸	1058.72	2.52
辛酸乙酯	23.67	11.84	3-甲基丁酸乙酯	69.66	2.32
乙酸乙酯	83970.00	11.20	γ-癸内酯	220.32	2.20
β-苯乙醇	109313.33	10.93	苯酚	65.31	2.18
戊酸乙酯	96.37	9.64	肉桂酸乙酯	1.99	1.80
反-1,10-二甲基-反-9-癸醇	0.36	7.26	乙醛	137476.00	1.37
愈创木酚	72.04	7.20	丙酸乙酯	2247.66	1.25
3-甲基丁醇	214195.00	7.14	2-苯乙酸乙酯	103.74	1.04
2-甲基丙酸乙酯	105.90	7.06			

注：数据引自参考文献［3］。

三、黄酒行业的产品创新

1. 年份酒

在 20 世纪 90 年代初，现在的浙江古越龙山绍兴酒股份有限公司推出"5 年陈"绍兴花雕酒，受到消费者的欢迎。接着各黄酒企业争相推出各档次年份酒，并风靡市场，从而提高了黄酒产品的利润率，使黄酒行业效益得到较好的改变。同时由于档次的提高，使黄酒从此出现在高级宾馆和高级饭店的餐桌上。

2. 改良型黄酒

20 世纪 90 年代末，上海冠生园华光酿酒药业有限公司（于 2008 年并入上海金枫酿酒有限公司）推出了新概念新口感黄酒——"和酒"。该产品是以传统黄酒为酒基的改良型低度黄酒，加入了枸杞子、蜂蜜等营养物质，其首次提出营养黄酒的概念，符合了新的消费群体饮酒追求低度、营养、健康的要求，酒的命名继承了儒家文化"以和为贵"思想，立即受到上海消费者的青睐，使这个原先并不生产黄酒的企业迅速成为黄酒行业的一枝新秀。"和酒"的成功，推动了黄酒行业的新一轮产品创新。浙江古越龙山绍兴酒股份有限公司推出了"状元红""古越龙液""古越红"等产品，会稽山绍兴酒股份有限公司推出了"帝聚堂""稽山清""水香国色"等产品，上海金枫酿酒有限公司推出了"石库门"上海老酒，江苏张家港酿酒有限公司推出了"沙洲优黄"。这些新产品的特点是：酒精度较低，为 9%~14%vol；大多添加了食品或药食同源的物质，如枸杞子、红枣、桂圆、异麦芽低聚糖、话梅；糖分较传统半干型黄酒高；口味柔和、鲜甜、清爽。

3. 清爽型黄酒

20 世纪 90 年代，在江苏一带出现了一种酒精度低于 15%vol、口味较为淡爽的黄酒。由于在工艺上使用了酶制剂，发酵比较透彻，因而出酒率也高。这种黄酒得到了当地消费者的认可，为此制定了 QB/T 2746—2005《清爽型黄酒》标准加以规范，2008 年起纳入 GB/T 13662—2008《黄酒》国家标准中（新版为 GB/T 13662—2018《黄酒》）。

四、黄酒行业面临的机遇与挑战

1. 黄酒行业面临的机遇

进入 21 世纪以来，黄酒行业虽然也有较大的发展，但其发展速度没能跟上中国酒业的整体发展速度，且与白酒行业拉开了较大的距离。当前，黄酒行业仍面临着良好的发展机遇。

（1）中国酒文化的回归　黄酒为世界三大古酒之一，也是中华民族特产，具有深厚的民族文化内涵，极具文化特色。作为黄酒杰出代表的绍兴黄酒，是我国首批原产地域保护产品（2005 年更名为地理标志保护产品），其酿制技艺列入首批国家非物质文化遗产，有"箪醪劳师""兰亭曲水流觞""花雕嫁女"等许多故事和民俗。古越龙山绍兴黄酒还被多次作为国礼赠送外国元首，并作为香港回归庆典酒。日本学者从酿造学的角度概括了东西方文化的特点，把来自中国黄河、长江流域的东方文化称为"霉菌文化"，把来自美索不达米亚、埃及的西方文化称为"麦芽文化"。随着我国国力的强盛和国际地位的提高，不仅民族自信心大大增强，而且世界各国对中国文化的兴趣迅速升温，因此作为中国文化的物化产物——黄酒，必然因此而复兴。图 1-8 为地处绍兴的中国黄酒博物馆。

图 1-8　中国黄酒博物馆

（2）黄酒具有独特的卖点　黄酒具有三大独特卖点：与大闸蟹绝配、加热饮用和保健养生。笔者曾撰文称之为黄酒"三绝"，并提出"亲情和关爱"的营销定位，即休闲放松喝的酒、亲人朋友之间喝的酒。

①黄酒与大闸蟹绝配。大闸蟹鲜美性寒，而黄酒性温，可去大闸蟹之寒气，且蟹肉的鲜美配以黄酒的甘醇，口感上近乎完美。历代文人把品肥蟹、饮黄酒、赏秋菊、赋诗文作为一种闲情逸致的文化享受。对于寻常百姓而言，与家人或亲朋好友一起品蟹饮酒，享受其乐融融的温暖，也是人生快事。实际上，除大闸蟹外，黄酒与海鲜也是绝配。

②黄酒是唯一加热后更加香醇的酒。在寒风凛冽、漫天飞雪的冬季，与家人或朋友一起一边享用着暖胃活血的热黄酒，一边欣赏着窗外的雪景，既富诗情画意，又洋溢着浓浓的亲情友情。

③黄酒具有独特的保健养生功能。随着人们生活水平的提高和健康意识的增强，饮酒追求健康成为时尚和潮流，中医认为黄酒适合中国人的体质，具有独特的保健养生功能，而近年来大量研究发现黄酒有有益大脑和心血管健康等

多种保健功能。随着黄酒保健功能及其机制研究的不断深入，必将使喝黄酒有益健康的概念更加深入人心，从而推动黄酒的消费。

（3）黄酒的高档化和时尚化　在消费心理上，人们一般倾向于认为价格越高，商品的质量越好，也往往会因虚荣、攀比等心理因素追求高价商品，特别是请客送礼讲究面子。在中国酒业"黄金十年"（2002—2011 年）中，白酒龙头企业茅台和五粮液带头不断提价，洋河蓝色经典、水井坊、国窖 1573、红花郎、舍得等高端产品纷纷推出，带动整个白酒行业价格提升，顺应了消费升级背景下人们的心理需求，并依靠巨额的广告投入，使白酒行业得到高速发展。在此期间，黄酒行业虽然也取得了较大的发展，但与白酒和葡萄酒行业相比差距明显。究其原因，一是由于黄酒行业实力不足，缺乏广告投入；二是由于产品同质化严重，被迫陷入低价战、促销战。针对后者，笔者于 2006 年起多次撰文呼吁大企业以体现精雕细琢和科技内涵的小规模精酿产品打造高端品牌，并以此带动行业价格提升。遗憾的是，由于历史和现实原因，直到 2015年后，绍兴黄酒企业才开始陆续推出此类产品。

我国已成为世界第二大经济体，2018 年 GDP 突破 90 万亿元，对饮料酒的消费已进入享受型消费状态，中高端消费能力也在不断提升。2015 年塔牌推出高端产品"本酒"，之后又推出中高端产品"本美"；2018 年古越龙山推出高端产品"国酿 1959"系列；2019 年会稽山推出"大师兰亭珍藏版"。如今，一些高端产品以其精准的价格定位、卓越的品质和高端时尚的形象逐步赢得了高端市场的青睐。这些高档化、时尚化产品的推出，有利于带动黄酒价格的整体提升，逐步改变喝黄酒"土气、低档"的形象，从而推动黄酒的消费。

（4）行业的集中度提高　经过多年的发展和并购，黄酒行业已有了一定的集中度。目前古越龙山、会稽山、上海金枫三家企业有了较强的经济实力，有利于加大在黄酒推广和科研上的投入，从而带动整个行业的发展。

（5）国家和地方产业政策的支持　黄酒是国家产业政策鼓励发展的酒种。自 1995 年以来，国家为了鼓励黄酒发展，特别是鼓励黄酒向优质优价发展，对黄酒的消费税采用按量征税，每千升黄酒的消费税为 240 元，这种税收政策有利于促进黄酒产品向中、高档发展，使有能力生产高档黄酒的大企业受益匪浅，利润丰厚。一些地方政府也十分支持当地黄酒产业的发展，如：浙江省将黄酒产业列入着力打造的历史经典产业，相继出台了一系列推动黄酒产业传承与发展的政策措施，为当地黄酒产业的发展创造了极其有利的条件。

酿酒业承载着经济和文化的双重功能。一瓶酒既可振兴一方经济，也可托举一座城市，波尔多、科涅克、宜宾、泸州、绍兴皆因酒而声名远扬。一款享誉世界的名酒总是被深深地打上民族的烙印，成为民族文化的载体和传播民族文化的世界通畅性语言。做大做强"国酒"产业，使其在中华文化走向世界中发挥应有的作用，政府层面的扶持和推介有着不可替代的作用。因此，希望国家和地方政府给予更多的政策支持。

（6）理性消费的回归　当前全球经济整体下行，使消费更趋于理性，黄酒产品与价格动辄几百上千元的白酒相比更具性价比，成为理性消费者的优选，为黄酒行业带来新的发展机遇。

2. 黄酒行业面临的挑战

以上内容是黄酒行业的优势，也是行业的机遇。在利用好机遇的同时，也要积极应对新形势对行业的挑战。目前，黄酒行业面临来自多方面的挑战。

（1）市场竞争激烈　黄酒行业面临着来自其他酒种和进口酒的激烈竞争。由于目前黄酒行业与白酒行业实力悬殊，且长期低价竞争形成的低档形象，使黄酒在市场竞争中处于不利地位，如不采取有效的应对措施，其市场有可能被进一步蚕食。

（2）黄酒市场的"拓荒"步履艰难　近年来，黄酒地域消费有所突破，如重庆、四川、江西、安徽等中西部地区的黄酒销量大幅增长，但总的来说，黄酒的区域性消费氛围仍然很浓。在没有黄酒消费习惯的地区，要引导他们饮用黄酒相当困难：其一，人的饮食和消费习惯不是短期内可以改变的，需要很长时间的培育；其二，初饮者认为黄酒酒精度低，多饮无妨，但由于黄酒富含营养物质，使酒精从肠胃进入血液中的速度比白酒慢，当感觉到醉酒时肠胃中尚有大量酒精等待进入血液，导致醉酒状态继续加重和延长，大醉后从此不敢再碰黄酒；其三，到非黄酒饮用区开拓市场的成本很高，多数黄酒企业无力承受。由于开拓新市场见效慢，使得一些有较大实力的企业也因缺乏长远眼光，宁愿选择在传统成熟市场上深耕。

（3）食品安全成为国内外公众首要关注点　人们对自身生命健康的日趋关注，使黄酒产品的食品安全标准面临着一些更加严格的指标的增加。同时，随着经济全球化的不断发展，发达国家越来越青睐于使用隐蔽性强、灵活性高的技术性贸易壁垒，由于对黄酒中微量组分缺乏前瞻性研究，加上黄酒多种微生物共酵机制十分复杂，一旦国际上提出某种微量组分的限量标准，黄酒行业将陷入被动局面。

食品行业是良心行业，食品安全关系着每一个人的生命健康。符合食品安全国家标准要求只是产品的准入门槛。实际上，影响食品安全的因素是多方面的，其中甚至包括食品中尚未列入限量标准或有待研究发现的有害成分。黄酒除焦糖色外，不添加其他添加剂，在食品安全方面具有天然优势。尤为可贵的是，一些大型黄酒企业有重视产品品质和安全的良好传统。黄酒是我国的"国酒"，而"家国情怀"是我国优秀传统文化的基本内涵，黄酒行业理应在食品安全上有更高的追求，进而主动担当作为，从管理和技术两方面着手，讲实效而不炒作，不断提升产品安全水平。

（4）科技创新意识淡薄　行业要发展，就必须依靠科技进步。黄酒行业科技创新意识淡薄，除少数龙头企业外，其他企业很少设有专门的研发部门，而设有研发部门的企业也存在科研人员缺乏、科研经费投入严重不足的问题。不重视黄酒基础数据的完善、基础理论的研究及新技术新装备的研究与应用，行业科技进步缓慢，制约了产品质量水平和效益的提高。

在产品开发上重概念轻内涵，鲜有体现科技含量的新产品问世。近年来，黄酒企业纷纷推出高端产品，然而高端产品的高价格需要高价值来支撑，除了要讲好高价值的故事，还要体现高价值的差异化品质，否则难以被消费者真正接受。

此外，气候变暖和原料品质变化给手工黄酒酿造带来新的挑战，同时，消费者对品质要求的提高也对手工黄酒酿造提出了更高要求。由于缺乏科学研究的指导，酿酒者只能依靠经验和直觉进行摸索，难以有效地应对挑战。

近年来，尽管科研经费集中投入且力度加大，但科研风气浮躁浮夸，鲜有原创性或有应用价值的成果，这种现象值得反思。

（5）产品同质化严重　黄酒企业不重视原料、菌种和工艺上的创新，致使产品千篇一律，缺乏个性化特色。由于产品同质化使黄酒行业长期陷于低价竞争的困局中，本应引领行业发展的几大黄酒企业，产品互相模仿，大家都以3年陈、5年陈、10年陈等年份命名产品和区分档次，谁也不敢带头提价，甚至相互压价，严重制约了黄酒行业的发展。

（6）品质意识有待进一步提升　多年来，在黄酒行业充斥着不缺产品（品质）缺营销、守正有余创新不足等偏激言论。这些观点有一定的正确性，但也容易误导企业走向不注重品质和盲目创新的歧途。笔者曾在2015年的《黄酒要坚守价格底线》中提出，黄酒行业应限产、提质、提价，因为就中国酒业整体而言，在国内市场饱和的情况下，只能通过提质提价和拓展国际市场来实现增长。优良的产品品质是企业可持续发展的基础，也是价格提升的基础，而品质提升的关键在于生产者和管理者品质意识的提升。

（7）人才缺乏　高层次研发和营销人才、机电设备管理和维修人才、工匠技能型人才缺乏，已成为制约黄酒行业发展的突出问题。

第四节　黄酒的功能性成分与保健功能

黄酒为酿造酒，酒精度为16%左右，保留了发酵过程中产生的营养和活性物质，历来以营养丰富、保健养生著称，其保健养生功能在古书上多有记载，也备受行家推崇。2001年，笔者在《重新认识黄酒的保健作用》中首次提出酚类化合物、功能性低聚糖、生物活性肽（包括谷胱甘肽）等多种黄酒功能因子，并分析了与工艺的相关性。之后，笔者申请并获得浙江省重点技术创新项目和绍兴市重点科研项目资助，与江南大学赵光鳌教授、戴军教授和浙江大学朱成钢博士合作，首次开展了绍兴黄酒功能性组分与保健功能研究，证实了绍兴黄酒富含酚类化合物、功能性低聚糖、γ-氨基丁酸（GABA）和生物活性肽等功能因子，具有抗氧化、排铅、增强学习记忆能力、提高免疫力、延缓衰老等多种保健功能。该研究成果获 2006 年中国轻工业联合会科学技术奖、2007 年浙江省科学技术奖和 2008 年中国食品科学技术学会技术进步奖。近年来，有关黄酒保健功能及其作用机制的研究成果不断涌现。

一、黄酒的功能性成分

1. 黄酒中的蛋白质含量为酒中之最

黄酒中含丰富的蛋白质，绍兴加饭酒的蛋白质含量为 16g/L 左右，是啤酒的 4 倍、红葡萄酒的 16 倍。黄酒中的蛋白质绝大部分以肽和氨基酸的形式存在，极易为人体吸收利用。氨基酸是重要的营养物质，黄酒含 21 种氨基酸，其中包含 8 种人体必需氨基酸。所谓必需氨基酸，是指人体不能合成或合成的速度远不适应机体需要，必须由食物供给的氨基酸。缺乏任何一种必需氨基酸，都可能导致生理功能异常，发生疾病。绍兴加饭酒中的游离氨基酸含量为 4500mg/L 左右，其中 8 种必需氨基酸含量为 1430mg/L 左右。

2. 丰富的无机盐及微量元素

人体内的无机盐是构成机体组织和维护正常生理功能所必需的，按其在体内含量的多少分为常量元素和微量元素。黄酒中已检测出的无机盐有 30 余种，包括钙、镁、钾、磷等常量元素和铁、铜、锌、硒、锰等微量元素。

钙除了是构成人体骨骼、牙齿的重要成分外，还有许多重要功能：帮助维持神经与肌肉的正常活动，包括神经肌肉的兴奋、神经冲动的传导、心脏的正常搏动；是体内多种酶的激活剂；维持细胞膜完整性和通透性；参与凝血过程、激素分泌等。研究发现，膳食中钙摄入充足对血压控制有益，并可以降低肠癌风险，对心血管病和糖尿病患者也有保护作用。最新的一些研究发现，钙与正常体重的维持可能有关。对美国全国营养与健康普查的数据分析表明，在同样的能量和蛋白质摄入量下，钙摄入较少的人肥胖危险较大，而钙摄入最高的人最不容易发生肥胖。钙是人体易缺乏的元素，我国居民的人均钙摄入量远低于中国营养学会制定的参考摄入量（800～1000mg/d），而黄酒中钙含量达 270mg/L。

镁既是人体内糖、脂肪、蛋白质代谢和细胞呼吸酶系统不可缺少的辅助因子，也是维护肌肉神经兴奋性和心脏正常功能、保护心血管系统所必需的。人体缺镁时，易发生血管硬化、心肌损害等疾病。黄酒含镁 $200 \sim 300mg/L$，比红葡萄酒高 5 倍，比白葡萄酒高 10 倍，比鳝鱼、鲫鱼还高，能很好地满足人体需要。

锌具有多种生理功能，是人体 200 多种酶的组成成分，对糖、脂肪和蛋白质等多种物质代谢及免疫调节过程起着重要的作用，锌能保护心肌细胞，促进溃疡修复，并与多种慢性病的发生和康复相关。锌是人体内容易缺乏的元素之一，由于我国居民食物结构的局限性，人群中缺锌病高达 50%。人体缺锌可导致免疫功能低下，性功能减退及皮肤粗糙、脱发等症状。绍兴元红酒含锌 $8.5mg/L$，而啤酒仅含 $0.2 \sim 0.4mg/L$，干红葡萄酒含 $0.1 \sim 0.5mg/L$。健康成人每日约需 $12.5mg$ 锌，喝黄酒能补充人体锌的需要量。

硒与人类疾病、健康的关系一直是国内外生物学和医学研究的热点问题。硒是谷胱甘肽过氧化物酶的重要组成成分，有着多方面的生理功能，其中最重要的作用是消除体内过多的活性氧自由基，因而具有提高机体免疫力、抗衰老、抗癌、保护心血管和心肌健康的作用。据中国营养学会调查，目前我国居民硒的日摄入量约为 $26\mu g$，与世界卫生组织推荐日摄入量 $50 \sim 200\mu g$ 相差甚远。绍兴元红酒及加饭酒中含硒 $10 \sim 12\mu g/L$，比红葡萄酒高约 12 倍，比白葡萄酒高约 20 倍。

越来越多的研究证实了黄酒有益心血管系统健康，推测黄酒中含量丰富的心血管系统保护因子钾（$391mg/L$）、镁、钙、锌、硒是重要贡献因素之一。

3. 黄酒中维生素含量较高

黄酒中的维生素来自原料、微生物（如乳酸菌、酵母）的合成和自溶。黄酒原料（糯米、小麦、黍米）含有大量的 B 族维生素，小麦胚中的维生素 E 含量高达 $554mg/kg$；酵母是维生素的宝库，由于黄酒的发酵周期长，酵母细胞自溶释放出的维生素也较多。黄酒中 B 族维生素含量远高于啤酒和葡萄酒，古越龙山加饭酒中维生素 B_1 含量为 $0.49 \sim 0.69mg/L$、维生素 B_2 含量为 $1.50 \sim 1.64mg/L$、维生素 B_3 含量为 $0.83 \sim 0.86mg/L$、维生素 B_6 含量为 $2.0 \sim 4.2mg/L$。维生素 B_1 能促进碳水化合物氧化，维护神经系统、消化系统和循环系统的正常功能；维生素 B_2 能促进蛋白质、碳水化合物的代谢，维护皮肤和黏膜的健康，保护视力，刺激乳汁分泌。其缺乏还和某些肿瘤的生成有一定关系；维生素 B_3 能维护神经系统、消化系统和皮肤的正常功能；维生素 B_6 除了对蛋白质的代谢至关重要，还可防止脂溢性皮炎和肾结石的发生。由于黄酒中富含 B 族维生素和锌，能维护皮肤健康，且酚类物质含量较高（详见后文），因而能起到美容作用。

4. 丰富的功能性低聚糖和多糖

由于人体不具备分解、消化功能性低聚糖的酶系统，在摄入功能性低聚糖后，它很少或根本不产生热量，但能被肠道中的有益微生物双歧杆菌利用，促进双歧杆菌增殖，从而改善肠道的微生态环境，促进 B 族维生素的合成和钙、镁、铁等矿物质的吸收，提高机体免疫力和抗病力，并且能分解肠内毒素及致癌物质，预防各种慢性病及癌症的发生，降低血清中胆固醇及血脂水平。黄酒中功能性低聚糖主要包括异麦芽低聚糖和小麦麸皮低聚糖。古越龙山加饭酒中异麦芽糖、潘糖、异麦芽三糖 3 种异麦芽低聚糖的含量为 7g/L 左右。黄酒中异麦芽低聚糖的来源分两部分：一是支链淀粉的酶解，糯米中的淀粉几乎全部是支链淀粉，淀粉酶不易切断它的分支点，因而在酒中残留的分支低聚糖较多，这也是糯米酒的口味较甜厚的原因；二是麦曲中微生物分泌的葡萄糖苷转移酶通过转糖苷合成。小麦麸皮在制曲和发酵过程，经微生物酶作用生成低聚木糖、阿拉伯低聚木糖和阿魏酰低聚糖等功能性低聚糖。小麦麸皮低聚糖结构中存在 $L-Araf-$、羟基肉桂酸类物质如阿魏酸、木二糖和木三糖、$(-\beta-Xylp-(1 \longrightarrow 4)-)_n$ $(n=2 \sim 10)$ 四种功能性基团，复杂的结构特点使其除具有促进双歧杆菌增殖等上述功能外，还具有降血糖和抗氧化等生物活性。

黄酒中含有一定量的多糖，主要由小麦麸皮酶解、乳酸菌合成、酵母细胞自溶等途径产生。小麦麸皮多糖具有调节肠道菌群、抗衰老、提高免疫力、抗癌、降血脂、降血压等功效；乳酸菌胞外多糖具有抗氧化、抗癌、免疫调节、抗病毒、抗凝血和降胆固醇活性；酵母多糖具有调节肠道菌群、抗氧化、提高免疫力、抗肿瘤、降血脂等活性。江南大学的研究表明，古越龙山黄酒多糖具有抗氧化和体内免疫活性，能抑制肿瘤细胞的生长。

5. 黄酒中酚类物质含量较高

酚类物质被认为具有清除自由基、防止心血管病发生、抗衰老、降血脂、降血压、抗癌等生理功能。黄酒中的酚类物质来自原料和微生物的转化。酚类物质主要存在于谷物的麸皮层和胚芽中，绍兴黄酒以糯米和小麦为原料，糯米经精白后酚类物质损失很大，而小麦以全麦的形式经制曲后进入发酵。小麦麸皮中含酚酸类化合物、黄酮类化合物、木酚素、烷基酚类化合物等酚类物质，其中酚酸类化合物有阿魏酸、绿原酸、儿茶素、p-香豆酸、咖啡酸、丁香酸、芥子酸、水杨酸等；黄酮类化合物已鉴定出芹菜素、牡荆素、木樨草素、原花青素 B_3、原天竺葵素 B_3、新西兰牡荆苷-2、木犀草素-7-葡萄糖醛酸苷、小麦黄素等 26 种；烷基酚类化合物以 5-烷基间苯二酚同系物为主。

阿魏酸是谷物中含量最丰富的酚类物质，微生物对黄酒中阿魏酸的生成和转化起重要作用：一方面，制曲和发酵过程中许多微生物如丝状真菌、细菌（放线菌、乳酸菌、芽孢杆菌等）、酵母能产阿魏酸酯酶，使结合在植物细胞壁上的阿魏酸和 p-香豆酸游离出来；另一方面，阿魏酸在微生物作用下可转化成香草醛（香兰素）、香草酸、香草酸酯、4-乙烯基愈创木酚、4-乙基愈创木酚及愈创木酚等酚类物质。阿魏酸代谢途径如图1-9所示。

图 1-9　阿魏酸代谢途径示意图

黄酒发酵周期长（传统工艺绍兴黄酒长达80~90d），且经微生物的作用，有利于酒中酚类物质的形成，因而酒中的酚类物质含量较高。先前的研究从古越龙山绍兴黄酒中检测出儿茶素、表儿茶素、芦丁、槲皮素、没食子酸、原儿茶酸、绿原酸、咖啡酸、p-香豆酸、阿魏酸、香草酸、丁香酸、4-乙基愈创木酚、愈创木酚及4-乙烯基愈创木酚等多种酚类物质。最近，北京工商大学和中国农业大学报道了从绍兴黄酒中鉴定出酚酸176种和黄酮类化合物139种，黄酮类化合物包括查尔酮类7种、黄烷醇2种、黄烷酮19种、黄酮100种、异黄酮11种。在被鉴定为中药关键有效成分（OB≥5%、DL≥0.14）的51种酚酸和黄酮类化合物中，圣草酚、条叶蓟素、地奥司明（香叶木苷）、川陈皮素、苜蓿素、金丝桃苷、二氢杨梅素、木蝴蝶苷A、高车前苷、蓟黄素、黄豆黄素、紫云英苷、山奈酚、槐角苷、刺芒柄花素、异牡荆素等具有抗癌和其他多种活性；柳匍匐苷用于治疗阿尔茨海默病、认知障碍、精神分裂症、焦虑症、失眠等疾病；红景天苷用于治疗脑损伤、乳腺癌、冠状动脉粥样硬化、神经退行性疾病；橘皮素具有抗炎、保护神经等活性，苔黑酚葡萄糖苷具有抗氧化、抗骨质疏松、抗抑郁、抗焦虑及免疫调节等多种药理学活性。

6. 富含 GABA 和脯氨酰内肽酶抑制肽

GABA 是一种重要的抑制性神经递质，参与多种代谢活动，具有降血压、改善脑功能、增强长期记忆、抗焦虑及提高肝、肾机能等生理活性。许多具有安神、促眠或降血压作用的中药富含 GABA，如野生灵芝、人参、大枣、鹿茸和黄芪。GABA 作用于脊髓的血管运动中枢，有效促进血管扩张，并能抑制血管紧张素转化酶（ACE）活性，起到降低血压的作用。GABA 还能提高葡萄糖磷酸酯酶的活性，使脑细胞活动旺盛，促进脑组织的新陈代谢和恢复脑细胞功能，改善神经机能。研究表明 GABA 与某些疾病的形成有关，神经组织中 GABA 的降低与亨廷顿病（Huntington 病）、阿尔茨海默病等神经衰败症的形成有关，癫痫病患者脊髓液中的 GABA 浓度也低于正常水平。医学上，GABA 对脑血管障碍引起的症状，如偏瘫、记忆障碍有很好的疗效，并用于尿毒症、睡眠障碍的治疗药物中。日本研究者以富含 GABA 的食品进行医学试验，结果显示对更年期综合征有显著改善效果。黄酒中的 GABA 来源于原料和微生物合成。据报道，乳酸菌、芽孢杆菌、酵母菌、曲霉菌等微生物能产谷氨酸脱羧酶，催化谷氨酸脱羧生成 GABA。绍兴黄酒发酵有大量上述微生物的参与，且发酵醪中谷氨酸含量高。研究表明，古越龙山绍兴加饭酒中游离 GABA 的含量达 126mg/L，是较理想的富含天然 GABA 保健饮品。

最近，笔者与江南大学陆健教授团队在合作研究黄酒苦味物质时发现，黄酒中含日本清酒中报道的脯氨酰内肽酶（PEP）抑制肽 Pyr-LFNPSTNPWHSP，该肽来源于大米谷蛋白，在古越龙山加饭酒样品中的含量大多为 15.50～32.97mg/L。大脑中的 PEP 能降解多肽类神经递质和激素，其活性的异常会引起精神和认知过程的障碍，研究显示 PEP 特异性抑制剂在治疗健忘、抑郁、阿尔兹海默病等疾病方面具有良好的应用前景。

黄酒能改善脑功能，显著提高学习记忆能力，除与上述多酚类化合物、微量元素等有关外，可能还与黄酒中富含 GABA 和 PEP 抑制肽有关。适量饮用黄酒或许可以预防阿尔茨海默病，这是谷物和酒曲酿造酒的独特之处。

7. 无可比拟的生物活性肽

小肽具有比氨基酸更好的吸收性能，而且许多肽具有其母蛋白质或其组成氨基酸所没有的生理功能，如促钙吸收、降血压、降胆固醇、镇静神经、免疫调节、抗氧化、清除自由基、抗癌等功能。笔者与江南大学戴军教授、赵光鳌教授合作，首次对黄酒（古越龙山加饭酒）中的肽类组分进行提取纯化与体外降血压和降胆固醇活性试验，从降血压活性肽组分中鉴定出 5 种小肽的氨基酸组成及序列为 QSGP、VEDGGV、PST、NT、LY，从降胆固醇活性肽组分中鉴定出 1 种小肽的氨基酸组成及序列为 CGGS。

江南大学韩富亮博士后、徐岩教授从古越龙山黄酒中鉴定出 500 多种小肽的氨基酸组成及序列，其中 43 种与文献报道中已知活性肽的氨基酸组成及序列完全或部分相同，包括降血压、降胆固醇、抗氧化、免疫调节、二肽基氨基肽酶Ⅳ（dipeptidyl-aminopeptidase Ⅳ）抑制活性肽。浙江大学周梦洁从绍兴黄酒中鉴定出降血糖活性肽 VYVPPE 和 LQPGQGQPGYD。此外，许多研究者从黄酒中分离出具有抗氧化、降血脂、免疫调节等活性的肽组分。

8. 其他功能因子

黄酒中含有一定量的四甲基吡嗪（TMP）、萜烯类化合物、木脂素和香豆素等功能因子。TMP 又称川芎嗪，是中药川芎的主要活性生物碱成分，能够扩张血管、改善微循环和脑血流、抑制血小板集聚和解聚已聚集的血小板，因此具有治疗心脑血管疾病的药理作用。TMP 在临床上用于治疗慢性肾功能不全、冠心病、血液高凝状态、糖尿病周围神经病变、脑梗死等。据报道，TMP 可由芽孢杆菌发酵和美拉德反应产生，目前报道的产 TMP 芽孢杆菌有枯草芽孢杆菌、地衣芽孢杆菌、解淀粉芽孢杆菌、贝莱斯芽孢杆菌等。古越龙山加饭酒中 TMP 含量为 $73 \sim 151 \mu g/L$，其来源可能有三个途径：一是由麦曲带入，古越龙山麦曲中 TMP 含量高达 $306.5 \mu g/kg$，这是由于麦曲中上述芽孢杆菌数量多，且制曲过程最高温度可达 55℃ 以上，有利于美拉德反应的发生；二是黄酒中的还原糖类和氨基化合物含量较高，在煎酒和贮存过程中由美拉德反应生成的 TMP 较多；三是由于发酵醪中上述芽孢杆菌数量较多，发酵过程可生成一定量的 TMP。

许多萜烯类化合物具有抗菌、抗病毒、抗氧化、抗肿瘤、镇痛等活性，如：里那醇具有抗菌、抗溃疡、抗氧化、抗惊厥活性；β-紫罗兰酮、香茅醇、柠檬烯、雪松醇和坡模酸具有较强的抗肿瘤活性；橙花叔醇是中药降香的主要有效成分之一；环阿屯醇除具有抗炎、抗肿瘤、抗氧化活性外，还有抗阿尔茨海默病等多种活性。2013 年，江南大学陈双博士从绍兴黄酒中检测出 β-里那醇、异茨醇、β-香茅醇、橙花醇、β-环柠檬醛、柠檬烯、β-大马酮、高香叶醇、β-紫罗兰酮、橙花叔醇、月桂烯、薄荷醇、α-雪松醇、α-雪松烯等萜烯类化合物。最近，北京工商大学和中国农业大学报道了从绍兴黄酒中鉴定出银线草内酯醇、木香烃内酯、异香附醇、β-桉叶醇、坡模酸、常春藤皂苷元、环阿屯醇、7-表-香科酮、（+）-刺柏脑、2a,3a,23-三羟基齐果酸等 16 种萜类化合物。

香豆素衍生物具有良好的抗癌、抗菌、抗炎、抗氧化、抗病毒等活性，木脂素具有抗病毒、抗肿瘤、护肝、抗菌、改善免疫和延缓衰老等活性。最近，北京工商大学和中国农业大学报道了从绍兴黄酒中鉴定出 23 种香豆素，包括异东莨菪内酯、6,7-二羟基香豆素、秦皮甲素、异欧前胡素、东莨菪苷、软木花椒素、佛手苷内酯等；14 种木脂素，包括（+）-异落叶松脂素-9′-O-葡萄糖苷、丁香脂素-4′-O-葡萄糖苷、异落叶松脂素、二甲基罗汉松脂素、表松脂醇、松脂醇等。

黄酒酿造是以谷物（其中小麦为全谷）为原料、多种微生物参与作用的生物转化过程，多种微生物协同发酵有利于功能活性物质生成和原料中有毒物质降解（如：谷物易污染黄曲霉毒素，而黄酒中未检出；果汁易污染展青霉素，而果酒和果醋中未发现），因此可以预料黄酒中含有多种有益健康的活性成分。今后的研究除了发掘新的功能性因子外，还要根据功能因子的含量、人体作用剂量等筛选出几个核心功能因子，并阐明其功能、形成机制和作用机制，一方面有利于科学宣传黄酒的保健功能，促进黄酒产业的发展和国际市场竞争力的提升；另一方面通过工艺调整提高功能因子含量，使黄酒更好地为人类的健康造福。

二、黄酒的保健功能

笔者与浙江大学朱成钢博士合作，首次通过动物实验等科学手段证实，黄酒具有显著的排铅、增强学习记忆能力、提高免疫力、延缓衰老、抗氧化、提高耐缺氧能力、预防骨质疏松等多种保健功能。

绍兴市人民医院的研究表明，适量饮用绍兴黄酒使血液中的高密度脂蛋白含量增加，同型半胱氨酸水平下降，能抗动脉粥样硬化，预防冠心病的发生。上海中医药大学附属普陀医院的研究表明，适量饮用黄酒能有效降低心血管的重要危险因素低密度脂蛋白及甘油三酯，且对肝功能无影响。温州医学院的研究表明，黄酒对减轻体重、提高智力和耐力等有较显著的作用。最近中国食品发酵工业研究院等研究发现，适量摄入黄酒对于 D-半乳糖诱导的衰老模型小鼠具有一定的抗氧化、改善认知障碍以及抗疲劳的作用。

近年来全球肠道疾病患病率不断攀升，而肠道是维持肠道内环境平衡和阻碍致病菌繁殖及毒素产生的先天性屏障，研究发现后生元（益生菌的菌体和代谢产物）具有保护肠道上皮屏障、抗肿瘤、抗氧化、免疫调节等益生功能。黄酒除含丰富的益生元低聚糖外，其发酵有乳杆菌、双歧杆菌、芽孢杆菌和酵母等大量益生菌的参与。是否还有类似后生元的益生功能？期待今后的研究验证。

有趣的是，葡萄酒有益心血管健康可以解释"法兰西奇迹（The French Paradox）"，黄酒有益大脑功能或许可以用于解释绍兴地区的一些人文现象。绍兴是著名的酒乡，又是公认的"名士之乡"，人才辈出。绍兴历史上一共出了 27 个状元和 2238 个进士，是文豪鲁迅的故乡，曾有 4 人（何燏时、蔡元培、蒋梦麟和马寅初）担任过北京大学校长，中国科学院和中国工程院院士总数多达 83 名。

第二章 | 原辅料与糖化发酵剂

黄酒是以谷物和水为原料，以酒曲、酒母等糖化发酵剂酿制而成。黄酒的风格和质量不仅取决于酿酒工艺，而且与所用酿酒原料和微生物密不可分。酒曲和酒母作为黄酒的糖化发酵剂，本质上是依靠其富集的微生物或酶来起作用的，因此制作糖化发酵剂的关键在于创造适合有益微生物生长或产酶的条件。

第一节 原料和辅料

黄酒酿造以稻米、黍米、玉米、粟米等谷物和水为原料，以小麦、大麦、麸皮为辅料。原辅料种类的不同和品质的优劣直接影响到酒的风格和质量。在绍兴酒的酿造中，人们形象地把米、麦曲、水分别比喻为"酒之肉""酒之骨""酒之血"。

一、大米

南方黄酒都以大米为原料，包括糯米、粳米、籼米。

（一）大米的结构

稻谷脱壳后成为糙米，糙米由谷皮、糊粉层、胚乳、胚四部分组成，如图2-1所示。

1. 谷皮

谷皮由果皮、种皮复合而成。谷皮的主要成分是纤维素、灰分，不含淀粉。果皮的内侧是种皮，种皮含有大量的有色体，决定着米的颜色。谷皮包围着整个米粒，起着保护作用。

2. 糊粉层

种皮以内是糊粉层，它与胚乳紧密相连，含有丰富的蛋白质、脂肪、灰分和维

1—谷皮；2—糊粉层；3—胚乳；4—胚

图2-1 大米的剖面图

生素。糊粉层占整个米粒质量的 4%~6%。谷皮和糊粉层统称为米糠层。米糠含有 20%~21% 的脂肪，可用来榨油。脂肪、蛋白质含量过多，有害于酒的风味，所以要选用精白度高的米为原料。此外，糯米糊粉层的脂肪含量比粳米多，若贮存时间过长，会因脂肪变质而产生难闻的陈米气味或哈喇味，因此一般不用陈糯米酿酒。

3. 胚乳

胚乳位于糊粉层内侧，是米粒的主要组成部分，质量占整个谷粒质量的 70% 左右，贮藏的物质绝大部分是淀粉。胚乳淀粉是酿酒利用的主要成分。由于淀粉分子较大，相对密度也大，米粒饱满、相对密度大的大米淀粉含量也高。

4. 胚

胚位于米粒的下侧，占整个谷粒质量的 2%~3.5%，是米粒生理活性最强的部分，含有丰富的脂肪、蛋白质、糖类及维生素等营养价值很高的成分，对酿酒不利，应在米精白时除去。

（二）大米的物理性质

1. 外观、色泽、气味

正常大米有光泽，无不良气味，特殊品种如黑糯、血糯、香粳有鲜艳的色泽和浓郁的香气。一般新米色泽较好，陈米色泽较差。大米的成熟度不够，米粒中残留叶绿素而使米粒发青。在不适当的收割或贮存条件下，米粒会发黄变褐，一种可能是由美拉德反应引起的，另一种是由微生物引起的，往往带有黄曲霉毒素。黄变米香味和口味都发生不良变化，通过精碾可除掉 80%~90% 的黄曲霉毒素。

2. 粒形、千粒重、相对密度和容重

长粒米的粒长>6mm、长宽比≥2，中短粒米的粒长≤6mm、长宽比<2。籼米属于前一类，粳米属于后一类。短圆的粒形精白时出米率高，破碎率低。大米的千粒重一般为 20~30g，超过 26g 的为大粒米，相对密度为 1.40~1.42，一般粳米的容重约为 800kg/m³，籼米的容重约为 780kg/m³。一般情况下，大米粒大且饱满，则相对密度较大，淀粉含量也较高，适于酿酒。

3. 垩白

垩白是指米粒胚乳中乳白色不透明的部分。垩白的成因与品种和栽培环境有关，大粒型易出现垩白。由于米粒腹部处于养分运输通道的末端，当米粒体积过大或养分运输量不足时，该部位胚乳细胞内淀粉积累不充分，淀粉粒排列疏松，颗粒间充气引起光线折射而显乳白色。如图 2-2 所示，乳白色

1—心白；2—腹白

图 2-2 米的心白和腹白

不透明部分位于米粒中心的称心白，位于腹部边缘的称腹白。垩白大的米强度低，精白时易碎。由于心白米的心白部分是淀粉粒排列较疏松的柔软部分，它的周围是淀粉排列紧密的坚硬部分，软硬连接处孔隙较多，吸水好，酶易渗入，容易糊化、糖化，因此一般认为酿酒要选用心白多的米。但在绍兴黄酒酿造中，由于浸米周期长，米粒吸水充分，笔者认为宜选用垩白少的糯米（因糯米呈乳白色，易被误认为无垩白现象），以减少长时间浸渍造成的米粒破碎。

4. 强度

米粒强度可用硬度计测定。含蛋白质多、透明度大的强度高，通常粳米比籼米强度高，晚稻比早稻强度高，水分低的比水分高的强度高。

5. 软质米和硬质米

酿酒上的软质米和硬质米，与粮食加工上定义不一样，酿酒上称的软质米指浸渍吸水快，容易蒸煮糊化，所蒸米饭外硬内软有弹性。

（三）大米的化学成分

1. 水分

大米的水分含量一般为14%左右，其适宜贮藏水分在14.5%以下，长期常温贮藏的安全水分为13.5%，水分高则贮藏性差。

2. 淀粉及糖分

糙米含淀粉约70%，白米约77%，随着米的精白，其淀粉含量增加，酿酒应选择淀粉含量高的米。除淀粉外，大米中还含糖分0.37%~0.53%。

3. 蛋白质

蛋白质在米的外侧多，随米的精白而减少，但其减少程度较慢，糙米中蛋白质含量为7%~9%，白米中含量为5%~7%，主要为谷蛋白。蛋白质经蛋白酶分解成肽和氨基酸，酒中含氮物质高时，酒显得浓醇。氨基酸都具有独特的滋味（如鲜、甜、涩、苦），部分氨基酸发酵时生成高级醇，成为黄酒的主要香味和口味物质之一，但高级醇含量过高会给酒带来异杂味。蛋白质含量过高，有损酒的风味和稳定性，因此大米的精白度高些较好。

4. 脂肪

脂肪含量高对发酵和酒质都会造成不利影响，并增加酒液表面的油膜（酒厂称"糠油"）量。脂肪大部分集中在胚和糠层中，糙米中约含2%，随着大米精白度的提高而迅速减少。

5. 纤维素、灰分、维生素

精白的大米仅含纤维素0.4%，灰分0.5%~0.9%，主要为磷酸盐的矿物质。大米的精白度愈高则灰分愈少，故可从灰分的含量间接反映大米精白的程度。维生素主要分布于糊粉层和胚，以水溶性的维生素 B_1、B_2 为最多。

为保证黄酒的质量和产量，应选用软质、大粒、淀粉含量高的米作原料，并尽可能用新米。

（四）大米的分类和特点

大米可分为糯米、粳米和籼米，不同种类大米的化学成分见表2-1。糯米是最好的酿酒原料，其原因为：糯米的淀粉含量一般比粳米和籼米稍高，而蛋白质等其他成分较少，因此用糯米酿成的酒杂味少；糯米中的淀粉几乎全部是支链淀粉，支链淀粉分子排列比较疏松，吸水快，容易蒸煮糊化；淀粉酶对支链淀粉的分支点往往不易完全切断，在酒中残留的糊精和低聚糖较多，因此糯米酒的口味较甜厚。

表2-1　　　　　　　不同种类大米（糙米）的化学成分　　　单位:%（质量分数）

种类	水分	淀粉及糖分	蛋白质	脂肪	粗纤维	灰分	直链淀粉	支链淀粉
籼米	13.2	77.5	6.9	0.76	0.20	0.86	20~28	72~80
粳米	14.0	77.6	6.7	0.80	0.26	0.64	13~18	82~87
糯米	14.6	76~78	6.5	0.20	0.21	0.79	0.8~2.3	97.7~99.2

注：各成分以干基计。

1. 糯米

糯米分为粳糯和籼糯两大类。米粒短、椭圆形的粳糯酿酒性能最好。籼糯粒形瘦长，长时间浸米易碎，造成蒸饭结块。粳糯的淀粉几乎全部是支链淀粉，籼糯含有0.2%~4.6%的直链淀粉。直链淀粉结构紧密，蒸煮糊化较困难，蒸煮时吸水多，能耗大，出饭率高。直链淀粉和支链淀粉的比较见表2-2。需要注意的是，糯米中不得混有杂米，否则浸米吸水、蒸煮糊化不均匀。

表2-2　　　　　　　　　　直链淀粉和支链淀粉的比较

类型	直链淀粉	支链淀粉
分子形状	长链卷曲成螺旋状，每个螺旋约含有6个葡萄糖单位	树枝状结构，支链处的两个葡萄糖单位之间通过α-1,6糖苷键相连
连接方式	α-1,4糖苷键	α-1,4糖苷键和α-1,6糖苷键
分子中葡萄糖残基数量/个	籼米1000、粳米1100	籼米4700、粳米12800、糯米18500
胶体溶液稳定性	加热、加压形成黏稠性较低的胶体溶液，长期静置产生沉淀	加热、加压形成很黏的胶体溶液，性状稳定，不沉淀

续表

类型	直链淀粉	支链淀粉
热水反应	溶解	不溶解
淀粉水解酶作用下	全部水解成麦芽糖	62%水解成麦芽糖
在纤维上反应	全部被吸附	不被吸附
食用品质	性硬，蓬松	性软，黏
碘吸收率及染色反应	吸收19%碘，呈蓝色	吸收少量，呈紫红色

2. 粳米

粳米含 13%~18% 的直链淀粉。用粳米酿造黄酒，蒸煮时要喷淋热水，使米粒充分吸水，糊化彻底。粳米酿酒泡沫多，且发酵醪常呈糨糊状，造成醪液输送和压榨较困难，影响出酒率，可以通过适当添加酸性蛋白酶和 α-淀粉酶来解决。添加酸性蛋白酶不但能解决多泡问题，而且能提高氨基酸态氮含量。由于 α-淀粉酶大多在 pH5.0 以下失活严重，因此需要缩短浸米时间。有的厂为防止因缩短浸米时间引起酸败，大幅增加酒母用量，高温糖化酒母用量高达大米量的 1/3。

3. 籼米

籼米含 20%~28% 的直链淀粉，粒形瘦长，淀粉充实度低，质地疏松，透明度低，精白时易碎。相对而言，杂交晚籼米比早中籼米更适合用于黄酒酿造。籼米蒸煮时吸水多，饭粒干燥蓬松，由于直链淀粉含量高，冷却后易老化（回生），使饭粒变硬。老化的淀粉在发酵时难以糖化，而成为产酸菌的营养源，使醪液生酸。籼米饭粒中淀粉发糊状态比粳米更严重，故出酒率较低、出糟较多。

糯米、粳米、籼米的物理性质上的区别见表 2-3。

表 2-3　　　　　　　　糯米、粳米、籼米的物理性质上的区别

项目	籼糯	粳糯	粳米	籼米
米粒形状	长椭圆	椭圆	椭圆	长而窄
容重/（kg/m³）	—	798~823	800	780
透明度	变元*不透明	变元不透明	透明或半透明	半透明
膨胀性	小	小	中	大
胶稠度	软	软	软或中等	硬

续表

项目	籼糯	粳糯	粳米	籼米
色泽	蜡白或乳白	蜡白或乳白	蜡白有光泽	灰白无光
出饭率	较低	低	中	高

注：* 稻谷经强晒快速干燥，在原生质快速脱水收缩时，产生很多细微的空隙，使米粒呈蜡白色不透明，称为变元。

（五）大米的精白

1. 精白的目的

在米的外层，蛋白质和脂肪含量多，会影响到成品酒的质量。另外，米的外层富含灰分和维生素等微生物的营养成分，使用糙米或粗白米酿酒时，发酵旺盛，温度容易升高，往往引起生酸菌的繁殖而使酒的酸度增加。通过精白可以将这些有害成分除去，此外，精白后的米吸水快，容易蒸煮糊化和糖化。

大米的精白度越高，化学成分越接近胚乳，碳水化合物的含量随精白度的提高而增加，而其他成分相对减少。

2. 精米率

精米率表示精白的程度，可用式（2-1）计算：

$$精米率 = \frac{白米（kg）}{糙米（kg）} \times 100\% \tag{2-1}$$

米的精白度越高，则精米率越低。酿造黄酒的糯米精米率一般为 90%。日本清酒酿造认为，米越白越能酿出好酒。清酒酿造对大米精米率要求依酒的品种和档次而异，如纯米酒的精米率小于 70%，吟酿酒小于 60%，大吟酿酒则 50% 以下。黄酒的酿造工艺和品质特征与日本清酒有明显不同，从生产实践看，按现有工艺和质量标准，并非米的精白度越高越好，而且精白度高，产生的碎米也多。

3. 精米机

米的精白是把米的皮层剥去，剥皮有三种方法：摩擦去除、削去、冲击除去。因米粒的内部组织比外皮部硬，为了得到精白度高的大米，必须利用削去的方法。日本清酒生产用精米机就是利用削去的方法，对硬米、脆米都可以精白，并可以得到任意的白米粒形状。我国目前没有这种酿酒用精米机，如能在精米机上突破，提高大米精白度，有利于开发口感清爽的黄酒新产品。

二、其他原辅料

（一）黍米、稷米

黍、稷属于禾本科黍属。其中籽粒粳性的为稷，糯性的为黍。稷米又称糜米，黍米又称大黄米。黍米因品种不同，而对酒质有很大的影响，山东大粒黑脐的黄色黍米（俗称"龙眼黍米"）是酿造即墨老酒的最佳原料。这种黍米蒸煮时容易糊化，出酒率相对较高。黍米的化学成分见表2-4。

表2-4　　　　　　　　　　　黍米的化学成分　　　　　　　　　　单位:%

项目	含量	项目	含量
水分	10.29~10.89	蛋白质	8.76~9.77
淀粉	70.56~73.25	脂肪	1.32~2.50
糊精	2.84~3.67	粗纤维	0.57~1.16
糖分	0.72~1.24	灰分	1.02~1.34

（二）粟米（小米）

粟（谷子、粟谷）起源于我国，是我国古代重要的粮食作物，考古证实有7500年栽培历史。粟脱壳后称为小米，小米的营养丰富，蛋白质、脂肪含量比大米高，且蛋白质优于小麦、大米和玉米，其中色氨酸含量为谷类之首。此外，富含多种矿物质和维生素，并含叶黄素、玉米黄质和少量的隐黄质、β-胡萝卜素。一般用糯性小米酿制黄酒，酿酒用黏谷特称酒谷。小米（糙米）的化学成分见表2-5。据郑州大学报道，南阳酿酒红小米各成分含量为水分9.54%、蛋白质12.4%、脂肪3.1%、粗淀粉（旋光仪法）56.4%。

表2-5　　　　　　　　　　小米（糙米）的化学成分　　　　　　　　单位:%

项目	含量（以干基计）	
	范围	平均
粗蛋白	8.7~13.7	10.4
粗脂肪	1.5~5.5	3.3
总淀粉（酸水解法）	62.0~77.2	69.9
总膳食纤维	2.02~5.16	3.22

注：表中数据为取自11个主产省份的103份样品的分析结果。

（三）玉米

玉米的特点是脂肪含量丰富，脂肪主要集中在胚芽中，含量达胚芽干物质的30%~40%，给糖化发酵及酒的风味带来不利影响。因此，玉米必须经去皮脱胚，加工成玉米糁，才能用于酿酒。玉米淀粉主要集中在胚乳内，淀粉颗粒呈不规则形状、堆积紧密、坚硬，呈玻璃质状态，直链淀粉占 10%～15%，支链淀粉为 85%～90%，一般黄色玉米的淀粉含量比白色玉米高。蛋白质大多为醇溶蛋白，不含 β-球蛋白，有利于酒的稳定。玉米的化学成分见表 2-6。由于玉米淀粉糊化温度高，蒸煮糊化较难，要十分重视对颗粒的粉碎度、浸渍时间和温度、蒸煮压力和时间的选择，防止因蒸煮糊化不彻底而回生，或因水分过高饭粒过烂而影响糖化发酵。此外，也可采用挤压膨化法进行糊化。

表 2-6		玉米的化学成分			单位：%	
项目	水分	淀粉	蛋白质	脂肪	粗纤维	灰分
含量	10.6～14.1	65.4～75.5	7.5～13.1	3.1～8.1	0.9～3.3	1.0～1.9

长春酿酒厂用于酿制优质黄酒的玉米糁，粉碎粒度 30～50 粒/g、淀粉含量 78.5%、脂肪 1.89%、蛋白质 6.8%、水分 10.3%，采用 60～65℃浸渍或常温与 60～65℃冷热交替浸渍，蒸煮时需要浇淋热水。

（四）小麦

小麦是黄酒生产的辅料，用来制曲。小麦是良好的制曲原料：含有丰富的碳水化合物、蛋白质，适量的无机盐和生长素，小麦片疏松适度，很适宜微生物的生长繁殖；小麦成分复杂，制曲时在较高的温度作用下，能产生各种香气成分，对酒的赋香作用强；小麦富含面筋，黏着力较强，能制成各种规范大小的形状；小麦的皮层还含有丰富的 β-淀粉酶。

小麦的千粒重为 15～28g，相对密度为 1.33～1.45，容重为 660～800kg/m³。小麦蛋白质含量比大米高，按其溶解性可分为：麦醇溶蛋白（溶于 60%～70% 乙醇）、麦谷蛋白（溶于稀酸和稀碱溶液）、球蛋白（溶于稀盐溶液）和清蛋白（溶于水）。麦醇溶蛋白和麦谷蛋白为贮藏蛋白质，分别占籽粒蛋白质总量的 40%～45% 和 35%～45%。麦醇溶蛋白为单体蛋白，单肽链依靠氢键、疏水键以及分子内二硫键形成较紧密的三维结构，呈球形。根据电泳迁移速率分为 α、β、γ、ω 四种类型，分别占麦醇溶蛋白总量的 25%、30%、30%、15%。α、β、γ-醇溶蛋白分子质量为 31～33ku，因含半胱氨酸和甲硫氨酸较多，称为富硫醇溶蛋白。ω-醇溶蛋白分子质量为 44～74ku，为贫硫醇溶蛋白，不存在二硫键的交联。麦醇蛋白的特点是谷氨酰胺和脯氨酸含量高，易与多酚形成复合物；麦谷蛋白是一种非均质的大分子聚合体，靠分子内和分子间的二硫键连接，呈纤维状，其氨基酸组成多为极性氨基酸，容易发生聚集作用；球蛋白和清蛋白为代谢蛋白质，占籽粒蛋白质总量的 15%，主要沉积在胚和糊粉层中，少部分存在于胚乳，包括 α-淀粉酶、调控蛋白、转运蛋白、蛋白酶抑制因子、调控酶、特殊途径的合成酶、代谢酶，主要作用是调控小麦的各种代谢过程。

小麦中的蛋白质、多酚、戊聚糖等会严重影响黄酒的非生物稳定性。绍兴黄酒制曲用小麦的化学成分见表2-7。

表2-7 　　　　　　　　　绍兴黄酒制曲用小麦的化学成分　　　　　　　　单位：%

项目	水分	淀粉	蛋白质	脂肪	粗纤维	灰分
含量	10.2~12.8	57.1~63.2	11.3~12.5	1.8~2.4	2.1~2.4	1.8~1.9

黄酒酿造中小麦主要用于制曲，小麦质量的好坏会影响到糖化菌繁殖及酒质，应选用当年产软质红小麦，一般要求如下：

①麦粒完整、颗粒饱满、粒状均匀，无霉烂、无虫蛀、无农药污染。

②干燥适宜，外皮薄、呈红色、两端不带褐色的小麦为好。

③选用当年产的小麦，不可带有特殊气味。

小麦的品质除与品种有关外，还与栽培环境有关。同一品种，北方小麦蛋白质含量一般比南方小麦要高。早在清代《调鼎集》中，对绍兴黄酒制曲用小麦就有"以嵊县者为最佳，山、会者次之，淮麦更次之"及"麦出淮者宜白、麦出南者宜红"的论述。目前对于黄酒制曲用小麦的研究还十分欠缺，需要对不同品种和产地小麦的色泽、硬度指数、淀粉含量、蛋白质含量及组成对麦曲品质、黄酒风味及非生物稳定性等的影响进行综合评价，确定适合于黄酒制曲用的小麦品种和产地，并建立相应的小麦品质评价指标。

优质原料是酿造高品质黄酒的先决条件。笔者于2002年撰文呼吁黄酒行业重视原料基地建设和原料品种选育，几年后绍兴大型黄酒企业开始建立糯米原料基地。现在绍兴大中型黄酒企业的糯米原料均来自基地，使原料的安全性得到较好保障，但专用原料品种的选育和种植仍未予以重视。

三、酿造用水

黄酒酿造把水称为"酒之血"，可见水对黄酒酿造的重要性。水不但是酒的最主要成分之一，而且对酿造全过程产生很大的影响。水是物料和酶的溶剂，生化酶促反应都在水中进行；水中的微量无机成分既是微生物生长繁殖所必需的养分和刺激剂，同时又是调节氢离子浓度的重要缓冲剂。所以酿造水质的好坏直接影响酒的质量。名酒的产地往往拥有优质的水源，所谓"名酒必有佳泉"。绍兴黄酒驰名中外，与鉴湖水密不可分。图2-3为绍兴鉴湖风光。

（一）酿造用水的水质要求

酿造水直接参与糖化、发酵等酶促反应，并成为黄酒成品的重要组成部分，故首先要符合饮用水的标准，其次要从黄酒生产的特殊要求出发，达到以

图 2-3 绍兴鉴湖风光

下要求：

（1）无色、无味、无臭、清亮透明、无异常。

（2）pH 中性左右　理想值为 6.8～7.2，极限值为 6.5～7.8。

（3）硬度 36～125mg/L（以 $CaCO_3$ 计）为宜　适量的 Ca^{2+}、Mg^{2+}，能提高酶的稳定性，加快生化反应速度，促进蛋白质变性沉淀，但含量过高有损酒的风味。水的硬度太高，使原辅料中的有机物质和有害物质溶出量增多，黄酒出现苦涩感觉，还会导致水的 pH 偏向碱性而改变微生物发酵的代谢途径。

（4）铁含量<0.5mg/L　含铁太高会影响黄酒的色、香、味和加速氧化浑浊。水中铁含量>1mg/L 时，酒会有不愉快的铁腥味，酒色变暗，口味粗糙。日本清酒酿造认为酿造水铁含量越少越好，要求 0.02mg/L 以下。啤酒酿造水一般认为应低于 0.2mg/L。

（5）锰含量<0.1mg/L　水中微量的锰有利于酵母的生长繁殖，但过量使酒味粗糙带涩，并影响酒体的稳定。

（6）铅、锡、铬、锌、铜等含量　锌离子是酵母生长必需的无机离子，而铅、锡、铬等重金属离子对酵母有毒性，且抑制酶活性，并易引起黄酒浑浊。啤酒酿造水对锌离子和铜离子的理想要求分别为 1～3mg/L 和 0～0.1mg/L，其余重金属离子均<0.05mg/L，而黄酒酿造水尚无相关数据。

（7）有机物含量（高锰酸钾耗用量）　有机物是水被污染的标志，常用高锰酸钾耗用量表示，应<5mg/L。

（8）氨氮、亚硝酸盐氮和硝酸盐氮（以氮计）　氨氮在水中以游离氨（NH_3）或铵盐（NH_4^+）状态存在，氨氮含量高，表示该水不久前受过严重污染，最好为不检出，最高极限 0.5mg/L；NO_2^- 是致癌物质，能引起酵母功能损害，要求不检出；NO_3^- 大多是由动物性物质污染分解而来，其含量要求 0.2mg/L 以下，最高极限 0.5mg/L。但当水中仅含硝酸盐而不存在其他氮化合物时，表示有机氮化合物已分解完全，硝酸盐氮含量可以放宽。

（9）硅酸盐（以 SiO_3^{2-} 计）< 50mg/L 水中硅酸盐含量过高时，易形成胶团，影响发酵和过滤，并使口味粗糙，容易浑浊。

（10）氯化物（以 Cl^- 计） 氯化物几乎在所有水源中存在，一般以钠、钙、镁等盐的形式存在。少量氯化物对微生物有利，过量易引起早衰，并使酒带有咸味。氯化物含量应在 20~60mg/L，最高极限为 80mg/L。

（11）总溶解盐类 总溶解盐类最好在 100mg/L 以下，最高极限 500mg/L。用含盐量过高的水酿酒，口味苦涩、粗糙。

生活饮用水与酿造用水的差别见表 2-8。

表 2-8 生活饮用水与酿造用水的差别

项目	生活饮用水标准限值	酿造用水要求	
		理想标准	最高极限
pH	6.5~8.5	6.8~7.2	6.5~7.8
总硬度（以 $CaCO_3$ 计）/（mg/L）	450	36~125	<215
硝酸盐氮（以 N 计）/（mg/L）	10	<0.2	<0.5
细菌总数/（CFU/100mL）	100	不得检出	<100
总大肠菌群[1]	不得检出	不得检出	<3
耐热大肠菌[1]	不得检出	不得检出	不得检出
大肠埃希氏菌[1]	不得检出	不得检出	不得检出
氯气及游离氯制剂[2]	≥0.3	<0.1	<0.3

注：①单位为 MPN/100mL 或 CFU/100mL；②以游离氯计，单位为 mg/L。

（二）酿造用水的处理

酿造用水处理的目的主要是：去除水中的悬浮物及胶体等杂质；去除水中的有机物，以消除异臭、异味；将水的硬度降低至适合黄酒酿造的范围内；去除微生物，使水中微生物指标符合饮用水卫生标准；根据需要，去除水中的铁、锰化合物。

根据水质状况，酿造用水的处理一般分为三个步骤：去除悬浮物质，去除溶解物质，去除微生物。但是水的来源及水质的具体情况不同，所需采取的具体措施也不完全一样。

1. 水的除杂

（1）沉淀池澄清　通过降低水的流速，使水中的悬浮物质缓慢沉降下来。流量相同时，沉淀池越大，澄清效果越好。在沉淀池中，悬浮物质分离率可达到 60%～70%。

如果水质不是很理想的话，需要添加絮凝剂。絮凝剂的作用是中和水中胶体表面的电荷，破坏胶体的稳定性，使胶体颗粒发生凝聚并包裹悬浮颗粒而沉降，通过凝聚和静置的组合，使水中由微粒形成的悬浮物得以去除，从而使水澄清。

经过沉淀池的澄清，悬浮物质还不能全部除去，因此接下来要对水进行过滤。

（2）石英砂过滤　过滤时水穿过一层大小均匀且灼烧过的纯石英砂，悬浮物质被石英砂的孔洞截留住。

（3）活性炭过滤　目的是去除水中的有机物、余氯和降低色度，也可作为离子交换的前处理工序。当水质较差，出现一般性的异臭或异味时，用活性炭过滤也是有效的。

（4）微孔烧结管过滤　用微细颗粒的硅藻土、聚乙烯等为主要材料，成形为管状，高温焙烧使其表面形成 0.5～10μm 的微孔，用此作过滤介质，水从管外壁经微孔进入管内，可以滤除水中大部分微细杂质和细菌。微孔烧结管使用一段时间后需要进行清洗。

硅藻土烧结管通常又称砂棒、砂芯。聚乙烯微孔烧结管是新产品。烧结管应由无毒、无味、化学性能稳定并允许用于食品的材料制成。

2. 水的软化

当水的硬度超标时，酿造用水就必须进行软化。当水中的铁、锰含量高时，往往使水产生金属味，并引起黄酒沉淀，所以酿造用水也需要考虑去除铁离子和锰离子。水的软化常用沉淀法和脱盐法（离子交换、电渗析和反渗透）。

（1）沉淀法　沉淀法也称药剂法，即在水中加入适当的药剂，使溶解在水里的钙、镁盐转化为几乎不溶于水的物质，生成沉淀并从水中析出，从而降低水的硬度，达到软化水的目的。对于碳酸盐硬度较高的水，可以用饱和石灰水，去除水中的碳酸氢钙和碳酸氢镁。

（2）离子交换法　离子交换法是用离子交换树脂中所带的离子与水中溶解的一些带相同电荷离子之间发生交换作用，以除去水中部分不需要的离子。通过再生，离子交换剂可以反复使用。

离子交换树脂的选用原则：尽量选择容量大的树脂；使用弱酸性阳离子交换树脂可以除去碳酸盐硬度，使用强酸性阳离子交换树脂可以除去钙、镁、钠等离子，使用弱碱性阴离子交换树脂可以除去部分阴离子，降低非碳酸盐硬度，使用强碱性阴离子交换树脂可以除去硝酸盐。

（3）电渗析法　主要用于处理水中高盐浓度和高总硬度的情况。水中的无机离子在外加电场的作用下，利用阴离子或阳离子交换膜对水中离子的选择性透过，使水中的一部分离子穿过离子交换膜而迁移到另一部分水中，而达到除盐和降低总硬度的目的，但这种方法对水的消耗量比较大。

良好的离子交换膜应具备：离子选择透过性高，实际应用的离子交换膜的选择性透过率一般在80%～95%，导电性好，化学稳定性好，能耐酸、碱，抗氧化，抗氯，平整性、均匀性好，无针孔，具有一定的柔韧性和足够的机械强度，渗水性低等。

（4）反渗透法　反渗透是一项处于不断发展的技术，一般用于饮用水、生产用水和纯水生产。当向水体施加大于渗透压的压力时，水分子就会向与正常渗透现象相反的方向移动。反渗透膜孔径较超滤膜小，不仅能截留高分子物质，还能截留无机盐、糖、氨基酸等低分子物质，因此透过反渗透膜的水几乎就是纯水。但水中的离子也不是除去得越彻底越好，酿造用水中应该有一定的离子浓度。

3. 水的消毒灭菌

（1）无菌过滤　通过膜过滤达到除菌的目的。

（2）紫外线灭菌　紫外线照射可杀死微生物，此方法既卫生又可靠，但存在以下缺点：设备损耗大；处理能力低；水层必须很薄，浑浊和色泽会影响灭菌效果。此外，细菌数量多时，照射量也必须随之提高。

（3）臭氧灭菌　对空气中的氧进行放电处理可获得臭氧，臭氧的氧化作用会破坏细菌的细胞膜，从而达到杀菌的目的。

（4）通氯气灭菌　往水中通入氯气产生次氯酸，次氯酸分解为 HCl 和 O_2，从而形成较高的氧化力，通过氧化作用破坏微生物的细胞膜，并杀死微生物，但是加氯杀菌后的水有明显的气味。

第二节　黄酒酿造的主要微生物

黄酒酿造涉及众多的微生物，黄酒制曲和发酵过程有大量霉菌、酵母和细菌的参与。霉菌和酵母对黄酒生产起着主导作用，但在麦曲和酒醪中能检测到大量的乳酸菌、糖多孢菌、芽孢杆菌、葡萄球菌等细菌。除乳酸菌在浸米水中繁殖产酸，有利于酒醪发酵和增进黄酒风味外，目前对于细菌在黄酒生产中所起的作用认识有限，某些细菌（如短乳杆菌）在酒醪中过度生长会引起酸败。

一、酵母菌

数千年前，人们虽然不知道酵母菌是什么样子，但却利用酵母菌的发酵能力来酿酒。酵母菌是一群单细胞微生物，属真菌，喜生长在含糖质较多的偏酸性环境中，在空气中也有大量酵母菌存在。

酵母菌的细胞比细菌大得多，其大小在（5~30）μm×（1~5）μm。细胞形态依种而异，除常见的圆球形、椭圆形、卵形外，还有腊肠形、黄瓜形、柠檬形、三角形及丝状等。有些酵母菌（如扣囊复膜孢酵母、热带假丝酵母）的亲代与子代细胞互相连接，形似菌丝，称为假菌丝。酿酒酵母大多为椭圆形、卵形、圆球形。图 2-4 为黄酒生产用酿酒酵母 85 号菌株和 XZ-11 菌株的细胞形态，XZ-11 菌株细胞比 85 号菌株略大。

（1）85号菌株 （2）XZ-11菌株

图 2-4 黄酒生产用酿酒酵母细胞形态

酵母菌的菌落特征是鉴定酵母的依据之一。酿酒酵母的菌落一般表面光滑、湿润、有光泽、边缘整齐，乳白色，菌落大而厚，并容易挑起。酵母菌的繁殖方式有无性繁殖和有性繁殖两种。无性繁殖方式分为芽殖和裂殖，芽殖是酵母繁殖的主要方式。在特定条件下，酵母可通过形成子囊孢子进行有性繁殖。在正常营养状况下，酿酒酵母都以营养体状态进行出芽繁殖，营养体既可以单倍体（n）形式存在，也可以二倍体形式（$2n$）存在。当条件适宜时，酵母 15min 就可繁殖一代。

酿酒酵母的生长温度范围为 4~40℃，最适温度大多为 25~30℃，在 pH 3~10 均能繁殖，最适 pH 为 4.5~5.0。如维持 pH 在 3.8~4.2，则对细菌有较好的抑制作用，而对酿酒酵母影响较小，便可在不杀菌的情况下进行纯粹培养。酿酒酵母是兼性厌氧菌，在无氧条件下进行酒精发酵，在有氧条件下则主要进行有氧呼吸，将可发酵性糖彻底分解为 CO_2 和水，很少生成酒精。在黄酒酿造中，除酿酒酵母外，还有少量非酿酒酵母属酵母（如异常毕赤酵母、热带假丝酵母、葡萄牙棒孢酵母、东方伊萨酵母）参与发酵。非酿酒酵母属酵母产酒精能力弱，但产甘油、酯和有机酸的能力强。

二、霉菌

霉菌是我国历史上应用最早的一种微生物。我国劳动人民早在几千年前就在生活和生产实践中逐步认识了霉菌的作用，并利用它们酿酒、制酱（酱类、酱油）和制腐乳等，这些都是我国的传统发酵食品。

根据酒曲的分离研究结果表明，酒曲中的霉菌主要有下列几种。

（一）曲霉（*Aspergillus*）

曲霉的菌丝有隔膜，为多细胞的菌丝。接触培养基的菌丝分化出厚壁的足细胞，在足细胞上生出直立的分生孢子梗，顶端膨大成球形顶囊，在顶囊外以辐射方式生出一层或两层小梗，即初生小梗和次生小梗（或称为梗基和瓶梗），小梗顶端产生一串分生孢子，如图 2-5 所示。不同种的分生孢子呈黑、黄、白、绿等不同颜色。曲霉分生孢子梗的长度、分生孢子穗和顶囊的形状、小梗单层或双层（即有无梗基）、分生孢子的特征（颜色、形状、大小及表面结构）等都是菌种鉴定的依据。

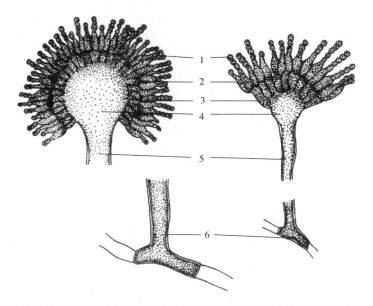

1—分生孢子；2—次生小梗；3—初生小梗；4—顶囊；5—分生孢子梗；6—足细胞

图 2-5 曲霉的形态

用于黄酒生产的曲霉主要有米曲霉（*A. oryzae*）、黑曲霉（*A. niger*）和泡盛曲霉（*A. awamori*）。泡盛曲霉被认为是黑曲霉的变种。黄曲霉（*A. flavus*）

与米曲霉同属于曲霉属黄绿组（*Aspergillus* section *Flavi*），两者形态特征相似，有些黄曲霉菌株会产生黄曲霉毒素，在生产中应避免其污染。这里参考文献资料，简单介绍4种曲霉形态特征。

黄曲霉在察氏培养基上25℃培养7d菌落直径为［35~40（~70）］mm；质地主要为致密丝绒状，有时稍现絮状或中央部分呈絮状，平坦或辐射状至不规则的沟纹；分生孢子结构多，颜色为黄绿至草绿色，初期较淡，老后稍深，有的菌株初期现黄色，而后变绿；菌落反面无色至淡褐色，产生菌核的菌株在形成菌核处的反面显黑褐色斑点。分生孢子穗初为球形，后呈辐射形，或裂成几个疏松的柱状体；分生孢子梗大多生自基质，［（200~）400~800（~3000）］μm×［（4~）9.6~16（~20）］μm，壁厚，粗糙至很粗糙；顶囊近球形或烧瓶形，大部分表面可育（顶囊上产生小梗的部分称可育表面），小者仅上部可育；产孢结构双层（即双层小梗）；分生孢子多为球形至近球形［（2.4~）3.6~4.8（~6.4）］μm，少数呈椭圆形（3.2~5.2）μm×（2.7~4.2）μm，壁稍粗糙至具小刺；有的菌株产生菌核，初时白色，老后呈褐黑色，球形或近球形，大小或数量各异。

米曲霉在察氏培养基上25℃培养7d菌落直径为45~55mm；质地丝绒状，中央呈絮状；分生孢子初期为浅黄绿色至黄绿色，后呈淡茶褐色，菌落反面无色至或淡粉红色至淡褐色。分生孢子穗初为球形，后呈辐射形，散乱；分生孢子梗生自基质或气生菌丝，［（200~）500~3000（~3500）］μm或更长，直径［（5.5~）8~20］μm，生于气生菌丝者较短，壁通常粗糙，也有近于光滑者；顶囊近球形或烧瓶形，全部表面或3/4表面可育；产孢结构单层（即单层小梗）或偶有双层；分生孢子球形至近球形［（3.6~）5~8.6（~9.6）］μm，或椭圆形至洋梨形（4.8~9.6）μm×（4~4.8）μm，壁近于光滑或稍粗糙。米曲霉苏-16菌株的产孢结构如图2-6所示，可见其产孢结构单层。

图2-6 米曲霉苏-16菌株的产孢结构

黑曲霉在察氏培养基上 25℃ 培养 7d 菌落直径为 50~70mm，平坦或中心稍凸起，有规则或不规则的辐射状沟纹，质地丝绒状或稍呈絮状；分生孢子结构大量，呈暗褐黑色至炭黑色，菌落反面为无色或呈不同程度的黄色、黄褐色或带微黄绿色；分生孢子穗初为球形至辐射形，老后分裂成几个圆柱状结构；分生孢子梗生自基质，[（800~）1500~3500（~4000）]μm×（9~20）μm，壁平滑，老时带黄色或黄褐色；顶囊球形或近球形，老时褐色，全部表面可育；产孢结构双层；梗基在一定时间内随菌龄的增大而增大，[（10~）15~35（~70）] μm×[（3~）5~8（~14）]μm，老时暗褐色；瓶梗 [（7~）8~10（~12）] μm×[（2~）2.5~3]μm；分生孢子球形、近球形或者老后横向变扁，壁明显粗糙或具尖疣、不规则的脊状突出或纵向条纹，偶有稍现粗糙或近于平滑者；如有菌核则为球形或近球形，奶油色至淡黄色。

泡盛曲霉在察氏培养基上 25℃ 培养 7d 菌落直径为 65~70mm，有的菌株 50mm 左右，平坦或具辐射状沟纹；质地丝绒状或兼有絮状；分生孢子结构大量产生，有的菌株在中部或边缘较密集，橄榄褐色至黑褐色或暗巧克力黑色，有的菌株在中部带灰褐色，菌落反面呈不同程度的黄色或黄褐色，也有呈褐色并扩散于基质中者；分生孢子穗幼时多呈辐射形，老时疏松或裂成疏松的圆柱状结构；分生孢子梗生自基质，[（250~）400~1000（~2000）]μm×[（6~）9~15（~18）]μm，近顶囊部分稍收缩，壁平滑，上部带黄褐色；顶囊球形或近球形，老时带淡褐色，全部表面可育；产孢结构双层；梗基 10~[30（~40）]μm×（3.5~6）μm，老时暗褐色；瓶梗（8~10）μm×（2~4）μm；分生孢子球形或近球形，壁平滑或近于平滑到稍粗糙，有的菌株老时出现不规则的低脊或纵向条纹。

3 种用于黄酒生产的曲霉表现出不同的产淀粉酶和酿酒特性。米曲霉产 α-淀粉酶的最适 pH 为 5.8~6，产葡萄糖淀粉酶的最适 pH 为 5.1。泡盛曲霉在 pH 为 4~5 时产葡萄糖淀粉酶，几乎不产 α-淀粉酶，而在 pH 为 6~7 时有利于 α-淀粉酶的生成。据文献报道，泡盛曲霉的 α-淀粉酶耐酸性。黑曲霉是葡萄糖淀粉酶和耐酸性 α-淀粉酶生产的重要菌种，其产耐酸性 α-淀粉酶的最适 pH 为 4.0。泡盛曲霉和黑曲霉为乌衣红曲生产菌株，产葡萄糖淀粉酶能力强，水解淀粉生成葡萄糖，能为酵母菌直接利用，且葡萄糖淀粉酶能耐酸，糖化的持续性长，酿酒出酒率高，但酒的口感不如米曲霉的好。米曲霉为麦曲生产菌株，产 α-淀粉酶能力强，由于 α-淀粉酶不耐酸，在发酵中有前劲，没有后劲，出酒率不高，但酒的口感好。

黄酒行业常用曲霉菌种有米曲霉苏-16、As. 3800，泡盛曲霉 As. 3.4319，黑曲霉 3758、As. 3.4427、As. 3.4309（俗称 UV-11）等。其中苏-16 和 As. 3.4319 分别是从自然培养麦曲和乌衣红曲中分离出来的，在黄酒行业应用较为普遍；中国科学院黑曲霉诱变株 As. 3. 4309 曾获国家科技进步奖，其特点是产葡萄糖淀粉酶能力强，酶系较纯。

（二）根霉（*Rhizopus*）

根霉菌是常见的霉菌，在空气、土壤中，以及各种器具表面都有它的孢子存在。

根霉菌丝没有横隔膜，一般认为是单细胞的真菌。根霉在培养基上生长时，由营养菌丝体产生弧形的匍匐菌丝，向四围蔓延。匍匐菌丝接触培养基处，分化成一丛假根（类似根状菌丝），吸收养料。从假根处丛生出直立的孢囊梗，梗的顶端膨胀形成圆形的囊，称孢子囊。孢子囊里面有许多孢子，称囊孢子，成熟的囊孢子从破裂的囊壁释放出来，散布各处进行繁殖，如图 2-7 所示。

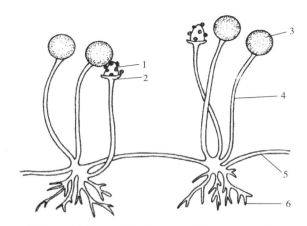

1—囊轴；2—囊托；3—孢子囊；4—孢囊梗；5—匍匐枝；6—假根

图 2-7　根霉的形态图

在酒曲中分离到的还有毛霉和犁头霉，其形态和根霉很相似（图 2-8）。现把上述三种菌的异同点做一比较，如表 2-9 所示。

（1）毛霉属　　　　　　　（2）犁头霉属　　　　　　　（3）根霉属

图 2-8　毛霉属、犁头霉属和根霉属示意图

表 2-9　　　　　　　　　　　　根霉、毛霉、犁头霉形态的比较

菌类型	根霉	毛霉	犁头霉
匍匐枝、假根	有	无	有
孢囊梗	由匍匐枝生出，与假根相对	由菌丝体生出	散生在匍匐枝中间
孢子囊	球形	球形	洋梨形
囊托	有	无	有

我国小曲中的根霉是经过数百年培育驯养出来的酿酒优良菌种。中国科学院微生物研究所著名微生物学家方心芳等于 1956 年起研究根霉的分类及其生理特性，从 137 个酒曲（大部分是小曲）中分离出 828 株毛霉科的霉菌，其中根霉有 643 株，其余为毛霉、犁头霉等。根霉产淀粉酶能力强，以葡萄糖淀粉酶为主，且能产脂肪酶、酸性蛋白酶和少量酒化酶。多数根霉最适生长温度为 30~33℃，最适产酶温度为 33~35℃。由于根霉缺乏羧肽酶，不能分解利用加热变性蛋白质，因此更适合在生料上生长。

黄酒行业常用的根霉菌种有贵州省轻工业研究所的 Q303 和中国科学院的 As. 3.866、As. 3.851、As. 3.867、As. 3.852、As. 3.868，它们都是从小曲中分离出的优良菌种。

（三）红曲菌（*Monascus*）

红曲菌属在分类学上属于红曲菌科（Monascaceae）、散囊菌目（Eurotiales）、真子囊菌纲（Euascomycetes）、子囊菌门（Ascomycota）。红曲菌菌落初为白色，老熟后呈淡红色、紫红色或灰褐色等，因种而异，多能分泌可溶性色素，使培养基着色。菌丝有横隔，是多细胞构造，无色透亮，或含深浅不同的红色色素，或含深浅不同的褐色色素。细胞多核，细胞中大都具黄色油滴，细胞壁光滑，但往往附有结晶的疣状物。菌丝具不规则的分枝，菌丝之间常有网结联合现象。红曲菌的无性生殖产生分生孢子，分生孢子着生在菌丝或其分枝的顶端，单向或以向基的方式形成链，有性生殖则产生子囊孢子。在培养过程中无性生殖和有性生殖几乎同步发生，只是分生孢子发育快而子囊孢子发育慢而已。红曲菌的生活史参考图 2-9。

红曲菌生长适应的温度范围为 15~42℃，最适为 25~30℃，生长最适 pH 为 3.5~5.0，能耐 pH 2.5，能产淀粉酶、酯化酶、蛋白酶等多种酶，它的次级代谢产物色素、抗生素、洛伐他汀、γ-氨基丁酸、麦角固醇等是近年来的研究热点。作为生产菌种，宜用产橘霉素低的菌株。据红曲专家周立平教授介绍，用于保藏的试管菌种应至少在适温下培养 10~12d，选用产孢多的培养基尤佳。20 世纪 60 年代时，中国科学院微生物研究所从所分离的 150 株红曲

1—菌丝和菌丝的网结联合现象；2，3—分生孢子梗和分生孢子；
4—分生孢子萌发；5—雄器和产囊器；6—受精丝的形成；7—形成不育菌丝将雄器和产囊器包围；
8—原始闭囊壳；9—原始闭囊壳剖面；10—成熟闭囊壳剖面；11—子囊孢子；12—子囊孢子萌发
图 2-9　红曲菌的生活史
（1）无性生殖世代　（2）有性生殖世代

菌中挑选出 11 株优良的菌种，向全国推广，为红曲生产提供了优良的纯种。
As. 3.913、As. 3.914、As. 3.918、As. 3.973 这 4 株菌种产红色素能力强，可
作色曲的菌种。As. 3.555、As. 3.920、As. 3.972、As. 3.976、As. 3.986、
As. 3.987、As. 3.2637 这 7 株菌糖化力强，可用作酿酒曲的菌种，其中
As. 3.972、As. 3.986、As. 3.987 这 3 株产色素也深，也可作色曲的菌种。
As. 3.555、As. 3.976 在分类上均属变红红曲菌（*M. serorubescens*），其他各类
菌株均属红曲红曲菌（*M. anka*）。福建省微生物研究所于 2017 年对该所收藏
自古田县 60 株红曲菌进行分类鉴定，认为分别归属红色红曲菌（*M. ruber*）、
丛毛红曲菌（*M. pilosus*）和紫色红曲菌（*M. purpureus*）3 个种。

三、细菌

细菌是在自然界分布最广、数量最多的一类微生物。我国古代很早就知道

酿醋，就是利用醋酸菌的例证。再如泡菜的制作就是培养乳酸菌，以达到酸味可口的目的。可见，我国古代早已应用细菌为人类服务了。

黄酒酿造由于采用开放式的发酵形式，特别是传统的手工操作，因此必定有各种细菌参与糖化发酵过程。由于发酵条件控制不当和消毒不严等原因，会造成产酸细菌的大量繁殖，导致酒醪不同程度的酸败。造成酸败的主要细菌是乳酸菌和醋酸菌。在机械化黄酒生产上，酒母质量要求在一个视野中细菌不超过2个。在自然培养麦曲和酒药中也存在一定量的细菌，由于较长时间的贮藏，使一部分细菌死亡，另一部分形成芽孢呈休眠状态，需一定时间才能萌芽生长，所以新制成的麦曲立即用于酿酒容易酸败就是这个道理。

在制曲和酿酒中，常见细菌主要有以下几种。

（一）醋酸菌（acetic acid bacteria）

黄酒由于是开放式发酵，在操作时势必感染一些醋酸菌。酵母菌也不同程度地产生一些醋酸，但产酸能力远远不及醋酸菌。醋酸是黄酒风味成分之一，同时也是酯类的前体物质，是黄酒陈香的来源之一，但醋酸含量过高，会使黄酒变酸、变质，醋酸对酵母的杀伤力也较大。因此，黄酒生产中必须防止醋酸杆菌的大量侵入。与黄酒酿造有关的醋酸菌主要有醋酸菌科（Acetobacteraceae）的醋杆菌属（Acetobacter）和葡糖杆菌属（Gluconobacter）。前者在39~40℃下可生长，增殖最适温度在30℃以上，主要作用是将酒精氧化为醋酸，也能微弱氧化葡萄糖为葡萄糖酸，并可继续氧化醋酸为 CO_2 和水；后者可在低温下生长，增殖最适温度在30℃以下，主要作用是将葡萄糖氧化为葡萄糖酸，也能微弱氧化酒精为醋酸，但不能氧化醋酸为 CO_2 和水。

醋杆菌属的细胞为椭圆至杆状、直或弯，（0.6~0.8）μm×（1~4）μm，单个、成对或链状排列，如图2-10所示，有的菌株有退化体，呈球状、膨大、棒状或丝状；以周生或侧生鞭毛运动，或不运动；不产芽孢；革兰氏阴性；严格好氧；菌落灰色，多数无色素，少数菌株产水溶性色素或由于形成卟啉而使菌落呈粉红色；接触酶阳性，氧化酶阴性。葡糖杆菌属的细胞为椭圆到杆状，（0.5~1）μm×（2.6~4.2）μm，单个或成对，罕见链状排列，有的菌株有退化体；不生芽孢；革兰氏阴性；以极生鞭毛运动，或不运动；严格好氧；菌落苍白色；接触酶阳性，氧化酶阴性。

图 2-10　醋杆菌形态

（二）乳酸菌（lactic acid bacteria）

乳酸菌为厌氧或兼性厌氧菌，在自然界中普遍存在，广泛分布于谷类、酒曲、米浆水和酒醪中。它繁殖快，能利用各种糖类产生乳酸。传统黄酒酿造中添加米浆水，就是利用乳酸菌发酵产生的酸，抑制杂菌繁殖生酸，达到以酸制酸的作用，并有利于酵母的发酵和黄酒风味的协调。

目前在自然界中发现的乳酸菌共有 200 多种，在细菌分类学中被划分为 23 个属。黄酒发酵中有大量乳酸菌参与，酒醪中大量存在的乳酸菌有乳杆菌属（*Lactobacillus*）、乳球菌属（*Lactococcus*）、明串珠菌属（*Leuconostoc*）、片球菌属（*Pediococcus*）、魏斯氏菌属（*Weissella*）、链球菌属（*Streptococcus*）、肠球菌属（*Enterococcus*）、酒球菌属（*Oenococcus*）等。乳酸菌对黄酒的风味和品质影响较大，但在黄酒发酵过程必须控制乳酸菌适度生长繁殖，避免大量生长繁殖引起酒醪酸败。黄酒贮存过程中的产酸菌大多为乳酸菌，且多呈细长的杆状（图 2-11）。

图 2-11 乳杆菌形态

（三）芽孢杆菌（*Bacillus*）

麦曲和酒醪中的芽孢杆菌有枯草芽孢杆菌、地衣芽孢杆菌、解淀粉芽孢杆菌、巨大芽孢杆菌等，这些耐高温细菌能产 α-淀粉酶、蛋白酶、纤维素酶和脂肪酶等酶类。由于它们产蛋白酶能力强，可能对高温制曲过程中美拉德反应起重要作用。枯草芽孢杆菌（图 2-12）是好氧菌，存在于土壤、枯草、空气及水中，由于它的芽孢能抗高温，所以散布极广。制曲时如果曲料水分含量高，就非常容易引起枯草芽孢杆菌迅速繁殖，造成曲料发黏而酸败。该菌最适

图 2-12 枯草芽孢杆菌

生长温度为 30~37℃，但在 50~56℃ 时尚能生长，最适 pH 为 6.7~7.2。枯草芽孢杆菌的芽孢能抗高温，一般在 100℃ 下 3h 才能杀灭。

近年来的研究发现，上述 4 种芽孢杆菌能产乙偶姻、四甲基吡嗪、呋喃扭尔等风味物质及多种生物活性物质，是白酒酿造中产生酱香风味和芝麻香风味的重要微生物。此外，它们还能产抑菌细菌素，影响其他微生物的生长繁殖。

第三节　黄酒酿造的酶类

酶在酿酒生产中起了极其重要的作用，它关系到酿酒的质量和产量的提高，现将酿酒中几种主要的酶及其作用介绍如下：

一、α-淀粉酶（淀粉-糊精化酶）

α-淀粉酶和葡萄糖淀粉酶是酒曲中的主要淀粉酶，也是黄酒酿造中最重要的淀粉水解酶。α-淀粉酶水解淀粉分子中 α-1,4 葡萄糖苷键，生成小分子糊精和少量麦芽糖、葡萄糖以及寡糖。淀粉被水解后失掉原来的黏稠性，黏度下降呈现液体状态，这种现象称"液化"，又称"糊精化"，故此酶也称作液化酶。其水解淀粉生成的产物在结构上都是 α 型的，故又称为 α-淀粉酶。

α-淀粉酶作用淀粉时，初期水解迅速，以后渐慢。水解过程中，分子由大变小，代谢产物还原性增高，淀粉遇碘呈蓝色。糊精随分子由大转小，遇碘颜色由紫、红到棕色，当分子小到一定程度时，水解液遇碘不变色，这时主要水解产物为麦芽糖和寡糖及少量葡萄糖。α-淀粉酶属内切型淀粉酶，它作用于淀粉时从淀粉分子内部以随机的方式切断 α-1,4 葡萄糖苷键。它的最小作用底物是麦芽糖三糖。此酶不能水解 α-1,6 葡萄糖苷键，但可以绕过 α-1,6 葡萄糖苷键，所以作用于支链淀粉时，有异麦芽糖低聚糖产生。

产 α-淀粉酶的微生物有米曲霉、枯草芽孢杆菌、地衣芽孢杆菌、红曲菌、黑曲霉和泡盛曲霉等。商品化 α-淀粉酶有高温和中温两种。高温 α-淀粉酶作用的最适温度在 90℃ 以上，有效 pH 5.0~8.0，最适 pH 6.0 左右。中温 α-淀粉酶作用的最适温度 55~70℃，最适 pH 6.0 左右，在 pH 5.0 以下严重失活。α-淀粉酶参考用量为 6~8 U/g 原料。钙离子对 α-淀粉酶活性起保护作用，推荐加入钙离子浓度 50~70mg/L。

二、β-淀粉酶（淀粉-1,4 麦芽糖苷酶）

黄酒酿造中的 β-淀粉酶可能主要来源于小麦。

β-淀粉酶作用于淀粉时，从非还原性末端开始，水解 α-1,4 葡萄糖苷键，顺序切下两个葡萄糖基，产物为麦芽糖。麦芽糖在淀粉分子中原来是 α-型，

酶水解 α-葡萄糖苷键时，在水解过程中顶端葡萄糖分子发生转位，将 α-型转变为 β-型麦芽糖，因此称 β-淀粉酶。水解只从分子的末端进行，不能从分子内部进行，故称这类酶为外切酶。

β-淀粉酶也能水解糊精、低聚糖等，但不能水解麦芽糖中的 α-1,4 葡萄糖苷键。在水解支链淀粉时，由于此酶不能水解 α-1,6 葡萄糖苷键，到达分支点就停止作用，而且也不能绕过分支点继续作用，因此残留下大分子的分支糊精，称 β-界限糊精。

由于 β-淀粉酶是从淀粉键非还原性末端一个一个地将麦芽糖基团切下来，水解速度慢，所以糖化时碘色消失很缓慢。有 α-淀粉酶配合使用，作用速度加快，如添加异淀粉酶，切开 α-1,6 葡萄糖苷键，β-淀粉酶便能将淀粉完全水解成麦芽糖。

三、葡萄糖淀粉酶（淀粉-1,4 葡萄糖苷酶）

葡萄糖淀粉酶水解淀粉由非还原性末端开始，顺次水解 α-1,4 葡萄糖苷键，将葡萄糖一个一个水解下来，故称为糖化酶。此酶在水解时也起转位反应，所以产物为 β-葡萄糖。除能水解 α-1,4 葡萄糖苷键外，还能水解 α-1,6 和 α-1,3 葡萄糖苷键，但水解两种葡萄糖苷键的速度很慢，只有水解 α-1,4 葡萄糖苷键的 1/30～1/20。由于它能水解几种葡萄糖苷键，所以能使淀粉全部转变成葡萄糖。

葡萄糖淀粉酶除能水解长链的淀粉和糊精外，还能水解低聚糖、麦芽糖等。为了加快水解速度，预先用 α-淀粉酶水解淀粉，再加葡萄糖淀粉酶，可获得较好的效果。

产葡萄糖淀粉酶的微生物有黑曲霉、泡盛曲霉、根霉、米曲霉、红曲菌等。商品化糖化酶作用的温度范围 30～65℃，最适温度 58～62℃，最适 pH 4.0～4.5，参考用量为 100～300 U/g 原料。

上述 3 种淀粉酶水解淀粉机制如图 2-13 所示。

四、其他淀粉酶

其他淀粉酶包括异淀粉酶（淀粉-1,6 葡萄糖苷酶）、普鲁兰酶、转移葡萄糖苷酶等，这些酶在黄酒酿造中的作用尚不清楚。

异淀粉酶作用于淀粉 α-1,6 葡萄糖苷键，能水解支链淀粉、β-界限糊精、糖原和多聚物分子中分支的 α-1,6 葡萄糖苷键，切开分支，形成直链淀粉。由于这类酶能使分支结构的支叉脱掉，又被称为脱支酶。在生产中可以将异淀粉酶与其他酶类协同使用，以提高分解力，增加可发酵性糖的产率。

普鲁兰酶是一种在低 pH 下应用的热稳定脱支酶，可水解液化淀粉中的

图 2-13　淀粉酶水解淀粉机制示意图

α-1,6 葡萄糖苷键而产生包含 α-1,4 葡萄糖苷键的直链多糖。此酶能快速有效地作用于支链淀粉，与糖化酶配合使用，达到提高葡萄糖含量的目的。

转移葡萄糖苷酶可切开麦芽糖 α-1,4 葡萄糖苷键，并将葡萄糖残基以 α-1,6 葡萄糖苷键的形式连接到另一个葡萄糖或麦芽糖等分子上，生成异麦芽糖和潘糖等非发酵性糖。由于此酶具有极强的分解和合成的可逆反应，当发酵液中葡萄糖被利用后，此酶又能将非发酵性糖分解成可发酵性糖。转移葡萄糖苷酶主要来源于黑曲霉和泡盛曲霉。

五、蛋白水解酶

蛋白水解酶是水解蛋白质肽键的一类酶的总称，分为内肽酶和端肽酶两大类。内肽酶能切断蛋白质分子内部肽键，分解产物为小分子的多肽。端肽酶又分为羧肽酶和氨肽酶两种，羧肽酶是从游离羧基端切断肽键，而氨肽酶则从游离氨基端切断肽键。此外，还有一种二肽酶，它分解二肽为氨基酸。

通常说的蛋白酶都是指内肽酶，而羧肽酶、氨肽酶、二肽酶总称为肽酶或端肽酶。

蛋白水解酶对蛋白质的水解作用如下：

蛋白水解酶切断肽键时对肽键左右的氨基酸有一定的要求。各种来源不同的蛋白酶对肽键左右的氨基酸专一性也不一致，不是所有来源的蛋白酶都能水解各种蛋白质，它有一定的限制性和选择性。

蛋白水解酶的来源有植物、动物和微生物。能产蛋白水解酶的微生物有毛霉、米曲霉、黑曲霉、泡盛曲霉、红曲菌、根霉、枯草芽孢杆菌、乳杆菌等，因此蛋白水解酶也是曲中活力较高的一种酶。有关研究表明，熟麦曲中含有酸性蛋白酶、中性蛋白酶及二肽酶、氨肽酶、丙氨酰二肽基肽酶、亮氨酸氨肽酶等多种肽酶。

酿酒中使用的商品化蛋白酶为酸性蛋白酶，最适作用温度 $40 \sim 45 ℃$、最适 pH $2.5 \sim 4.0$。

六、纤维素酶

纤维素酶是降解纤维素生成葡萄糖的一组酶的总称，主要由内切葡聚糖酶（C_1 酶）、外切葡聚糖酶（C_x 酶）和纤维二糖酶（β-葡萄糖苷酶）等组成。一般认为，天然纤维素的水解过程如下：首先 C_1 酶作用于纤维素的非结晶区，形成 C_x 酶作用所需的游离末端，然后由 C_x 酶从多糖链的还原端或非还原端切下纤维二糖单位，最后由纤维二糖酶将纤维二糖水解成 2 个葡萄糖。研究发现，上述纤维素酶的协同作用顺序不是绝对的，三者必须同时存在才能水解天然纤维素，若先用 C_1 酶作用结晶纤维素，然后除掉 C_1 酶，再加入 C_x 酶，则不能将结晶纤维素水解。

纤维素酶分碱性和酸性两大类。酿酒时添加酸性纤维素酶能降低醪液的黏度，并提高糖化效果和出酒率。纤维素酶的作用途径是：一方面将原料的细胞壁（主要成分为纤维素）破坏，有利于淀粉释放出来而得到充分利用；另一方面将部分纤维素分解成可发酵性糖。由于籼米的细胞壁较厚，在籼米黄酒酿造中添加纤维素酶有一定效果。

产酸性纤维素酶的微生物有黑曲霉、泡盛曲霉和木霉等。由于木霉存在毒性嫌疑大和产纤维二糖酶活性低的缺陷，目前用黑曲霉作为生产菌种取得较好的效果。

七、酯化酶

酯化酶能将一个分子的酸与一个分子的醇结合脱水而生成酯，反应是可逆的，其反应式如下：

$$R \cdot CO\boxed{OH + H}OCH_2CH_3 \underset{}{\overset{酯化酶}{\rightleftharpoons}} R \cdot COOC_2H_5 + H_2O$$

$$\quad\quad 酸 \quad\quad\quad 乙醇 \quad\quad\quad\quad\quad\quad 酯 \quad\quad 水$$

酯化酶主要来源于酵母菌和霉菌，尤以酵母菌最为重要。黄酒生产中的酵母菌，不但要求发酵力强、耐酒精等，还要求能产酯。非酿酒酵母（如有孢汉逊酵母、异常毕赤酵母、东方伊萨酵母）有较强的产酯能力，但在酿酒上并不倾向于使用非酿酒酵母作为主要产酯酵母，采用与酿酒酵母辅助发酵适当增加酯产量是可行的途径。

黄酒酿制过程中起主要作用的微生物除根霉菌、曲霉菌和红曲菌外，还有酵母菌。酵母菌的酶系十分丰富，总的来说有两大类：一类是具有水解和渗透作用的酶类，它与碳水化合物、含氮物等营养物质的代谢作用密切相关，如麦芽糖酶（将麦芽糖水解为葡萄糖）、蛋白酶、麦芽糖渗透酶（将麦芽糖输送至胞内）、蔗糖转化酶（将蔗糖水解为葡萄糖和果糖）；另一类是能够释放能量的酶类，与酵母菌自身的能量代谢有关，如酒化酶。酒化酶是指参与从葡萄糖到酒精和 CO_2 这个复杂生化过程的各种酶和辅酶的总称。由于酒化酶是酵母菌的胞内酶，因此酒精发酵要有强壮的酵母菌活细胞参与作用。

第四节 酒曲

酒曲包括酒药、麦曲和米曲。利用粮食原料，创造适宜的水分和温度等条件，使糖化发酵微生物生长繁殖和产酶的过程称为制曲。用曲酿酒是中国黄酒的特色和精华所在，也是中国古代的一大发明。

一、酒药

酒药或称小曲、白药、酒饼，是我国特有的酿酒用糖化发酵剂，具有糖化发酵力强、用量少、生产方法及设备简单、易于保存和使用方便等优点。在我国南方，用酒药作糖化发酵剂酿制黄酒和小曲白酒十分普遍。在绍兴黄酒生产中，每年 8 月初开始制作酒药，供酿制淋饭酒母和传统香雪酒使用。利用宏基因组学技术从绍兴不同厂家酒药中鉴定出主要真菌有复膜孢酵母属、根霉属、曲霉属、拟青霉属，主要细菌有片球菌属、肠杆菌属、魏斯氏菌属。采用传统分离培养与分子鉴定方法，从绍兴不同厂家酒药中鉴定出主要细菌有片球菌属、魏斯氏菌属、肠杆菌属、乳球菌属等，主要真菌有扣囊复膜孢酵母、少根根霉、小孢根霉、酿酒酵母、异常威克汉姆酵母、东方伊萨酵母等。各厂样品微生物种类差异较大，所有样品中数量最多的真菌均为扣囊复膜孢酵母。扣囊复膜孢酵母能分泌 α-淀粉酶、糖化酶、酸性蛋白酶和 β-葡萄糖苷酶，产酯和少量酒精，能形成假菌丝及产子囊孢子，在 YPD 平板上菌落呈圆形、同心圆明显、白色、表面和边缘菌丝状、菌丝白色（图 2-14）。

（1）菌落形态　　　　　　　　（2）显微形态（液体培养12h、24h）

图 2-14　扣囊复膜孢酵母菌落形态和显微形态

贵州大学利用 ITS rDNA 高通量测序分析了贵州 4 个产地的传统小曲真菌群落结构，不同产地小曲优势真菌有较大差异，威宁小曲为耐干霉菌属（Xeromyces bisporus）、紫色红曲菌、微孢根霉、曲霉属（Aspergillus cibarius）和节担菌属（Wallemia muriae）；黔西小曲为曲霉属（Aspergillus cibarius）、耐干霉菌属（Xeromyces bisporus）、节担菌属（Wallemia muriae）、微孢根霉、扣囊复膜孢酵母和节担菌属（Wallemia sebi）；黔北小曲为扣囊复膜孢酵母、少根根霉和印度毛霉；兴仁小曲 1 为少根根霉、伯顿丝孢毕赤酵母、微孢根霉及扣囊复膜孢酵母；兴仁小曲 2 为少根根霉和微孢根霉。采用传统分离培养与分子鉴定方法，从贵州小曲中鉴定出的酵母有扣囊复膜孢酵母、马朗加复膜孢酵母（Saccharomycopsis malanga）、酿酒酵母、异常威克汉姆酵母、伯顿丝孢毕赤酵母、阿萨丝孢酵母、葡萄牙棒孢酵母、巴斯德毕赤酵母（Komagataella pastoris），其中扣囊复膜孢酵母为优势酵母菌。此外，日本酿造专家柳田藤治于 1984—1985 年对取自我国贵州和云南的 22 个小曲样品进行微生物分离培养和初步鉴定，霉菌数量多数为 $1.0 \times 10^3 \sim 9.0 \times 10^6$ 个/g、乳酸菌数量多数为 $2.4 \times 10^4 \sim 8.6 \times 10^6$ 个/g、酵母数量（4 个样品）为 $4.0 \times 10^6 \sim 4.7 \times 10^7$ 个/g。分离出的 19 株产酶活高的霉菌中 5 株为总状共头霉，14 株为根霉属，根据根霉最高生长温度不同，鉴定为小孢根霉、米根霉、匐枝根霉（黑根霉）3 个群。

酒药的生产方法有传统法和纯种法两种。传统法中有白药（添加辣蓼草粉）和黑药（添加多味中草药）之分。纯种法以麸皮、米粉或米糠为原料，经灭菌后接种纯种根霉和酵母培养而制成，有的厂已采用机械化生产。以麸皮为原料时，一般采用根霉和酵母分别培养后按比例混合；而以米粉、米糠为原料时，采用根霉和酵母按比例接种培养而成。根霉种子的培养分固态法和液体法两种，而酵母种子均采用液体培养。传统法生产的酒药是多种微生物的共生体，这是形成黄酒独特风味的原因之一。纯种法生产酒药能减少杂菌污染，发酵产酸低，成品酒的质量均匀一致，口味清爽，还可提高出酒率。

（一）传统白药

1. 工艺流程

2. 原辅料的选择与制备

（1）籼米粉　应选择当年收获的新早籼米，以糙米为好。籼米与其他大米比较，富含蛋白质和灰分等营养成分，有利于糖化发酵菌的生长繁殖。在制酒药的前一天磨好米粉，细度以通过50目筛为佳，磨后摊冷，以防发热变质。米粉应保持新鲜，确保酒药的质量。

（2）辣蓼草粉　辣蓼草（图2-15）对酒药质量具有十分重要的作用：辣蓼草中含有酵母菌和根霉菌生长繁殖所需的生长素，并起到疏松作用，有利于酵母菌和根霉菌的生长；含有丰富的黄酮类抗氧化物质，能抑制米粉中脂肪的氧化；含丰富的挥发油和萜烯类化合物，具有抑制细菌繁殖和杀虫作用。每年七月中旬收割尚未开花的野生辣蓼草，除去黄叶和杂草，必须当日晒干，趁热去茎留叶，并粉碎成粉末，过筛后装入坛内备用，如果当日不晒干，色泽变黄，将影响酒药的质量。

图2-15　辣蓼草

（3）娘药粉　挑选前一年生产中发酵正常、温度易掌握、糖化发酵力强、产酸低和黄酒质量好的酒药，粉碎备用。

（4）水的要求　采用酿造用水。

（5）辅料及工器具　要搞好环境和用具等的卫生工作，生产用的陶缸、缸盖竹匾等要做好消毒工作（清洗、开水冲洗、太阳下曝晒等），新稻草要去皮、晒干，谷壳要求使用新鲜的早稻谷壳。

3. 操作方法

（1）配方　糙米粉：辣蓼草粉末：水＝20：（0.4~0.6）：（10.5~11）。

（2）上臼、过筛　将称好的米粉及辣蓼草粉倒在石臼内，充分拌匀，加水后充分拌和，然后用木槌捣拌数十下，俗称"舂粉"（图2-16），以增强它的黏塑性，取出在谷筛上搓碎，移入框内进行打药。

（3）打药、成型　每臼料（20kg糙米粉）分三次打药。框长约90cm、宽约60cm、高约10cm，装料后刮平，盖上塑料薄膜，用脚踏实，再用木槌打实压平（图2-17），去塑料薄膜，去框，用刀沿木条（俗称划尺）纵横裁切成方块（图2-18），分3次倒入悬空的大竹匾内，来回推动，将方形滚成圆形，然后加入3%的娘药粉，再进行回转打滚（图2-19），使药粉均匀地黏附在新药坯上，筛落碎屑并入下次拌料中使用。

图2-16　舂粉

图2-17　打药

图2-18　裁药

图2-19　滚角和接种

（4）摆药　先在缸内放入新鲜谷壳，距离缸口沿边的30cm左右，铺上新鲜稻草芯，药粒以一指宽（1.2～1.5cm）间距摆放（图2-20），注意药与药之间、药与缸内壁之间不能相碰，一般每臼料分成6～7缸。谷壳的高度与酒药放置的紧密程度与气温的高低有关，气温高时，谷壳应适量少放，药也可以放置得稀疏些。

（5）保温培养　放好酒药后，盖好缸盖，缸盖上再铺上麻袋，进行保温培养。一般经14～16h，品温升至34～35℃，这时可以去掉麻袋。每隔2h检查

图 2-20 摆药

一次，品温升至 36~37℃时，缸的内壁附有冷凝水，并散发出特有的香气，观察药粒还能看到辣蓼草粉的绿色，此时酒药还嫩，应逐步移开缸盖以调节品温和供给新鲜空气，注意不能将缸盖全部打开，而用移开缸盖多少的方法来调节品温，以利菌丝继续生长繁殖，直至药粒菌丝用手摸不黏手，像白粉小球一样，方将缸盖全部揭开以降温。降温后再经 8~10h，此时水分已经蒸发了许多，酒药变得比较坚实，便可拾药出缸。在缸中的总培养时间一般为 30~31h。

（6）出缸入匾　将缸中的酒药小心地捡起放入直径约 80cm 的竹匾中，每匾盛药 2 缸的数量，药粒紧挨在一起略有重叠。

（7）上蒸房　将竹匾移入密封保温的蒸房内，放在铁架上保温培养（图 2-21）。经 1~2h 后观察品温，升至 37~38℃时，进行第一次翻匾，即将匾中的酒药倒入空匾中，使品温下降 1~2℃。再经 1~2h，品温复升至 37~38℃，再翻匾一次，此时酒药逐渐干燥。以后每 1~2h 翻匾一次，并根据气温和品温情况进行适当并匾，使品温逐渐下降至 34~35℃。入蒸房后经 7~9h 培养，逐渐开门窗通风，品温维持在 34~35℃。

图 2-21 蒸房培养

（8）摊药　从当日下午入蒸房至次日早上约 16h 即可出蒸房，把酒药移入空气流通的室内竹簟上摊薄（图 2-22），每天早晚翻动一次，摊 3d 后晒药。

图 2-22　摊药

（9）晒药入库　将酒药摊在竹簟上晒 3~4d 至水分合格。第一天晒药温度不能太高，时间也要短一些，称"出水"，一般时间为上午六到九点，品温不超过 36℃；第二天上午六到十点，品温为 37~38℃；第三天晒药的时间和品温与第一天一样。在室内放凉后，装坛密封备用。装坛水分要求在 11% 以下，坛要先洗净晒干，坛外要粉刷石灰。

4. 酒药的质量要求

成品酒药的质量鉴定采用感官和化学分析的方法。一般好的酒药表面呈现白色，掰开观察有较浓密的菌丝，手感较轻、质地松脆，香气清雅、无异气，糖化力和发酵力高。此外，还可做小型的酿酒试验，质量好的酒药来糖液快，糖液清澈、浓度高、味香甜，生酸低。为了保证正常的生产，在酿造开始前，要安排新酒药的酿酒试验，以鉴定酒药质量的好坏，同时了解酒药的特性，便于生产时把控。表 2-10 为某厂酒药质量标准要求，供参考。

表 2-10　　　　　　　　某厂酒药质量标准要求

指标	标准要求	指标	标准要求
入库后水分	<11.5%	发酵力	>75%
原始酸度	<9.0mL	糖化力	>400mg/(g·h)
发酵酸度	<10mL		

注：测定方法见本节第八章。

各厂有自己的酒药生产配方和操作方法，有的加水量达 11.9kg（以 20kg

糙米粉计），缸内培养阶段品温上升快；温度和水分是影响微生物生长繁殖最重要的因素之一，有的控制缸内培养品温不超过 36℃、蒸房内品温不超过38℃，有的缸内和蒸房内最高品温均达 38~40℃，但高温时间过长，会造成水分蒸发过快，不利于微生物持续生长繁殖。各厂制成的酒药菌群结构（尤其是根霉和酿酒酵母）差异较大，亟需开展配方和工艺参数对菌群结构及酿酒性能影响的研究，以期为酒药生产提供理论指导。

（二）纯种小曲

1. 纯种麸皮小曲

（1）工艺流程

（2）工艺操作说明

①斜面菌种培养：目前使用的根霉菌种品种较多，常用的有 As. 3. 866 与Q303 等。斜面试管菌种一般都采用米曲汁或麦芽汁琼脂培养基，在 30℃培养3d 即成。也有采用麸皮固体培养基进行培养，干燥后置冰箱内保藏，但麸皮固体培养基需随做随用。

②三角瓶种子培养：取过筛（40 目筛）后的麸皮，加入 80%~90%的水，拌匀后装入经干热灭菌的 500mL 三角瓶内。每瓶装湿麸皮约 40g，装瓶后塞上棉塞，用防潮纸包扎后，经 0.1MPa 的压力蒸汽灭菌 30min，冷却至 35℃左右

接种。接种应在无菌室或无菌箱内进行，用接种针从固体斜面试管中挑出孢子2~3针，移接到曲料上，并充分摇匀，在28~30℃下培养20~24h后，曲料已有菌丝并已结块，可轻微摇瓶一次，以适量通入空气，促使菌体繁殖。继续培养1~2d，进行扣瓶，扣瓶的方法是将三角瓶倾斜，轻轻振动瓶底，使曲料脱离瓶底，成饼状悬于三角瓶中间而不散开，其目的是增加空气接触面，以利根霉菌在曲料上全面生长繁殖。扣瓶后再培养1d，成熟后出瓶。出瓶要求无菌操作，先倒净三角瓶中的凝结水，然后用经灭菌的竹筷将曲饼轻轻打碎，装入已灭菌过的牛皮纸袋内，于37~40℃下烘干至水分10%以下，备用。一般将已干燥的纸袋三角瓶种子存放在用硅胶或用生石灰作干燥剂的玻璃干燥器内，可贮存几个月不致变质。

③帘子种曲培养：取过筛后的麸皮加水80%~90%，拌匀，过筛除去团块，堆积润料30min，高压或常压灭菌。高压灭菌是0.1MPa蒸汽灭菌30~45min，常压灭菌是蒸桶圆汽后，加盖焖蒸2h以上。灭菌后迅速移入经消毒的培养室内，过筛除去团块，摊冷至30℃，接入0.3%~0.5%的三角瓶种曲（冬天略多，夏天略少），并充分拌匀。为促使根霉菌孢子萌发，最好先进行堆积，堆积时盖湿纱布保温、保湿。培养室温度控制在28~30℃，经4~6h，品温开始上升，进行装帘，控制曲料厚度1.5~2cm，继续保温培养，培养室相对湿度控制在95%~100%。经10~16h培养，菌丝已将麸皮连结成块，这时最高品温应控制在35℃，相对湿度85%~90%。如品温过高，可用经酒精消毒后的竹撬或金属撬翻面一次，以降低品温，并补充氧气，也可略开门窗排潮。翻面时动作要轻，因为此时菌丝娇嫩易折断。再经24~48h培养，麸皮表面布满大量菌丝，可出曲干燥。干燥可采用烘干或晒干。烘干温度控制分两步，前期因水分高，根霉耐热差，干燥温度应控制在37~40℃，随着水分的蒸发，干燥温度可提高到40~45℃。晒干时，在高温季节要避开午间太阳，以免破坏根霉的活性。质量要求：菌丝生长茂盛，并有浅灰色孢子，无杂色异味，手抓疏松不黏手，水分在10%以下。

④通风制曲：用粗麸皮作原料，有利于通风，能提高曲的质量。麸皮加水60%~70%，应视季节和原料粗细进行适当调整，然后常压蒸汽灭菌2h。摊冷至35~37℃，接入0.3%~0.5%的种曲，拌匀，堆积数小时，装入通风曲箱内。要求装箱疏松均匀，控制装箱后品温为30~32℃，料层厚度25~30cm，先静置培养4~6h，促进孢子萌发，室温控制在30~31℃，相对湿度90%~95%。随着菌丝生长，品温逐步升高，当品温上升到33~34℃时，开始间断通风，保证根霉菌获得新鲜氧气。前期通风温差不宜过大，当品温降低到30℃时，停止通风。第一次通风时菌丝幼嫩，风量应小些，通风时间可稍长些，以免造成振动而使曲料下沉，减少曲料间空隙。接种后12~14h，根霉菌生长进

入旺盛期，品温上升迅猛，曲料逐渐结块，散热困难，需要进行连续通风，最高品温控制在 35~36℃，这时应加大风量和风压，通入 25~26℃ 的低温低湿风，并在循环风中适当引入新鲜空气。当品温降到 35℃ 以下，可暂停通风，几分钟后品温复升再进行通风，此时尽量通入干风。后期由于养分逐渐被消耗，水分不断减少，根霉逐渐停止生长，开始产生孢子。整个培养时间一般为 24~26h。培养结束，立即将曲料翻拌打散，并通入干燥风进行干燥，也可晒干，使水分降低到 10% 以下。箱式厚层通风制曲设备示意图如图 2-23 所示。

1—曲室；2—绝热材料；3—曲料；4—回风调节器；5—过滤器；6—气闸；
7—鼓风机；8—空调室；9—阻水器；10—排水槽；11—进风道
图 2-23　箱式厚层通风制曲设备示意图

⑤麸皮固体酵母：传统的酒药是根霉、酵母和其他微生物的混合体，能边糖化边发酵，以此满足浓醪发酵的需要，所以在培养纯种根霉曲的同时，还要培养酵母，然后混合使用。以 12~13°Bx 米曲汁或麦芽汁作为黄酒酵母菌的种子培养基，按固体斜面试管、液体试管和液体三角瓶的次序逐级扩大培养，培养温度 28~30℃，培养时间为斜面试管 3d、液体种子 24h。以麸皮为固体酵母曲的培养基，加入 95%~100% 水，灭菌，冷却至 31~32℃，接入 2% 的三角瓶酵母成熟培养液和 0.1%~0.2% 的根霉曲，使根霉对淀粉进行糖化，供给酵母必要的糖分。接种拌匀后装帘培养，装帘要求疏松均匀，料层厚度一般为 1.5~2cm，品温为 30℃。装帘后在室温 28~30℃ 培养。经 8~10h，品温上升，进行划帘，使酵母呼吸新鲜空气，排除料层内的 CO_2，降低品温，促使酵母均衡繁殖。继续保温培养至 12h，品温复升，进行第二次划帘。15h 进入繁殖旺盛期，此时品温可达 36~38℃，再次划帘。培养 24h 后，品温开始下降，待数小时后，培养结束，进行低温干燥。

将培养成的根霉曲和酵母曲按一定的比例混合成纯种根霉曲，混合时一般以酵母细胞数 4 亿个/g 计算，加入根霉曲中的酵母曲量以 6% 为宜。

2. 厦门白曲

厦门白曲是以米糠和米粉为原料，接种纯种根霉和酵母混合培养而成的纯种小曲，因不添加任何草药，故俗称"白曲"。早期制成直径 3.5cm 左右的粒曲，因散曲的制曲周期短（散曲为 3d、粒曲为 5~6d）、劳动生产率高，20 世纪 50 年代后期改为散曲。厦门白曲既可用于生产黄酒（如龙岩沉缸酒），也可用于生产白酒。

（1）原料要求　制曲原料为米糠和少量米粉。米糠为糙米加工为精白米的副产品，含丰富蛋白质、淀粉、无机盐和维生素等，疏松度和吸水性较好，透气性强，表面积大，是良好的制曲原料。原料要求如下：

①米糠：新鲜、无变质、无霉味和异味，淀粉含量 27%~30%，水分 10%~11%。

②米粉：无霉味和异味，无杂物，过 80 目筛，淀粉含量 69%~71%，水分 12%~13%。

（2）操作方法与要求

①配方：米糠和米粉的配比为 9：1 左右。由于米糠来源受限，现在也有改用稻谷粉碎后作原料。加水比和接种量是决定纯种小曲质量的关键。加水比过大，会引起酸败、烧心，而加水比过小，则发生干皮现象，菌丝长不透。通常粒曲的根霉接种量为 4%~5%，散曲适当增加。酵母接种量各厂差异较大，粒曲为 0.4%~1.2%，散曲适当增加。根据笔者经验，用纯种小曲酿酒时往往前期发酵过于旺盛，发酵结束早。因此，在保证质量的前提下，酵母接种量应尽可能减少。酵母接种时将上层清液倒掉，用沉淀的酵母泥接种，这是因为若有杂菌入侵，杂菌孢子往往浮在上面。某厂厦门白曲的配料用量如表 2-11 所示。

表2-11	某厂厦门白曲的配料用量		单位：%
类型	加水比	根霉曲种	酵母
粒曲	60~65	4~5	1.0~1.2
散曲	35~40	5~6	1.2~1.5

②种子培养：制曲菌种为白曲根霉 2 号（*Rhizopus peka* No. 2 Takeka）和台湾白曲酵母（*Saccharomyces peka* takeka），也可采用其他优良菌种。

酵母和根霉的三角瓶种子培养基分别为米曲汁和米粉，根霉培养基制法为：大米经粉碎后用 60~70 目筛过筛，采用压汽装甑的方法装甑，装满后加盖蒸 90min，取出，冷却后加入 20%~24% 无菌水，用喷壶将无菌水均匀地喷在米粉上，拌匀后再过 20 目筛，分装于三角瓶中，中间装薄些，四周略厚，包扎后于 121℃灭菌 30~35min。

酵母和根霉的斜面试管和三角瓶种子培养方法如表 2-12 所示。

表 2-12 种子培养方法

参数	斜面试管		1000mL 三角瓶	
	酵母	根霉	酵母	根霉
培养基量	10mL 米曲汁	10mL 米曲汁	600mL 米曲汁	200g 米粉
接种量	1 接种环	1 接种环	每支试管接 7 瓶	每支试管接 3~4 瓶
培养温度/℃	28~30	30~33	28~30	30~33
培养时间/h	72	72	48	48

③蒸料与接种：蒸料采用不加水干蒸，将米糠和米粉混合，待锅中的水沸腾时，将料轻撒匀铺于甑内，要见汽撒料，以防压汽，撒毕待全部圆汽后加盖蒸 1h，移至晾糠盘上摊晾，打散团块，过筛，冷却至 30~32℃，接种，加入无菌水，拌匀。制粒曲时，揉压至产生黏性，手捏成形，曲粒表面越光滑越好。

现在蒸料设备有带夹套蒸汽加热的旋转式蒸锅，采用 120℃高温蒸料。

④入曲房培养：散曲和粒曲培养方法相似，在此一并介绍。

a. 前期。散曲在竹筛（铺无菌白布）中铺成厚 2.5~3cm，粒曲整齐排列在竹筛内，入室时调节室温 30~33℃、相对湿度 85%~90%，经 4~5h 培养，品温上升至 33℃，散曲培养 6~8h（粒曲 8~12h）后，曲表面已见菌丝，品温继续上升，控制品温在 34~36℃、相对湿度 90%左右。

b. 中期。散曲培养 8~10h（粒曲 10~14h）后，进行调筛（上下左右调换），使各筛品温保持一致，这时要适当开窗散热、换气，控制最高品温不超过 36℃，相对湿度 90%~95%。当菌丝已伸入曲内部并开始结块时，呼吸作用产生大量热量和 CO_2，散曲进行翻筛（散曲底面朝上、曲面朝下翻动），粒曲进行翻粒，并开窗散热、换气，控制品温不超过 37℃，最好为 34~36℃，相对湿度控制在 90%~95%。

c. 后期。散曲培养 12~14h 后，适当开窗排潮，使品温逐渐降至 32℃，控制室温 30~33℃，并注意控制品温回升不超过 36℃，18~24h 后菌丝开始萎缩，品温降至 30~32℃不回升，即可搬入副曲室烘曲；粒曲制曲周期比散曲长，约经 40h 培养，搬入副曲室，保持品温 35~36℃，并开窗排潮，64~68h 后菌丝开始萎缩，品温降至 30~33℃，将两筛合为一筛，控制一定室温，注意品温回升不超过 36℃，继续排潮，约经 80h 后，品温降至 30~32℃不回升，即可烘曲。

d. 烘曲。散曲烘曲温度为 33~34℃，约经 2d，水分达到 13%以下即成；粒曲烘曲温度不超过 36℃，经 2~3d，水分达到 11%~12%为止。

有的小曲厂生产纯种根霉曲（不接种酵母）以米粉或米粉和麸皮

（10∶1）为原料，采用带夹套的旋转式蒸锅蒸料、绞龙输送机拌料、圆盘制曲机培养，实现机械化、自动化生产，笔者认为在厦门白曲的散曲生产中可以借鉴。

二、麦曲

麦曲是指以小麦为原料，培养糖化菌并使其产酶而制成的黄酒糖化剂。麦曲的作用有二：一是利用麦曲中的各种水解酶（α-淀粉酶、葡萄糖淀粉酶、蛋白酶等），使米饭中淀粉和蛋白质等水解溶出；二是利用麦曲内蓄积的微生物代谢产物，赋予黄酒独特的风味。麦曲质量的优劣，直接影响黄酒的质量和产量。麦曲在绍兴酒酿造中起着极其重要的作用，用量约为原料米的 1/6，被称为"酒之骨"。

传统黄酒酿造采用自然培养生麦曲，其中蕴含的微生物种类繁多。笔者与江南大学陆健教授合作，首次采用分离培养法和免培养法（PCR-RISA 分析法）联合分析绍兴黄酒块曲中真菌多样性，鉴定出的真菌有曲霉属、犁头霉属、根霉属、根毛霉属、青霉属、散囊菌属、枝孢属、毕赤酵母属、伊萨酵母属、球毛壳属、假丝酵母属、裸胞壳属、横梗霉属和链格孢属等。之后笔者与浙江加州国际纳米技术研究院绍兴分院合作，首次利用宏基因组学技术分析了块曲微生物多样性，发现块曲中细菌多样性丰富，真菌的种类和数量相对较少，鉴定出的细菌有芽孢杆菌属、葡萄球菌属、糖多孢菌属、乳杆菌属、糖单孢菌属、链霉菌属、拟无枝酸菌属、明串珠菌属、魏斯氏菌属、片球菌属、假单胞菌属、小单孢菌属、束丝放线菌属等，其中芽孢杆菌属、葡萄球菌属、糖多孢菌属为优势细菌。自然培养生麦曲由于多种微生物的共同作用，酿成的酒一般风味较好，但存在制曲时间长、酶活力低和用曲量大等缺点。机械化黄酒生产中，一般与纯种培养麦曲混合使用。

（一）自然培养生麦曲

自然培养生麦曲包括块曲（又称踏曲或闹箱曲）、挂曲和草包曲等。黄酒的制曲时间一般在农历的 8 月至 9 月间（现在绍兴一般在阳历 8 月下旬开始制曲），此时正当桂花盛开，故习惯上把这段时期内制成的曲称为桂花曲。挂曲实际上也是一种块曲，因将曲块悬挂起来培养而得名。草包曲，顾名思义，就是将曲块用稻草捆扎起来培养，20 世纪 70 年代开始逐渐被块曲替代。

1. 块曲

（1）工艺流程

（2）操作方法

①过筛：过筛的目的是除去小麦中的石块、秕粒和尘土等杂质，并使麦粒大小均匀。

②轧碎：清理后的小麦通过轧麦机，将麦粒轧成3~4片，细粉越少越好，这样可使小麦的麦皮组织破裂，麦粒中的淀粉外露，易于吸收水分，而且空隙较大，有利于糖化菌的生长繁殖。如果麦粒轧得过粗，甚至仍有许多未经破碎的麦粒，则失去轧碎的意义；相反，麦粒轧得过细，制曲时拌水不易均匀，细粉又易黏成团块，不利于糖化菌的繁殖。为了达到适当的轧碎程度，必须掌握以下两点：一是麦粒干燥，含水量不超过13%；二是麦粒过筛，力求在上轧麦机时保持颗粒大小均匀一致。同时，在轧碎过程中要经常检查轧碎程度，随时加以调整。

③加水拌曲：将经称量的已轧碎小麦装入拌曲机内，加入19%~21%清水（控制曲料水分为23%~25%），迅速搅拌均匀，务必使吸水均匀，不要产生白心和水块。加水量不是一成不变的，应该结合原料的含水量、气温和曲房保温条件酌情增减。若加少了，不能满足糖化菌生长的需要，菌类繁殖不旺盛，出现白心，造成麦曲的质量差；但加水太多，升温过猛，反而使麦料水分蒸发过快，影响菌丝生长造成干皮，若水分不能及时蒸发，往往还会产生烂曲。所以，拌曲加水量要根据实际情况严格控制。同时，曲料加水后的翻拌必须快速而均匀，这是制好麦曲的关键之一。如果麦料吸水不均匀，水多处将造成结块，易成烂曲，水少处菌丝又会生长不良。此外，拌曲时间过长会使麦料吸水膨胀，成型时松散不实，难以成块。

④成型：成型又称踏曲（压曲），其目的是将曲料制成砖形的曲块（或称曲坯），便于搬运、堆叠、培菌和贮存。踏曲时，先将尺寸为90cm×66cm×12cm的框平放在比框稍大的平板上，先在框内撒上少量麦屑，以防粘结，然后把拌好的曲料（按轧碎小麦计25kg）倒入框内摊平，用脚踩实成块后取掉框，用刀切成12块，曲块厚约为5cm。一般踏上两层后再切块，以提高效率。切好的曲块不能马上堆曲，因为这时曲料尚未完全吸水膨胀，曲块不够结实，堆起来容易松垮倒塌，需静置半小时左右使其胀实，再依次搬动堆曲。

20世纪90年代，一些黄酒企业开始使用压块机（图2-24）制作曲块。在机器的入料口，调节好麦料和水的流量，使曲料含水量达到要求，经螺旋搅拌输送机，曲料流入主机输送带上的曲盒中，进入曲锤压制区压制（经过2~3次冲压），在出口送出来的就是成型的曲块。机制曲块呈长方形，各厂尺寸有差异，多为（24~25）cm×（15~16）cm×8cm。由于曲块较厚，原料加水比宜适当降低。与人工踩制相比，使用压块机制曲的优点有：降低劳动强度、提高劳动效率、改善操作环境、曲块形状大小整齐划一（便于堆曲）等。

图 2-24　压块机

⑤堆曲：堆曲前，曲室应先打扫干净，墙壁四周用石灰乳粉刷，在地面上铺上谷壳及竹簟，以利保温。堆曲时要轻拿轻放，先将已结实的曲块整齐地摆成丁字形（图 2-25），叠成 2 层（机制曲块可叠成 5 层），使它不易倒塌，再在上面铺稻草或稻草席保温，以适应糖化菌的生长繁殖。

图 2-25　堆曲（机制块曲）

⑥保温培养：保温工作要根据具体情况灵活掌握。堆曲完毕，关闭门窗，如果曲室保温条件较差，可在稻草上面加盖竹簟，加强保温。一般品温在 20h 以后开始上升，经过 48~60h，最高品温可达 55~57℃。随着曲堆温度升高，水分蒸发，竹簟显得十分潮湿，并能见到竹簟朝下的一面悬有水珠，这时便要及时揭去保温覆盖物，否则，冷凝水滴入曲料，将会造成烂曲。曲堆品温升至高峰后，要注意做好降温工作，根据培菌和气温情况裁减保温物，并适当开窗通风，品温在 55℃左右保持 2d。此后，品温逐步下降，一般入房后约经 7d，

品温可回降到室温。自进房后，经 25~30d，麦曲已坚韧成块，按井字形堆叠起来，让其降低残余水分和挥发杂味。

对于培养过程中温度的控制，以前草包曲强调不能高于 40℃，要求制成麦曲"黄绿花"越多越好，也即米曲霉分生孢子越多越好。但是多年来的实践证明，温度控制低些、"黄绿花"多的麦曲，还不如温度适当高些（55℃左右）、白色菌丝多的麦曲。后者不但糖化力相对高些，曲香也好，而且不容易产生黑曲和烂曲。这是因为培养温度偏高可阻止霉菌丝进一步生成孢子，有利于淀粉酶的积累，同时对青霉之类有害微生物也有一定的抑制作用。另外，由于温度较高，小麦的蛋白质易受酶的作用，转化为构成麦曲特殊曲香的氨基糖等物质，有利于黄酒的风味。上述所指的品温是指温度计插入曲块中的显示温度。为保证温度显示的可靠性，在制曲过程中应多选几点测温位置，确保麦曲质量的一致性。

原料加水比和制曲过程的温度控制影响麦曲微生物群落结构、酶系及风味物质，从而影响酒的风格。在白酒生产中，不同香型白酒所用大曲的制曲温度有明显差别，酱香型白酒用高温曲（茅台酒最高品温 60~65℃），浓香型白酒用中高温曲（泸州老窖最高品温 55~60℃），清香型白酒用中温曲（汾酒最高品温 45~48℃），大曲培养过程的品温要求"前缓、中挺、后缓落"。研究表明，古越龙山麦曲中 4-乙烯基愈创木酚、香兰素、2,3,5-三甲基吡嗪和四甲基吡嗪等风味物质含量较高，这可能与制曲温度较高有关。

（3）块曲培养过程中真菌的变化　采用察氏培养基对块曲中的真菌进行分离培养和分子鉴定，结果表明：机制块曲培养过程中的主要真菌有犁头霉属、曲霉属和根毛霉属。培养过程中真菌群落结构的演变：犁头霉属、曲霉属和根毛霉属在整个培养过程中一直存在，犁头霉属和曲霉属在中后期数量多于前期，而根毛霉属在前期和中期数量多于后期。裸孢壳属在中后期出现，并且数量较多。锁掷孢酵母属在前期和后期出现，中期未分离到。共头霉属和青霉属在前期出现，随着培养时间的延长很少能分离到。散囊菌属在中期出现，但数量不多。

利用基于 PCR 扩增的核糖体基因间隔区分析（RISA）的免培养法解析机制块曲培养过程真菌的变化，RISA 图谱如图 2-26 所示，结果与分离培养法基本一致：在机制曲块培养过程中前期出现的真菌为曲霉属、犁头霉属、根毛霉属、毕赤酵母属、伊萨酵母属、棒孢酵母属，中期为曲霉属、犁头霉属、根毛霉属、棒孢酵母属，后期的真菌又演变成曲霉属、犁头霉属、根毛霉属、毕赤酵母属。

（4）块曲的质量鉴别　麦曲的质量好坏主要是通过感官鉴别，并结合化验分析来确定。质量好的麦曲要有正常的曲香，白色菌丝茂密且均匀，无霉烂

1—葡萄牙棒孢酵母；2—伯顿毕赤酵母；3—东方伊萨酵母；4—微小根毛霉；

5—米曲霉；6—扣囊复膜酵母；7—伞枝犁头霉（97%）；8—异常毕赤酵母。

图 2-26　块曲培养过程中的 RISA 图谱

夹心，无霉味或生腥味，曲屑坚韧触手，曲块坚韧而疏松，水分低（14%以下），糖化力高［800mg/（g·h）以上，糖化力测定方法见第八章］。糖化力是指 1g 绝干麦曲在 30℃ 下，糖化 1h 所产生的葡萄糖质量数（mg）。

（5）成品块曲中真菌群落构成　采用分离培养法（马铃薯培养基、察氏培养基和麦曲浸提液培养基）和免培养法（PCR-RISA 分析法）对感官质量较好的块曲中的真菌进行解析，确定人工踩制块曲中的优势真菌为伞枝犁头霉、米曲霉、烟曲霉、黑曲霉、小孢根霉、微小根毛霉、季氏毕赤酵母、异常毕赤酵母，机制块曲中的优势真菌为伞枝犁头霉、米根霉、微小根毛霉、米曲霉、烟曲霉，详细结果如表 2-13 所示（除表中特别注明外，序列比对相似度均为 99% 以上）。与机制块曲相比，人工踩制块曲的“皮张”较薄、真菌种类更丰富。其原因有：一方面，人工踩踏曲块能起到提浆作用，赋予曲块表面更丰富的营养和更好的保湿性能，使霉菌菌丝在曲块表层生长较好，环境中的氧气得以借助菌丝通道进入曲块内部，曲块内部水分和微生物代谢产生的 CO_2 通过菌丝通道向外排出，从而有利于曲块内部真菌生长繁殖；另一方面，人工踩制曲块各部位的松紧度存在差异，不像机制曲块那样均匀一致，能在更长时间内为微生物生长提供必需的水分，从而有利于曲块内部真菌持续生长繁殖。目前白酒行业尝试通过仿生压块、喷洒面浆和增加湿度等方式来解决机制块曲“皮张”厚的问题，取得一定效果。

此外，老曲房与新曲房环境中微生物种群和数量有明显差异，老曲房富集的有益真菌数量明显高于新曲房，制成的麦曲品质更优。对于第一次使用的新曲房，可考虑接种上一年的优质麦曲。

表 2-13　　　　　　　　　　　成品块曲中真菌群落构成

真菌种类	人工块曲			机制块曲		
	培养法	免培养法	优势菌	培养法	免培养法	优势菌
伞枝犁头霉 (*Absidia corymbifera*)	+	+		+	+	+
伞枝犁头霉 (*Absidia corymbifera* 97%)	+		+			
米曲霉 (*Aspergillus oryzae*)	+	+	+	+	+	+
萨氏曲霉 (*Aspergillus sydowii*)	+					
焦曲霉 (*Aspergillus ustus*)	+			+		
土曲霉 (*Aspergillus terreus* 97%)	+					
烟曲霉 (*Aspergillus fumigatus*)	+		+	+		+
黑曲霉 (*Aspergillus niger*)	+		+	+		
泡盛曲霉 (*Aspergillus awamori*)	+					
芽枝状枝孢霉 (*Cladosporium cladosporioides*)	+			+		
尖孢枝孢霉 (*Cladosporium oxysporium*)				+		
球毛壳霉 (*Chaetomium globasum*)	+					
葡萄牙假丝酵母 (*Candida lusitaniae*)	+	+		+		
构巢裸孢壳 (*Emericella nidulans*)	+	+		+	+	
热带假丝酵母 (*Candida tropicalis* 98%)		+				
阿姆斯特丹散囊菌 (*Eurotium amstelodami*)	+					
东方伊萨酵母 (*Issatchenkia orientalis*)	+			+		
草酸青霉 (*Penicillium oxalicum*)	+			+		
橘青霉 (*Penicillium citrinum*)	+					
青霉属 (*Penicillium thiersii*)				+		
季氏毕赤氏酵母 (*Pichia guilliermondii*)	+		+			
异常毕赤酵母 (*Pichia anomala*)	+		+			
小孢根霉 (*Rhizopus microsporus*)	+		+			
米根霉 (*Rhizopus oryzae*)		+		+		+
微小根毛霉 (*Rhizomucor pusillus*)	+	+	+	+	+	+
多变根毛霉 (*Rhizomucor variabilis*)	+					
酿酒酵母 (*Saccharomyces cerevisiae*)		+			+	

+：表示采用该方法检出或该菌为优势菌。

（6）块曲中真菌的产酶情况　选取从块曲中分离出的 7 株真菌 *Aspergillus oryzae* AO-01、*Absidia corymbifera* AC-14、*Rhizopus oryzae* RO-02、*Aspergillus fumigatus* AF-02、*Rhizomucor pusillus* RP-09、*Emericella nidulans* EN-05、*Aspergillus niger* AN-13 进行纯种培养了解其产酶情况。7 株真菌中，仅 *Aspergillus oryzae* AO-01、*Aspergillus fumigatus* AF-02、*Aspergillus niger* AN-13 能产水解原料的酶，其中 *Aspergillus oryzae* AO-01 产 α-淀粉酶、糖化酶和蛋白酶，*Aspergillus fumigatus* AF-02 产糖化酶和蛋白酶，*Aspergillus niger* AN-13 产蛋白酶、纤维素酶和木聚糖酶。从纯种培养的角度看，只有米曲霉 *Aspergillus oryzae* AO-01 的 α-淀粉酶和糖化酶活力较高，可作为纯种麦曲生产的糖化菌。笔者曾从块曲中分离出几十株根霉和米曲霉，发现块曲中的根霉产 α-淀粉酶和糖化酶能力普遍不强，而从米曲霉菌株中筛选出多株可用于纯种麦曲制造的优良糖化菌。

将纯种培养时产酶的 *Aspergillus oryzae* AO-01、*Aspergillus fumigatus* AF-02、*Aspergillus niger* AN-13 分别与其他真菌两两混合培养，发现真菌混合培养时的产酶情况并非单个真菌产酶的简单相加，产酶的种类或数量都发生了明显的变化。这说明块曲作为一个微生物的混合培养体系，不同微生物之间存在着一定的相互作用。

（7）块曲中的主要酶　利用双向电泳和串联质谱技术手段对绍兴黄酒块曲的宏蛋白质组进行研究，鉴定出 19 种酶和多种来源于原料及微生物的蛋白质（表 2-14 仅列出酶和微生物来源蛋白质），其中水解酶有 α-淀粉酶、β-淀粉酶、酸性蛋白酶、中性蛋白酶Ⅱ、内切-1,4-β-木聚糖酶、外切 β-葡聚糖酶、阿魏酸酯酶、α-半乳糖苷酶。麦曲中多种微生物参与了酶和蛋白质的分泌，而米曲霉是产水解酶的主要功能微生物。

表 2-14　　　　块曲中酶和微生物来源蛋白质的种类及来源

酶和蛋白质种类	来源	蛋白点数/个
α-淀粉酶	米曲霉	1
β-淀粉酶	小麦	1
酸性蛋白酶	米曲霉	1
中性蛋白酶Ⅱ	米曲霉	1
内切-1,4-β-木聚糖酶	产黄青霉	1
外切 β-葡聚糖酶	小麦	1
α-半乳糖苷酶	小麦	1

续表

酶和蛋白质种类	来源	蛋白点数/个
阿魏酸酯酶	米曲霉	1
苹果酸脱氢酶	里氏木霉	1
苹果酸脱氢酶	米根霉	1
苹果酸脱氢酶	微单孢菌属	1
转醛醇酶	米曲霉	1
铜/锌超氧化物歧化酶	烟曲霉	1
铜/锌超氧化物歧化酶	小麦	5
葡萄糖-6-磷酸异构酶	红色糖多孢菌	1
甘油醛-3-磷酸脱氢酶	黑曲霉	1
甘油醛-3-磷酸脱氢酶	小麦	1
磷酸丙糖异构酶	小麦	5
几丁质酶Ⅱ	小麦	11
内切壳聚糖酶 C	小麦	2
过氧化物酶	小麦	5
脱氢抗坏血酸还原酶	小麦	1
咖啡酰辅酶 A-O-甲基转移酶	小麦	1
假定蛋白	太瑞斯梭孢壳霉	1
假定蛋白	蜡样芽孢杆菌	1
假定蛋白	新型隐球酵母	1
大型分泌蛋白	刺糖多孢菌	1
凝结因子 5/8 型功能蛋白	地中海拟无枝醋酸菌	1

（8）块曲中的挥发性香气化合物　块曲中含有大量的风味物质，采用顶空固相微萃取与气质联用法从块曲中鉴定出挥发性香气化合物近 60 种，其中 4-乙烯基愈创木酚、1-辛烯-3-醇、己酸乙酯、己醛、苯乙醛等对麦曲香气有重要贡献。块曲中的重要挥发性香气化合物的含量如表 2-15 所示。

表2-15　　　　　　　　　　　块曲中的挥发性香气化合物含量　　　　　　单位：μg/kg

化合物	金枫	古南丰	嘉善	乌毡帽	古越龙山
醇类					
丙醇	736.5	5216.4	894.3	998.8	ND.
2-甲基丙醇	<131.5	ND.	2837.9	ND.	ND.
3-甲基丁醇	3080.3	3312.1	4046.8	2855.5	1428.8
戊醇	1145.9	2290.3	588.4	544.0	1537.7
己醇	2459.7	3478.9	280.1	562.8	8343.4
1-辛烯-3-醇	212.3	224.9	200.1	172.8	226.6
1-辛醇	39.7	40.1	ND.	35.2	46.9
芳香族化合物					
苯甲醛	110.9	69.6	27.7	290.6	250.1
苯乙醛	63.1	57.2	19.9	52.1	74.2
苯甲酸乙酯	40.2	27.4	23.2	24.8	22.5
苯甲醇	1387.8	459.8	331.1	331.7	388.9
苯乙醇	1143.1	2173.8	1405.8	ND.	635.4
愈创木酚	29.7	72.6	ND.	ND.	42.8
4-甲基苯酚	<4.7	61.5	ND.	ND.	ND.
4-乙烯基愈创木酚	1340.6	8495.9	1256.8	1063.7	9427.6
香草醛	426.0	359.9	308.3	108.7	1142.8
醛酮类化合物					
己醛	492.9	515.7	403.7	349.6	607.6
壬醛	32.2	ND.	32.3	31.7	32.3
2-庚酮	362.9	402.4	346.3	355.9	397.9
2-辛酮	178.8	186.3	178.2	183.9	190.8
1-辛烯-3-酮	610.1	ND.	ND.	ND.	ND.
酸类					
乙酸	624.5	840.6	ND.	458.5	1238.3
3-甲基丁酸	3281.8	12368.4	1623.0	1789.2	3472.9
己酸	244.8	616.4	ND.	ND.	8451.3
庚酸	195.5	8160.6	1150.2	870.5	1565.4
辛酸	421.9	7822.1	1491.4	1329.8	1968.8
壬酸	163.5	1253.8	193.5	188.7	220.4

续表

化合物	金枫	古南丰	嘉善	乌毡帽	古越龙山
酯类					
乙酸乙酯	11731.6	11532.5	7743.5	8666.6	8062.5
己酸乙酯	114.8	145.5	99.9	101.6	115.9
辛酸乙酯	237.8	244.5	221.9	223.6	226.7
呋喃类					
糠醛	647.4	ND.	ND.	ND.	648.8
内酯类					
γ-壬内酯	144.3	218.1	<7.39	<7.4	93.8
含氮类					
2,3-二甲基吡嗪	131.7	ND.	ND.	ND.	35.9
2,3,5-三甲基吡嗪	<23.8	172.8	ND.	ND.	507.3
2,3,5,6-四甲基吡嗪	37.3	55.3	ND.	ND.	306.5
硫化物					
苯并噻唑	417.7	421.5	ND.	415.7	416.2
萜烯类化合物					
反-1,10-二甲基-反-9-癸醇	8.4	8.5	8.7	8.3	8.1

注：数据引自参考文献［22］；ND. 表示未检出。

2. 挂曲

无锡老廒黄酒和南阳黄酒酿造均用挂曲（两者可能存在渊源关系）。挂曲的制作方法与块曲大体相同，两者的主要差别在于块曲在地上堆积培养，而挂曲悬挂起来培养。南阳黄酒挂曲的制作将在第三章中介绍，下面介绍无锡老廒黄酒挂曲的制作工艺。

（1）工艺流程

（2）操作方法

①轧麦：轧麦要求与块曲同。

②加水拌和：加水量一般为36%～40%，以拌和后抓在手中捏紧成团、松手即散、人工踩踏时不粘脚不触脚为宜。

③成型：将拌好水的曲料倒入箱中，用脚踏实踏平（包括箱角和中心），厚度约4cm，每箱踏5层，每层均用干的碎麦隔开，然后用刀切开，每层（长92cm，宽85cm）切成9块。

④挂曲培养：曲室内用木架（或铁架）分成上下数层，竹竿横架于木架两端。将切好的曲块用草绳结扎，悬挂于竹竿上，层与层之间保持35cm的距离，每块相距4cm，然后进行培养（图2-27）。采用悬挂曲块自然繁殖微生物，必须配合适宜的气候条件，一般在大暑开始，此时天气干燥，气温较高，曲室内的温度会超过30℃，是比较适宜的制曲时期。当曲块送入曲房约20h后，因微生物的繁殖而开始升温，3~4d后品温会达到45~50℃的高峰，这时要打开窗户进行通风以散热。随着品温的降低，曲块的含水量也随之减少。

图2-27　挂曲培养

⑤割曲入库：大约经过20d，曲成熟后，可以割下，入库堆放。

（3）挂曲的质量要求　曲块中心呈白色或黄绿色，具有麦曲特有的香气，无黑曲和烂曲，干燥结实。

3. 箱曲

会稽山绍兴酒股份有限公司与绍兴精功机电有限公司于2013年合作建成"生麦曲自动化生产系统"，使自然培养生麦曲（箱曲）实现从进料到出料的自动化生产和温度、湿度的智能化控制，既保证了麦曲品质的稳定性和一致性，又使制曲不受季节限制，实现全年连续制曲，减少贮存场地。笔者认为，将曲料制成曲块的主要目的之一，就是提高曲料的保温、保湿性能，从而利于微生物持续生长繁殖，而箱曲可以利用曲室的通风、调温、调湿装置，创造出更加适宜的培养条件，理论上可以获得比传统块曲更高的酶活力；同时，传统块曲经长时间的自然干燥，使生酸菌休眠或死亡，而箱曲经通风干燥可达到同样的效果。

（1）工艺流程

（2）操作方法

小麦轧好后，按20%~26%加入清水，具体加入量根据季节调整，搅拌均匀，装入长500mm、宽330mm的曲箱中，装料高度为200~220mm，码箱后输送至培养室培养（图2-28），在培养室内完成培养和干燥，具体工艺控制如下：

图2-28　入室培养

①静止期：设置温度30~32℃、相对湿度90%~95%，培养时间36h，此阶段采用小风量间歇通风，即每隔30min通风一次，每次10min。

②繁殖期：设置温度为40~50℃、相对湿度为90%~95%，培养时间36h，此阶段采用小风量间歇通风。

③旺盛期：设置温度 52~56℃、相对湿度 85%~90%，培养时间 36h，此阶段需要加大风量连续通风。

④产酶期：设置温度为 45~50℃、相对湿度为 80%~85%，培养时间 36h，此阶段连续通风。

⑤成熟期：设置温度为 40~45℃、相对湿度为 75%~80%，培养时间 36h，此阶段连续通风。

⑥干燥期：前期在 35~38℃下排潮，后期停止加热，继续通入新风，经 48~72h 通风干燥，使麦曲的温度和水分分别降至 30℃ 和 14% 以下，即可出曲。

4. 其他类型的自然培养生麦曲

因各地黄酒酿造习惯不同，自然培养麦曲也存在许多不同的生产方式和操作方法。自然培养生麦曲除了上面介绍的踏曲、挂曲、草包曲和箱曲外，还有许多种类。例如：北方黄酒有的采用白酒大曲作糖化剂；南方在春冬季节制造麦曲时，采用筐曲或散曲的生产方式，以克服气温变化造成制曲困难。散曲是将轧碎的小麦拌入水后堆在室内进行培养。筐曲是利用竹筐或藤筐进行堆积培养，由于用料多，发热量集中，故可常年生产。宁波的黄酒厂在制成草包块曲后，再加以烘烤使其成为焦黄色；丹阳黄酒的麦曲采用大小麦混合原料，以增加透气性。这些具有地方特色的操作，反映了我国黄酒丰富多彩的酿造技艺。

（二）纯种培养麦曲

纯种培养麦曲是指用人工接种的方法，把纯种糖化菌接种于小麦原料上，并在人工控制的培养条件下，使其大量繁殖和产酶而制成的黄酒糖化剂。纯种培养麦曲主要有熟麦曲和爆麦曲。为了适应黄酒机械化生产的需要，多数采用厚层通风培养法。通风制曲具有所需培养室面积小、设备相对简单、操作方便、节约工时、便于管理、劳动强度低等优点。生产菌种有从传统麦曲中筛选出的米曲霉苏-16 和 As. 3800 等，其中苏-16 酿制的黄酒风味较好，应用较普遍。近年来，有黄酒研究团队多次在国内和国际上将苏-16 报道为黄曲霉（*Aspergillus flavus*），对此，笔者认为值得商榷。米曲霉和黄曲霉同属于曲霉属黄绿组，黄曲霉易污染粮谷及其制品，可产生强致癌的黄曲霉毒素；米曲霉是中国及东亚地区用于酿酒制酱（酱类、酱油），具有数千年应用历史的安全菌株（获 FDA 的 GRAS 论证），被认为是野生黄曲霉种的驯化种，在分类学地位上列为独立种。苏-16 来源于传统麦曲，在形态特征上与米曲霉符合，且不产黄曲霉毒素，其分类命名应为米曲霉（*Aspergillus oryzae*）。笔者在以往有关麦曲的论文和教材（如 2008 年《黄酒》、2009 年《黄酒高级酿酒师》、2010 年《黄酒酿造技术》）中一直使用米曲霉名称。我国是最早利用米曲霉酿酒制酱的国家，该技术传播到日本、韩国等周边地区（日本酿酒专家花井四郎在

《日本清酒源于中国江南之我见》中也提出清酒源于中国的观点），日本酿造学会已将米曲霉认定为"国菌"。由于使用黄曲霉名称易使人联想到黄曲霉毒素，从而怀疑黄酒产品的安全性，笔者在此呼吁同行统一使用米曲霉名称。

纯种培养麦曲同自然培养麦曲相比，其优点在于酶活力高且稳定，适合机械化黄酒发酵周期短的要求，但由于菌种单一导致酿成的酒口感较淡薄、香气较差。此外，熟麦曲和爆麦曲酿制的黄酒苦味较为突出，有报道认为是由于熟（爆）麦曲培养过老而带入较多米曲霉孢子引起，但也可能与酒中苦味肽和苦味氨基酸含量较高有关：一方面，熟（爆）麦曲中含丰富的蛋白水解酶，蛋白质分解力明显高于生麦曲；另一方面，熟麦的蛋白质变性，更易被蛋白酶水解。为了较好地保持黄酒传统风味，在机械化黄酒酿造中，通常采用纯种培养麦曲与自然培养麦曲混合使用的方法。笔者从自然培养的块曲中筛选出优良米曲霉菌株，以混合菌种通风培养法制成机械化黄酒专用生麦曲，从1997年开始在浙江古越龙山绍兴酒股份有限公司应用（1997年起在1万千升车间应用，1999年起在2万千升车间应用）至今，对提高机械化黄酒质量效果显著。

1. 熟麦曲

熟麦曲的制曲工艺流程

原菌 ⟶ 斜面试管培养 ⟶ 一级种曲培养 ⟶ 二级种曲培养 ⟶ 麦曲通风培养 ⟶ 成品麦曲

（1）斜面菌种培养　斜面试管培养基一般都采用 $12 \sim 13°Bx$ 米曲汁或麦芽汁琼脂培养基。在无菌条件下接种后，$28 \sim 30℃$ 培养 $4 \sim 5d$。培养好的斜面菌种用肉眼或放大镜观察要求菌丝健壮、整齐，孢子丛生丰满，菌丛呈黄绿色，不得有异状菌丝和杂色，镜检不得有杂菌。

（2）一级种曲

①原料处理：一级种子以大米或麸皮为原料。以大米为原料时，经清洗、浸泡、沥干、蒸煮，然后分装于三角瓶灭菌，冷却后接种培养。这里介绍以麸皮为原料的制作方法。

麸皮在使用前需过20目筛，除去细碎的麸皮和面粉，否则将导致麸皮在拌水或杀菌时出现结块现象，从而影响透气性。一般麸皮与水的比例为1 : $(0.7 \sim 0.9)$，根据麸皮的含水量及气候适当调整，加水后拌匀，称取拌好的麸皮35g，装入500mL三角烧瓶中，塞上棉塞，外包防潮纸，在121℃下灭菌30min，灭菌完毕，趁热摇散三角瓶中的团块。

②接种培养：曲料冷却至32℃，接入斜面菌种，摇匀，于30℃下培养，经 $18 \sim 22h$，曲料已长出白色菌丝，摇瓶，继续培养 $5 \sim 8h$，曲料表面已长满菌丝并连结成饼，此时可扣瓶。一般从接种起培养3d左右，曲料全部变为黄绿

色，便可取出干燥。在无菌室内分装于已灭菌的牛皮纸袋内，于 35~40℃ 干燥，使水分降至 13% 以下，放入低温干燥处或冰箱保存，保存时应防吸潮。以上干燥过程可起到后培养作用，因而培养时间相对较短，如现做现用，则整个培养时间为 4~5d。

③质量要求：菌丝整齐健壮，孢子丛生，且均匀一致，没有白心，呈黄绿色，不应有异常颜色和异状菌丝。

（3）二级种曲　二级种子可采用三角瓶或帘子培养，现在有的已采用种曲培养机培养。种曲培养机操作方便，适用于大量培养。

①三角瓶培养

a. 配料。麸皮与水的比例为 1：（0.65~0.8）。

b. 装瓶、灭菌。称取 70g 拌好水的麸皮，装入 1000mL 三角烧瓶中，包扎后于 121℃ 下灭菌 30min，灭菌完毕，趁热摇散。

c. 接种培养。冷却至 35℃ 可接种，接种必须在无菌室中进行。用接种匙将少量一级种子接入三角烧瓶中，充分摇动，将三角烧瓶置于培养室内瓶架上进行培养。培养室的温度控制在 32℃ 左右。16~19h 后，可以观察到麸皮上有白色菌丝出现。根据菌丝的生长情况，再过 6~9h 后进行扣瓶，扣瓶后斜置培养（图 2-29），继续培养 42~45h 即可出曲。

图 2-29　三角瓶培养

d. 出曲。将三角烧瓶中的种曲用长的竹筷断为两块，取出放入小竹匾内备用。种曲放置时间不宜太长，一般在 2d 内使用，因为时间长了会使孢子繁殖力降低，并增加染菌的机会。

②帘子曲培养：麸皮与水的比例为 1：（0.8~0.9），搅拌均匀后，润料 30min，于 0.1MPa 蒸汽灭菌 30~40min，移入经消毒的培养室，倒入拌曲桶内，打散、冷却至 32~35℃，接入三角瓶种曲，接种量为 0.3%~0.5%（有的

企业 0.15%~0.25%），充分拌匀后堆积培养（天热可直接装帘），堆积开始品温应在 30~32℃，此时室温控制在 29℃左右。4h 后翻拌一次，翻后品温不低于 30℃。继续堆积 3~4h，翻拌均匀后装帘，厚度为 1cm 左右（有的企业 1.5~2cm）。培养过程中相对湿度一般控制在 95%以上，但后期干燥期内应降低湿度，以适当降低种曲水分，各阶段温度控制如下：

a. 前期。接种后 4~10h 为孢子发芽生长阶段，品温应保持在 30~32℃。由于初期不发热，需用室温维持品温。后阶段品温上升，需要进行适当控制，可用划帘来控制品温，并给以足够的氧气。

b. 中期。再经 14~18h，菌丝大量生长，呼吸作用强，放出热量大，使品温迅速上升。这时应控制室温在 28~30℃，品温不超过 35~37℃。可采用划帘和倒换上下帘位置来控制品温。继续培养 8~12h 后，菌丝生长缓慢，放出热量少，品温开始下降，开始出现分生孢子，这时控制室温 30~34℃、品温 35~37℃，需用直接蒸汽提高室温和湿度。为使品温均匀，应进行上下倒架。

c. 后期。曲料表面已有大量孢子，曲料变色即可停止直接蒸汽保湿，改用间接蒸汽加热，并开窗通风，室温保持在 34~35℃、品温保持在 36~38℃，进行排湿和干燥。自接种后 56~60h 出房。

d. 摊晾。种曲出房后，移入清洁干燥的贮存室摊晾，一般 2d 内使用。成熟的种曲要求菌丝稠密，孢子丛生，呈新鲜的黄绿色，不得有杂色，不得有酸味和其他的霉味。

笔者认为，帘子种曲与三角瓶种曲相比，培养过程更容易染菌，最好干燥至水分为 13%以下使用，以使细菌大部分死亡。

③种曲培养机培养：操作方法和参数设置以某厂为例，种曲培养机为 ZQB-50BJ 型（图 2-30）。

图 2-30　种曲培养机

a. 配料。一般麸皮与水的比例为1∶0.9左右，加水后用扬麸机拌匀。

b. 装盘。将拌好水的麸皮均匀装入培养盘中，料厚15~20mm，培养盘放进培养车内。

c. 灭菌。将培养车推入培养罐内，关好门，打开门密封阀使密封圈充气压力达到0.4MPa，关闭排污阀，打开疏水阀，打开夹套水阀，打开蒸汽阀当压力达到0.06~0.08MPa时排汽，排空后再加蒸汽，使温度升至120℃，120~125℃保温25min。

d. 抽真空。保温结束后，排除罐内蒸汽，初排时宜慢速排汽，待压力降至0.05MPa以下时可快速排汽，罐内压力降至零后，关闭排汽阀，关闭疏水阀，打开真空阀和真空泵，当压力达到-0.04MPa时，关闭真空阀和真空泵。

e. 冷却。关闭夹套水阀，启动冷循环，风机频率调至40~45Hz。

f. 接种。冷却到33~34℃时即可进行接种，接种量为0.4%，接种时培养罐内压力-0.04MPa，接种压缩空气压力0.4MPa，风机频率40Hz，接种时先打开压缩空气阀和接种阀，接种完毕关闭接种阀和压缩空气阀，风机逐渐调至零，静置15min，使孢子着床。

g. 自动培养。通入无菌空气（培养过程保持恒定），当培养罐内压力大于零时，打开排污阀，按表2-16和表2-17设定设置参数进行自动培养，一般培养时间为69h左右。

表2-16　　　　　　　　　　　　　设置参数1

培养时间/h	品温/℃	风机频率/Hz	喷雾启动/min	喷雾停止/min
0~3	32	35	10	6
3~8	32	20	1	6
8~12	32	22	1	3
12~20	32	22	2	4
20~35	32	22	2	3
35~40	32	22	2	5
40~48	32	22	1	3
48~60	32	22	1	6
60~69	32	19	1	9

表2-17　　　　　　　　　　　　　设置参数2

培养时间/h	品温上下偏差/℃	热水罐温度/℃	冷水罐温度/℃	加热罐温度/℃
0	0.3/0.3	32.5	29	32.5

续表

培养时间/h	品温上下偏差/℃	热水罐温度/℃	冷水罐温度/℃	加热罐温度/℃
12	0.1/0.3	30	27	32.5
22	0.1/0.5	27	24	32.5

注：加热罐、热水罐、冷水罐的温度上偏差和下偏差均设定为 0.1℃。

h. 出曲。关闭自动培养，关闭门密封阀，出曲，将种曲分装于塑料盒或塑料袋，放-4℃冰柜保存备用。

几点说明：

①热水罐、冷水罐中的水用于夹套调节培养温度；开风机的目的是使培养罐内温度均匀一致；加热罐中的水用于喷雾加湿，培养过程相对湿度一般保持在 95% 以上。

②上述操作在培养过程中保持温度和通风供氧量恒定。也有采用分段控制的，如：控制培养初期（孢子发芽生长，至 12h 左右曲料外观可见白色菌丝）温度为 32~33℃、培养中期（12~45h，菌丝大量生长，至 45h 左右曲料从白色开始转变成黄绿色）为 32~36℃、培养后期（约 45h 后，为孢子大量生成阶段）为 30~32℃；无菌空气通入量在培养前期间歇通入、中期为 3~4m³/h、后期为 1~2m³/h。目前未见黄酒米曲霉生长特性的研究报道，而据有关酱油米曲霉的报道，其孢子发芽适温为 28~32℃，且在温度高时发芽快，生长适温为 30~35℃。因此，按上述米曲霉生长特性，在温度容易控制的情况下，采用 32℃恒定温度进行种曲培养是可行的。

③以上参数仅供参考，应根据实际情况调整。目前黄酒企业仅依靠外观检查（用肉眼或放大镜观察）评判种曲质量，有必要增加种曲孢子数（测定方法参考 SB/T 10315—1999《孢子数测定法》）、孢子发芽率（测定方法参考 SB/T 10316—1999《孢子发芽率测定法》）和细菌数等量化指标，以利于质量控制和工艺参数优化。

（4）通风培养制曲

①通风培养制曲工艺流程

②操作方法与要求

a. 轧碎。操作与要求同踏曲生产。

b. 拌料。轧好的小麦，加水 32%～36%（根据小麦含水量及季节调整），迅速翻拌，并堆积润料 1h，使小麦均匀、充分吸水。如用蒸球蒸煮，则不堆积，进料后正反转动蒸煮锅 20～30min。

c. 蒸煮、接种。常用的蒸煮方法有两种：一种是常压蒸煮，用铁锹将原料铲入甑内，注意要使原料比较疏松地盛在甑内，增加透气性。通入蒸汽，待比较均匀地冒出蒸汽后，加盖再蒸 45min；另一种是使用蒸球（图 2-31）密封旋转蒸煮，因为是高压蒸煮，蒸煮时间较短。各厂蒸煮压力不同，一般为 0.12～0.22MPa，注意先排除蒸球内空气，以免造成假压。蒸煮压力越高，所需蒸煮时间越短，总之原料要蒸煮均匀熟透。这里列举两例蒸球蒸煮方法供参考。企业 1：在蒸煮锅内压力升至 0.1MPa 时排除空气，再将压力升至 0.2MPa 时关闭蒸汽阀停止进汽，焖蒸 10min 左右，打开排汽阀排空；企业 2：压力升至 0.1MPa 时排除空气，再将压力升至 0.22MPa 时关闭蒸汽阀，打开排汽阀排汽，约 15min 压力降至零。蒸熟的原料用扬渣机打碎，在这一过程中可以使用鼓风机将原料快速降温。在品温 36℃ 左右时，接入种曲，接种量为 0.2%～0.4%（以麸皮计，根据季节及种曲质量调整）。接种时，为防止孢子飞扬和使接种均匀，可以先将种曲与部分原料拌匀，撒在摊开的原料上，再将原料收集在一起，用扬渣机再撒一次，以充分混匀。接种后品温为 33～35℃。

图 2-31　蒸球

d. 入池。通风曲池（图 2-32）的结构与原理同箱式通风制曲设备。曲房在使用之前，一般采用硫熏法或甲醛法来彻底杀菌。然后将接种好的原料用车拉至曲池边，锹入曲池。注意：将原料锹入曲池时，要快而有力地挥动铁锹，使原料撒在曲池中能比较疏松地堆积，最后将原料表面轻轻扫平。切忌把整车原料直接倒入池内，这样会使曲层松紧不一致或曲层厚度不一致。料层厚度一般为25~30cm，视气温而定。料层太厚，上下温差大，通风不良，霉菌生长繁殖不均匀；料层太薄则通风过畅，不利保温保湿，对霉菌生长不利，并降低设备利用率。曲料入池后进行一次循环风调温，使品温上下一致并达到30~32℃后停止通风。

图2-32　厚层通风制曲曲池

　　e. 静止培养。这是孢子的发芽阶段，一般需要6~8h。在这一阶段，需要为孢子的发芽提供适宜的环境，主要是控制室温在30~31℃，相对湿度为90%~95%。在这一阶段，原料中的空气能够满足菌体的生长繁殖需要，并且菌体的生长不是十分旺盛，产生的热量及CO_2不是很多，不需要对曲层进行通风降温和排出CO_2，所以称为静止培养。

　　f. 通风培养。这一过程分间断通风培养和连续通风培养两个阶段。随着静止培养的进行，品温逐渐开始上升。当品温升至33~34℃时，需要通风来降低品温，并带走曲层中的CO_2，当品温降低至30℃时停止通风。在这一阶段，由于菌丝还比较嫩弱，要注意控制风量，大的风量会引起曲层振动而导致原料之间的空隙减少，从而影响菌体的生长繁殖。同时要控制通风前后的温差，因为大的温差会使菌丝难以适应，并且较低的温度导致品温难以迅速升起来，从而拉长培养时间。此阶段通风为室内循环风，品温最好保持在30~34℃，而且逐渐往上提，并兼顾调温和保湿，相对湿度控制在95%。入池后20h左右，曲料能看到白色菌丝并开始结块，这时需要翻曲一次，以疏松曲料，利于菌丝进一步生长（由于翻曲时造成温度和湿度下降，注意保湿和适当保温）。这时菌体的生长繁殖进入旺盛期，菌丝大量生长，产生大量的热量，品温上升很快。由于菌丝大量形成，曲料结块，影响通风效果，降温不再明显，此时应开始连续通风。如果池中曲料收缩开裂、脱壁，应及时将裂缝压灭，避免通风短路。

要获得淀粉酶活性高的麦曲，品温应保持在 38~40℃（表 2-18），高于 40℃，对米曲霉的生长和产酶也不利。为使品温不超过 40℃，在通入室内循环风时根据品温情况，在循环风中适当引入一些室外的新鲜风。在制曲后期，曲霉菌的生命活动过程逐步停滞，开始生成分生孢子柄及分生孢子，此时曲中积累了最多的酶，如继续延长培养时间，会生成孢子，反而会降低酶活力，而且孢子多的曲会给酒带来较重的苦味。为阻止孢子的形成和便于成品曲贮存，应通入室外风排潮。

表 2-18	制曲温度与酶活力的关系		
温度/℃	α-淀粉酶	糖化酶	酸性蛋白酶
30	弱	弱	强
35	较弱	强	弱
40	强	强	弱

g. 出曲。随着室外冷风的通入，品温和湿度逐渐降低，及时出曲，从曲料入池到出曲需 35~40h。

近年来，黄酒行业开始采用圆盘制曲机（图 2-33）制曲，实现入料、翻曲、出料的机械操作和培养过程温度、湿度、风量的自动化控制，降低了劳动强度，改善了工作环境。

图 2-33　圆盘制曲机外形及曲室

（5）熟麦曲的质量要求　要求菌丝粗壮稠密，不能有明显的黄绿色，应有曲香，不得有酸味或其他的霉臭味，糖化力要求 900mg/（g·h）以上，水分含量在 25%以下。

制成的麦曲应及时使用，避免存放时间过长，这是因为在贮藏过程中，曲易升温，生成大量孢子，造成酶活力下降，而且容易感染杂菌。短时间存放时，应摊开在通风阴凉处，并经常翻动，以利麦曲的散热和水分蒸发。

（6）熟麦曲中的主要酶　利用双向电泳和串联质谱技术手段对熟麦曲的宏蛋白质组进行研究，发现熟麦曲α-淀粉酶、蛋白酶的蛋白点丰度明显比生麦曲高，说明熟麦曲的α-淀粉酶、蛋白酶活力比生麦曲高，对于原料的利用更加彻底，可缩短黄酒发酵周期。熟麦曲中主要酶和蛋白质（来源于米曲霉）如表2-19所示。

表2-19 熟麦曲中主要酶和蛋白质

酶和蛋白质种类	蛋白点数/个	酶和蛋白质种类	蛋白点数/个
α-淀粉酶	8	亚精胺合成酶	1
碱性蛋白酶	8	转醛醇酶	2
酸性蛋白酶	2	UDP-呋喃半乳糖变位酶	3
中性蛋白酶Ⅱ	1	犬尿氨酸甲酰胺酶	2
葡萄糖淀粉酶B	1	鸟嘌呤脱氨酶	1
过氧化氢酶R	1	亮氨酸氨肽酶	2
果胶裂解酶	1	NADP-依赖脱氢酶	1
氨肽酶	2	NAD（P）-依赖木糖还原酶	1
二肽基肽酶	1	核糖-5-磷酸异构酶A	1
丙氨酰二肽基肽酶	2	醛糖-1-差向异构酶	1
阿拉伯糖半乳聚糖内切-1,4-β-半乳糖苷酶	1	还原酶	2
内切-1,4-β-甘露糖苷酶	2	3-羧基粘康酸盐环化酶	1
甘露醇-2-脱氢酶	1	thiJ/PfpI家族蛋白	1
内切-1,4-β-木聚糖酶A	1	硫氧还蛋白	1
内切-1,4-β-木聚糖酶C	2	热激蛋白70	2
内切壳聚糖酶	1	TIM-信号转导蛋白	2
乙醛还原酶	3	r GDP-解离抑制剂	1
醛固酮还原酶	1	核糖激酶/pfkB家族蛋白	2
S-腺苷甲硫氨酸合成酶	2	假定蛋白	4

2. 爆麦曲

爆麦曲的操作方法和培养过程与熟麦曲基本相同，不同的是将小麦烘炒碾扁而成为熟麦片，炒麦时炉膛温度为450℃左右，炒至七八分熟，色泽黄亮，不烂不焦，有炒麦的焦香味。因小麦烘炒时失去大部分水分，拌料时加水比（按炒前小麦计）需增加至36%～38%（控制拌料后水分为28%～30%）。

三、米曲

米曲可分为红曲、乌衣红曲和黄衣红曲，而红曲和乌衣红曲往往又被笼统称为红曲。红曲分为库曲、轻曲和色曲三种，库曲主要用于酿酒，色曲用作食品天然色素，轻曲应用介于两者之间，福建古田县的平湖、罗华主产库曲和轻曲，屏南县的长桥、路下则以色曲为主。乌衣红曲酒主要产区有福建建瓯、松溪、南平、惠安等地，以及浙江温州、金华、衢州、丽水等地。著名微生物学家方心芳认为，红曲可能是由乌衣红曲演化而来的。福建古田红曲的传统曲种就是用建瓯土曲的酒糟（建糟）培育而成的。

红曲是以大米为原料，在一定的温度和湿度条件下培养而成的一种紫红色米曲，它是我国黄酒生产中使用的一种特有的糖化发酵剂。由于经过了长期人工选育和驯养，红曲达到了现有的纯粹程度，这是我国古代在微生物育种技术上的一大成就。现代研究发现红曲中具有降血脂和降血压的有效成分，因此红曲产品的开发成为热点。福州大学倪莉教授、吕旭聪教授等在红曲和红曲黄酒研究上取得许多研究成果。古田红曲真菌结构以紫色红曲菌为主，相对丰度高达97.03%~99.09%，其他真菌很少。相比于古田红曲，乌衣红曲具有更高的真菌丰度、多样性及均匀性。利用16S rDNA/ITS高通量测序技术鉴定出红曲中主要真菌有黑曲霉、紫色红曲菌、黄曲霉、酿酒酵母、膜醭毕赤酵母、少根根霉、印度毛霉、布拉特假丝酵母等，主要细菌有芽孢杆菌属、片球菌属、魏斯氏菌属、葡萄醋杆菌属、细球菌属、葡糖杆菌属、明串珠菌属、醋杆菌属、肉食杆菌属、乳酸杆菌属等。此外，从10种红曲样品中共鉴定出扣囊复膜孢酵母、弗比恩毕赤酵母、酿酒酵母、季也蒙毕赤酵母、光滑假丝酵母、异常威克汉姆酵母、黏质红酵母等12种酵母菌。

（一）红曲

1. 传统法红曲

（1）工艺流程

（2）主要原料 制红曲主要原料是曲种、上等醋和大米。

①曲种：红曲菌种来源于福建建瓯土曲，也称为乌衣红曲，或采用福建建瓯、政和、松溪等酒厂的土曲与糯米酿酒所榨得的酒糟，俗称"糯米土曲糟"或称"建糟"。

②上等醋：制造库曲、轻曲，采用贮存一年半的优良米醋即可；而制造色曲，由于生产周期较长，对醋的质量要求较高，要求贮存 3 年以上的陈年老醋，味酸带甜，性缓而经久的为佳品。

③大米：根据制曲品种不同而有所区别，色曲应选用上等的粳米或籼米；库曲、轻曲最好选用高山红土地生产的籼米，这种米制成的曲色红且颗粒整齐，或用福建屏南县东丰、上楼一带的白早米，其横断面稍呈蓝色，所以又称"蓝骨米"。一般要求上等的精白大米。

（3）操作方法

①浸米：将选用的上等白米淘洗除去糠秕，用水浸泡 2~3h，以用手指一搓就碎为适度，即可捞起沥干，上甑蒸煮。

②蒸饭：当釜中水沸后，把沥干的米倒入甑内，待全面冒汽后加盖开大蒸汽续蒸，用潮湿的手摸饭不黏手即可。饭蒸熟软透时，将饭摊散于竹篓内。

③接种拌曲：饭冷至 40℃，就可以接种拌曲，原料配比如表 2-20 所示。

表 2-20　　　　　　　　　　红曲生产原料配比　　　　　　　　单位：kg

曲类名称	配料			成品
	米	土曲糟	醋	
库曲	100	2.5	3.75	50
轻曲	150	3.75	5.375	50
色曲	200	5.0	7.5	50

先将曲种与醋混合（称"醋糟"），接种后拌匀，使饭粒全部染成微红色时，即可入曲房。

古田罗华红曲厂创造一种醋糟混合物，制红曲时每 50kg 白米仅用醋糟 3~3.5kg，操作方便，成本较低。制备方法：将糯米 25kg 经浸渍蒸熟，淋水降温至 40℃ 左右，拌入土曲粉 10~12kg，装入坛内，经 12d 糖化发酵后，掺入醋 15~25kg，存放 2~3 个月后即可使用。

④曲房管理：将拌好种的米饭挑到曲房堆放，盖以洁净麻袋，保温 24h，由于菌丝繁殖使品温升高，待品温升高至 35~40℃ 时，进行搓曲摊平，以后每隔 4~6h 搓曲一次，以调节温度。翻曲换气对于红曲菌的生长也极为重要。

经过 3~4d 后，菌丝逐渐透入饭粒的中心，呈红色斑点，这阶段为半成品，俗称"蛋花"或"上铺"。这时可把曲装入麻袋或竹筐内，在水中漂洗 10min，使曲粒大量吸水，有利于红曲菌的繁殖。沥干后再堆半天，待升温发热时将它摊散铺平，每隔 4~6h 翻拌一次。当菌丝发育旺盛且分泌红色素，曲粒出现干燥现象（用手接触曲粒有响声）时，可适当喷水增加湿度并注意调整室温，使品温维持在 25~30℃。自喷水后经 3~4d，曲粒全呈绯红色，称为"头水"。此后，保持适当的温度和湿度是关键。若喷水过多，升温太高，易使曲腐烂或生杂菌；若过于干燥，菌丝体不易繁殖。因此，对温度、湿度应严加控制。此阶段每隔 6~8h 翻曲一次，"头水"后 3~8d，称为"二水"曲，曲粒里外透红，并有特殊的红曲香味。此时将红曲移至室外，太阳晒干，即为成品。

⑤应注意的几个问题：

a. 所谓的库曲、轻曲、色曲除了配料之外，主要在于制曲过程的后期管理不同。轻曲和色曲需要更多次喷洒少量水分，让菌丝的繁殖期持续时间更长些，使曲的重量更轻些，色素生成更多些。制库曲为 8~10d，轻曲 10~13d，色曲 13~16d。还可视气温高低，将生产周期适当延长或缩短。

b. 红曲的繁殖要在适宜的温度、湿度和酸度下进行。室温过高或翻曲不及时，会使品温过高，将菌丝烧坏；室温过低，保温不好，菌丝难以繁殖，致使酶活力不高，影响成曲质量。红曲菌的生长特点是耐酸，制曲时应调节适宜的酸度，以利红曲菌繁殖和减少杂菌污染。

c. 红曲的糖化力较强而发酵力较低，所以红曲酿酒时最好添加些酵母培养液，以增强发酵力。

（4）酿造用红曲质量要求　根据不同产品，分别按福建省地方标准 DBS 35/002—2017《食品安全地方标准　酿造用红曲》和国家轻工行业标准 QB/T 5188—2017《酿造红曲》执行，在此列出前者对感官和理化指标的要求（表 2-21 和表 2-22），供参考。

表 2-21　　　　　　　　　　　酿造用红曲感官要求

项目	要求
外观	棕红色至紫红色，质地脆，无霉变，无肉眼可见的杂质，呈不规则的颗粒状
断面	粉红色至红色，略带白心
气味	具有红曲特有的气味，无异味

表 2-22 　　　　　　　　　　　　　　酿造用红曲理化指标

项目		指　标		检验方法
		一级	二级	
水分/（g/100g）	≤	10.0		GB 5009.3
容重/（g/100mL）		32.0~52.0		GB/T 5498
色价/（u/g）	≥	600	400	GB 1886.19 附录 A 中 A.2
糖化力/［mg/（g·h）］	≥	750	450	QB/T 4257
发酵力/［g/（0.5g·72h）］	≥	0.3	0.2	QB/T 4257

注：糖化力单位是指在 35℃、pH4.6 条件下，1g 红曲 1h 转化可溶性淀粉生成葡萄糖的质量（mg）；发酵力单位是指在 30℃，72h 内 0.5g 红曲利用可发酵糖类所产生的 CO_2 质量（g）。

2. 厚层通风培养法红曲
（1）工艺流程

（2）红曲糟制备　按制曲大米量的 1% 称取红曲种，浸泡、磨粉，加 2 倍量的米醋［总酸（以醋酸计）>3.5g/100mL］，搅拌均匀，常温下放置 8~20h 后使用。

（3）操作方法　将大米浸泡 2~5h（冬春 4~5h、夏秋 2~3h），用清水冲洗，沥干。采用蒸饭机连续蒸饭时，蒸汽压力需保持在 0.6MPa。如用饭甑蒸饭，蒸至全面冒汽后，加盖再蒸 8~10min 即可。所蒸米饭要求外硬内软、无白心、疏松不糊、透而不烂、均匀一致。米饭鼓风冷却至 36~38℃ 即可接种，拌匀后将曲料转入曲房（或曲池）中堆积，曲料表面盖麻袋保温，室温控制在 30℃ 左右为宜。培养 16~22h，待品温升至 45~47℃ 时，进行第一次翻曲。翻拌均匀后重新堆积，盖上麻袋培菌养花。当品温又达到 45℃ 时，迅速拌匀曲料并转入曲池通风培养。将感应温度计设置在 45℃，斜插入曲料 1/3 深处，进行自动控温培养。一般 5~6h 翻曲一次。入通风曲池培养 20~24h 后，进行第一次喷水，喷水量为曲料的 30% 左右；将感应温度计设置在 37℃、相对湿度保持为 80%、室温 20~23℃；喷水后 5~6h 拌曲一次。第一次喷水后约 10h，当曲料又呈干燥状时进行第二次喷水，喷水量约为曲料的 40%；感应温度计下调至 36℃、湿度保持 90%、室温保持 28~30℃；每隔 5h 拌曲一次。第三次喷水间隔 8~10h，喷水量为曲料的 35% 左右；品温控制在 36℃、湿度保持 85%、室温 25~28℃；6~7h 后拌曲一次。第四次喷水间隔 10~12h，喷水量为曲料的 25% 以下，视曲粒生长状况决定，如喷水量过多，会造成红曲"吐水"现象，即曲粒表面附着水分，引起通风不良，曲变紫黑色，烘干后结团，吐水曲色价提高，而糖化力下降，酸度增高；喷水后温度计调低至 35℃、湿度保持 80%、室温 25~28℃，4~5h 后拌曲一次；第四次喷水 12h 后的曲称断水曲，品温控制在 33~35℃、湿度保持 80%、室温 20~25℃，这时开启曲房门窗培养；断水培养 24h 即可烘干，烘干温度 45~50℃，要求曲的含水量达到 12% 以下。

不同用途红曲的喷水调湿次数和培养时间不同，用于酿酒的红曲（库曲、轻曲）喷水调湿 2~4 次、总培养时间 4~5d 即可。需要注意的是：据周立平教授介绍，首次补水应在饭粒表面被红曲菌菌丝全部包裹后进行（否则易污染细菌），此时曲料已基本不升温，饭粒弹性变小，略有刺感；若未达到理想状况，则喷 pH 3.5~3.9 调酸清水（用食用醋酸调节）少量（饭粒湿润状即可），使红曲菌继续生长，直至饭粒表面被红曲菌菌丝包裹，再进行常规喷水操作。

各企业的工艺也有差异，有的浸米时间 20~22h，有的装入蛇皮袋堆积养花。某企业装袋堆积养花操作：装袋后，一般保温 18~22h，袋内曲料温度上升至 46~50℃（不得超过 50℃），将曲料倒入池内堆积，约在池的 1/3 处培养，让其自然升温，当品温达到 45℃ 时，翻拌曲料，并将曲料摊至满池。

（二）乌衣红曲

乌衣红曲是以籼米为原料，混合培养黑曲霉、红曲菌和酵母菌制成的一种糖化发酵剂，多用于籼米黄酒酿造。

1. 传统法乌衣红曲

福建建瓯土曲和浙江乌衣红曲的生产方法略有不同，主要表现在曲种的制作方面。建瓯土曲的曲种制作方法如下：

①曲公：把50kg大米淘洗、浸透、蒸熟、摊冷至40℃左右，拌入曲公粉40g、曲母浆250~400g。在竹箩中保温至43℃翻拌入曲房，品温维持38~40℃，喷水一次，经过4~5d出曲、晒干。其品质以粒硬有纯青红色者为佳。

②曲母：把50kg大米淘洗、浸透、蒸熟、拌匀，摊冷至40℃左右，拌入曲公粉5~10g、曲母浆0.8kg。待升温至43℃左右，可入曲房，维持品温38~40℃，3~5d就可出曲干燥。质量以曲粒硬、色微红为佳。

③曲母浆：将1.5kg大米洗去糠秕杂质，加水约7.5kg煮成粥状，冷却至32℃左右，拌入曲母粉1kg。待发酵7d左右，有酒味并带辣味时就可使用。

生产土曲时每100kg大米接入曲公粉40g、曲母浆750~900g。

浙江乌衣红曲的曲种培养：乌衣红曲中的乌衣——黑曲霉采用纯种培养，红曲菌和酵母菌是用红曲种进行扩大培养制成红曲酒醅。具体方法如下：

①黑曲霉：将麸皮与水按1:1拌匀，装入500mL三角瓶中，装料量为每瓶20g湿料，塞上棉塞，用油纸包扎瓶口，灭菌，冷却至30~32℃。每瓶接入试管菌种（周立平教授认为试管菌种保藏采用察氏培养基有利于保持产酶性能）1~2环，将曲料摇匀后堆积于三角瓶一角，于30~33℃下培养24h后将曲料摇匀，约10h结为饼状后再摇瓶一次，继续培养3~5d使黑曲霉孢成熟即成。将黑曲霉麸皮菌种置40℃下烘干，用灭菌纸包扎备用。

②红曲酒醅：将10kg糯米浸渍、蒸熟、摊凉，装入灭菌的小缸或坛中，加红曲种5kg和水17.5kg，拌匀，落缸温度27~30℃，发酵旺盛时品温不可超过33℃，投料20~24h开耙，培养3~4d后即可使用，存放时间不宜超过5d。

（1）工艺流程

（2）操作方法与要求

①浸米、蒸饭：一般气温在15℃以下，浸渍2.5h；气温15~20℃时，浸渍2h；气温20℃以上时，浸渍1~1.5h。浸后用清水漂洗干净，沥干后常压蒸煮，圆汽后5min即可，要求米饭既无白心，又不开裂。

②摊饭、接种：摊饭时间要尽量短，摊冷至 34～36℃，每 50kg 米接入黑曲霉 0.75～1.5g，略加拌匀，随后再加红曲酒醪 0.3～0.4kg，充分拌匀，便可装箩进行培养，这时品温下降 1～2℃。

③装箩：接种后的米饭装入竹箩中，轻轻摊平，盖上洁净的麻袋，送入曲房保温培养。一般室温在 22℃ 以上，大约经过 24h，品温可以达到 43℃（以箩中心温度为准），当气温较低时，时间会延长。此时米粒已有 1/3 有白色菌丝（如为黑曲霉，其米粒呈黄色）和少量红色斑点，其他仍为原饭粒。这是由于不同微生物繁殖所需的温度不同所致，箩心温度最高，适宜红曲菌繁殖；箩心外缘温度在 40℃ 以下，黑曲霉繁殖旺盛；接近箩边处温度低，饭粒仍为原色。

④翻堆：待箩中品温上升至 40℃ 以上时，即可倒在曲房的砖地或水泥地面上，加以翻拌，重新堆积，品温下降。以后，在第一次品温上升至 38℃ 时，翻拌堆积一次；第二次品温又上升至 36℃，再翻拌堆积一次；第三次品温上升至 34℃ 左右，再翻拌堆积一次；第四次品温上升至 34℃，最后翻拌堆积。每次翻拌堆积的间隔时间，气温在 22℃ 以上时约 1.5h；气温在 10℃ 左右，有必要延长至 5～7h 才翻拌堆积。

⑤平摊：待饭粒已有 70%～80% 出现白色菌丝，按照蒸饭装箩的先后次序，将每堆翻拌摊平。平摊所用的工具为木制有齿的耙，耙齿经过的曲层，凹处约 3.5cm，凸处约 15cm，呈波浪形。

⑥喷水：平摊后，品温上升到一定程度时，便可以喷水了。但天热和天冷时操作略有不同：

气温在 22℃ 以上的热天，当曲料耙开平摊后（一般均掌握在下午 5 时许翻堆，主要是为了晚上不喷水，便于白天喷水时间的掌握），至次日早晨品温上升至 32℃（约经 15h），每 50kg 米的饭喷水 4.5kg，经 2h 将其翻耙一次，再经 2h 品温又上升至 32℃，再喷水 7kg，至当日晚上止，中间翻拌两次，每次间隔 3h 左右。晚上便可不翻拌，至第 4 天（喷水的第 2 天）早晨 8 时许又喷水 5kg，经 3h 后（中间翻耙一次）品温上升至 34℃，再喷水 6.25kg，这次用水必须根据饭粒上霉菌繁殖情况来决定。如用水过量，容易腐烂而被杂菌污染。用水过少，又容易产生硬粒影响质量。所以，要根据曲粒的繁殖情况适当确定加水量，一般每 50kg 米用水量在 23kg 左右。最后一次喷水的当日晚间要翻耙两次，每次相隔 3～4h，但晚上睡觉时间仍可不必翻动。第 5 天（喷水的第 3 天）也不翻动，品温高达 35～36℃，此时为霉菌繁殖最旺盛时间，至第 5 天下午 5 时后品温才开始下降。

天热时，整个制曲过程要将天窗全部打开，一般控制室温在 28℃ 左右。

气温在 10℃ 左右的冷天，室温只能保持在 23℃ 左右，所以曲料自耙开平摊后，经11h左右品温才逐渐上升至28℃，此时每50kg米的饭喷水3.5kg并进行翻拌。经5h，品温又上升至28℃左右，此时再喷水4.25kg并翻拌一次，约经4h，品温又上升至28℃，喷水5kg再翻拌一次，然后经3h再翻拌一次。因第三次喷水一般已在下午5时许，经过一夜的较长时间，会使上下繁殖不一致。第2天（指喷水的第2天，即蒸饭算起的第4天）同样喷水3次，时间基本与前一天相同。总之，品温上升至28~30℃就进行喷水和翻拌操作，前两次喷水翻拌每50kg米的饭每次用水4.5kg，第三次翻拌操作以饭粒霉菌繁殖的程度而定，用水量与天热时掌握的大致相同。其总用水量以每50kg米为26.5kg左右为宜。而最后一次喷水翻拌后3h，要检验一次，以没有硬粒为准，否则次日早晨再使用适量的水翻拌一次。第5天（从蒸饭起算）同样不翻动。

⑦出曲、晒干：一般情况下，第6~7天曲已经成熟，即可出曲。目前制曲过程大半凭自然气温而定，因而出曲时间也因气温而有所不同。上述操作仅为生产中的一般情况。曲出房后，将其摊在竹簟上，经阳光晒干，否则贮存期间易产生高温，易被杂菌污染而变质。

（3）质量要求 乌衣红曲，顾名思义，曲粒表层呈紫红色（这是红曲霉生长的标志），表面是黑曲霉的孢子，断面从紫红到粉红直至粉白色（这种粉白色说明菌丝已生长到曲粒中心），所以感官上以"曲红、衣黑、心白"为佳。从生产实践上看，偏黑的曲酿酒易酸败，其原因是曲中酵母数量较少，使糖化和发酵不协调；偏红的曲糖化力较低，酿酒出酒率低、出糟率高。因此，必须将乌衣红曲中黑曲霉和红曲菌控制在适当的比例。

2. 厚层通风培养法乌衣红曲

（1）工艺流程（右图）

（2）操作方法

①浸米：一般水温20℃以下浸4~8h，水温20℃以上浸2~4h，吸水量一般控制在26%~28%。

②蒸饭：籼米捞出用水淋清、沥干，米饭要求熟而不烂、无白心、均匀一致。

③冷却、接种：米饭鼓风冷却至34~36℃接种，每100kg大米接入黑曲霉麸皮种1.5~2.0g和红曲酒醪0.7~0.9kg（视两者质量情况适当调整比例）。接种完毕，将曲料堆于保温曲房（或曲池），盖上麻袋。室温控制在30℃左右为宜，不低于25℃。

④堆积养花：培养 16～20h，当曲料中心品温达到 46～47℃时，翻耙曲料并重新堆积，但料层堆薄些。第二次翻堆品温为 43℃左右，第三次为 37℃左右，第四次降至 34～35℃。料层逐渐减薄，促使黑曲霉、红曲菌和酵母菌在米饭中生长繁殖。培养 40h 左右，米饭上基本长满菌斑（养花已齐）后，移入通风曲池培养。

⑤通风培养：曲料堆入通风曲池，料层厚度可在 15～20cm。将感应温度计调至 33～35℃，进行自动控温培养。注意 3～5h 翻拌一次，使之生长均匀。当品温上升至 35℃，曲料较干燥时喷水一次，用水量 10%～14%。再过 4～6h 第二次喷水，用水量 14%～18%。若培养过程中曲料尚觉干燥，可酌情喷第三次水。在培曲过程中若曲偏红，则降低培菌温度和减少用水量；若曲偏黑，则提高品温和增加湿度，尽可能使三种曲菌均较好地生长繁殖。在培曲前期，曲室空气相对湿度宜控制在 85%～95%，后期应低些，并开启门窗排潮。培养温度均可在 33～35℃。在正常情况下，接种后培养 84～96h 即可出曲。

（三）黄衣红曲

黄衣红曲生产方法与乌衣红曲基本相同，不同点是菌种使用米曲霉代替黑曲霉。黄衣红曲的液化力、糖化力和蛋白质分解力均较强，特别是液化力远高于红曲和乌衣红曲。

第五节　酒母

一、酒母种类和特点

酒母，意为"酿酒之母"。黄酒是一种含酒精的发酵酒，需要大量酵母的发酵作用，在黄酒发酵过程中，尤其是在以传统法生产的绍兴黄酒发酵醪中，酵母细胞数达 6 亿～8 亿个/mL，发酵醪的酒精含量最高可达 20%以上，这在世界发酵酒中是罕见的。可见，酵母的数量和质量对于黄酒的酿造特别重要。创造适宜的环境条件来扩大培养酵母菌的过程，称为酒母的制备。酒母的优劣是决定黄酒酿造中发酵好坏的关键，也与黄酒风味有着重要的关系。

黄酒酵母不仅要具备酒精发酵酵母的特性，而且要适应黄酒发酵的特点，其主要性能要求：

①发酵能力强，而且迅速。

②繁殖速度快，具有很强的增殖能力。

③耐酒精能力强，能在较高浓度的酒精发酵醪中进行发酵和长期生存。

④耐酸能力强，对杂菌具有较强的抵抗力。

⑤耐温范围广，在较高和较低温度下均能进行繁殖和发酵。

⑥酿成的酒应具有黄酒特有的香味。

⑦用于大罐发酵的酵母，发酵产生的泡沫要少。

按培养方式，黄酒酒母可分为两类：一是采用传统自然培养法制成的淋饭酒母；二是采用纯种培养法制成的速酿酒母和高温糖化酒母。

制造酒母需要有适当的培养条件，主要是营养、温度和空气。适当的酸度可在酵母的发育过程中抑制杂菌的繁殖。酵母生长最适 pH 为 4.5~5.0，但在 pH 4.2 以下也能发育，而细菌在此 pH 范围内则难以生长。pH 对酵母和细菌生长的影响如图 2-34 所示。因此，在培养酵母时可以采用比较低的 pH，这样对酵母的发育影响甚微，却大大抑制了细菌的发育。如果维持 pH 在 3.8~4.2，就可以在不杀菌的情况下进行酵母的纯粹培养。

图 2-34　pH 对酵母及细菌生长的影响

根据上述原理，为了获得大量强壮的优良酵母细胞，制造酒母时要有一定数量的酸存在。酿造黄酒以乳酸最好，因乳酸的抗菌力比其他酸类强，对糖化的阻碍很小，以及成品酒中含有适量的乳酸，还可以改善风味。速酿酒母和高温糖化酒母靠人工添加乳酸，而淋饭酒母则是利用酒药中的根霉和毛霉生成的乳酸。测定淋饭酒母冲缸前酒窝甜液中的 pH 一般在 3.5 左右，冲缸后搅拌均匀的 pH 仍在 4.0 以下。在这样的酸性环境下，无疑有利于抑制杂菌。这也说明了尽管酒药和空气中含有复杂的微生物，而淋饭酒母仍能做到纯粹培养酵母，主要在于适当的 pH 起了驯育酵母和筛选、淘汰微生物的作用。

笔者利用 16S rDNA/ITS 高通量测序技术鉴定出酒母中细菌有糖多孢菌属、乳杆菌属、明串珠菌属、芽孢杆菌属、片球菌属、魏斯氏菌属、乳球菌属、醋酸杆菌属、葡糖杆菌属、土地芽孢杆菌属、葡萄球菌属、高温放线菌属、肠球菌属、假诺卡氏菌属、糖单孢菌属、链霉菌属、不动杆菌属、假单胞菌属、微杆菌属、考克氏菌属、中华单胞菌属、节杆菌属、红球菌属等，其中糖多孢菌属和乳杆菌属为优势细菌，乳杆菌属在正常淋饭酒母、速酿酒母和酸败淋饭酒母中相对丰度分别为 42.21%、7.07% 和 93.59%，糖多孢菌属在三者中相对丰度分别为 45.19%、53.52% 和 3.38%；真菌有酵母菌属、曲霉属、嗜热真菌属、根霉属、假丝酵母属、链格孢属、青霉属、塞伯林德纳氏酵母属、毛霉属、威克汉姆酵母属、嗜热子囊菌属等，其中酵母菌属、曲霉属和嗜热真菌属为优势真菌，酵母菌属在正常淋饭酒母、速酿酒母和酸败淋饭酒母中相对丰度分别为 70.81%、47.67% 和 63.09%，曲霉属在三者中相对丰度分别为 5.47%、48.22% 和 1.83%（速酿酒母使用了熟麦曲，因而曲霉属相对丰度高），而嗜热真菌属、假丝酵母属、威克汉姆酵母属、毛霉属和嗜热子囊菌属在酸败淋饭酒母中相对丰度高于正常淋饭酒母和速酿酒母。

二、淋饭酒母

淋饭酒母又称"酒娘"，是将蒸熟的米饭采用冷水淋冷的操作而得名。淋饭酒母的生产，一般在摊饭酒生产前的 20~30d 便开始。传统上安排在立冬（公历 11 月 7 日前后）以后开始生产，现在生产时间提前至 10 月中下旬，且在摊饭酒生产期间也安排少批次生产。酿成的淋饭酒母，经过挑选，质量优良的作为摊饭酒酒母，多余的作为摊饭酒前发酵结束时的掺醅。

1. 工艺流程

2. 配料

淋饭酒母的配料用量如表 2-23 所示。

表 2-23		淋饭酒母的配料用量	单位：kg
配料	用量	配料	用量
糯米	125	酒药	0.187~0.25
麦曲（块曲）	19.5	饭水总重量	375

3. 酿造操作

（1）浸米 浸米的目的是使米粒充分吸水膨胀，便于蒸煮糊化。浸米时水面超过米面 10~15cm 为宜，浸米时间根据米质、气温而定，一般控制在42~48h。浸米程度以米粒完整，而且用手指捻米粒成粉状、无粒心为好。浸渍后的米要用清水冲净浆水、沥干。

（2）蒸饭 蒸饭是为使米粒淀粉糊化，即破坏生淀粉的结晶构造，以利于淀粉分子与淀粉酶的接触而水解。对蒸饭的要求是熟而不糊、饭粒松软、内无白心。

（3）淋水 淋水的目的，一是使饭温迅速降低，适应落缸的要求；二是增加米饭的含水量，同时使饭粒软化，分离松散，有利于糖化菌繁殖生长，使糖化发酵正常进行。

操作时先将蒸好的饭连甑抬到淋水处，淋入规定量的冷水，使其在甑内均匀下流，弃去开始淋出的热水，再接取 50℃ 以下的淋饭水进行回淋，使甑内饭温均匀。淋水量和回水的温度要根据气候和水温的高低来掌握，以适应落缸温度的要求。但是回水量不能太少，否则会造成甑内上下温差大、淋好的饭软硬不一。此外，天冷时可采用多回温水的做法。每甑饭淋水 125~150kg，回水40~60kg。可以用回水冷热来调节品温，淋水后品温在 31℃ 左右。因回淋操作烦琐，现在多先在水箱中将水调至适宜温度后再进行淋水（图 2-35），不再回淋。

图 2-35 淋水

（4）落缸搭窝　落缸搭窝是使米饭和酒药充分拌匀，搭成倒置的喇叭状凹圆窝（图2-36），以增加米饭和空气的接触面积，有利于酒药中糖化菌的生长繁殖，同时也便于检查缸内发酵情况。

落缸以前，先将发酵缸洗刷干净，并用石灰水浇洒和沸水泡洗杀菌，临用前再用沸水泡缸一次。

米饭分成3甑入缸中，每次分别拌入酒药粉。然后将饭搭成凹窝，再在上面均匀地洒上一些酒药粉，然后加盖保温。搭窝时要掌握饭料疏松程度，要求搭得松而不散。落缸温度要根据气候情况灵活掌握，一般窝搭好后品温为27~30℃，天气寒冷时可以高至32℃。

图2-36　搭窝

（5）糖化及加曲冲缸　落缸搭窝后，根据气候和室温冷热的情况，及时做好保温工作。由于缸内适宜的温度、湿度和有经糊化的淀粉作养料，根霉等糖化菌在米饭上很快生长繁殖，短时间内饭面就有糖化菌白色菌丝出现。淀粉在糖化菌分泌的淀粉糖化酶作用下，分解为葡萄糖，逐渐积聚甜液。一般在落缸后经过36~48h，窝内出现甜液。有了糖分，同时糖化菌生成有机酸，合理调节了糖液的pH，抑制了杂菌生长，使酒药中的酵母开始繁殖和酒精发酵。待甜酒液充满饭窝的4/5时，加入麦曲和水（俗称冲缸），并充分搅拌均匀。冲缸后品温的下降随着气温、水温的不同而有很大的差别，一般冲缸后品温可下降10℃以上。因此，应该根据气温和品温及车间的冷热情况，及时做好适当的保温工作，使发酵正常进行。

（6）发酵开耙　冲缸后，由于酵母的大量繁殖，开始酒精发酵，使酒醪（醅）温度迅速上升，当达到一定的温度时，用木耙进行搅拌，俗称开耙。开耙的目的，一方面是降低品温，使缸中品温上下一致；另一方面是排出发酵醪中积聚的大量 CO_2，同时供给新鲜空气，以促进酵母繁殖。开耙是传统黄酒酿造的关键技术，开耙温度和时间由有经验的技工灵活掌握。酒母开耙温度和时间可参考表 2-24。二耙后一般经 2~4h 灌坛，先准备好洗刷干净的酒坛，然后将缸中的酒醪搅拌均匀，灌入坛内，装至八成满，上部留一定空间，以防继续发酵溢出。灌坛后每天早晚各开耙一次，3d 后每 3~4 坛堆一列，置于阴凉处养醅。

表 2-24　　　　　　　　　酒母开耙温度和时间

耙次	室温/℃	经过时间/h	耙前缸中心温度/℃	备　注
	5~10	12~14	28~30	
头耙	11~15	8~10	27~29	继续保温，适当裁减保温物
	16~20	8~10	27~29	
	5~10	6~8		耙后 3~4h 灌坛
二耙	11~15	4~6	30~32	耙后 2~3h 灌坛
	16~20	4~6		耙后 1~2h 灌坛

（7）后发酵　酒醪在较低温度下，继续进行缓慢的发酵作用，生成更多的酒精，这就是后发酵或称养醅。从落缸起，经过 20~30d 的发酵期，便可作酒母使用。现在由于摊饭酒投料提前，一般经过 14~15d，酒精含量达到 15%vol 以上，便开始作酒母用了。

淋饭酒母还可直接酿成淋饭酒，俗称"快酒"或"新酒"。

4. 淋饭酒母的挑选

成品酒母要经过挑选才能使用，以保证大生产的顺利进行。酒母的挑选采用化学分析和感官鉴定的方法，优良淋饭酒母应具备下列条件：

①发酵正常。

②养醅成熟后，酒精含量在 15%vol 以上，总酸在 6.0g/L 以下。

③品味老嫩适中，爽口无异杂气味。

品尝酒母的标准，目前主要依靠酿酒技工的经验来掌握。具体做法是根据理化指标初步确定淋饭酒母候选的批次和缸别，然后取上清液，分别装入三角瓶中，放到电炉上加热，至刚沸腾并有大气泡时，移去热源，稍冷后倒入一组酒杯中，让品评酒人员比较清澈度和品尝酒味。通过煮沸，酒液中的 CO_2 逸出，酒精也挥发一部分，同时酒中的糊精和其他胶体物质会凝聚下来或发生浑浊。煮过的酒冷却后，品味更为准确，质量差的淋饭酒母，其缺陷更容易暴露出来。品味要求以暴辣、爽口、无异味为佳。酒的色泽也可鉴别发酵的成熟程度，浑浊的或产生沉淀的则是发酵尚不成熟，即称"嫩"，作酒母则发酵力不足。拣酒母的时候，要注意先用的酒母需拣发酵较完全的；后用的酒母，则以嫩些为合适，以防酒母太老，影响发酵力。

表2-25列出了几例笔者认为比较好的淋饭酒母的理化分析和镜检结果，供参考。

表2-25　　　　　　　　　　淋饭酒母理化分析和镜检结果

	例1	例2	例3	例4
酒精含量/%vol	15.8	16.7	15.6	16.1
总酸/（g/L）	5.2	6.0	4.7	5.9
pH	3.95	3.93	4.16	4.0
酵母总数/（亿/mL）	9.70	9.30	9.15	5.65
出芽率/%	3.68	4.30	6.01	4.41
死亡率/%	1.44	1.71	1.84	—

5. 淋饭酒母的优缺点

（1）优点

①酒药和空气中虽含有复杂的微生物，但最初由于乳酸等有机酸的生成，调节了醪液的pH，抑制了杂菌的生长，使酵母能很好地繁殖和发酵，酒精浓度逐渐增加，最后达到15%vol以上，这样就起了驯育酵母及筛选和淘汰微生物的功用，达到纯粹培养酒母的作用。

②能集中在黄酒酿造前一段时期中生产酒母，供给整个冬酿时期酿造黄酒的需要。

③酒母可以挑选使用，品质差的作掺醅用，因此能保证酒母优良的性能。

（2）缺点

①制造酒母的时间长。

②操作复杂，劳动强度大，不易实现机械化操作。

③由于酒母在酿季开始集中制成，供给整个冬酿时期生产需要，这样在酿酒前后期使用的酒母质量不一样，前期较嫩，而后期较老。

三、纯种培养酒母

纯种培养酒母是选择优良的黄酒酵母，从试管菌种出发，经过逐级扩大培养，增殖到多量的酵母。其扩大培养过程如下：

原菌 ⟶ 斜面试管培养 ⟶ 液体试管培养 ⟶ 三角瓶培养 ⟶ 酒母罐培养 ⟶ 酒母

纯种培养酒母因制法不同，分为速酿酒母和高温糖化酒母。

（一） 速酿酒母

速酿酒母又称速酿双边发酵酒母，是将米饭、麦曲、酵母培养液同时投入酒母罐，以双边发酵方式来制造酒母，又因制造时间短，故称为速酿双边发酵酒母。

1. 工艺流程

2. 操作方法

（1）三角瓶酵母液的制备　取蒸饭机米饭，投入糖化锅，加 2.5 倍水继续煮成糊状后，冷却至 58~60℃，加入糖化酶，搅拌均匀，保温糖化 4~6h。经过滤后，将糖液稀释至 13°Bx 左右，用乳酸调节 pH 3.8~4.1，分装入 3000mL 大三角瓶，每瓶装 2000mL，灭菌冷却后，接入大试管培养的液体种子 25mL，在 28~30℃的培养室中培养 24h 备用。

为增加糖液中的氮源，有的加麦曲糖化，有的按米量 2%~4%加入麸皮。

（2）酒母罐清洗及杀菌　酒母罐应先用清水洗净，然后用沸水洗净罐壁四周。有夹套装置的酒母罐可在夹套中通入蒸汽进行灭菌。如果前一次出现变质或酸败酒母，则该罐应重点灭菌，可先用漂白粉水冲洗罐壁，过几小时再冲洗漂白粉，然后再进行沸水或蒸汽灭菌。

（3）投料配比　由于速酿酒母培养时间短，并且为了操作方便，加水量可适当增加，所以又称为稀醪酒母。各企业有自己的配方，表 2-26 为两个企业的配方，企业 2 由于浸米时间长，不需用乳酸调 pH。

表 2-26　　　　　　速酿酒母配方（以米量 100kg 计）

配料	企业 1	企业 2
米/kg	100	100（糯米）
水/kg	226	180*
块曲/kg	9.5	13.5

续表

配料	企业 1	企业 2
纯种曲/kg	1.9	2.25
三角瓶酵母/L	3	4
乳酸/kg	0.3~0.38	—
合计/kg	340 左右	300 左右

注：*含浸米蒸饭吸水，即饭、水总量为280kg。

（4）落罐操作　先在罐内放入清水、2/3 的酵母液，根据操作经验加入适量乳酸或不加，充分搅拌，此时水温以 15℃ 左右为好。然后投入米饭及麦曲，饭温一般须控制在 35℃ 以下。物料落罐后要充分搅拌，使酵母液、麦曲与米饭混合均匀。落罐后品温控制在 24~28℃，具体视气温高低而定。天气冷时要做好保温工作。

（5）品温和开耙管理　落罐后经 8~12h，品温达到 28~31℃，这时需要开头耙。以后根据发酵情况，3~5h 开耙一次。一般在第四耙后，向酒母罐的夹套中通入自来水或冷冻水来降低品温，并每隔 4h 开冷耙一次，使醪液降温均匀。从落罐开始，培养48h，品温降到 25℃ 左右时即可作为酒母使用。图 2-37 为速酿酒母。

图 2-37　速酿酒母

3. 成熟速酿酒母质量要求

（1）感官上的要求　有正常的酒香、酯香；醪液稀薄而不黏手，用手抓一把醪液能让糟液明显分开；无明显杂味，无过生的涩味和甜味。

（2）理化指标上的要求　总酸 4.5g/L 以下（以乳酸计）；杂菌平均每一视野不超过 1 个；细胞数 2 亿个/mL 以上；出芽率 15% 以上；酒精含量一般在 9% 以上。

（二）高温糖化酵母

所谓高温糖化就是在较高温度即淀粉酶最适作用温度下进行糖化。将醪液糊化后，冷却至60℃加曲加酶糖化，再经升温灭菌后降温，调 pH 接种培养。由于采用稀醪，对酵母细胞膜的渗透压低，有利于酵母在短期内迅速繁殖生长。这种酒母杂菌少，酵母细胞健壮，死亡率低，发酵旺盛，产酒快。

各企业有各自的配方和操作方法，如原料处理上有的使用米粉，有的蒸成米饭；有的加酶制剂代替部分麦曲；有的加入一定量米浆水配料，以增加酵母营养和调节 pH；有的加入一定量麦芽，以增加氮源；糖化醪糖度控制在12~16°Bx；有的接种量为投料米量的 3.2%（饭、水总量的 0.6% 左右），有的高达 8%（饭、水总量的 1.1%~1.3%）；有的使用液体三角瓶种子，有的使用活性干酵母作种子，有的采用两级酒母罐扩大培养；培养时间一般为14~18h，与接种量有关。这里列举两例制备方法。

1. 制备方法例 1

（1）工艺流程

（2）操作方法

①洗米、糊化：原料大米淘洗沥干后，入锥形蒸煮锅进行高压蒸煮糊化，米水比为 1∶3，高压蒸煮锅中通入蒸汽，在 0.3~0.4MPa 压力下糊化 30min。

②糖化：将糊化醪压入酒母罐中，打开酒母罐夹套的冷却水，开动搅拌器，同时冲入自来水稀释醪液，使米水比为 1∶4.5 左右（控制最终糖度14~16°Bx），待品温降至 60℃ 时，加入米量 15% 的纯种麦曲，搅拌均匀，在55~60℃ 下糖化 3~4h。

③灭菌：为保证醪液的纯净，糖化结束后需要灭菌，方法是用蒸汽将醪液加热至85~90℃，保持20min。

④冷却、接种培养：灭菌的糖化醪冷却至60℃，用乳酸将pH调至4左右，继续冷却至28~30℃，接入三角瓶培养的液体酵母，28~30℃培养14~18h即可使用。

（3）成熟酒母质量要求

①酵母数：1.0亿个/mL以上。

②出芽率：15%~30%，出芽率高，说明酵母处于旺盛的生长期；反之，则说明酵母衰老。

③耗糖率：45%~50%，耗糖率也可作为酒母成熟的指标，耗糖率太高，说明酵母培养已经过老；反之，则嫩。

④总酸：3.0g/L以下，如果酸度增高明显，镜检时又发现有很多杆状细菌，则酒母不能使用。

2. 制备方法例2

（1）配料　以大米100kg计，麦曲8~10kg，耐高温α-淀粉酶（14万U/mL）0.06kg，糖化酶（20万U/mL）0.06kg，水460~560kg，控制饭、水总量为600~700kg。

（2）操作方法　将大米常温浸渍2~3d后冲洗干净，沥干余水，蒸饭，在酒母罐中与水、麦曲、耐高温α-淀粉酶及糖化酶等进行混合糖化，55~60℃糖化3~4h，然后用蒸汽进行间接升温灭菌，在90℃下灭菌20min左右，冷却至28~30℃，接入大米量8%的三角瓶液体酵母种子，混匀培养，培养温度不超过31℃，培养时间16~18h。

（3）质量要求

①糖化醪液质量要求：糖度12~14°Bx；还原糖95.0g/L以上；氨基酸态氮0.10g/L以上。

②成熟酒母质量要求：酵母数1.0亿个/mL以上；出芽率10%以上；死亡率1.0%以下；杂菌任一视野不超过2个；总酸3.0g/L以下。

与自然培养酒母相比，速酿酒母和高温糖化酒母具有以下优点：

①菌种性能优良，黄酒发酵安全可靠。采用从淋饭酒母或黄酒发酵醪中筛选出的性能优良的酵母作生产菌种，一般具有香味好、繁殖快、发酵力强、产酸少、耐高酒精度、泡沫少和对杂菌的抵抗力强等性能。

②生产周期短，不受季节限制，可常年生产，适宜于机械化生产。

③占用容器和场地少，劳动生产率高，劳动强度低。

但是，因其是纯种酵母的单一作用，与淋饭酒母多菌种发酵酿成的酒在风味上有一定的差别。如采用混合酵母菌培养酒母，不但能改善黄酒风味，还能弥补单一菌种发酵性能的不足。

四、活性干酵母

黄酒活性干酵母是采用现代生物技术制成的具有活性的黄酒酵母菌制成品。由于活性干酵母具有质量稳定、使用方便、成本低等优点，已在一些黄酒企业中得到应用。

黄酒活性干酵母的使用方法：称取原料量 0.1% 的活性干酵母，倒入 10~20 倍的 33~35℃ 温水中，搅拌均匀，静置活化 20min 即可使用，控制活化时间在 30min 以内。如时间长，则需用 2% 糖水活化。

第六节 生产菌种的筛选与管理

一、生产菌种的筛选

优良的生产菌种是保证黄酒发酵正常进行的先决条件。一方面，如果要以混合菌种制作酒母或麦曲，则需要筛选新的优良酵母菌或米曲霉；另一方面，现有生产菌种在保藏过程中会不断变异，应经常对现有生产菌种进行纯化，以淘汰退化的，筛选出优良的菌种。现根据笔者经验，介绍一种较为简便实用的新菌种筛选方法。

（一）酵母菌的筛选

1. 采样

酵母菌大量存在于淋饭酒母和发酵醪中，通过品尝和化验，选取多批次较好的淋饭酒母或发酵醪作分离酵母菌用。

2. 酵母菌的初筛

用 TTC 筛选法和艾氏发酵管筛选法进行初筛。

（1）TTC 筛选　TTC（2,3,5-氯化三苯基四氮唑）与酵母菌的代谢产物发生显色反应，呈红色的酵母菌落为产酒高的酿酒酵母，粉红色菌落次之，微红或白色菌落常为野生酵母。

①培养基：上层培养基：TTC 0.5g，葡萄糖 5g，琼脂 15g，蒸馏水 1000mL；下层培养基：葡萄糖 10g，蛋白胨 2g，KH_2PO_4 1g，酵母膏 1.5g，$MgSO_4 \cdot 7H_2O$ 0.4g，琼脂 30g，蒸馏水 1000mL，pH 5.5~5.7。也可用 12~13°Bx 糯米饭糖液琼脂培养基作下层培养基。

②操作：取淋饭酒母或发酵醪，用稀释法或划线法接种于下层培养基平板上，于 30℃ 下培养 2~3d，待菌落长至 1~2mm，将温度已冷至 45~50℃ 的一定量上层培养基倒在下层培养基上。于 30℃ 无光条件下培养 2~4h 后，取出立

即观色，根据菌落呈色情况挑取红色菌株转接试管斜面上。

（2）艾氏发酵管筛选法　在试管中加入适量 13°Bx 糯米饭糖液，灭菌冷却后，将斜面菌种接入液体试管中，于 30℃下培养 1d 后，用无菌吸管吸取 0.5mL，接入装有 20mL 13°Bx 糯米饭糖液并经灭菌冷却的 25mL 艾氏发酵管中，混匀，使糖液充满其中的小管。酵母菌发酵产生的 CO_2 使糖液从小管中排出。酵母发酵力强，产生 CO_2 多，排出的糖液就多。比较小管中空出部分的刻度读数，筛选出发酵力较强的菌株进行复筛。

3. 复筛

（1）酵母菌发酵力的测定和发酵速度的比较　在 250mL 三角瓶中，装入 150mL 13°Bx 糯米饭糖液，灭菌冷却后，接入经 24h 培养的液体试管菌种 1mL，装上发酵栓（内装 2.5mol/L H_2SO_4 封口，装量以距离出气口 5mm 为度），称重，置于 30℃培养箱中培养。每隔 24h 称重一次，记录失重量，直至 24h 失重量<0.2g 时，停止培养。计算出总失重量，并根据糖液培养前后糖度的变化计算外观发酵度（外观糖度：摇动三角瓶使 CO_2 尽量逸出，加水仍至 150mL 后测定并换算成 20℃时的糖度）和真正发酵度（真正糖度：取 100mL 培养液蒸至约一半，冷却加水至 100mL 后测定并换算成 20℃时的糖度）。通过发酵度、总失重量和逐日的失重量来比较酵母菌的发酵力和发酵速度。

（2）酵母菌生酸量的测定　在 150mL 三角瓶中装入 50mL 糖液，灭菌冷却。除一瓶作空白不接种外，其余接入一接种环斜面菌种，在 30℃下培养 7d 后，取 10mL 培养液，用 0.1mol/L NaOH 溶液滴定，计算其生酸量（应减去空白）。

（3）繁殖速度和香气的比较　在 250mL 三角瓶中，装入 150mL 13°Bx 糯米饭糖液，灭菌冷却后接入经 24h 培养的液体试管菌种 1mL，在 30℃下培养 24、36h 后，分别测定酵母细胞数，再比较酵母菌发酵后产生的香气。

通过上述各项比较试验，从中筛选出发酵力强、发酵速度快、生酸量较低、繁殖速度较快、香气好的酵母菌进行酿酒试验。注意通过复筛挑选出的菌株数量不宜过少，以防漏筛。

4. 酿酒试验

经复筛出的酵母菌先进行酿酒小试，通过理化指标、微量成分（如尿素、高级醇）的测定和感官品评，从中挑选出各项指标和风味都好的酵母菌，然后进行中试和生产性试验，最后筛选出性能优良的黄酒酵母菌。

（二）米曲霉的筛选

1. 采样

选取不同车间和不同批次的优质自然培养生麦曲作分离米曲霉用。

2. 米曲霉的分离

（1）培养基　13°Bx 糯米饭糖液，0.1%去氧胆酸钠，2%琼脂，121℃灭菌 20min。在培养基中加入去氧胆酸钠可防止菌丝蔓延，以利于挑取菌落。

（2）分离方法　将适量生麦曲放入试管中，加入无菌水稀释适当倍数，再用无菌吸管吸取 1mL 稀释液注入无菌培养皿中，然后倒入 10~15mL 灭菌冷却至 45℃ 左右的培养基，迅速旋转培养皿，使混合均匀。等冷却凝固后，倒置，于 30℃ 培养箱中培养 3~4d，挑取疑似米曲霉的单菌落，移植于麦芽汁斜面试管，在 30℃ 下培养 4~5d，保藏备用。

3. 初筛

经分离纯化后的菌株，用透明圈法进行初筛。初筛培养基以可溶性淀粉作为唯一碳源，淀粉被米曲霉分泌的糖化酶分解后，用稀碘液显色，菌落周围产生透明圈。淀粉分解越多，透明圈越大，表明该菌株产糖化酶能力越强；反之则越弱。由此可快速初筛出产糖化酶能力强的菌株。

（1）培养基　可溶性淀粉 4g，蛋白胨 10g，NaCl 5g，牛肉膏 3g，琼脂 20g，水 1000mL，pH 7.2，121℃ 灭菌 20min。

（2）操作　将培养基配制好后，装于直径 20mm、长 200mm 试管中，每支管 20mL，灭菌后倒入直径为 9cm 的培养皿中，使培养基厚度相等。平置凝固后，在培养皿中点植待测菌株孢子，于 30℃ 下培养 6d，把稀碘液倒于菌落周围，并测量透明圈大小。

4. 复筛

将初筛出的菌株制纯种麸曲，进行糖化力和液化力的测定与比较，加以筛选。

（1）种曲制备　将麸皮与水按 1:（0.8~0.9）的比例搅拌均匀后，称取 20g 于 250mL 三角瓶中，塞上棉花塞包扎后，于 121℃ 灭菌 30min，冷却接入待筛菌种，置 30℃ 培养。18~22h 后，长出白色菌丝，摇瓶。继续培养 5~8h，曲料结成饼时扣瓶。待孢子成熟时，培养结束，全过程需 4~5d。

（2）麸曲制备　将麸皮与水按 1:（0.7~0.8）的比例搅拌均匀，称取拌匀后的麸皮 60g 于 1000mL 三角瓶中，灭菌冷却后接入适量种曲（接种量要相等），摇匀，于 30℃ 下培养，16~19h 后长出菌丝，进行第一次摇瓶。继续培养，每隔数小时摇瓶一次，至开始长孢子时培养结束，全过程需要 36~40h，然后测定麸曲糖化力和液化力。

5. 菌种鉴定

笔者曾从传统麦曲中筛选出几株产淀粉酶能力强的菌株，经鉴定均为米曲霉。然而，为确保生产菌种的安全性，对筛选出的菌株进行鉴定是必要的。由于米曲霉和黄曲霉形态特征相近、基因组高度相同，较难区分，一般采用 ITS rDNA 序列分析或 β-Tubulin 基因序列分析，结合形态学特征和产黄曲霉毒素检测等进行鉴定。在形态特征上，黄曲霉分生孢子穗为持久黄绿色或深绿色、分生孢子梗较短（通常小于1000μm）、小梗多为双层，而米曲霉分生孢子穗老后变褐色、分生孢子梗较长、小梗多为单层，但这些特征有很大重叠性。有报道认为，利用扫描电镜观察分生孢子的表面结构是进行曲霉鉴定的一种行之有效的方法。

6. 制曲和酿酒试验

将筛选出的米曲霉进行制纯种麦曲和酿酒试验，确定是否符合生产要求。

对以上述方法筛选出的菌种，还可以采用诱变或杂交育种等手段进一步提高其某些性能。对于现有菌种的纯化，方法与新菌种筛选基本相同，只是前者在步骤上可以适当简化。

二、生产菌种的管理

要得到一株合乎生产要求的菌种是一件艰苦的工作，因此生产菌种必须妥善保藏，使其不死、不衰和纯粹。如出现退化现象，应立即进行复壮，使菌种生产性能保持稳定。

（一）菌种的保藏

菌种的保藏方法很多，但基本原理一致，就是使微生物处于代谢不活泼、生长受抑制的状态。为了能在较长时间内保存菌种，就必须创造一个最有利于休眠的环境条件，如低温、干燥、缺氧及缺乏营养。具体方法有：定期移植保藏法、液体石蜡保藏法、沙土管保藏法、麸皮保藏法、真空冷冻干燥保藏法、-80℃冰箱冻结保藏法、液氮超低温保藏法等。

（二）菌种退化的防治与菌种的复壮

由于微生物具有较易变异这一特点，因此在保藏过程中会发生变异，使菌种的性能退化而危害生产。关于菌种退化的防治与菌种的复壮，一般有以下几种方法。

1. 选择合适的保藏方式

菌种的传代次数越少，退化的可能性就越小，因此选择合理的保藏方式，是防止菌种退化的有效措施。斜面保藏一般三个月到半年（用橡皮塞可延长至一年）需传代一次，这对菌种不利。因此，作为生产菌种需同时采用斜面保藏和其他保藏方式，如真空冷冻干燥、-80℃冰箱冻结、液氮超低温保藏，后几种方式可大大减少传代的次数，斜面保藏的菌种也应使每次传代的斜面足够生产上使用相当长时间。

2. 定期分离纯化

定期地或有针对性地进行分离纯化是极重要的。纯化可以用平板划线法、稀释分离法，将仍保持原有典型性状的单细胞分离出来，对于纯化后的菌株还需做生产性状测试，以保证性能的优良。

3. 选择适宜的培养条件

菌种的退化与培养条件有关，例如：曲霉在葡萄糖培养基上长期累代培养，因为不用分泌淀粉酶就可以直接摄取葡萄糖，会使产淀粉酶能力下降；长期在高蛋白质培养基上生长传代，也可使产淀粉酶能力下降而产蛋白酶能力增加。用米曲汁作培养基，其中有较多的麦芽糖和糊精，对于培养曲霉是很有好处的。曲霉经几代培养后，可在米曲汁中培养 1~2 代，或用米曲汁 70%（12~13°Bx）加豆芽汁 30%，培养 1~2 代，可以达到复壮的目的。酵母经几代培养后，可在液体麦芽汁中培养 1~2 代，再接回固体试管培养基中，能有效地使酵母菌复壮。

第三章 | 黄酒酿造

黄酒酿造工艺分为传统工艺和机械化新工艺。传统酿造工艺经历了几千年的不断改进和完善，达到了较高的水平。机械化新工艺是在传统工艺的基础上做了适当改进，以大容量发酵罐发酵为标志，并大量使用机械化、自动化设备。黄酒新工艺的出现，是黄酒酿造技术的一次飞跃。但对于传统名酒，应加强科学研究，避免在采用新工艺、新设备后损害产品的品质。

第一节　黄酒发酵基本原理

黄酒发酵是双边发酵，糖化和发酵是同时进行的。糖化是指原料中淀粉、蛋白质等高分子贮藏物质在淀粉酶、蛋白酶等水解酶的作用下，分解成糖类、糊精、氨基酸、肽等可溶性低分子物质的过程。由于酵母不能直接利用淀粉发酵，糖化的主要目的是将淀粉水解成酵母菌可利用的葡萄糖、麦芽糖等可发酵性糖。黄酒发酵是利用酵母菌等微生物对醪液中的某些组分进行一系列的代谢，产生酒精和各种风味物质的过程。发酵过程的主要变化是可发酵性糖在酵母酒化酶的作用下生成酒精和 CO_2。

一、黄酒发酵的特点

黄酒发酵的特点是开放式发酵、双边发酵、浓醪发酵、低温长时间后发酵，以及生成高浓度酒精，现将各个特点分述如下。

1. 开放式发酵

黄酒发酵是开放式发酵，曲、水和各种用具都存在着大量的杂菌，并且空气中的有害微生物也能侵入。黄酒的发酵实质上是酵母、霉菌、细菌多种微生物混合发酵的过程。要酿造好黄酒，就要利用好有益微生物，抑制有害微生物的作用。在黄酒生产中采用以下各种措施，确保发酵的顺利进行。

①黄酒生产季节选择在低温的冬季，有效减少了各种有害杂菌的干扰。

②在生产淋饭酒或淋饭酒母时，通过搭窝操作，使酒药中的酵母、根霉等有益微生物在有氧条件下很好繁殖，并且在初期就生成大量有机酸，合理地调

114

节了酒醪的 pH，有效地抑制了有害杂菌的侵入，加曲冲缸后酵母菌迅速繁殖，使发酵顺利进行。

③在摊饭酒发酵中，除了选用优良的淋饭酒母外，还通过长时间浸米使米酸化，以调节发酵醪酸度，抑制杂菌生长，保证酵母菌迅速繁殖和进行发酵。

④在喂饭酒发酵中，因分次加饭，酒醪中酸和酵母浓度不会一下子稀释很大，同时酵母不断获得新的营养，发酵能力始终旺盛，抑制了杂菌的生长。

⑤在黄酒发酵中，进行合理的开耙是保证正常发酵的重要一环。它起到调节酒醪品温、混匀酒醪、补充氧气、平衡糖化发酵速度等作用，强化了酵母活性，抑制有害菌的生长。

黄酒发酵虽然是开放式发酵，但通过上述措施可有效保证发酵的正常进行。当然，保持生产环境的清洁卫生，做好生产设备的消毒灭菌工作也是至关重要的，这样可以大大减少黄酒发酵的杂菌污染。

2. 双边发酵

黄酒酿造过程中，淀粉糖化和酒精发酵是同时进行的。为了使酒醪的酒精含量达到 16%vol 以上，就需要有 30% 以上的可发酵性糖，这么高的糖分所产生的渗透压是相当高的，将严重抑制酵母的代谢活动。而边糖化、边发酵的代谢形式能使淀粉糖化和酒精发酵互相协调，避免糖分积累过高和高渗透压的出现，保证了酵母的代谢能力，使糖逐步发酵产生 16%vol 以上的酒精。在实际操作和管理上，重要的是通过合理的配方、开耙和发酵温度控制等措施，使糖化和发酵之间保持平衡，任一方面的作用过快或过慢，都会影响到酒的质量。

3. 浓醪发酵

像黄酒醪这样的高浓度发酵，在世界上是罕见的。例如原料和水的比例，黄酒醪中大米与水之比为 1:1.5 左右，啤酒糖化醪中麦芽与水之比为 1:4.5，威士忌醪麦芽与水之比约 1:5，可见黄酒醪特别浓厚。这种高浓度醪发热量大，流动性差，同时原料大米是整粒的，发酵时易浮在上面形成醪盖，使散热困难。因此，对发酵温度的控制就显得特别重要，特别是要掌握好开耙操作，头耙的迟早对酒质的影响很大。

4. 低温长时间后发酵

酿造黄酒不单是产生酒精，还要生成各种风味物质并使风味协调，因此要经过一个低温长时间的后发酵阶段，短的 25d 左右，长的达 90d 以上。由于此阶段发酵醪品温较低，淀粉酶和酵母酒化酶活性仍然保持较强的水平，还在进行缓慢的糖化发酵作用。除酒精外，高级醇、有机酸、酯类、醛类、酮类和微生物细胞自身的含氮物质等还在形成，低沸点的易挥发性成分逐渐消散，使酒味变得细腻柔和。一般低温长时间发酵的酒比高温短时间发酵的酒香气足、口味好。

5. 生成高浓度酒精

黄酒醪酒精含量最高可达 20% vol 以上，在世界酿造酒中是最高的。生成高浓度酒精的因素尚未明确，可能是下列因素综合在一起的结果。

①双边发酵和发酵醪的高浓度。

②长时间的低糖低温发酵。

③黄酒酵母耐酒精能力特别强。

④大量的酵母在发酵醪中分散。

⑤发酵醪中脂肪酸、由曲带入的丝状真菌菌丝（含脂蛋白等成分）等能提高酵母的酒精耐受性。

⑥发酵醪中氨基酸、嘌呤、B 族维生素等能促进酵母生长繁殖。

⑦可能与发酵醪中丰富的植物乳杆菌有关。有关研究表明，当酿酒酵母与植物乳杆菌共培养时，能提高酿酒酵母的酒精耐受性。

⑧发酵醪的氧化还原电位初期高后期低，与酵母增殖期和发酵期相适合。

二、黄酒的发酵类型

黄酒发酵由于原料（米、曲、酒母、水）的质量、原料配比和落缸（罐）的温度等不同，发酵速度也参差不齐，大致可分成四种类型。

1. 前缓后急

酒母太老、用量过少和落缸温度较低，酵母增殖迟缓，糖化不断进行，酒醪虽已产生相当量的糖分，但酒精发酵很慢，温度上升不快，经过 24~26h 才出现气泡，发生前缓的倾向。一旦酵母繁殖至一定数量，就开始旺盛的发酵，糖分降低较快，这样易制成酒精度高、口味淡薄的辣口酒。如果后阶段控制得当，不过于激烈，还可以酿成高质量的黄酒。因发酵透彻而糟粕较少，所以出酒率高。

2. 前急后缓

在使用嫩酒母和嫩曲、落缸（罐）温度较高的情况下，酵母很快生长繁殖，迟滞期很短，13~14h 后就出现气泡，升温迅速。由于发酵温度高，发酵速度快，在短时间生成大量的酒精，酵母容易早衰，易酿成口味浓厚的甜口酒。

3. 前缓后缓

在酒母比较老、酿造用水过软、米的精白度过高、曲质量较差，以及落缸（罐）温度较低的情况下，发酵迟滞期比较长，发酵速度慢且发酵不完全，残糟多，过滤压榨困难，出酒率低。由于发酵始终不旺盛，容易引起杂菌感染，有产生酸败的危险。

4. 前急后急

在酒母嫩、曲嫩、米的精白度低而富含蛋白质等养分、落缸（罐）温度较高的情况下，发酵速度快，酵母受酒醪高温、高糖度、高酒精浓度的影响，易于衰老，短期内完成发酵，残糟较多，制成的酒口味淡辣。

三、黄酒发酵过程中的微生物变化

黄酒发酵属于典型的多菌种混合发酵，曲、酒母和环境带入大量细菌、丝状真菌和酵母。这些种类极具多样性的微生物群落是黄酒独特风味形成的生物基础。

笔者与浙江加州国际纳米技术研究院绍兴分院合作，首次利用16S rDNA/ITS高通量测序技术和宏基因组学技术分析了绍兴黄酒发酵醪中微生物多样性。利用16S rDNA鉴定出的细菌有糖多孢菌属、芽孢杆菌属、乳杆菌属、葡萄球菌属、链霉菌属、肠杆菌属、魏斯氏菌属、片球菌属、不动杆菌属、高温放线菌属、乳球菌属、土地芽孢杆菌属、明串珠菌属、假单胞菌属、肠球菌属、假诺卡氏科等，其中糖多孢菌属和乳杆菌属是整个发酵过程醪中的优势菌，酸败传统手工黄酒发酵醪中乳杆菌丰度特别高，发酵过程中主要细菌的相对丰度变化如表3-1所示。利用ITS rDNA鉴定出主要真菌有酵母菌属、曲霉属、嗜热真菌属、根霉属、假丝酵母属、链格孢属、威克汉姆酵母属、青霉属、红酵母属、塞伯林德纳氏酵母属等，其中酵母菌属和曲霉属是整个发酵过程中的优势菌，其次为嗜热真菌属，酵母菌属在发酵过程中呈上升趋势，而曲霉属和嗜热真菌属呈下降趋势。

表3-1　　　　　　　　发酵过程中主要细菌的相对丰度　　　　　单位:%

细菌种类	发酵醪种类	2d	4d	7d	14d	30d/榨前*	60d
糖多孢菌属 (Saccharopolyspora)	传统手工	49.65	38.16	34.45	29.07	40.37	45.89
	酸败手工	22.30	8.92	6.87	4.66	10.74	8.64
	大罐发酵	38.22	41.83	45.84	42.62	43.95	
芽孢杆菌属 (Bacillus)	传统手工	3.64	2.69	2.61	1.95	2.74	3.81
	酸败手工	0.67	0.21	0.22	0.41	0.30	0.29
	大罐发酵	0.91	0.97	0.80	0.95	0.84	
乳杆菌属 (Lactobacillus)	传统手工	15.86	29.45	32.99	48.18	32.37	19.86
	酸败手工	71.94	88.73	91.32	92.69	86.44	88.88
	大罐发酵	47.26	25.57	39.14	44.83	40.70	
葡萄球菌属 (Staphylococcus)	传统手工	6.12	5.43	4.75	3.03	5.39	6.38
	酸败手工	1.52	0.66	0.50	0.40	0.93	0.31
	大罐发酵	8.53	17.69	8.95	7.01	9.44	

注:* 传统手工为30d样品，大罐发酵为压榨前样品。

利用宏基因组学技术鉴定出发酵醪中的真菌有酿酒酵母、米曲霉、疏绵状嗜热丝孢菌、构巢曲霉、黑曲霉、烟曲霉、热带假丝酵母、土曲霉、葡萄牙棒孢酵母、奇异酿酒酵母、米根霉、产黄青霉、粟酒裂殖酵母等；发酵醪中细菌多样性十分丰富，有乳杆菌属、芽孢杆菌属、糖多孢菌属、明串珠菌属、乳球菌属、魏斯氏菌属、片球菌属、肠杆菌属、泛菌属、不动杆菌属、葡萄球菌属、链球菌属、糖单孢菌属、假单胞菌属、酒球菌属、葡糖杆菌属等。从属水平看，大罐发酵醪中优势微生物为乳杆菌属、酵母菌属、曲霉属、明串珠菌属、糖多孢菌属、乳球菌属、芽孢杆菌属，传统手工发酵醪中优势菌为酵母菌属、乳杆菌属、芽孢杆菌属、糖多孢菌属、明串珠菌属、乳球菌属。从种水平看，大罐发酵醪中优势微生物为弯曲乳杆菌、植物乳杆菌、酿酒酵母、发酵乳杆菌、米曲霉、直杆糖多孢菌、棒状乳杆菌等，传统手工发酵醪中优势微生物为酿酒酵母、短乳杆菌、直杆糖多孢菌、植物乳杆菌、柠檬色明串珠菌、乳酸乳球菌、疏绵状嗜热丝孢菌等。发酵醪中芽孢杆菌主要有枯草芽孢杆菌、地衣芽孢杆菌、解淀粉芽孢杆菌和巨大芽孢杆菌，糖多孢菌以直杆糖多孢菌和刺糖多孢菌数量最多，芽孢杆菌能产蛋白酶、淀粉酶、纤维素酶和多种风味物质，糖多孢菌的某些种能产重要生物活性物质，两者在黄酒酿造中的作用有待研究。乳酸菌种类丰富，其中乳杆菌多达 50 种，数量较多的有植物乳杆菌、短乳杆菌、弯曲乳杆菌、发酵乳杆菌、棒状乳杆菌和干酪乳杆菌等，而总酸超标的醪液中短乳杆菌数量占绝对优势。采用传统分离培养法，从前发酵和后发酵醪中均能大量分离到植物乳杆菌和短乳杆菌，说明这类乳杆菌能耐较高的酒精和低 pH。乳酸菌能产蛋白酶、转氨酶、脂肪酶、乳酸脱氢酶、酯酶、氨基酸脱羧酶（如谷氨酸脱羧酶、组氨酸脱羧酶）等多种酶，不但能产多种风味物质，而且其产生的乳酸、乙酸及细菌素能影响其他微生物的生长和代谢，对黄酒的风味和品质影响较大。从发酵醪中筛选具有特殊功能（如降嘌呤）的乳酸菌开发黄酒新产品，也是今后研究的一个方向。此外，葡萄球菌在香肠发酵的风味形成中起重要作用，能转化肉中的碳水化合物、氨基酸和脂肪酸产生一系列挥发风味物质，而在酿酒中的作用目前尚无研究报道。

采用察氏培养基分离大罐发酵醪中的真菌并进行分子鉴定，结果如表 3-2 所示。在整个发酵过程中存在的主要真菌有犁头霉属、曲霉属、根毛霉属、青霉属、毕赤酵母属、伊萨酵母属、酵母属、红酵母属等。犁头霉、米曲霉和异常毕赤酵母在整个发酵过程中始终大量存在，它们既是块曲中的优势真菌，又是发酵醪中的优势真菌，其中异常毕赤酵母产酯和甘油能力强，有利于酒的香气和丰满度。酿酒酵母是发酵醪中的优势真菌之一，但在发酵初期未检测到，这是由于所用培养基更适合霉菌生长而不适合酿酒酵母菌生长所致。

表 3-2   分离培养法分离大罐发酵醪中主要真菌

真菌种类	1d	2d	5d	8d	15d	22d	26d
犁头霉属（*Absidia* sp.）	+++	+++	+++	+++	+++	+++	+++
米曲霉（*Aspergillus oryzae*）	+++	+++	+++	+++	+++	+++	+++
赛氏曲霉（*Aspergillus sydowii*）	–	–	–	–	+	+	+
构巢裸孢壳（*Emericella nidulans*）	–	–	+	+	+	–	–
黑曲霉（*Aspergillus niger*）	–	–	++	–	–	++	–
橘青霉（*Penicillium citrinum*）	–	+	+	–	–	–	–
异常毕赤酵母（*Pichia anomala*）	+++	+++	+++	+++	+++	+++	+++
多变根毛霉（*Rhizomucor variabilis*）	++	++	–	++	–	–	–
东方伊萨酵母（*Issatchenkia orientalis*）	–	+	–	+	–	–	–
黏质红酵母（*Rhodotorula mucilaginosa*）	–	–	+++	+++	+++	+++	+++
酿酒酵母（*Saccharomyces cerevisiae*）	–	–	–	++	++	++	++

注：+、++、+++：表示含量低、中、高；–：表示未分离到。

采用 YP、LB 和 MRS 培养基分离大罐发酵醪中的细菌并进行分子鉴定，分离出的主要细菌为多种芽孢杆菌和植物乳杆菌（表 3-3）。枯草芽孢杆菌在 YP 和 LB 培养基中数量均最多，短小芽孢杆菌在 MRS 培养基中数量最多，而芽孢杆菌属（*Bacillus* sp. Epbas6）、芽孢杆菌属［*Bacillus* sp. D6（2007）］、贝莱斯芽孢杆菌和萎缩芽孢杆菌数量较少。植物乳杆菌在发酵前期和后期数量较多，中期数量有所减少。多数芽孢杆菌在中期开始数量减少，萎缩芽孢杆菌仅出现在中期。

表 3-3   分离培养法分离大罐发酵醪中主要细菌

培养基	细菌种类
LB	枯草芽孢杆菌（*Bacillus subtilis*）、芽孢杆菌属（*Bacillus* sp. MO15）、地衣芽孢杆菌（*Bacillus licheniformis*）、索诺拉沙漠芽孢杆菌（*Bacillus sonorensis*）、芽孢杆菌属（*Bacillus* sp. Epbas6）
MRS	短小芽孢杆菌（*Bacillus pumilus*）、植物乳杆菌（*Lactobacillus plantarum*）、地衣芽孢杆菌（*Bacillus licheniformis*）、高地芽孢杆菌（*Bacillus altitudinis*）、芽孢杆菌属［*Bacillus* sp. D6（2007）］
YP	枯草芽孢杆菌（*Bacillus subtilis*）、解淀粉芽孢杆菌（*Bacillus amyloliquefaciens*）、芽孢杆菌科（*Bacillaceae bacterium* NJ-25）、贝莱斯芽孢杆菌（*Bacillus velezensis*）、萎缩芽孢杆菌（*Bacillus atrophaeus*）

四、发酵过程的物质变化

发酵醪中成分的变化几乎都是由于酶的作用，非常复杂，有许多成分产生，其中主要的物质变化如表3-4所示。

表3-4　　　　　　　　　　发酵醪中主要的物质变化

糖化	淀粉（米、小麦）$\xrightarrow{\text{曲、酒药}}$糖分
酒精发酵	糖分$\xrightarrow{\text{酵母}}$酒精$+CO_2$
酸的生成	糖分及其他$\xrightarrow{\text{酵母、霉菌、细菌}}$有机酸（乳酸、琥珀酸等）
蛋白质分解	蛋白质（米、小麦）$\xrightarrow{\text{曲、酒药}}$肽$\xrightarrow{\text{曲、酒药}}$氨基酸$\xrightarrow{\text{酵母}}$高级醇
脂肪分解	脂肪（米、小麦）$\xrightarrow{\text{曲、酒药、酵母}}$甘油$+$脂肪酸$\xrightarrow{\text{酵母}}$酯

（一）淀粉的分解

大米含淀粉70%以上，小麦含淀粉约为60%，被曲中的淀粉酶作用分解成糊精、麦芽糖和葡萄糖。淀粉酶主要有α-淀粉酶、β-淀粉酶和糖化酶。α-淀粉酶也称液化酶，将淀粉水解成糊精和少量糖分；β-淀粉酶和糖化酶将淀粉、糊精水解为麦芽糖和葡萄糖。在新工艺香雪酒生产中，为弥补糖化酶的不足，可补充部分UV-11黑曲霉制成的麸曲。米饭和小麦中的淀粉经过3种酶的综合作用，大部分分解成为葡萄糖。一般在发酵初期糖的含量最高，其后随着酵母的酒精发酵而逐渐降低，到发酵终了还残存少量的葡萄糖和糊精，赋予黄酒甜味和黏稠感。还有一部分糖受到微生物分泌的葡萄糖苷转移酶的作用，生成异麦芽三糖、异麦芽糖和潘糖等非发酵性低聚糖。淀粉酶的活力经过长时间发酵有所降低，但大部分保存良好。α-淀粉酶的一部分吸着在饭粒中，经过压榨留在糟粕中，而糖化酶吸着很少，压榨后进入新酒中，在澄清阶段继续将部分糊精分解成糖分，有促进酒的成熟的作用，但也是造成蛋白质浑浊的原因之一。

（二）酒精发酵

酒精发酵主要依靠酵母的作用，通过酵母细胞内多种酶的催化，把可发酵性糖在厌氧状态下分解成酒精和CO_2，并放出热量，使发酵醪的品温上升。一般发酵过程可分为前发酵、主发酵和后发酵三个阶段。在前发酵阶段，主要是酵母增殖时期，发酵作用弱，因而温度上升缓慢。当发酵醪中酵母繁殖得多了，进入主发酵阶段，酒精发酵很旺盛，温度上升较快，应注意利用开耙操作调节品温，排除CO_2，并补充部分新鲜空气，使酵母保持活性。随着酒精的蓄积和糖分的减少，酵母的生命活动和发酵作用变弱，就进入后发酵阶段。此时主要是利用残余的淀粉和糖分，发酵作用已接近尾声，温度也不会再升高很多，榨酒时酒醪的酒精度达 16%vol 以上。

酵母对可发酵性糖的发酵，均是通过 EMP 途径代谢生成丙酮酸后，进入有氧 TCA 循环或无氧酵解途径。在无氧条件下，丙酮酸脱羧生产乙醛和 CO_2，乙醛在乙醇脱氢酶的作用下还原成乙醇，如图 3-1 所示。在有氧条件下，丙酮酸先经过氧化脱羧生成乙酰辅酶 A，乙酰辅酶 A 随后进入 TCA 循环而被氧化为 CO_2 和水。酵母在有氧条件下经 TCA 循环可获得更多的生物能（32 个 ATP），此时无氧发酵代谢就会受到抑制，糖消耗减少，这种氧抑制无氧发酵代谢的现象称为"巴斯德效应"。在发酵基质中含有较高浓度的葡萄糖（或果糖）时，分子氧存在不能抑制发酵，有氧呼吸反而受到一定抑制，这种现象称为"反巴斯德效应"（或称"克拉布特里效应"）。

图 3-1 糖发酵经 EMP 途径到乙醇

葡萄糖酒精发酵的总反应式为：

$$C_6H_{12}O_6（葡萄糖）+2Pi+2ADP \longrightarrow 2CH_3CH_2OH（乙醇）+2ATP+2CO_2$$

从能量角度来看，1mol 葡萄糖酒精发酵给酵母带来 2mol ATP，即 61.1kJ 的能量。从热力学角度，1mol 葡萄糖分解为乙醇和 CO_2，可产生 167.4kJ 能量，两者之差 106.3kJ 的能量就以热能的形式释放了。因此，酒精发酵是放热反应。

在正常发酵中，不是全部可发酵性糖转化为酒精和 CO_2，有 5%~8%转化为发酵副产物（甘油、琥珀酸、2,3-丁二醇、乙酸、乳酸和其他副产物）和形成酵母的碳骨架。

（三）有机酸的生成

有机酸一部分来自原料、酒母、曲和浆水，一部分在发酵过程中由酵母、细菌和霉菌产生。与其他酿造酒不同的是，黄酒发酵有霉菌的参与，有的霉菌能产有机酸，如根霉能产乳酸、反丁烯二酸（又名延胡索酸、富马酸）和琥珀酸，米曲霉能产柠檬酸、苹果酸、反丁烯二酸等，黑曲霉能产抗坏血酸、柠檬酸、葡萄糖酸和没食子酸等。酒醪中的有机酸以乳酸为主，其次为乙酸、琥珀酸、柠檬酸、苹果酸、酒石酸，此外含少量丙酮酸、反丁烯二酸、酮戊二酸、草酸等。酸败变质的酒醪含乙酸和乳酸特别多，琥珀酸等减少。半干型黄酒的总酸在 5.4~6.4g/L 较好，过高或过低都会影响到酒的口感。

1. 丙酮酸

丙酮酸是酵母进行糖代谢过程中重要的中间代谢物，成品黄酒中丙酮酸含量很低，为 60mg/L 左右。

2. 乳酸

黄酒中乳酸含量占有机酸总量的 45%以上。黄酒发酵时，丙酮酸在乳酸脱氢酶催化下还原成乳酸。黄酒酵母中乳酸脱氢酶活性远远低于乳酸菌和野生酵母。

$$
\begin{array}{ccc}
\begin{array}{c} \text{COOH} \\ | \\ \text{C}=\text{O} \\ | \\ \text{CH}_3 \end{array}
&
\underset{\text{乳酸脱氢酶}}{\overset{NADH_2 \quad NAD}{\rightleftharpoons}}
&
\begin{array}{c} \text{COOH} \\ | \\ \text{H—C—OH} \\ | \\ \text{CH}_3 \end{array}
\end{array}
$$

3. 乙酸

乙酸主要是发酵醪受到醋酸菌污染，乙醇被醋酸菌氧化生成。此外，酵母菌和异型乳酸菌等微生物在发酵过程中也会产生乙酸。

$$CH_3CH_2OH + O_2 \xrightarrow{\text{氧化酶}} CH_3COOH + H_2O$$

4. 琥珀酸

琥珀酸是发酵过程中生成较多的非挥发酸，也是酵母代谢产生的主要有机酸。酵母糖代谢在 TCA 循环中形成草酰乙酸，最后转化成琥珀酸，但大部分琥珀酸由谷氨酸转化而来。

$$
C_6H_{12}O_6 + \underset{\underset{\underset{COOH}{|}}{\overset{\overset{COOH}{|}}{\underset{\underset{\underset{\underset{}{}}{CHNH_2}}{|}}{\overset{\overset{CH_2}{|}}{\underset{\underset{}{CH_2}}{|}}}}}{} + 2H_2O \longrightarrow \underset{\underset{COOH}{|}}{\overset{\overset{COOH}{|}}{\underset{CH_2}{|}\overset{CH_2}{|}}} + 2\underset{CH_2OH}{\overset{CH_2OH}{CHOH}} + NH_3 + CO_2
$$

上述反应式受氢体是磷酸甘油醛，产物除琥珀酸外，还有甘油，脱下的 NH_3 被酵母利用。黄酒以大米为原料，谷氨酸含量较高，成品黄酒中琥珀酸含量高达 750mg/L 左右。

5. 苹果酸

在发酵过程中酵母形成苹果酸的途径是：丙酮酸通过丙酮酸羧化酶的作用，固定 CO_2 先形成草酰乙酸，草酰乙酸再经过苹果酸脱氢酶的还原作用而产生苹果酸。

$$
\underset{\underset{COOH}{|}}{\overset{\overset{CH_3}{|}}{CO}} + CO_2 + ATP \xrightarrow[\text{-ADP-Pi}]{\text{丙酮酸羧化酶}} \underset{\underset{\underset{COOH}{|}}{CO}}{\overset{\overset{COOH}{|}}{\underset{CH_2}{|}}} \xrightarrow[\text{苹果酸脱氢酶}]{NADH_2 \quad NAD} \underset{\underset{\underset{COOH}{|}}{CHOH}}{\overset{\overset{COOH}{|}}{\underset{CH_2}{|}}}
$$

6. 柠檬酸

丙酮酸氧化脱羧生成乙酰辅酶 A，乙酰辅酶 A 与丙酮酸通过羧化支路形成的草酰乙酸及 1 分子水在缩合酶（柠檬酸合成酶）的催化下，生成柠檬酸。

（四）醛类的变化

黄酒中的醛类主要有乙醛、苯甲醛、苯乙醛、异戊醛（3-甲基丁醛）、糠醛等。发酵过程中醛类主要来源于微生物代谢，酵母来源的醛由糖代谢、脂肪酸代谢和氨基酸代谢生成，如 3-甲基丁醛和苯乙醛分别由亮氨酸和苯丙氨酸经伊里希（Ehrlich）途径（脱氨、脱羧）生成。由于醛类易被醇脱氢酶还原为相应的醇，在发酵中后期其含量逐渐下降，但在贮存过程又会上升。乙醛是黄酒发酵过程中酵母的中间代谢产物，由糖代谢产生丙酮酸，然后在丙酮酸脱羧酶作用下生成乙醛，绝大部分乙醛被乙醇脱氢酶还原成乙醇。由于乙醛的沸点很低，在煎酒过程会部分挥发。乙醛有强烈的刺激性，在贮存过程中与乙醇缩合生成具有愉快清香味的乙缩醛。酒类中苯甲醛的形成机制未见报道，植物中苯甲醛由苯丙氨酸经脱氨、β 氧化或非 β 氧化途径合成。糠醛是原料中的戊聚糖在加热、微生物或酸的作用下生成的，某些微生物能将糠醛转化成糠醇。醛类是食品中的香气物质和酒类中呈香呈味物质，但在酒中含量过高时被认为是"上头"物质。

$$(C_5H_8O_4)_n \longrightarrow n \begin{array}{c} CH=C\stackrel{\textstyle CHO}{\diagdown} \\ | \qquad\qquad O \\ CH=CH \end{array} + 2nH_2O$$

戊聚糖   糠 醛

（五）蛋白质及氨基酸的变化

米中蛋白质含量为 6%~8%，小麦含蛋白质约 12%，发酵过程中，在麦曲蛋白水解酶及微生物（如乳酸菌能分泌蛋白水解酶）的作用下形成肽和氨基酸。如原料蛋白质分解不足，成品酒中泡沫蛋白含量高，造成大坛酒零售时泡沫多。发酵醪中氨基酸达 18 种以上，一部分被酵母所同化，成为合成酵母蛋白质的原料，同时生成高级醇。氨基酸的生成除了发酵醪中蛋白质分解外，还来自微生物菌体的溶出。发酵前期，由于温度较适合蛋白水解酶的作用，原料中的蛋白质迅速水解，使酒醪中的氨基酸含量增加较快。发酵中期由于蛋白水解酶部分失活且发酵温度较低，氨基酸缓慢增加。发酵后期氨基酸含量继续增加，除残余蛋白水解酶及微生物继续作用外，还与酵母等微生物的衰老、死亡有关。酵母死亡后，细胞自溶会释放氨基酸，并释放酸性羧肽酶分解多肽而形成氨基酸。但酵母自溶过多，不利于黄酒的风味。有关研究表明，适当提高后酵温度和延长后酵时间能明显提高黄酒中氨基酸含量。

各种氨基酸都具有独特的滋味，如鲜、甜、涩、苦。适量的氨基酸有利于黄酒的口味。氨基酸态氮含量可间接反映氨基酸含量，目前绍兴加饭酒要求氨基酸态氮含量 $\geqslant 0.6g/L$。从生产实践看，总酸偏高或酸败黄酒的氨基酸态氮含量反而高于发酵优良的黄酒，有些氨基酸态氮含量略低于 $0.6g/L$ 的酒口味柔和鲜爽，而有些氨基酸态氮含量在 $0.8g/L$ 以上的酒反而后口略觉老苦。当酒中氨基酸态氮含量达 $1.2g/L$ 以上时，口味明显变差。此外，适当减少麦曲用量，可使酒中尿素和高级醇含量有所降低，但同时会降低氨基酸态氮含量。因此，笔者认为绍兴加饭酒的氨基酸态氮含量标准宜适当降低。

（六） 高级醇的生成

高级醇是指碳原子数大于2的一元醇类。黄酒中的高级醇有正丙醇、正丁醇、异丁醇（2-甲基丙醇）、异戊醇（3-甲基丁醇）、活性戊醇（2-甲基丁醇）、β-苯乙醇等。

1. 高级醇的生成途径

1907年，德国化学家伊里希（Felix Ehrlich）提出了由氨基酸分解代谢形成高级醇的途径。氨基酸在转氨酶作用下，将氨基转移到 α-酮戊二酸上，生成相应的 α-酮酸中间体和谷氨酸，α-酮酸再经酮酸脱羧酶的脱羧和乙醇脱氢酶的还原，生成比原来氨基酸少一个碳的高级醇。

$$
\begin{array}{ccc}
\underset{\underset{NH_2}{|}}{\overset{\overset{H}{|}}{RCCOOH}} & + & \underset{\underset{COOH}{|}}{\overset{\overset{COOH}{|}}{(CH_2)_2}} \\
 & & C{=}O
\end{array}
\xrightarrow{\text{转氨酶}}
\begin{array}{ccc}
\underset{\underset{O}{||}}{RCCOOH} & + & \underset{\underset{COOH}{|}}{\overset{\overset{COOH}{|}}{(CH_2)_2}} \\
 & & HC{-}NH_2
\end{array}
$$

脱羧酶 $\longrightarrow CO_2$

$$RCHO \xrightarrow[\text{脱氢酶}]{NADH_2 \quad NAD} RCH_2OH$$

以上转氨反应不包括苏氨酸，苏氨酸在脱氨酶作用下生成 α-酮酸。各种氨基酸经伊里希途径生成相应高级醇的对应关系如表3-5所示。

表3-5　　　　　　　　　　氨基酸分解代谢生成对应的高级醇

氨基酸	α-酮酸	高级醇
缬氨酸	α-酮基异戊酸	异丁醇
亮氨酸	α-酮基异己酸	异戊醇
异亮氨酸	α-酮基-β-甲基异戊酸	活性戊醇
苯丙氨酸	苯丙酮酸	β-苯乙醇
酪氨酸	对羟苯丙酮酸	酪醇
色氨酸	3-吲哚丙酮酸	色醇
苏氨酸	α-酮丁酸	正丙醇

1953年，哈里斯（Harris）提出高级醇的合成代谢途径。葡萄糖经糖酵解途径生成丙酮酸，丙酮酸进入氨基酸合成途径形成 α-酮酸中间体，α-酮酸在转氨酶作用下合成酵母自身所需氨基酸，也可以在酮酸脱羧酶、乙醇脱氢酶的

作用下生成相应的高级醇。1961 年，格罗韦尔（Growell）研究认为，酒类高级醇中异戊醇、异丁醇和活性戊醇，75％来自哈里斯途径，25％来自伊里希途径。由于黄酒发酵醪液中氨基酸组成及含量与啤酒和葡萄酒差异较大，这一比例可能不适用于黄酒。

目前，有关黄酒酵母高级醇生成机制的研究极少，参考有关啤酒酵母的文献报道，几种高级醇的两种生成途径和关键基因大致如图 3-2 所示，现以异丁醇和异戊醇为例说明如下。

（1）异丁醇 ①由伊里希途径生成：缬氨酸经细胞质支链氨基酸转氨酶（BAT2 基因编码）作用转氨为 α-酮异戊酸，随后 α-酮异戊酸在酮酸脱羧酶（PDC1、PDC5、PDC6 基因编码的 3 种同工酶）、乙醇脱氢酶（ADHs）催化下脱羧还原为异丁醇；②由哈里斯途径（缬氨酸合成途径）生成：两分子糖酵解而来的丙酮酸在乙酰乳酸合成酶（ILV2 基因编码）的作用下缩合为 2-乙酰乳酸和 CO_2，乙酰羟酸还原异构酶（ILV5 基因编码）将 2-乙酰乳酸还原为 2,3-二羟基异戊酸，再经二羟基酸脱水酶（ILV3 基因编码）作用脱水为 α-酮异戊酸，在支链氨基酸氨基转移酶（BAT1 基因编码）作用下生成缬氨酸（伊里希途径中转氨反应的逆反应），也可以经酮酸脱羧酶和乙醇脱氢酶（ADHs）作用生成异丁醇。两种异丁醇生成途径通过共同的中间体 α-酮异戊酸相偶联。

（2）异戊醇 异戊醇既可通过伊里希途径由亮氨酸分解代谢生成，也可经哈里斯途径（亮氨酸合成途径）生成。丙酮酸依次在乙酰乳酸合酶（ILV2 基因编码）、乙酰羟酸还原异构酶（ILV5 基因编码）、二羟基酸脱水酶（ILV3 基因编码）的作用下生成 α-酮异戊酸，此部分在线粒体中进行，随后经 α-异丙基苹果酸合酶（LEU4 或 LEU9 基因编码）、α-异丙基苹果酸异构酶（LEU1 基因编码）和 β-异丙基苹果酸脱氢酶（LEU2 基因编码）共同作用生成 α-酮异己酸。最后，α-酮异己酸（由伊里希途径和亮氨酸从头合成途径而来）在酮酸脱羧酶（YDL080C 基因编码）和乙醇脱氢酶（ADHs）的催化下生成异戊醇。

笔者与陆健教授团队合作，初步研究了黄酒酵母的异戊醇代谢途径，结果表明，LEU2 基因缺失（阻断哈里斯途径），异戊醇含量降低 16.16％，而 YDL080C 基因缺失，异戊醇含量无明显变化。由此初步推测：异戊醇由伊里希和哈里斯两条途径生成，且以伊里希途径为主；α-酮异己酸代谢生成异戊醇途径中，YDL080C 编码的类丙酮酸脱羧酶不是唯一的脱羧酶，其同工酶（ARO10 基因编码的苯丙酮酸脱羧酶或 PDC1、PDC5、PDC6 基因编码的丙酮酸脱羧酶）也可以将 α-酮异己酸脱羧成异戊醛。

2. 影响高级醇含量的因素

高级醇是酒类重要的香味和口味物质之一，同时被认为是"上头"物质。

图 3-2 几种高级醇生成途径及关键基因

各途径中涉及的一些酶及基因：支链氨基酸透性酶——编码基因 *BAP2*；2 种芳香族氨基酸转氨酶——编码基因 *ARO8*, *ARO9*；5 种酮酸脱羧酶——*PDC1*、*PDC5*、*PDC6* 编码的丙酮酸脱羧酶, *YDL080C*（或称 *TH13*）编码的类丙酮酸脱羧酶, *ARO10* 编码的苯丙酮酸脱羧酶；乙醇脱氢酶——编码基因 *ILV2*；乙酰羟酸还原异构酶——编码基因 *ILV5*；二羟基酸脱水酶——编码基因 *ILV3*；α-异丙基苹果酸合成酶——编码基因 *LEU4*；α-异丙基苹果酸异构酶——编码基因 *LEU1*；β-异丙基苹果酸脱氢酶——编码基因 *LEU2*。

适量存在能使酒的香气和口味丰满，含量过高则给酒带来异杂味。据报道，各种酒类适宜的高级醇含量范围为：清酒 150～500mg/L、黄酒 150～400mg/L、啤酒 60～150mg/L、葡萄酒 140～800mg/L、威士忌 500～3000mg/L、白兰地 1000～2500mg/L、中国白酒 800～1200mg/L、朗姆酒 1000～3000mg/L。以上数据只是对大多数酒而言，例如茅台酒高达 1980mg/L，并无高级醇异杂味。在黄酒发酵过程中，大罐发酵 80% 以上、传统工艺 70% 以上的高级醇在发酵前 4d 产生，中后期缓慢上升。

影响高级醇含量的因素：

（1）酵母品种　不同酵母菌株之间，高级醇生成量的差异很大。

（2）酵母在发酵中的增殖倍数　高级醇是酵母合成细胞蛋白质时的副产物，因此，发酵时酵母增殖倍数越大，合成细胞的副产物高级醇一般较高。有研究认为，当接种量小于 1.0×10^7 个/mL 时，接种量越小，酵母增殖倍数越大，高级醇含量越高；当接种量大于 1.0×10^7 个/mL 时，接种量增大，高级醇含量也会增加。

（3）主发酵温度　发酵前期是酵母的增殖阶段，有研究认为，当发酵温度低于 30℃ 时，温度越高越有利于酵母的生长繁殖，高级醇的含量随温度的升高而增加；当发酵温度高于 30℃ 时，温度升高不利于酵母的生长繁殖，高级醇含量随温度的升高而下降。但发酵温度高对细菌生长有利，且酵母易早衰，易造成发酵醪酸败。

（4）发酵醪的搅拌　搅拌增加发酵醪的含氧量，促进酵母菌的增殖，也会导致高级醇的增加。

（5）发酵醪中的 α-氨基氮含量　当发酵醪中 α-氨基氮含量过高时，会导致由伊里希途径生成的高级醇增加。当发酵醪中缺乏可同化的 α-氨基氮时，酵母通过糖代谢走酮酸路线合成所需的氨基酸，用于合成细胞的蛋白质，当缺乏合成能力或氨不足时，导致产生的 α-酮酸无法合成相应的氨基酸而生成高级醇。在啤酒酿造中，十分重视控制合适的麦汁 α-氨基氮水平。在葡萄酒酿造中常添加（NH_4）$_2HPO_4$ 作为酵母的氮源，有关研究表明，添加（NH_4）$_2HPO_4$ 还可降低葡萄酒中高级醇含量，但添加过量会导致尿素和生物胺的形成。

（6）麦曲用量　发酵醪中的氨基酸主要由麦曲中蛋白酶水解原料蛋白质生成，因此麦曲用量对高级醇含量影响很大。有研究认为，当麦曲添加量小于 15% 时，麦曲添加量越小，高级醇含量越高；当麦曲添加量大于 15% 时，麦曲添加量越大，高级醇含量越高。

（七）脂肪的变化

糙米和小麦都含有约 2% 的脂肪，米经过精白后，其脂肪含量减少。脂肪氧化后损害黄酒风味。在发酵过程中，脂肪被微生物脂肪酶的作用，分解成甘油和脂肪酸，甘油给予黄酒甜味和黏性，脂肪酸受到微生物的氧化作用而生成低级脂肪酸，脂肪酸与醇结合形成酯。黄酒中的游离脂肪酸以软脂酸、硬脂酸、油酸、亚油酸、己酸和癸酸等为主。此外，还含有少量的丁酸、庚酸、辛酸、壬酸、月桂酸、肉豆蔻酸、十五酸和十九酸等。

（八）酯的形成

酯类物质是构成黄酒芳香味和风味的主要成分，黄酒中酯的种类很多，已定量分析的有 30 多种，含量最高的酯为乳酸乙酯，其次为乙酸乙酯、丁二酸（琥珀酸）二乙酯等。酯的形成有生物合成和化学反应合成两条途径：化学反应合成是由有机酸与醇类物质通过酯化反应缓慢形成酯；生物合成是由酵母先形成酯酰辅酶 A，再在酵母酯酶催化下与醇类物质形成酯。

有关研究认为，发酵过程对乙酸乙酯等中低沸点酯形成的贡献大于贮存过程，而对于乳酸乙酯、丁二酸二乙酯等高级酯，则贮存过程中的贡献较大。有关白酒和啤酒的报道认为，醇酯比低或醇酯比适当的酒不易上头，其原因是高级醇促进脑神经收缩导致上头，而酯类能使脑神经舒展。

（九）氨基甲酸乙酯的形成

氨基甲酸乙酯（Ethyl Carbamate，EC）广泛存在于各种发酵食品与酒精饮料中，是黄酒中的微量有害组分。1985 年加拿大政府卫生组织规定了饮料酒中 EC 的限量：佐餐葡萄酒 $\leqslant 30\mu g/L$；加强葡萄酒 $\leqslant 100\mu g/L$；日本清酒 $\leqslant 100\mu g/L$；烈性酒和水果白兰地 $\leqslant 400\mu g/L$。

在酒精饮料中，EC 的前体物质主要有氨甲酰化合物和氰化物。氨甲酰化合物包括尿素、瓜氨酸、氨甲酰磷酸、氨甲酰天冬氨酸、尿膜素等。现有的研究认为，黄酒中 EC 的主要前体物质为尿素，其次为瓜氨酸。黄酒中瓜氨酸含量虽然也较高，但瓜氨酸转化生成 EC 的速率远小于尿素转化生成 EC 的速率。氨甲酰化合物与乙醇反应生成 EC 的反应式为：

$$R \cdot CO \cdot NH_2 \ + \ C_2H_5OH \longrightarrow NH_2 - \overset{\displaystyle O}{\overset{\|}{C}} - O - C_2H_5 \ + \ R \cdot H$$

EC 前体物质部分来源于原料，但主要来源于酵母和乳酸菌的精氨酸代谢。酵母的精氨酸代谢途径如图 3-3 所示，精氨酸在胞内精氨酸酶（*CAR1* 基因编码）的作用下降解生成尿素和鸟氨酸，尿素会在脲基酰胺酶（*DUR1,2* 编码）的作用下降解为 NH_3 和 CO_2，而由于谷氨酸、谷氨酰胺和天冬酰胺等优势氮源的存在，酵母对尿素的利用受到抑制，大部分由细胞膜上转运蛋白 Dur4p（*DUR4* 编码）转运出胞外，在发酵醪中与乙醇反应形成 EC；生成的鸟氨酸与氨甲酰磷酸会在鸟氨酸氨甲酰转移酶的作用下生成瓜氨酸。

图 3-3　酿酒酵母胞内精氨酸的代谢途径

瓜氨酸还来源于异型发酵乳酸菌的精氨酸脱亚氨基酶代谢途径（Arginine deiminase，ADI 途径）。有关研究表明，从黄酒发酵醪中分离到的许多乳酸菌存在 ADI 途径，能够降解精氨酸生成瓜氨酸。

EC 的生成量与前体物质浓度、反应温度和时间有关，前体物质浓度高、反应温度高、反应时间长都会使 EC 的含量增加。在发酵过程中一部分尿素开始与乙醇作用生成 EC，但生成量较低（从多批检测数据来看，采用 XZ-11 菌株酿制的加饭酒在煎酒前均未检出 EC），煎酒灭菌和贮存会使 EC 含量上升。

降低酒中 EC 含量的途径有：

①使用低产或不产尿素酵母菌株发酵：通过传统育种或基因工程手段，削弱酵母精氨酸酶活性或强化脲基酰胺酶活性，使酵母低产或不产尿素菌株，从而降低酒中 EC 含量。由图 3-3 可知，构建工程菌的主要途径有：敲除酵母的 *CAR1*、*DUR4* 基因，阻止精氨酸降解成尿素和尿素向胞外分泌；过表达 *DUR3*、*DUR1,2* 基因，强化酵母对尿素的吸收和降解。在食品及饮料酒领域，由于人们对工程菌的安全性存在担忧，其应用受到限制。

"自克隆"技术是利用来源于酵母本身的目的基因构建工程菌，由于不引入外源基因，具有生物安全的优点。2006 年，Coulon 等人采用"自克隆"技术构建过表达 *DUR1,2* 基因的葡萄酒酵母工程菌株，使尿素和 EC 含量分别下降 90.3% 和 89.1%。其商业用途获美国 FDA、加拿大卫生部及环境部批准。

②添加酸性脲酶把酵母产生的尿素及时分解掉。

③选用尿素和精氨酸含量低的原料，减少麦曲用量，控制杀菌温度和时间，降低贮酒温度，可在一定程度上减少 EC 的生成量。

④采用物理吸附或添加 EC 分解酶去除已生成的 EC：目前的吸附材料虽然去除 EC 的效果较好，但对酒的风味影响较大；微生物 EC 酶可以直接将 EC 降解为氨和乙醇，但由于目前的 EC 酶耐酸和耐酒精能力较差，还无法应用于实际生产。

（十）生物胺的形成

生物胺（Biogenic amines，BA）是一类含氮的低分子质量有机化合物的总称，存在于各种动植物组织和多种食品，尤其是发酵食品中。根据其化学结构可分为 3 类：腐胺、尸胺、精胺、亚精胺等脂肪族胺；酪胺、苯乙胺等芳香族胺；组胺、色胺等杂环胺。根据其组成成分又可分为单胺和多胺，单胺主要有酪胺、组胺、腐胺、尸胺、苯乙胺、色胺等，多胺主要包括精胺和亚精胺。

生物胺是生物体内正常的活性成分，在体内起着重要的生理作用。适量的生物胺有利于人体健康，但过量的生物胺会危害人体健康，对神经、心血管系统造成损伤，产生头痛、心悸、呼吸紊乱、血压变化、呕吐等严重反应。在生物胺中组胺毒性最大，其次为酪胺。腐胺、尸胺、精胺、亚精胺等生物胺没有直接毒性，但在一定条件下可增强组胺和酪胺的毒性。美国 FDA 确定组胺的危害作用水平为 500mg/kg 食品。欧盟对食品中生物胺的限量标准：组胺 ≤ 100mg/kg，酪胺 ≤ 100~800mg/kg。在酒类产品中，目前只有葡萄酒中组胺的限量标准：德国 ≤ 2mg/L，荷兰 ≤ 3.5mg/L，法国 ≤ 8mg/L，瑞士和澳大利亚 ≤ 10mg/L。黄酒中的生物胺含量比葡萄酒高，对 12 个不同企业、不同工艺黄酒样品中生物胺检测结果如表 3-6 所示。

表 3-6　　　　　　　　　　　黄酒中生物胺含量　　　　　　　单位：mg/L

样品	色胺	苯乙胺	腐胺	尸胺	组胺	酪胺	亚精胺	精胺	总量
1	1.24	3.33	27.19	1.46	4.18	20.24	0.91	ND.	58.56
2	0.80	0.64	6.92	1.55	5.10	3.38	0.22	ND.	18.60
3	0.75	0.90	11.00	0.64	7.16	8.48	0.55	ND.	29.48
4	0.45	2.46	41.50	4.72	5.32	50.15	0.58	0.15	100.00
5	0.42	2.22	49.71	2.85	10.73	77.25	0.27	0.24	132.95
6	0.42	4.41	87.81	4.36	5.46	17.62	0.97	0.28	121.25
7	0.85	8.20	50.45	15.79	9.39	15.71	1.12	1.52	102.80

续表

样品	色胺	苯乙胺	腐胺	尸胺	组胺	酪胺	亚精胺	精胺	总量
8	0.68	7.20	27.61	5.51	4.06	15.35	8.26	1.67	59.04
9	2.01	3.46	8.73	1.92	1.91	16.04	ND.	0.09	34.14
10	1.66	6.85	20.05	4.43	3.43	12.03	0.83	1.59	48.29
11	ND.	3.85	52.85	5.81	7.52	24.30	ND.	0.15	94.46
12	10.12	5.28	62.62	6.66	9.83	43.34	0.97	1.56	140.01

注：数据引自参考文献［27］；ND. 表示未检出。

生物胺主要由相应氨基酸在脱羧酶作用下经过脱羧反应转化而来。除组氨酸外，该反应均需要吡哆醛-5'-磷酸作为辅酶。这里以组氨酸生成组胺为例。

目前在乳杆菌属、片球菌属、乳球菌属、明串珠菌属、链球菌属、肠球菌属、梭菌属、克雷伯氏菌属、埃希氏菌属、假单胞菌属等微生物中均发现含有氨基酸脱羧酶的基因。关于葡萄酒和酱油中生物胺形成的研究表明，生物胺主要由乳酸菌产生。黄酒发酵为开放式发酵，有大量细菌参与发酵，发酵过程中生物胺含量的变化如图 3-4 所示，呈先上升后下降的趋势。发酵后期生物胺含量下降，与微生物降解有关。微生物的生物胺降解酶主要包括胺氧化酶、胺脱氢酶和多铜氧化酶，其中以漆酶为代表的多铜氧化酶对生物胺的降解具有广

图 3-4　发酵过程生物胺含量的变化

谱性。有研究证实，发酵乳杆菌（*L. fermentum*）的多铜氧化酶可降解组胺、酪胺、腐胺、尸胺、色胺、苯乙胺、亚精胺等 7 种生物胺。

目前控制发酵食品生产中生物胺含量的主要措施有：①采用不产氨基酸脱羧酶的菌株发酵；②抑制产氨基酸脱羧酶的微生物生长；③添加生物胺降解菌株发酵，但由于降解率低，目前停留在研究阶段。在葡萄酒生产中，加拿大和美国批准了能同时完成酒精发酵和苹果酸乳酸发酵的转基因酵母菌的应用。该酵母菌接入了来源于乳酸菌的苹果酸乳酸酶基因，使葡萄酒生产中不需再接种乳酸菌，从而降低了葡萄酒中生物胺含量。黄酒中生物胺控制技术的研究尚属空白，笔者通过接种不产生物胺植物乳杆菌生物酸化浸米，并将生物酸化米浆水用于循环浸米，对降低浸米工序生物胺含量效果显著。笔者推测，在机械化黄酒生产中使用快速发酵酵母菌及接种不产生物胺的乳酸菌发酵，可能对降低黄酒中的生物胺含量有一定作用。

第二节　黄酒的传统酿造

黄酒酿造历史悠久，品种繁多。通过人们长期的实践和总结，各地黄酒形成了各自的酿造方法和独特的风味，尤其是一些名酒，都是采用独特的传统工艺酿造而成的。绍兴元红酒是干型黄酒的典型代表，在 1979 年第 3 届全国评酒会上被评为优质酒，其生产操作在黄酒中有代表性，因此下面重点介绍绍兴元红酒的酿造方法。

传统法酿造绍兴元红酒，主要工艺特点是使用淋饭酒母和摊饭操作法来生产，每年小雪（11 月 22 日）前后投料（现多提前至 11 月初），至立春（次年 2 月初）榨酒，发酵期长达 70~90d，发酵容器为陶质的大缸、大坛，在大缸中进行前发酵和主发酵，在大坛中进行缓慢的后发酵。现将酿造方法介绍如下：

1. 配料

元红酒配料用量如表 3-7 所示。

表 3-7　　　　　　　　　　　元红酒配料用量　　　　　　　　单位：kg/缸

配料	用量	配料	用量
糯米	144	水	166~173
麦曲	22.5	控制饭、水总量	374.5
酒母*	5~8		

注：* 酒母存放时间长，活性会降低，用量应适当增加。

传统配方用"三浆四水"，即在每缸用水的总量中，米浆水和清水的比例是 3：4。配料米浆水一般只使用当年新米所浸的米浆水，不用陈米的米浆水，以防止混入杂味。20 世纪 60 年代末以后绍兴黄酒生产很少用米浆水配料。近年来，由于环保排放标准提高，引起业内对米浆水回用的兴趣。胡健等对上海黄酒的研究表明，用米浆水（熟浆）配料能加快发酵速度，并使成品酒中氨基酸态氮、乳酸乙酯、乙醛含量明显增加。配料米浆水分为熟浆和生浆，无锡老廒黄酒生产使用熟浆，即米浆水经"三煎三滚"，能源消耗大；绍兴黄酒生产使用生浆，仅在气温低的 12 月至次年 1 月使用，可能由于低温下对低温乳酸菌生长相对有利，而其他有害微生物受到抑制。

2. 工艺流程

3. 酿造操作

（1）浸米　以前浸米在大缸中进行，每缸 288kg，供两缸投料用；现在多采用碳钢或不锈钢大罐浸米。若用碳钢，则需在内层涂上防腐材料，一般采用环氧树脂或 T-541 涂料。浸米时水面高出米层表面 6~10cm（大罐浸米高出

15~30cm），浸米时间根据气温、大米品种和水分含量调整，以前大缸浸米通常需 15d 以上，现在由于气候变暖且改用大罐，浸米时间缩短至 12~15d。浸米期间，应注意及时补水，勿使米层露出水面，并捞去液面的菌醭，防止浆水发臭。

浸米是黄酒酿造的关键工序之一，其目的不仅是使米充分吸水膨胀，便于蒸煮，更是为了使米酸化，实现发酵 "以酸制酸"。米中含少量糖分，以及米粒本身含有的淀粉酶作用，使淀粉在浸米过程中变成糖，糖分逐渐溶解到水里，被乳酸菌利用进行缓慢发酵生成有机酸，使浸米结束时浆水的总酸（缸心取样）达到 12~14g/L（抽米后混匀为 8~10g/L）。与此同时，在微生物蛋白酶的作用下，米表面的蛋白质被分解成氨基酸，使浆水中氨基酸态氮达到 0.6g/L 以上。由表 3-8 可知，浸米 15d 后浆水中固形物含量高达 3.3%，浸渍后糯米损耗量达 6.5%~6.9%，淀粉损失率达 4.5%~5.3%，但浆水中淀粉含量仅 0.2% 左右，比淋饭法浸渍 40h 还少，显然是被微生物消耗的结果。

表 3-8　　　　　　　　　　　　浸米 15d 后的物理变化

项　目	例 1	例 2
浸渍前米重/kg	288	288
浸渍后米重/kg	402	402
浆水重/kg	168	165
原米含水分/%	14.61	14.61
浸渍后含水分/%	43.00	41.88
浸渍后质量损失率/%	6.91	6.50
浸渍后淀粉损失率/%	5.28	4.54
浆水中淀粉含量/%	0.24	—
浆水固形物/%	3.35	3.32

取用浆水是在蒸饭的前一天。把浆水与米分离，浸渍后的米不能淋洗，这样可以起到调节酒醪酸度的作用。对于浸米罐，只需打开阀门，让浆水自行流出，集中起来即可。大缸浸米取用浆水，用水管将表面浸渍水吸除，然后用尖头的圆木棍将米轻轻撬松，再用一高 85cm、顶部口径 35cm、底部口径 25cm 的圆柱形无底木桶（俗称 "米抽"）慢慢摇动插入米层，并立即挖出米抽中的米，形成一个 "井"，汲取浆水，至下层米实处，将米抽向上提起再插下，并及时汲取浆水。这一操作要求越快越好，做到浆不带米、米不带浆，并注意

避免米粒破碎。汲出的浆水再用清水稀释，调节总酸不超过 7.5g/L，澄清一夜后取上清液作配料。一般一缸浸米约可得 160kg 的原浆水，每缸原浆水再掺入 50kg 清水。如果天气严寒，总酸未超过标准或略超出一点，就不再掺清水。

（2）蒸饭 将沥去浆水的糯米用挽斗从缸中取出，盛于竹箩内。将每缸米平均地分装成 4 甑蒸煮，每缸 2 甑原料。目前，蒸饭已普遍使用卧式或立式连续蒸饭机，且以卧式蒸饭机为多。采用卧式蒸饭机蒸饭，因米层较薄且均匀，故饭的质量容易控制。但从能源利用率上来说，立式蒸饭机的蒸汽利用率较高。所蒸米饭要求达到外硬内软，内无白心，疏松不糊，透而不烂，且均匀一致。饭蒸得不熟，饭粒里面有生淀粉，淀粉的糖化不完全，会引起发酵异常，使成品酒的酒精度降低而酸度增加，这样不仅浪费原料，而且影响酒质。但是，饭蒸得过于糊烂也不好，不仅浪费了蒸汽，而且容易结成饭团，不利于糖化和发酵，也会降低酒质和出酒率。

（3）摊饭（冷却） 米饭摊冷或鼓风降温的要求是品温下降快而均匀，不产生热块，更不允许产生烫块。若冷却时间长，米饭就可能被空气中的有害微生物侵袭，而且糊化后的淀粉在常温下放置较长时间后，会逐渐失水，淀粉分子间重新组成氢键而形成晶体结构，这种现象称为米饭的老化或回生。老化后的淀粉不易被酶作用。粳米和籼米直链淀粉含量高，易产生老化现象。冷后的饭温高低，依据气温的不同而调整，常控制在 45~65℃ 的范围内。摊饭品温与气温关系如表 3-9 所示。

表 3-9　　　　　　　　　　　　摊饭品温与气温关系　　　　　　　　单位：℃

气温	摊冷后饭温	气温	摊冷后饭温
0~5	60~65	11~15	50~55
6~10	55~60	>15	<50

（4）落缸 发酵缸及工具须预先清洗干净，并用石灰水、沸水灭菌。在落缸前一天，先将投料清水盛入缸中备用。落缸时分两次投入经冷却后的米饭。第一批米饭倒入后，搅拌打碎饭块；第二批米饭倒入并搅散饭块后，依次投入麦曲、酒母和浆水，搅拌均匀（图 3-5）。近年来，搅拌机在落缸操作中得到应用，有的采用落缸后在缸中搅拌，也有采用在罐中搅拌均匀后，用电动铲车进行运送和落缸（图 3-6）。

落缸后物料品温一般掌握在 24~28℃，应根据气温适当调整（表 3-10），同时按照落缸时间的先后，可对品温和酒母使用量做适当的控制。落缸后需做好保温工作，一般除盖稻草编缸盖和围稻草席外，还要罩上塑料薄膜（图 3-7）。

图 3-5　人工落缸搅拌

图 3-6　罐中搅拌后电动铲车落缸

表 3-10　　　　　　　　　　　气温与落缸要求温度　　　　　　　　　　单位：℃

气温	落缸后品温	气温	落缸后品温
0~5	27~28	11~15	25~26
6~10	26~27	>15	24~25

图 3-7　落缸后保温

（5）糖化与发酵　物料落缸后，麦曲中的淀粉酶和淋饭酒母即开始糖化与发酵作用。前期主要是酵母的增殖，温度上升缓慢。一般经过 10 多个小时，发酵醪中酵母细胞数已经繁殖得很多，开始进入主发酵，由于酵母的发酵作用，多量的糖分变成酒精和CO_2，并放出大量的热量，温度上升较快。缸里可听见"嘶嘶"的发酵响声，并产生大量CO_2气体，把酒醪顶到液面上，形成厚厚的醪盖。取醪液口尝，味鲜甜略带酒香，此时注意品温变化，达到开耙温度时及时开耙（搅拌）。

图3-8 开耙操作

开耙（图3-8）有高温、中温和低温三种不同的方式。高温开耙待品温（插入饭面以下15~20cm测量）升高到35℃以上才开头耙；低温开耙是品温升至25~31℃即开头耙，发酵温度最高不超过31℃；中温开耙介于两者之间，头耙温度为32~34℃。开耙品温的高低，直接影响到成品酒的风味。高温开耙因发酵温度较高，产生的香气物质较多，虽然前期发酵速度较快，但酵母易早衰，使发酵能力减弱，酿成的酒含有较多的浸出物，口味较浓厚，俗称热作酒，又称甜口酒。低温开耙的发酵比较完全，成品酒的酸味较低而酒精度较高，易酿成没有甜味的辣口酒，俗称冷作酒。头耙后品温下降，随着发酵的进行，品温又会上升，头耙后4~5h需开二耙。实际上，同样高温开耙，各企业的二耙温度差异也较大，对酒质的影响也大。

头耙后品温显著下降，以后各次开耙应视发酵的具体情况而定，如室温低、品温上升慢，应将开耙时间拉长些；反之，把开耙的间隔时间缩短些。现将正常情况下的开耙品温和间隔时间列入表3-11中，以供参考。

表3-11　　　　　　　　元红酒开耙品温控制情况（室温10℃左右）

耙　次	品　温/℃	间隔时间/h
头耙	35~37	落缸后16~20
二耙	33~35	4~5
三耙	30~32	4~5
四耙	28~30	4~5

四耙后，一般在每日早晚各搅拌一次，以降低品温和使糖化发酵均匀进行，并适当增加酒醪中氧气。为了减少酒精的挥发损失，在气温低时，应尽可能少开耙。经4d，品温和室温接近，糟粕下沉，主发酵阶段已结束，由搅拌期转入静止期，每缸加入1~2坛淋饭酒母（俗称窝醅），将酒醪搅拌均匀后分装在酒坛中进行后发酵（养醅）。每坛约装20kg，坛口盖上一张荷叶。3~4坛

堆为一列，堆置在室外，最上层坛口加盖一小瓦盖（图3-9）。为保证后发酵的均匀一致性，应注意适当控制向阳和背阴的堆放处理。

　　元红酒的发酵属于典型的边糖化边发酵，糖化温度等于酵母的发酵温度，由于糖化与发酵是同时进行的，这样糖分不致积累过高。经过长时间的发酵后，可生成高酒精度，并且淀粉被糖化、发酵得较为彻底，这是黄酒酿造的特点。

图3-9　黄酒后发酵

　　元红酒在发酵过程中，其主要的物质变化大致如下（表3-12）。

表3-12　　　　　　　　　　　元红酒酒醪后发酵期成分变化

批次	8d		15d		30d		榨前		
	酒精度/%vol	总酸/(g/L)	酒精度/%vol	总酸/(g/L)	酒精度/%vol	总酸/(g/L)	酒精度/%vol	总酸/(g/L)	还原糖/(g/L)
1	13.6	5.9	15.6	5.6	16.4	5.9	18.0	5.3	7.6
2	13.1	5.6	14.5	5.2	16.0	5.3	17.6	5.5	8.4
3	13.2	5.8	15.1	5.5	17.0	5.8	18.8	5.8	7.2
4	13.2	5.8	16.0	5.2	17.8	4.9	19.3	5.8	5.8
5	13.4	4.9	15.3	5.2	16.7	5.2	18.1	5.2	7.5
6	13.9	5.6	17.2	5.3	18.0	5.2	18.9	4.9	5.7

注：数据引自参考文献［29］。

①酒精度：在头耙至四耙间，酒精度上升极快，几乎呈直线增加，落缸48h酒精度即达10%vol左右，以后增长速度渐趋缓慢。而冷作酒在前期酒精度上升并不快，但到搅拌期结束，两者酒精度相近。

②还原糖：开头耙时，醪液的还原糖达60~80g/L，到主发酵结束，已降至20g/L左右，当降至10g/L以下时，还原糖的增长与消耗便达到平衡状态。

③总酸：在冬酿低温季节，当醪液的酒精度达7%~10%vol时，总酸增长已较缓慢。若生产正常，至压榨时酒醪总酸在6.8g/L（以乳酸计）以下。但气温一旦转暖，酒醪的总酸又会很快上升，必须抓紧榨酒。

④淀粉酶活性：淀粉酶活性并不因酒精度的升高而受影响。从静止养醪期开始，淀粉酶活性有所下降，主要是品温的下降、pH的降低和时间的延长所造成的，而与酒精度的升高关系不大。

⑤酵母消长：依落缸时加入的酒母量计算，醪中酵母数为0.1亿~0.2亿个/mL，仅经17~20h，酵母已增殖到5.4亿个/mL，前期酵母数在5.4亿~8.5亿个/mL，后期酵母沉于坛底，难以检查出规律。酒醪中酵母死亡率一般较低，在1%~5%。

（6）压榨、澄清　对成熟酒醪进行固液分离，称为压榨。

①对酒醪的要求：由于受气温等多种因素的影响，使得酒醪的成熟期有长短。黄酒压榨要求酒醪成熟后进行，不够成熟则酒糟与清液难以分离，造成压榨困难及清酒的浑浊；而压榨不及时，则总酸偏高，甚至变质，称为"失榨"。但酒醪什么时候可以压榨，需要从实践中不断摸索进行掌握，一般可以从下面几方面进行判断：

a. 从色的方面判断。酒醪的糟粕已完全下沉，上层酒液已澄清并透明黄亮，这种情况可以说基本已成熟；如发酵期已到，色泽仍淡而浑浊，这就说明还未成熟或是已变质；如色泽发暗，口尝有熟味，这是失榨的现象，往往发生在气温高的情况下。

b. 从味的方面判断。口尝已有较浓的酒味，口味清爽，后口略带微苦，酸度适宜。如有明显酸味，这说明酒醪已开始变质，应提前搭配压榨。最好取少量酒液，经加温后品尝及分析酸度，这种判断方法更为确切。

c. 从香气方面判断。嗅之有正常的新酒香气，无其他异杂气。

除了采用感官方面判断外，还应该配合理化指标来进行判断，即酒精度及总酸已达到规定的要求，而且基本趋于稳定，无多大变化；或酒精度有下降趋势，总酸有上升趋势，并经品尝，基本符合要求，就可以认为酒醪已成熟，即可压榨。

②压榨要求：

a. 酒醪的搭配。需压榨的酒醪，原则上应按先后次序顺序进行压榨。但由于黄酒的发酵因操作和温度控制等多方面的原因，酒醪与酒醪之间会产生一定差别，特别是口味上。因此，在压榨前一般要对酒醪进行搭配调整。搭配主要是根据理化指标的化验结果进行，也要注意口味间的不同，使各批次的酒质趋于统一，使一些指标上有轻微不合格的酒能达到规定的要求。

b. 压榨要求。对压榨的要求主要有生酒澄清、糟板干燥和时间长短 3 个方面。时间的长短又取决于"清和干"，如果不干不清，起不到压榨作用，既会影响酒的质量，又会影响出酒率。

③压榨设备：20 世纪 70 年代以前，使用木榨进行压榨，将待压榨的酒醪灌入绸袋，放入木框内，在榨杆的一头添加石块，使清液流出。木榨结构简单，造价低，平日不用时可拆散堆放，但压榨时间长，生产能力低，劳动强度大。20 世纪 70 年代以后，开始使用间歇式压滤机，目前普遍使用板框式气膜压滤机（图 3-10），个别企业开始使用高压隔膜压滤机（利用水压压榨）。

图 3-10 板框式气膜压滤机压榨

榨出的酒液称为生酒或生清。加入 0.1% 左右的糖色，搅拌后静置 2~3d，使少量微细的悬浮物沉入酒池或罐底，使酒液澄清。澄清需在低温下进行，且时间不宜过长，以防酒质变坏。经澄清后的酒液，尚有一些不易沉淀的悬浮物存在，一般还要经过硅藻土过滤。

生酒在澄清过程中，酒质会发生变化。一般刚压榨的生酒，品尝时酒味感到粗而辛辣，随着澄清期的延长，酒味逐渐变为甜醇，主要是由于淀粉酶将残余糊精和淀粉分解成糖、蛋白水解酶把蛋白质、肽分解为氨基酸所致。由此可见，延长澄清期对促进酒的老熟起到一定的作用，但要防止酒质酸败。

（7）煎酒、灌坛、封口　将澄清的酒液用薄板换热器（图3-11）加热到90~92℃，以杀灭酒液中的微生物和破坏残余的酶，并使部分蛋白质受热凝固析出，低沸点的生酒味成分被挥发排除。装酒的陶坛预先洗净并用蒸汽灭菌，趁热灌入热酒。目前坛酒自动灌装设备已在生产上应用，实现自动灌酒和计量。灌坛后立即用经煮沸灭菌的荷叶覆盖坛口，再盖上油光纸、灯盏盖和经煮沸灭菌的箬壳，用细篾丝（现在有的用易拉得扎带）扎紧坛口，及时用加砻糠的黏土封固坛口（图3-12）。待"泥头"干燥后，运入仓库贮存。

图3-11　薄板换热器煎酒　　　　　　　　图3-12　封泥头

第三节　黄酒的机械化酿造

所谓机械化新工艺或大罐发酵新工艺，说到底是以传统工艺为基础，为适应机械化、自动化生产要求而进行了适当的工艺改进，以大容量发酵罐代替陶缸、陶坛作发酵容器，并大量地使用机械设备代替手工操作，因此称之为黄酒机械化酿造更为确切。

黄酒机械化酿造以其占地面积小、质量相对稳定、劳动强度低等优点，已逐渐被具有较强实力的企业所采用。该酿造技术是在传统工艺的基础上发展起来的，从单项技术革新和部分技术改造开始，经过持续创新而日益完善：1964年开始进行大罐发酵试验；1965年板框式气膜压滤机诞生；20世纪70年代连续式蒸饭机试制成功；20世纪50年代末试制成功蛇管加热器煎酒，70年代又发展到列管煎酒器；20世纪80年代浙江古越龙山绍兴酒股份有限公司与上海饮料机械厂合作，联合开发了薄板式热交换器。20世纪70年代末至20世纪80年代初，多家酒厂建成机械化黄酒车间，其中1980年杭州酒厂、1982年上海淀山湖酒厂（已并入上海金枫酿酒有限公司）、1985年浙江古越龙山绍兴酒股份有限公司建成 1 万千升机械化黄酒车间。20 世纪 90 年代，浙江古越龙山绍兴酒股份有限公司先后建成两个年产 2 万千升机械化黄酒车间，其中 1997 年建成的车间布局合理，并集黄酒新设备、新技术之大成，标志着绍兴黄酒机械化生产技术趋于成熟。该车间前醅罐（个别）容积从 35m³ 扩大到 65m³，后醅罐容积从 63m³ 扩大到 125m³，并且首次采用露天罐发酵技术；采用小容量斗式提升机输送湿米，将负重几百吨的浸米罐设计在底层，从而降低车间建筑整体负荷，大大降低了工程造价；薄板式煎酒器从 4t/h 扩大到 10t/h。2006 年，上海金枫酿酒有限公司年产 4 万千升机械化黄酒车间建成投产，该车间改变以往将蒸饭机置于前醅罐上层，利用位差使物料自流入罐的布局，将蒸饭机与前醅罐设计在同一层，用泵将物料送入罐中。2010 年，浙江古越龙山绍兴酒股份有限公司建成投产的年产 2 万千升机械化黄酒车间使用发酵自动化智能控制系统，实现黄酒发酵过程计算机自动控制，并可通过计算机显示界面全方位实时了解整个黄酒发酵过程运行状态。2013 年，会稽山绍兴酒股份有限公司建成了年产 4 万千升自动化、智能化黄酒生产线，采用筒仓贮存原料、密闭式和管道化输送，并首创自动化制生麦曲、自动浸米和出米、自动压滤和卸糟等多项新技术和新装备。

一、机械化黄酒生产特点

1. 大容器发酵

以大容量金属大罐发酵代替陶缸、陶坛发酵。

2. 使用纯种培养糖化发酵剂

使用纯种培养酒母和部分纯种培养麦曲，保证了糖化发酵的正常进行，缩短了发酵周期，且能有效防止发酵醪酸败。

3. 机械化生产

从输米、浸米、蒸饭、发酵，到压榨、煎酒的整个生产过程均实行机械化操作，从前醅到后醅、后醅到压榨，采用无菌压缩空气或泵输送醪液，提高了劳动效率，减轻了劳动强度。

4. 温控式发酵

采用制冷技术调节发酵温度，有利于产品质量稳定，使生产不再受季节的限制，实现常年生产。

5. 采用立体布局

由于采用立体布局，整个车间布局紧凑合理，厂房建筑占地面积小，并利用位差使物料实现自流。

二、机械化黄酒工艺流程及操作

1. 工艺流程

机械化新工艺与传统工艺的主要不同之处在于以大罐代替陶缸、陶坛发酵，以机械化、自动化和管道化代替原来的人工操作和输送，以纯种培养酒母和麦曲代替或部分代替自然培养酒母和麦曲。

2. 大米的前处理与输送

新工艺一般采用振动筛对大米进行除糠、除杂前处理。浸米时大米原采用气流输送，先在浸米罐中放好水，然后由气力输送设备将大米送入浸米罐中，由于气流的作用，米、水和气泡在罐内不断翻转，使米水充分混合。现在改为大米和水混合后用泵输送至浸米罐（部分浸米水打回混合罐循环），减少了粉尘污染。

浸米罐一般设置在蒸饭机上层，浸渍后的大米用输送带输送至蒸饭机入口，但由于浸米罐负荷较大，车间工程造价较高。于 1997 年投产的浙江古越龙山绍兴酒股份有限公司年产 2 万千升黄酒的机械化车间，采用了湿米输送装置，把浸米罐放在底层，以减轻建筑物的承重负荷。由于糯米经 4~5d 浸渍后，米粒变得极为疏松，稍加外力即碎，难以输送。该车间以平板橡胶输送带将湿米送至斗式提升机，再由斗式提升机输送至蒸饭机入米口。由于提升机的米斗采用 0.8~1kg 的小斗，不但较好地解决了湿米输送易碎的问题，而且使进入蒸饭机入米口的米层十分疏松，因而蒸汽极易透过米层，从而提高熟度。多年的生产实践表明，该装置在工艺上符合要求，效果比较理想。近年来，有的厂将鲜活产品输送泵（一般采用意大利 TECNICAPOMPE 的 ZCD 型螺旋叶轮离心泵）应用于湿米输送，将浸好的米连同米浆水一起从底层送入位于高层的网带沥米输送机，将沥干的米送入蒸饭机，沥出的米浆水部分补充到浸米罐继续出米，其优点是米和米浆水一起自动流出浸米罐，无需人工耙米。

3. 浸米

绍兴黄酒历来十分重视浸米的质量。传统工艺黄酒酿造由于在冬季露天条件下低温浸米，浸米时间长达 15d 左右，需要大量的浸米场地和容器。新工艺采用保温浸米，在室温 20~25℃、水温 20~23℃ 的保温条件下，浸米 4d 左右基本能达到浸米要求。浸米时应先调节好浸米水温度再浸米，千万不能边浸米边调水温，以免米粒被蒸汽煮熟。同时，在浸米 12h 后，应用压缩空气将大米疏松一下，让其吸水均匀。各企业浸米温度和时间有差别，为缩短浸米时间，有的浸米室温度高达 27~29℃，有的起始水温较高，有的接入一定比例的老浆水。

4. 蒸饭、冷却与落罐

蒸饭的要求与传统工艺一样，以米饭颗粒分明、外硬内软、内无白心、疏松不糊、熟而不烂、均匀一致为宜。蒸饭设备多采用卧式蒸饭机，卧式蒸饭机有喷水装置，对各种原料的适用性较好，饭的质量容易控制。在实际生产中，需根据不同原料、浸渍后的米质状况灵活调节蒸饭机的各汽室进汽量大小，若米质松软，则适当减少进汽量，反之增加。饭蒸熟后，需进行冷却，新工艺的米饭冷却在蒸饭机中完成，有水冷和风冷两种。水冷的优点是快而方便，但会造成米饭中可溶性物质的流失；采用风冷可以减少不必要的损耗，同时可最大限度保留米饭的酸度。应注意的是风冷后的饭易变硬，在落罐前要充分搅碎，避免产生饭块，与曲、水、酒母混合要均匀一致。落罐温度应根据气温高低灵活调节掌握，一般落罐温度控制在 24～28℃。

5. 糖化发酵剂

新工艺黄酒酿造中，混合使用传统生麦曲与纯种麦曲，也有添加麸曲和商品酶制剂。酒母使用纯种培养的速酿酒母或高温糖化酒母，也有使用活性干酵母。

6. 前发酵

前酵开耙是黄酒酿造的关键所在，直接影响黄酒质量。新工艺黄酒采用大罐深层发酵，以"自动开耙"，即发酵醪上下自动翻滚，并辅以无菌压缩空气翻动醪液来代替传统手工开耙。一般落罐后 8～12h 可开头耙，此时品温达28～32℃，以后每隔 4h 开一次。品温升至 32℃后，在 32℃左右保持 10～12h（一般元红酒 10h、加饭酒 12h），一般控制最高品温不超过 33℃。由于发酵过程中大量的热量排出，因此要通入冷冻水冷却醪液。之后品温逐渐降低，一般落罐 48h 后，品温降至 20～25℃，然后根据发酵情况逐渐降温，4d 后可将醪液输送至后酵罐。元红酒前酵结束后，醪液的酒精度达到 14%vol 左右、总酸在 6.0g/L 以下，发酵正常。图 3-13 为前酵罐和前发酵室。

图 3-13　前酵罐和前发酵室

7. 后发酵

后发酵阶段应保持低温，一般品温控制在 15℃ 以内。后发酵时间一般为 20~30d，随品种、所用糖化发酵剂、发酵过程温度控制等而异。前期每天至少要搅拌开耙一次，通入一定的新鲜空气，保持酵母的活力，使酒体逐渐丰满协调，后期应静置。1997 年之前，后发酵采用室内发酵，通过调节后发酵室温度来控制发酵温度，但室内调温能耗大。1997 年投产的浙江古越龙山绍兴酒股份有限公司年产 2 万千升黄酒的机械化车间首次采用露天罐发酵（图 3-14），实行单罐冷却，做到单罐后酵温度精确控制，大大降低了能耗。

图 3-14　露天罐后发酵

由于采用了纯种麦曲和酒母，发酵较快、较完全，因此后酵时间比传统工艺大大缩短。元红酒后酵结束要求酒精度达到 17%vol 以上，总酸在 6.8g/L 以下（最好控制在 6.0g/L 以内）。

8. 压榨、澄清、过滤、煎酒、灌坛

发酵醪成熟后，用压缩空气或泵输入板框式气膜压滤机压榨。半成品带糟经压榨后已接近成品，因此澄清罐和清酒罐多采用不锈钢材质，以避免其他材料对酒体风味的影响。澄清罐一般为圆柱体锥底罐，澄清后沉积物（酒脚）的出口开在锥底，清酒输料口开在锥体合适的部位上。从澄清罐出来的酒经过滤后，打入清酒罐，利用清酒罐自身高度流入薄板换热器进行煎酒。灌坛已开始使用陶坛灌装机（图 3-15），实现自动化操作。

图 3-15　陶坛灌装机灌坛

三、主要生产设备

（一）生产设备选型

两个年产 2 万千升机械化黄酒车间部分设备数量规格如表 3-13 和表 3-14 所示。

表 3-13　　　　　　　车间 1 部分设备数量规格

名称	规格	数量
自动式振动筛	TQLZ 125×200 型　　$Q=10t/h$	2
浸米罐	$\Phi 3200mm$　　$V=21m^3$	20
蒸饭机	$L=18m$　　$Q=3.5t/h$	2
前酵罐	$\Phi 2600mm$　　$V=35m^3$	28
酒母浸米罐	$V=1m^3$	10
酒母蒸饭桶	$\Phi 700mm$	4
酒母罐	$\Phi 1300mm$　　$V=1.5m^3$	16
后酵罐	$\Phi 3800mm$　　$V=125m^3$	32
中间罐	$\Phi 2000mm$　　$V=8.5m^3$	8
压滤机	$\Phi 820mm$　　60 片/台　　$A=54m^2$	32
澄清罐	$\Phi 3600mm$　　$V=50m^3$	8
清酒罐	$\Phi 3000mm$　　$V=30m^3$	2

续表

名称	规格	数量
板式杀菌成套设备	$Q=10t/h$	1
陶坛自动清洗灌装机组	TG500 型 $Q=500$ 坛/h	1

表 3-14 车间 2 部分设备数量规格

名称	规格型号	数量
浸米罐	$V=22.5m^3$	28
前酵定量水罐	$V=25m^3$	2
卧式蒸饭冷饭一体机	$Q=7t/h$	1
螺杆泵（投料用）	$Q=25 m^3/h$	1
板式换热器（冷却投料水）	$Q=15t/h$	1
酒母浸米罐	$V=1.5m^3$	16
酒母浸米水罐	$V=1.5m^3$	1
酒母罐	$V=1.2m^3$	16
前酵罐	$\Phi2600mm$ $V=35m^3$	32
螺旋叶轮泵（输醪泵）	$Q=35 m^3/h$	2 *
后酵罐	$\Phi3450mm$ $V=120m^3$	35
后酵罐（香雪酒罐）	$V=63m^3$	24
中间醪液罐	$V=33m^3$	2
螺杆泵（压榨输醪泵）	$Q=30m^3/h$	1
压滤机	$\Phi820mm$ $A=54m^2$	38
澄清罐	$V=50m^3$	10
清酒罐	$V=30m^3$	4
立式硅藻土过滤机	LTG 型 $A=16m^2$	1
储酒罐（酒脚罐）	$V=33m^3$	3
板式杀菌成套设备（煎酒）	$Q=15t/h$	1
陶坛自动清洗灌装机组	TG500 型 $Q=500$ 坛/h	1

注：＊前酵至后酵、后酵至中间罐输醪泵各1台。

（二）主要设备介绍

1. 原料处理设备

（1）振动筛　振动筛是一种平面筛，用冲孔的金属网作筛板，其作用是清除原料中杂质。

（2）粉碎机　有锤式粉碎机和辊式粉碎机。锤式粉碎机（图3-16）广泛用于各种中等硬度物料的中碎与细碎作业，黄酒生产中用于块曲、板糟等的粉碎作业，为避免物料堵塞筛孔，物料含水量不应超过15%。用于粉碎黄酒板糟时，因板糟黏性较大，一般在粉碎时掺入3%~5%的谷壳或大糠。辊式粉碎机广泛用于粒状物料的中碎或细碎作业，分二辊式、四辊式、五辊式和六辊式等，在粉碎制曲原料小麦时使用的是二辊式粉碎机（图3-17）。现在二辊式粉碎机也用于块曲的粉碎，有的黄酒厂在机械化黄酒生产中，块曲的添加采用边粉碎边添加的方式，二辊式粉碎机放在落饭口旁边，块曲经粉碎后直接进入落饭口与饭、水混合。

1—筛网；2—轴；3—锤刀；4—冲击板；5—机壳

图3-16　锤式粉碎机

1—弹簧；2—摇筒；3—机座

图3-17　二辊式粉碎机

2. 原料输送设备

（1）气流输送设备　气流输送在黄酒厂及其他发酵工厂中，广泛用于输送小麦、大米、麦芽及地瓜干等松散物料，借助强烈的空气流沿管道流动，把悬浮在气流中的物料送至所需的地方。气流输送分为真空输送和压力输送两种方式。真空输送方式是将空气和物料吸入输料管中，在负压下输送到指定的地点，然后将物料从气流中分离出来，再经过排料器将物料卸出；压力输送方式是将空气和物料压入输料管中，物料被送到指定位置之后，经分离器物料自动排出，分离出来的空气净化后放空。

气流输送的优点为设备简单，占地面积小，输送能力和输送距离的可调性大、管理简便和易于实现自动化。它的主要缺点是动力消耗比较大,不适于输送潮湿和黏滞的物料。

(2)带式输送机 带式输送机是一种广泛应用的连续输送机械。它可用于输送块状和粒状物料,如大米、谷物、地瓜干、煤块,也可用于整件物料的输送,如麻袋包、瓶箱。带式输送可进行水平方向和倾斜方向输送。

带式输送机的工作原理是利用一根封闭的环形带,由鼓轮带动运行,物料放在带上,靠摩擦力随带前进,到带的另一端(或规定位置)靠自重(或卸料器)卸下。

带式输送机的优点是:结构比较简单,工作可靠,输送能力大,动力消耗低,适用性广。其缺点是:造价较高,若改向输送,需多台机联合使用。

(3)斗式提升机 斗式提升机是一种垂直升送(也可倾斜升送)散状物料的连续输送机械。它用胶带或链条作牵引件,将一个个料斗固定在牵引件上,牵引件由上下转鼓张紧并带动运行。物料从提升机下部加入料斗内,提升至顶部时,料斗绕过转鼓,物料便从斗内卸出,从而达到将低处物料升送至高处的目的。这种机械的运行部件均装在机壳内,防止灰尘飞出,在适当的位置,装有观察口。目前,在黄酒生产企业中斗式提升机被用来输送小麦和大米。浙江古越龙山绍兴酒股份有限公司于1997年建成的机械化黄酒车间采用斗式提升机输送湿米(图3-18),浸渍后的大米由输送带送入斗式提升机的入口,装入料斗,通过链式转鼓和链式料斗带输送,最后利用卸料装置将米卸出到蒸饭的入口。

图3-18 湿米输送斗式提升机

(4)螺旋输送机 螺旋输送机是发酵工厂较为广泛应用的一种输送机械,黄酒厂用于制曲麦料的输送,此外还可用于加料、混料等操作。它是利用旋转的螺旋,推送物料沿金属槽向前运动。物料由于重力与槽壁的摩擦力作用,在运动中不随螺旋一起旋转,而是以滑动形式沿着物料槽移动,其情况好像不能旋转的螺母沿着旋转的螺杆做平移运动一样。螺旋输送机多用于水平输送,用于倾斜输送时,其倾角一般应小于20°。

螺旋输送机的优点:结构简单,横截面尺寸小,制造成本低,密封性能好，便于在生产需要的位置进行中间装料和卸料，操作安全方便。它的缺点是：输送过程中物料易破碎，同时螺旋叶片及料槽磨损较大，在输送物料时物料与壳体及螺旋间均有摩擦，因此单位动力消耗较大。

3. 酿造设备

黄酒酿造的生产工艺一般要经过洗米、浸米、蒸饭、发酵、榨煎、贮存等过程，整个过程需要的设备包括洗米浸米设备、蒸饭设备、制曲设备、酒母设备、发酵设备、压榨设备、煎酒设备以及贮存设备等。

（1）浸米罐　一般采用敞口式矮胖形的圆筒锥底不锈钢或碳钢大罐，设有溢流口、筛网、排水口及出米口等部分（图3-19）。若用碳钢，则需在内层涂上环氧树脂。采用不锈钢材质虽然一次性投资较大，但节省了维护费用，而且安全卫生。罐上部侧面装设溢流口，以作大米漂洗除杂排水之用。罐的锥体部分向一侧倾斜，锥底装设了滤水用的筛网，以便排水时阻止米粒的排出。锥底侧面设放料口，打开排料阀，浸渍大米就自行滑下排出一部分，剩余的大米要人工耙出，劳动强度较大。

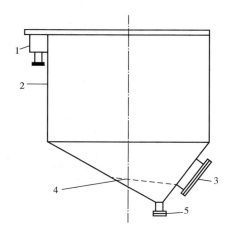

1—溢流口；2—筒体；3—出米口；4—筛网；5—排水口

图3-19　浸米罐结构示意图

会稽山绍兴酒股份有限公司于2013年建成的机械化黄酒车间将出米口开在锥底（图3-20），出米阀采用DN500电动大口径蝶阀，实现自动出米。该浸米罐还配有真空泵和浸米水循环泵，在米浆水自流放出后，打开真空泵继续抽干，浸米水循环泵将部分浸米水打回米水混合罐，用于循环浸米。浙江古越龙山绍兴酒股份有限公司最新的锥底出米浸米罐在出米管底安装了旋转叶片式出米器（旋叶阀），使出米流量更加稳定，但增加了能耗。

日本清酒浸米罐的设计也值得借鉴。清酒浸米罐锥体设置大面积滤水衬

1—出米阀（DN500 电动蝶阀）；2—真空管道；3—浸米水循环管道；4—真空阀（气动球阀）；
5—浸米水循环阀（气动蝶阀）；6—排污阀（气动蝶阀）；7—米浆水排出管道
图 3-20 锥底出米浸米罐

板，使排水时间大幅度缩短。排水几分钟后，锥底控制出米的挡板自动打开，米落在自动挡板下面的暂时停留容器中，暂时停留容器的底部挡板是用沥水板做成的，目的是进一步把水沥干。考虑到出米时可能会由于浸渍米的膨胀阻塞，使出米中断，暂时停留容器里装有一个感应装置，如果出现出米中断，浸米罐外侧面上装有的空气锤装置就会启动，在冲击力作用下恢复出米。

（2）蒸煮设备 新工艺采用连续式蒸饭机，分卧式、立式、卧式加压、立卧式结合加压连续式蒸饭机。

①卧式（或称网带式）连续蒸饭机：卧式连续蒸饭机由蒸饭段和冷饭段两部分组成（图 3-21 和图 3-22）。蒸饭段由接米口、鼓轮、不锈钢网带、蒸汽管、排汽筒等部分组成。冷饭段主要由冷风装置（或喷水装置）、鼓轮、不锈钢网带、出料口等部分组成。以前蒸饭段和冷饭段各用一条网带，蒸饭段的位置略高于冷饭段（图 3-21）。现在已采用整体机，即蒸饭和冷饭共用一条长网带，减少了一套传动装置，蒸饭和冷饭的蒸汽室之间可以用密封橡胶板隔离。但笔者认为采用两条网带也有其优点，饭层由蒸饭段进入冷饭段时在位差作用下断裂散开，容易冷却。如果在冷饭段的前段增加 1~2 个蒸汽室（蒸饭段相应减少蒸汽室），饭层内部存在生米的情况下，断裂散开后内部生米裸露出来，可以在蒸汽的继续作用下熟化，有利于提高蒸饭质量。

卧式连续蒸饭机糯米和粳米都可以蒸煮，因米层较薄且均匀，故蒸煮的米饭质量较好，但存在结构复杂、造价贵、蒸汽和电能消耗都较大、机件和输送不锈钢带容易损坏，以及操作较麻烦等缺点。蒸饭时，浸渍后的大米从进料口的一端进入蒸饭机，通过米层高度调节板控制米层的厚度为 20~40cm，大多为 25cm 左右。由不锈钢网带缓慢向前方移引，各蒸汽室输出的蒸汽将网带上的米蒸熟，网带移引的时间为 20~25min，一般实际蒸饭时间 7~8min、冷饭时间 6~7min（整体机 10min 左右），蒸汽压力一般为 0.2~0.26MPa，视蒸饭质量而定。熟饭经过蒸饭段后进入冷饭段冷却，经出料口排出。在蒸饭段的近中部处一般设有喷淋热水装置，以便在蒸非糯米原料时途中追加热水喷淋，促使饭粒再次膨胀。蒸饭机前部米层上的余热废汽经排汽筒排至室外。冷风管送入的空气和蒸饭机尾部的余热废汽经尾部的排汽筒排至室外。

图 3-21　卧式连续蒸饭机

1—排汽筒；2—进料口；3—米层高度调节板；4—鼓轮；5—不锈钢网带；
6—蒸汽室；7—蒸汽管；8—冷风管；9—刷子；10—出料口；11—米层

图 3-22　卧式连续蒸饭机示意图

操作要点如下：

a. 开机前必须检查各传动部件是否完好，减速机油位是否正常。

b. 开蒸饭机时，应先合上空气开关，接通电源，按下调速电机按钮，然后慢慢调节调速开关，指针调至200r/min，待不锈钢网带走动5~10min，无噪声、跑偏现象，才可投入正常生产。同时，根据米饭质量控制电机转速，最高转速为1200r/min。

c. 在蒸饭机运行中，必须定人定岗。注意不锈钢网带走向，严防左右滑动。若有跑偏，应及时调节，允许偏差范围为5mm。不锈钢网带边如有裂缝，应及时焊接。

d. 定期清除蒸饭机蒸汽室内污物，定时排除蒸汽室内蒸汽积水，并搞好蒸饭机的卫生，避免杂菌污染。

②立式连续蒸饭机

a. 单汽室立式连续蒸饭机。单汽室的立式连续蒸饭机（图3-23）对蒸煮糯米效果很好。实践证明，它比卧式连续蒸饭机有更多的优点，如结构简单、制作容易、造价低、能源消耗低以及操作简便。单汽室的立式连续蒸饭机主要由筒体和出饭口组成。蒸饭时，先关闭出料门，将浸渍好的米从料斗中加入，一般将米加到温度计处为止。然后用蒸汽加热，先开阀，放尽冷凝水，送入蒸汽。待底部出料口冒汽数分钟后，上部米层的温度也达到95℃以上，筒体内部的米饭已蒸熟，开启出料门，同时向料斗加米，由于米饭的重量和周边冷凝水的润滑作用，米饭顺利地自然落下，从出料口排出，开始连续蒸煮。大米不断地从上面均匀加入，米饭从出料口连续放出，筒体内保持一定的米层。最初出来的米饭若有夹生，可返回料斗再复蒸煮。蒸煮过程中，视米饭的质量和温

Ⅰ—筒体（包括圆柱和圆锥部分）；Ⅱ—出饭口

1—料斗；2—温度计；3—夹层（蒸汽加热）；4—放冷凝水；5—手轮；6—出料控制门

图3-23 立式连续蒸饭机示意图

度计的温度变化，及时地调节出料口的大小或蒸汽量，蒸汽压力一般保持在0.08MPa左右。出料口大小调节好后，不宜经常开闭，若将出料口关闭或关得过小，底层的米饭受压挤紧，会影响米饭的顺利流动。蒸饭结束后，应将蒸饭机立即洗刷干净。

　　b. 双汽室立式连续蒸饭机。单汽室用于蒸煮粳米和籼米效果很差，这是由于它缺乏追加热水促进第二次膨化的条件，而且总高度较低，由上而下的流程很短，因而总的加热蒸饭时间不足，蒸煮后饭粒生硬，米饭的质量不符合黄酒发酵的工艺要求。1979年以后，上海和浙江在无锡轻工业学院设计原型的基础上，相继设计了两种双汽室立式连续蒸饭机。一种是总高度达到2750~3800mm，米容量达1t的双汽室立式连续蒸饭机（图3-24）；另一种是串连两台高度仅2000mm的双汽室立式连续蒸饭机，在这两台立式连续蒸饭机的联接处有的用绞龙输送联接，中间喷加热水，有的用泡饭桶或泡饭车联接，将第一台输出的熟饭用热水迅速浸泡后，立即排放出热水，输送入第二台立式连续蒸饭机复蒸，达到追加热水促进饭粒第二次膨化的目的。双汽室立式连续蒸饭机具有糯米、粳米均可蒸煮、能源消耗少、无传动装置节省动力、构造简单、造价低廉、操作简单、占地面积小等优点。

1—接米口；2—筒体；3，6—菱形预热器；4—汽室；5，8—汽眼；
7—下汽室；9—锥形出口；10—出料口

图3-24　双汽室立式连续蒸饭机剖视图

进料前，先关闭出料门，放尽汽室冷凝水，然后将浸渍好的大米送入接米口，一般加到筒口为止，然后开蒸汽阀，使蒸汽从汽室夹层的汽眼进入筒体穿透米层。若蒸糯米，只开下面汽室和上面菱形预热器；而蒸粳米则开上下汽室及上下菱形预热器，蒸煮15min左右，待底部出料口冒汽几分钟后，饭已蒸熟，即可开启出料门出饭。同时，从接米口继续加米，使筒体内保持一定米层，以达到连续蒸煮，连续出饭。在蒸煮过程中视米饭的质量和蒸汽的变化情况，及时调节出饭量的大小。正常情况下，保持0.147MPa左右的蒸汽压力，蒸出的米饭质量较好。

双汽室立式连续蒸饭机蒸煮米饭的过程大体可分成3个阶段：

第一阶段：米从料斗到筒体上部插温度计处，这一部分使筒体中部蒸饭的蒸汽向上排放，起余热利用的作用，所以属于预热阶段。

第二阶段：从温度计往下到下汽室最底下一排汽眼为止，是蒸饭的主要加热部分，称为蒸煮阶段。

第三阶段：从下汽室的汽眼以下到锥形出口，是米饭的后熟阶段，这一段为焖饭的过程，对促进米饭膨胀和进一步糊化有一定的作用。

上述这些蒸饭的设备，各有其优缺点，都还存在一些有待改进提高的地方，因此需要继续不断地探索。

（3）制曲设备

①麦曲压块机：在机械化黄酒生产中已普遍采用麦曲压块机。压块机是根据麦曲的生产工艺要求，模拟人工踏曲设计的，其特点是产量大、效率高、占地少。麦曲压块机主要由机架、动力传动系统、曲盒传送、曲柄连杆滑块机构、曲锤冲压、凸轮槽轮机构、进料调节与滚压、曲块输出等部分组成，如图3-25所示。

制曲作业过程：电动机通过摆线针轮减速器及链轮传动将动力传给主传动轴，主传动轴上两端的偏心轮带动曲柄连杆滑块机构完成曲锤的上下冲压运动。在主传动轴中间有一对凸轮槽轮机构，通过其传动带动曲盒间歇运动。当曲料进入进料口后，由曲盒带动，经过进料调节板、压料辊完成曲料的进料调节和预压缩。之后进入曲锤压制区完成曲块的压制（不同型号的设备冲压次数不同，一般为3次冲压）和顶出，顶出的曲块由曲块输送机输出机外。当曲锤向下压制时，曲盒静止不动，当曲锤向下压制后，往上运动离开曲盒时，曲盒向前移动一个曲盒位置，直至下一个循环。

麦曲压块机的操作要点：

a. 为了保证安全使用和延长寿命，开车前必须全面检查各种螺丝是否有松动现象。

b. 开车前检查曲锤和曲盒是否对位（采取人工空转主机检查）。

1—曲盒；2—进料口；3—机架；4—进料调节板；5—减速电机；6—压料辊；7—偏心轮；
8—曲锤压制；9—连杆机构；10—凸轮槽轮机构；11—曲锤顶出；12—导轨立柱；13—横梁；14—曲盒传动

图 3-25　麦曲压块机结构简图

c. 开车前润滑各部位，全部注入润滑油。

d. 检查电机转动方向是否与大皮带轮上的方向一致，严禁开倒车。

e. 在工作中，料、水要配合均匀，曲锤、曲盒等与物料接触部件要经常用水清洗。如不经常使用，停放期间，要擦洗干净，各润滑部位要注入润滑油封闭保养。

f. 开车前要检查离合器部分是否有松动和错位。

②种曲培养机：种曲培养机（图 3-26）由一个带夹套的罐体和集中控制柜组成，内置培养箱（放置多层曲盘）和风扇，罐体上有多个喷嘴，包括喷雾嘴、空气喷嘴、蒸汽喷嘴、接种嘴、排汽嘴和排污嘴，分别与罐外的调湿装置、空气除菌过滤装置、蒸汽源、接种源、排汽管、排污管相连。

种曲培养机具有灭菌、接种、通风、保温、保湿等功能，从投入物料到出曲整个过程均处在密闭的环境中。接种用无菌压缩空气吹入，具体操作：物料灭菌后，先排汽，再通过抽真空及夹套内循环水和风扇将物料和罐内空气冷却至接种温度，调节罐内压力，并将风扇调至接种规定转速，在负压状态下用无菌压缩空气将种子吹入，最后通入无菌空气，使培养过程保持正压，打开排污阀，便可开始培养。

③圆盘制曲机：圆盘制曲机（图 3-27）主要由外驱动的回转圆盘（曲

1—电机；2—换热器；3—风扇；4—罐体；5—排汽嘴；6—安全阀；7—空气喷嘴；8—培养箱；
9—曲盘；10—接种嘴；11—端盖；12—喷雾嘴；13—蒸汽喷嘴；14—排污嘴

图 3-26　种曲培养机结构图

1—进料口；2—出料口；3—风室；4—曲盘；5—进出料机构；
6—操作平台；7—曲床驱动；8—翻曲机构；9—空气调节装置

图 3-27　圆盘制曲机示意图

盘）、翻曲机构、进出料机构、通风系统、隔温壳体等部件组成，用于纯种曲的培养。圆盘可水平旋转，翻曲机构、进出料机构可升降，在进料、出料或翻曲时，圆盘转动，进出料或翻曲机构开启下降工作。

圆盘制曲机是在通风曲池的基础上发展而来，具有以下特点：

a. 实现机械化操作。从入料、出料、培养过程中的翻料到清洗，均实现机械操作，降低了劳动强度，改善工作环境。

b. 温度、湿度、风量的调控实现自动化。能更好地满足培养过程中对湿度、温度、风量的要求，更有利于微生物的生长和产酶。

c. 减少污染。在整个操作过程中，人与物料不直接接触，避免了人为的污染。

④炒麦机：炒麦机（图3-28）是利用生小麦在旋转的滚筒内由入口沿直径放大方向经过炉膛流出滚筒来焙炒小麦的设备。炒麦机主体为炒麦筒，由摆线针轮减速机驱动，筒体外有螺旋形回砂道。生小麦与防止小麦过热的石英砂由入麦端加入，由于筒体在一定速度下不停的旋转，且筒体为锥形，故生小麦与石英砂加入后会翻转搅拌着前移，在筒体的分离筛处，小麦经过分离筛由出麦口流出，石英砂漏进反锥体，经回砂道又流回入麦端。

1—燃烧器；2—驱动装置；3—入麦端；4—炉体；5—炒麦筒；
6—烟窗；7—出麦端；8—分离筛；9—回砂道；10—仪表探头管

图3-28　炒麦机结构图

⑤箱曲自动化制曲系统：箱曲自动化制曲系统包括螺旋搅拌输送机、计量装箱设备、码垛机、辊道物料输送系统（托盘机及轨道、室内及室外辊道）、培养室、卸垛机、翻箱机、洗箱机、曲箱输送线、自动控制系统等。

箱曲培养室采用全不锈钢制作，升降门具有良好的保温和密封效果，顶部设有喷雾装置，地面装有 2 条平行轨道，底部铺设冷热风管。箱曲培养室及结构示意图如图 3-29 和图 3-30 所示。

图 3-29 箱曲培养室

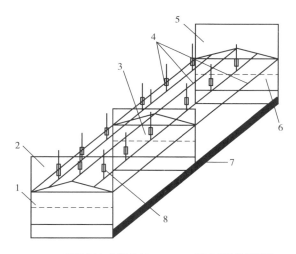

1，3，6—不锈钢电动提升门；2，5—双面不锈钢板隔墙；
4—不锈钢折件连接；7—土建墙；8—吊顶固定件

图 3-30 箱曲培养室示意图

（4）酒母设备

①培养速酿双边发酵酒母的设备：速酿双边发酵酒母的生产是将水、米饭、麦曲和三角瓶纯种培养的种子一起下罐，由麦曲将米饭进行糖化，同时培养酒母。酒母罐采用不锈钢材料制成的圆筒体，罐盖用平盖，罐底部为圆锥体，圆锥体底部夹角 90°，采用夹套冷却。酒母罐的要求是：便于调节温度，便于清洗消毒，便于人工开耙。酒母罐容量与大罐所需的酒母接种量成整数配比。一般采用一只酒母罐的酒母接种于一只前酵罐，以利配料正确。由于酒母一般用自流的方式加入发酵罐中，其安装位置为酒母罐锥底高于前酵罐 2m 左右。

②培养高温糖化酒母的设备：一般由高压蒸煮锅和酒母罐组成。高压蒸煮锅通常采用锥形蒸煮锅，它是用钢板制成的圆柱、圆锥体联合形式，上部是圆柱形，下部是圆锥形。酒母罐（图3-31）为不锈钢制圆桶，因其通风要求不高，所以罐体直径与高之比近于1∶1。底部呈蝶形或锥形，顶部多用平盖，且可启动。有的封头采用蝶形或锥形，罐体密闭。罐上部设搅拌器，内设加热或冷却蛇管，其冷却面积为醪液容积绝对值的2倍。有的罐底部设无菌空气吹管，效果也很好，不但省去了动力消耗，还减轻了车间噪声。另外，罐体底部设有排醪管，侧面还装有冷水与蒸汽进出口管。

1—冷却水口；2—电动机；3—蒸汽冷凝液出口；

4—排醪口；5—冷却水出口；6—蒸汽进口；7—搅拌器

图3-31　高温糖化酒母罐示意图

（5）发酵设备　机械化黄酒发酵罐向大型化方向发展，浙江古越龙山绍兴酒股份有限公司于1997年投产的机械化黄酒车间前酵罐为35m³（个别为65m³）、后酵罐为125m³；会稽山绍兴酒股份有限公司于2013年投产的机械化黄酒车间前酵罐为71m³、后酵罐为131m³。由于发酵罐的大型化、产品质量均一化、生产合理化，并降低了主要设备的投资。

①前酵罐

a. 前酵罐结构及原理。前酵罐一般采用瘦长的圆柱锥底罐（图3-32），因为它有利于醪液对流和自动开耙。罐体圆柱部分的直径与高度之比一般在

1：2以上。材料采用不锈钢板或碳钢板内加涂料，后者虽成本较低，但随着生产时间延长，由于压缩空气开耙的不断摩擦碰撞，涂层破坏后铁离子会溶入酒中影响酒质。罐顶进料口一般采用焊接封头小口可密闭式口型，发酵时敞开，压缩空气输送醪液时密闭。采用压缩空气输醪时，罐顶还需安装压力表、安全阀和排气阀。冷却方式有夹套冷却和外围导向冷却等，目前多采用外围导向冷却。

b. 前酵罐罐数的确定。前酵罐罐数一般按式（3-1）计算：

$$N = (t+1)\, n\ （只）\qquad (3-1)$$

式中 N——所需前酵罐数目，只；

　　　n——每天投料的前酵罐数目，只；

　　　t——前酵周期（将投料日和排空日计算在内的天数），d。

1—入料口；2—无菌空气入口；3—出料口；
4—冷却水入口；5—温度探头；6—冷却水出口

图3-32　前酵罐

例如，前酵发酵周期4d，每天投料两罐，则10只前酵罐已能满足正常生产需要。由于蒸饭、煎酒等设备选型上均留有一定富余能力，适当增加发酵罐数量就可增加产能，有的厂会适当增加发酵罐数量，以备日后增加产量之需。

②后酵罐：后酵罐采用不锈钢板或碳钢板内加涂料，罐型都采用瘦长形，且高度与直径之比大于前酵罐。后酵罐的容量设计，目前有两种：一是将两罐前酵醪合并于一只后酵罐中，后酵罐的容积约比前酵罐大一倍；二是4罐前酵醪合并于一只后酵罐中，前后酵罐容积之比接近1：4。1997年投产的浙江古越龙山绍兴酒股份有限公司机械化黄酒车间首次将室内后发酵改为露天罐后发酵，之后露天罐后发酵在黄酒行业全面推广。露天罐采用夹套冷却，克服了原整个发酵室空调冷却没有针对性的缺点，可分别对不同的发酵罐采用不同的温度，有效控制后发酵的发酵过程，并大大降低冷却能耗。

（6）压榨设备　目前所用的设备普遍为板框式气膜压滤机。该机由机体和液（油）压两部分构成。机体（图3-33）是压滤元件，两端由支架和固定封头定位，由滑杆和拉杆连为一体，滑杆上放59片（也有75片的）直径为

820mm（现在有 1000mm 的）的压板、滤板（图 3-34）和一个活动封头，压板和滤板间套上两层滤布。液压部分起动力作用，由油泵、换向阀和油箱管道等组成。单机使用一次 12h，滤出清酒 1.35~1.4t，滤饼湿含量小于 50%。其工作原理为：由液压部分的活塞杆推动活动封头前进，使封头和压板、滤板压紧形成一个个封闭的滤室。用压缩空气（或泵）进醪，醪液经滤板上的孔 2（孔 1 和孔 2 内部相通）流入各个滤室内，固体部分被滤布截留，液体部分则穿过滤布顺着滤板的梯形沟槽和压板橡胶膜的波纹凹槽流进孔 3，从孔 4（孔 3 和孔 4 内部相通）流入底部酒液收集槽中。进料完毕，由固定封头下部的进气孔通入压缩空气，使压板和活动封头上的橡胶膜鼓起，进一步挤压出滤饼中残留的液体，达到强制过滤的效果。

板框压滤机的滤液流出方式有明流和暗流之分。黄酒的压滤机以前普遍采用明流方式（图 3-33），其优点是便于观察每个滤室工作是否正常。会稽山绍兴酒股份有限公司于 2013 年建成的机械化黄酒车间压滤机采用暗流方式（图 3-35），即将各滤室流出的滤液汇集于总管后排走。

1—泵站；2—液压机；3—卡套；4—球座；5—残料吹出阀；6—活动封头；7—滤板；8—压板；
9—滑杠；10—固定封头；11—进料阀；12—残料排出阀；13—进气阀；14—出液阀；15—拉杆；
16—支柱；17—排气阀；18—支脚

图 3-33 板框式气膜压滤机示意图

操作要点如下：

①压滤机在使用前应检查各连接件有无松动并及时调整，对滑杆和其他润滑点必须加油润滑。

②向机体进料时，必须打开活动封头处排气阀门，排出机体内气体，以免损坏压板和滤板。向机体充气时，一定要关闭排气阀和进料阀，以免漏气。

③压滤完毕，关闭进气阀门，打开排气阀门，排出机体内余气，压力下降后退开榨机封头，清除滤饼。

（1）压板　　　　　　　　　　　　（2）滤板

1—醪液通道；2—醪液流入孔；3—清酒流入孔；4—清酒流出孔；5—压缩空气通道；6—滤布架

图3-34　压板和滤板

④每完成一次压滤工作后，必须用清水刷洗滤布，以免下次压滤时滤布孔隙堵塞。选用滤布一定要合适，否则影响出液率。

图3-35　暗流式板框压滤机

黄酒压滤机原采用人工出糟，劳动强度大，生产效率低。会稽山绍兴酒股份有限公司的暗流压榨机增加了自动出糟装置（图3-36）。具体操作：压榨结束后，先将残酒收集槽运行至压滤机底部收集残酒，然后将酒糟收集槽运行至压滤机底部收集酒糟，酒糟收集槽装有刮板输糟装置，刮板在链条的带动下将酒糟输送至与酒糟收集槽垂直的另一刮板输糟装置中运走。

（7）煎酒设备　薄板换热器应用于黄酒的煎酒已十分普遍。它由固定板、活动板、后撑架、导杆、换热金属薄板，以及压紧装置等构件组成（图3-37）。由于薄板冲压成波纹形状（如水平平直波纹、人字波纹、半球形波纹、

1—刮板输糟装置；2—残酒收集槽；3—酒糟收集槽；4—输糟刮板；5—轨道

图3-36　自动出糟压榨机

双人字形波纹），板与板的间隙很窄，流体在狭窄弯曲的通道中流动时，经过多次方向和速度的突然改变，使层流破坏，所以在较低的流速下也能发生强烈的湍流，从而强化了传热效果。换热流程（图3-38）分为串联、并联和并串混联流程，根据换热要求选择。

1—橡胶板；2—固定板；3—换热薄板；4—上导杆；5—密封胶垫；
6—活动板；7—支柱；8—下导杆；9—夹紧螺栓

图3-37　薄板换热器外形及结构示意图

黄酒煎酒分三段进行加热，因此薄板换热器增加了两块中间板以分隔成独立的三段（图3-37）。前两段是为了利用高温热酒产生的酒精蒸气以及蒸汽在热水罐内将水加热时产生的溢流热水的热量，以节约能源。加热流路为：冷酒从活动板下端进，先后经过酒精蒸气（活动板至中间板1）、溢流热水（中间板1至中间板2）和热水（中间板2至固定板）三段加热后，热酒从固定板上端出；酒精蒸气从中间板1上端进，从活动板下端出，并被冷凝成"老汗酒"；溢流热水从中间板2上端进，从中间板1下端出；热水从固定板下端进，

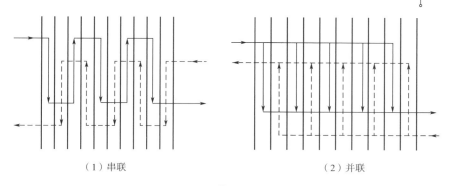

（1）串联　　　　　　　　　　（2）并联

图 3-38　薄板换热流程

从中间板 2 下端出。

（8）陶坛自动清洗灌装机　陶坛清洗灌装机（图 3-39）由多组不同的输送机构、上下翻坛装置、热水浸泡装置、内刷装置、四组热水喷淋系统、上石灰水装置、蒸坛装置、灌装装置、喷码及电控系统等组成。各机构装置配以动力装置、气动系统、传感器等，由可编程控制器协调各机构工作，自动完成酒坛的定位、翻转、清洗、上石灰水、蒸坛、灌装等功能。

图 3-39　TG500 型陶坛清洗灌装机

工作流程：上坛 →坛内加水浸泡（加水后在输送机上移动浸泡）→翻转倒水→内外冲洗（连续喷淋）→ 内刷洗（旋转毛刷升降带水刷洗）→ 内外冲洗（连续喷淋）→ 内冲洗→灭菌（蒸汽喷冲）→翻转→外壁上石灰水（浸入石灰水池）→翻转→蒸坛（蒸汽喷冲）→翻转→灌装。

陶坛清洗灌装机使陶坛清洗、上石灰水、蒸坛和灌装工序全部由机械自动完成，实现流水线作业和连续生产，提高了生产效率，节省了用工，减轻了劳动强度。

四、机械化黄酒的优点

①占地面积小：传统黄酒生产采用大缸前发酵、大坛后发酵，因其单位容积小，且发酵周期长达 90 余天，需要很多的缸和坛，占地面积大，而机械化

黄酒采用大罐发酵，发酵周期仅 30d 左右，车间占地面积为同等产量传统黄酒车间的 1/5 左右。

②酒质稳定、不易酸败：传统黄酒酿造使用的糖化发酵剂为自然培养的麦曲和酒母，其质量不稳定，且各生产小组凭各自的经验操作管理，特别是发酵受气候影响大，靠天吃饭，因而酒质极不稳定。而机械化黄酒操作管理规范，发酵罐有冷却装置调节品温，采用优良菌种纯种培养的酒母和麦曲，因而酒质稳定，很少出现酸败现象。

③不受季节限制，可实现常年生产。

④劳动强度大大降低。

⑤劳动生产率高，生产成本较传统手工黄酒低。

五、机械化黄酒的完善

（一）浸米

浸米是黄酒酿造的关键工序，如浸米时间短，产酸和细菌素不足，则无法实现发酵"以酸制酸"，而长时间浸米易造成米粒（尤其是早籼糯）碎裂，使蒸饭结块、生心。此外，高温浸米与传统低温浸米相比，更易出现异嗅味和醭膜现象（可能由产膜酵母、裂殖酵母和白地霉所致）。米浆水中主要微生物为乳酸菌，其中植物乳杆菌数量最多，其次为短乳杆菌。有研究表明，植物乳杆菌产酸气味清爽，而有的短乳杆菌会产异嗅味。笔者与江南大学曹钰教授合作，首次在黄酒浸米中接种从米浆水中筛选的不产生物胺植物乳杆菌，不但缩短浸米时间，还能消除醭膜和异嗅味，该成果获 2015 年中国酒业协会科学技术奖。之后笔者研究了米浆水代替部分浸米水循环浸米，大幅减少了米浆水的排放。

（二）糖化发酵剂

1. 酒母

传统黄酒采用自然培养的淋饭酒母酿造，淋饭酒母的优点是含有多种酵母菌，代谢产物丰富，有利于酒的香气和口感。而机械化黄酒采用由单一菌种制成的纯种培养酒母酿造，影响了酒的风味。笔者采用从传统工艺酒醪中筛选出的 2 株酵母菌混合培养而成的高温糖化酒母代替淋饭酒母进行生产酿酒试验，酿成的酒经多名国家级黄酒评酒委员品评，认为香气纯正、协调、舒愉、口味醇厚、柔和鲜爽、余味舒适，评分高于淋饭酒母酿成的酒。因此，可以通过纯种混合发酵来弥补纯种培养酒母的缺陷。但是试验的 3 个组合中的另外 2 个组合的得分低于淋饭酒母酿成的酒，说明并不是只要采用纯种混合发酵就能达到改善风味的作用，必须酵母菌种酿酒性能优良、组合得当。

2. 麦曲

自然培养块曲由于酶活力低，难以满足机械化黄酒酿造要求，需与纯种培养的熟麦曲（或爆麦曲）混合使用。熟麦曲质量稳定且酶活力高，但由于菌种单一，酿制的黄酒香气和口感较差，而且会给黄酒带来熟麦味和较重的苦味。1997年，笔者从自然培养块曲中筛选出优良米曲霉，以混合菌种通风培养法制成机械化黄酒酿造专用生麦曲。以此专用曲代替熟麦曲与块曲混合使用，酿制的黄酒各项理化指标均符合绍兴黄酒国家标准优等品要求，且新酒（未经贮存）经多名国家级黄酒评酒委员品评，认为苦味明显减轻，口感优于以熟麦曲与块曲混合使用和全部使用块曲酿制的机械化黄酒。由于菌种产酶能力强、小麦本身的酶未被加热破坏及制曲工艺参数的优化，专用曲的糖化力大幅提高，从生产试验看，以专用曲全部代替生麦曲和熟麦曲用于机械化黄酒酿造，用曲量可减少至14%。

机械化黄酒生产中自然培养麦曲的用量仍占很大比例，如今自然培养麦曲创造出箱曲（包括散曲和块曲），实现机械化自动化制曲。由于黄酒发酵为开放式发酵，且自然培养麦曲中微生物种类丰富，机械化黄酒采用纯种酵母菌混合培养制成的酒母、纯种米曲霉混合培养制成的麦曲和自然培养麦曲发酵，实质上仍然是混菌发酵，无非是优良酵母菌和米曲霉占更大优势。总之，笔者认为，从酿造微生物角度看，机械化黄酒的纯种混合发酵实质是优良菌种占更大优势的混菌发酵，在风味上既保留传统又有所创新。

（三）发酵容器

目前，绍兴黄酒前酵罐最大容积为71m³、后酵罐131m³，清爽黄酒后酵罐最大为200m³，而啤酒发酵罐容积已达600m³。啤酒发酵容器大型化后，由于发酵基质和酵母对流获得强化，加速了发酵，发酵周期缩短，而且大幅度减少罐数，节省投资。黄酒为浓醪发酵（尤其是绍兴加饭酒的前发酵），发酵基质与发酵特性均与啤酒差别较大，发酵容器大型化尚有许多技术难题要解决。

（四）发酵过程工艺参数控制

采用不同的发酵工艺参数（温度、溶氧量等）虽然都可能使理化指标达到标准要求，但会影响到产品的风格和各种微量组分（例如高级醇、尿素）的含量。由于缺少研究数据支撑，目前各企业各技工仍凭经验控制。

（五）发酵周期

如果能通过发酵温度的调整或选育出发酵速度快的酵母，在保证成品酒口感好不上头的前提下，缩短机械化黄酒的发酵周期，将有利于黄酒的高效生产和节能降耗。

（六）发酵度

酒醪成熟与否，目前主要根据酒精度和经验判断，酒醪不成熟就压榨会造成压榨困难，并影响出酒率和生物、非生物稳定性，而压榨不及时又可能造成"失榨"。因此，研究酒醪成熟的关键指标对提高产品质量、缩短发酵周期具有现实意义。

此外，无糖黄酒是今后发展的一个方向。笔者曾采用从传统工艺酒醪中筛选的 2 株酵母制成高温糖化酒母，代替淋饭酒母用于大缸发酵加饭酒生产试验，酒精度可达 23%～24%vol，说明黄酒酵母具备优良的发酵性能。因此，通过优良菌种和高发酵度工艺的研发，有望生产出无糖产品。

（七）固液分离（压榨）设备

目前采用的板框式气膜压滤机的最大缺点是间断式压榨、人工卸糟和清洗滤布、压榨场地大。开发自动化程度更高或连续式固液分离设备是黄酒生产向高效率发展的一个关键工序。

笔者曾在多年前撰文提出，传统手工酿造方式起着传承传统文化和微生物多样性资源的重要作用，应保留一定的规模，并在工艺和品质上追求精益求精，而纯种混合发酵（含合成微生物组）、机械化自动化生产是科技进步的产物，代表黄酒发展的方向。黄酒行业要坚定地走机械化黄酒发展之路，并在实践中不断完善工艺和装备。当前，传统制造业正在向智能化、绿色化转型升级，黄酒行业要及时跟上科技发展的步伐。

第四节　酒醪的酸败及防治

由于黄酒酿造为开放式的多菌种发酵，主要通过工艺条件的控制和操作环境的卫生来使有益微生物正常繁殖发酵。若酒醪中的乳酸菌、醋酸菌及野生酵母等杂菌过量生长繁殖，代谢产生挥发性或非挥发性的有机酸，会使酒醪的酸度超出标准要求，称为酸败。因酒醪被杂菌污染的程度不同，酸败现象不一样。严重时酒醪酸度很高，酵母发酵停止，酒精度低；轻微时，酒醪的酸度偏高，酒精浓度与正常酒醪无多大差别。轻微酸败可以在压榨时通过酒醪的搭配或添加陈年石灰水等办法补救，而严重时则会影响酒的风味，造成损失。

1. 酸败的表现和原因

发生酸败的酒醪，一般有以下几种不正常的现象：

①主发酵阶段，品温上升慢或停止。

②酸度增加大，酒醪出现酸臭或品尝时感到有酸味。

③糖分下降慢或停止。

④酒醪上面的泡沫发亮或发黏。

⑤镜检有较多的杆菌存在。

酒醪酸败的原因是多方面的，主要有以下几方面的原因：

（1）原料　如果原料碎米过多，会引起蒸饭结块、生心，生淀粉不易被淀粉酶水解而被细菌利用产酸，从而引起酒醪酸败。用直链淀粉含量高的原料酿酒，由于直链淀粉糊化后易回生，因此酸败的可能性相对较大。

（2）糖化曲质量差　无论自然培养还是纯种培养的曲都含有生酸细菌，生酸细菌多是酒醪酸败的重要原因。曲的质量不好、糖化力低，醪液中的可发酵性糖不够，酵母生长发酵不旺盛，导致杂菌繁殖。

（3）过量使用糖化剂　过量使用糖化酶制剂，使糖化速度过快，糖分积累过高导致渗透压高，抑制了酵母活性，造成杂菌污染。

（4）酒母质量差　酒母中酵母数少、杂菌数多，易引起酒醪酸败；酵母的出芽率低，增殖速度慢，不能有效抑制杂菌生长。

（5）前发酵温度控制过高　前酵温度过高，前期发酵过于旺盛，则会引起酵母早衰，可导致杂菌污染。

（6）后发酵时缺氧、散热困难　传统的酒坛后发酵透气性好，而大罐发酵透气性差，后发酵期间醪液中缺氧，使酵母活力低且利于厌氧菌生长。此外，大罐中酒醪量大，中心热量难以散发，易出现局部温度高，也是大罐发酵酸败的原因之一。

（7）卫生差、消毒灭菌不好　环境卫生差，设备、管道、生产工器具等的卫生和消毒工作未做好，都易引起酸败。

2. 酒醪酸败的防止和处理

要防止酒醪的酸败，开耙时机和温度的掌握无疑是非常重要的，但是功夫同样在耙外，需从原料、浸米、蒸饭、糖化发酵剂、配方等多方面加以控制，主要措施如下：

（1）做好环境卫生及设备、工器具的消毒灭菌工作　一般要求每天打扫环境，容器、管道使用前要清洗并灭菌，以尽量消除杂菌的侵袭。

（2）提高曲和酒母的质量　纯种培养的曲和酒母，要求杂菌数量越少越好，要检验曲的酶活及酒母的酵母细胞数和出芽率，保证曲和酒母的质量。自然培养麦曲要存放一段时间，等干燥后使用，使生酸细菌死亡。淋饭酒母要求酸度低、酒精度高，不能太老。

（3）重视浸米和米饭质量　浸米时间短则生酸量不足，浸米时间过长则碎米多，因此浸米温度和时间的掌握十分重要。米饭要蒸熟、蒸透，落缸（罐）时要捣散。以籼米为原料，蒸饭时要淋热水以促进淀粉糊化。使用直链淀粉含量高的原料酿酒，米饭适当冷却后要尽快落缸（罐），防止回生。

（4）协调糖化和发酵的速度　黄酒的发酵是边糖化边发酵，如果糖化快、发酵慢，糖分过于积累，易引起酸败；反之，糖化慢、发酵快，易使酵母过早衰老，后酵易升酸。生产上除了投料配方要合理外，还要控制好发酵温度和开耙时机，使糖化和发酵的速度保持平衡。在发酵欠旺盛时，可加入正在旺盛发酵的酒醪，以弥补其不足，防止酸败菌的感染。

（5）严格控制发酵温度　根据气温等情况确定合适的落缸（罐）温度，控制发酵温度不能过高，后酵温度一般控制在15℃以下。

（6）采用供微氧的操作工艺　由于大罐不具备透气性，对于后发酵，罐内酒醪量大、流动性小，需定期通入无菌空气加以搅拌，以增强酵母的活力并散热。

（7）防止失榨　在后发酵阶段应定期化验，如发现酸度有升高趋势，则要及时进行压榨，避免造成酸败。

酒醪发生酸败后，应及时抢救处理。轻度超酸时，可与低酸度酒醪混合，使之达到规定的指标，或者对酸败的酒添加白酒，制止其继续酸败；酸败较严重的可加一定量的陈年石灰水中和，提前压榨灭菌。酒醪酸败后风味和出酒率都受到影响，因此应以预防为主。

第五节　不同类型大米黄酒的酿造

一、干型黄酒的酿造

干型黄酒总糖含量在15.0g/L以下，以绍兴元红酒为代表。一般干型黄酒配料中加水量比较大，发酵较为彻底，酒中的浸出物相对都较少，因而口味相对比较淡薄。下面对麦曲类和米曲类的干型黄酒分别加以介绍。

（一）麦曲类黄酒

麦曲类黄酒根据其生产工艺不同，一般有淋饭、摊饭、喂饭法三种操作方法。淋饭法和摊饭法是因米饭料冷却方法不同而得名，而喂饭法则是发酵时采用逐步添加饭料的方式而得名。前面介绍的淋饭酒母和绍兴元红酒分别为淋饭法和摊饭法操作，这里重点介绍喂饭黄酒。

喂饭发酵法是将酿酒用的原料分成几批，第一批先做成酒母，在培养成熟阶段陆续分批加入新原料，起扩大培养、连续发酵的作用，使发酵继续进行的一种酿酒的方法。浙江、江苏两省都有喂饭法黄酒生产，日本清酒酿造也用喂饭法。

喂饭法酿酒在我国已有悠久的历史。早在东汉时，曹操就酿出了闻名一时的"九酝酒"，这种酒是用"九投法"酿成的。所谓"九投法"就是分9次递加原料，达到酒质优美、风味醇厚的目的。《齐民要术》上记载的酿酒法，也有三投、五投和七投的方法。历史上这些酿酒方法和现在黄酒酿造的喂饭法是一脉相承的。这种多次投料喂饭、连续发酵的喂饭发酵法，与近代流加发酵实际上是相同的。可见，用喂饭法酿制黄酒是我国古代劳动人民根据微生物发酵规律所创造的一种先进发酵方法。

1. 工艺

用糯米做喂饭酒，工艺比较简单。这里介绍的是以粳米原料为主的工艺。

（1）原料配方　以每缸为单位，其物料配比如下：

淋饭酒母用白粳米（标准一等，下同）50kg

第一次喂饭白粳米 50kg

第二次喂饭白粳米 25kg

酒药 200~250g（按淋饭酒母 50kg 投料量）

麦曲 8%~10%（按总投料米量）

总控制量 330%~340%（按总投料米量）

加水量=总控制量-（总投料饭量+用曲量）

（2）工艺流程

（3）工艺特点

①酒药用量少，仅为总投料量的 0.16%~0.2%。

②酵母菌不断获得新营养，并起到多次扩大培养作用，因此比普通酒母能生成更多的新酵母细胞，酵母不易早衰，发酵能力始终很旺盛。

③分多次投料，使得发酵醪中的酸和酵母细胞数不会一下子稀释很大，酵母对杂菌占有压倒性优势，发酵可安全进行；避免了发酵醪中糖分积累过高而影响酵母活力，有利于充分发挥酵母的发酵能力，使发酵更加彻底。

④发酵温度等工艺条件便于控制和调节，对气候适应性也较强。

长期的实践证明，喂饭法便于降温和掌握发酵温度，不易发生酸败，酵母发酵力强，发酵较为彻底，可提高出酒率。

2. 酿造操作

粳米的喂饭操作法，可以归纳成"小搭大喂，双淋双蒸"。对蒸饭的要求要达到"饭粒疏松不糊，成熟均匀一致，内无白心生粒"。

（1）浸米　米浸入时，水面应高出米面 10~15cm。浸米时间随气温不同而变化，在室温 20℃左右时，浸渍 20~24h；在室温 5~15℃时，浸渍 24~26h；在室温 5℃以下时，浸渍 48~60h。米要吸足水分，如未浸透则蒸饭时容易出现外熟内生。浸渍后的浆水不可有馊臭和黏糊感。浸渍后应用清水淋冲，洗去黏附在米粒上的黏性浆液，使蒸汽能均匀地通过饭层。如果要采用不经清水淋洗的带浆蒸饭，则一定要将浸米严格沥干，这是有无生粒的关键。

（2）蒸饭　"双淋、双蒸"是提高粳米蒸饭质量的关键。传统甑桶蒸饭采用 5 眼灶，开始时 5 眼全部蒸头甑，蒸好 15 甑后，3 眼蒸头甑，2 眼蒸二甑。具体操作：先捞起浸米，盛入竹箩，用清水冲洗至无白水沥出为止。头甑饭待蒸汽全面透出饭面圆汽后，加盖 2~3min，在饭面淋洒温水 9~10kg。然后套上第二只甑桶，待上面甑桶全面透汽，加盖 3~4min，将下面一甑抬出倒入打饭缸内。每 50kg 粳米在打饭缸内吃水 18~19kg，水温 36~45℃（根据气温调整）。吃水后将缸中的熟饭翻拌均匀，加上缸盖焖饭，隔 5min 再上、下翻拌一次，继续焖饭，又隔 10min 再上、下翻拌一次。头甑饭的要求是"用手捻开无白心，外观呈玉色，饭粒完整，不破不烂"。如果吃水量过大，水温过高，则饭粒破裂，第二次蒸饭后会出现过于糊烂现象，将影响发酵。第二次蒸饭称为二甑饭，从打饭缸中取出头甑饭分装成两甑再蒸，两只甑桶上下重叠套蒸，以求稍微增加压力和节约蒸汽。等到上面一甑的饭面圆汽后，加盖半分钟，拉出下面的一甑饭淋水，将上面的一甑换到下面，如此重复换蒸，故称为"双淋、双蒸"操作法。

现在多采用蒸饭机蒸饭，卧式蒸饭机蒸饭时，在蒸饭机中段喷淋 80~95℃热水；串联立式蒸饭机蒸饭时，在第一台蒸饭机出饭后喷淋热水（有的厂用

40℃左右水浸泡2min、焖饭3min），然后进入第二台蒸饭机蒸饭。这里以某厂采用的串联立式蒸饭机（图3-40）为例，蒸饭操作说明如下：

①蒸饭前，先关闭蒸饭机出料口，打开蒸汽阀空排蒸汽，以排尽汽室中冷凝水，并提高蒸饭机的温度及其内壁的湿润度。

②米进入蒸饭机，约为蒸饭机容量的一半时，打开中心汽管和汽室蒸汽阀门，继续落米。米落满后，焖蒸15min左右，等米熟透后打开出饭口出饭，在此过程中保持蒸汽压力为0.2MPa左右。

③饭落入不锈钢网式传动带进入第二台蒸饭机前，在饭面上喷淋80℃热水。

④打开第二台蒸饭机汽阀进行空排。

⑤米饭落入第二台蒸饭机，打开蒸汽阀继续蒸饭，要求蒸汽压力保持在0.1MPa左右，饭温保持在105℃以上。待米饭落满后，打开出饭口出饭。每隔10min左右，对饭样进行外观和指捻检查，以调节出饭速度，一般为2000kg/h。

蒸饭机蒸饭操作注意点：

①发现米饭有夹生现象，应返回重蒸。

②根据米饭的质量及时调整进汽量和出饭口的大小，若出饭口开得太小，底层的米饭受压而挤紧，影响米饭的排出，致使周边的米饭不能畅流；若出饭口开得太大，导致筒体内中间部位流速过快，产生米饭夹生现象。

（3）淋水、拌药、搭窝 蒸饭淋水后，要沥干，尽量不要拖带淋饭水落缸。拌药品温26～32℃，根据气温适当调整。搭成圆窝，窝底直径约20cm。饭面再薄薄撒一层酒药，然后盖上草缸盖，做好保温工作。经18～22h，开始升温，经24～36h开始来酿，来酿品温29～33℃。来酿前应翻动一次草缸盖，以换入一些新鲜空气，排出CO$_2$。翻动缸盖的时间和启闭放风的程度，应根据气候冷暖、品温升降情况灵活掌握。

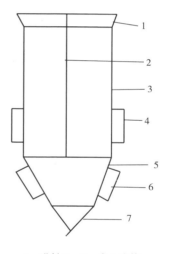

1—进料口；2—中心汽管；
3—筒体；4—上汽室
5—锥体；6—下汽室；7—出料口
图3-40 立式蒸饭机示意图

投料搭窝实际上就是培养淋饭酒母，在成熟时酿液满窝，应呈白玉色，有正常的酒香，绝对不能带有酸馊的异常气味。镜检酵母细胞数1亿个/mL左右。做好淋饭酒母要抓四关：

①米饭熟而不烂。

②淋饭品温符合要求。

③拌药均匀，搓散饭块。

④充分做好拌药后的保温工作。

（4）翻缸加水　一般在拌药后 45~52h，酿液充满饭窝 4/5 以上进行翻缸加水。加水量按总控制量 330% 计算。经淋水以后称重的出饭率 220%~230%（立式蒸饭机蒸饭 200%~210%），用曲率为 8%，加水率 90%~105%，每大缸总米量 125kg，每缸放水量 117.5~125kg，应按每天抽有代表性样缸进行淋饭称重的实际数来计算应加的水量。

（5）第一次喂饭　翻缸次日，第一次加曲，其数量为总用曲量的 1/2，即4%，喂入 50kg 原料米蒸成的米饭。喂饭后一般品温为 25~28℃，略予拌匀，用手捏碎大的饭块即可。

（6）开耙　第一次喂饭后 13~14h，开第一次耙。此时，缸底品温为24~26℃或低于 24℃，缸面品温为 29~30℃，甚至高达 32~34℃，通过开耙均匀酒醪、调节品温，同时起到排除 CO_2、补充酵母所需新鲜空气的作用。

（7）第二次喂饭　第一次喂饭后的次日，第二次加曲，其用量为余下的1/2，再喂入 25kg 原料米蒸成的米饭。喂饭前后的品温，一般在 28~30℃，随气温的变动和酒醪温度的高低，适当调整喂入米饭的温度，操作时尽量少搅拌，防止搅成糊状。

（8）灌坛、后发酵（养醪）　在第二次喂饭以后的 5~10h，酒醪从发酵缸灌入酒坛，露天堆放，养醪 60~90d，进行缓慢的后发酵，然后压榨、煎酒、灌坛。

（9）出酒率、质量、出糟率　出酒率为 250%~260%，酒精含量为15%~16%vol，总酸为 5.2~5.7g/L，还原糖小于 5g/L，出糟率为 18%~20%。

采用喂饭法操作还应注意下列几点：

①喂饭次数不宜超过 3 次。

②各次喂饭之间的相隔时间为 24h。

③酵母在发酵醪中要占绝对优势，使糖分不致积累过高，防止因发酵迟缓导致糖分下降缓慢而升酸。

各厂的配方和生产工艺有一定差异，如：有的使用纯种酒药，有的酒药用量较大，而麦曲用量相应减少；浙江喂饭次数为 2~3 次，江苏采用一次喂饭，有大搭小喂和等量搭喂之分。

（二）米曲类黄酒

1. 红曲酒

红曲酒产于福建省和浙江省南部地区，因用红曲作糖化发酵剂而得名。福建老酒是红曲酒中的代表，现将其酿造方法介绍如下：

（1）配料　以缸和坛为单位，每个缸的容量为 400kg 左右，每个坛的容量为 50kg 左右，原料配方如表 3-15 所示。

表 3-15   原料配方表   单位：kg

原料	糯米	红曲	白曲	水
每缸用量	170	7.5	4	144~152
每坛用量	21.25	0.57	0.5	19~20

红曲酒的生产，是在每年的 9—10 月，此时气温高，酵母发酵旺盛，因此应适当增加用水量，一般每坛可多加 1~2kg 水。这样可以降低淀粉浓度，有利于品温的掌握。如果加水量过少，会造成升温猛，前期糖分积聚过多，酒醪酸度高，酒精含量低。加水量应视原料和气温情况而定。

（2）工艺流程

①浸米：一般冬春浸渍 8~12h，夏天浸 5~6h。以米粒透心、手指捏之能碎即可。

②捞米冲洗：将浸好的米捞入篓内，捞时要轻，以免使米粒破碎，再用清水从上往下先冲中间，再冲四周，以篓底流出的水不浑浊为止，然后沥干余水。

③蒸饭：将沥干的米装入甑内，使米保持疏松均匀。蒸煮的程度以熟透而不烂为宜，当蒸到以手推米，米粒不动，以手捏米，里外一致，没有白心时，再加盖强蒸 5min 左右。目前大多数厂已采用蒸饭机蒸煮。

④摊冷：将蒸好的米饭倒在饭床上，用木锹将饭向四周摊开，并随时翻动，使它迅速散发热量，同时用排风扇排风，以加速冷却。饭冷却的温度以下坛拌曲需要的温度而定。

⑤拌曲、下坛：拌曲下坛是酿酒操作中的主要环节之一，要使拌曲后的温度适合微生物糖化和发酵。品温过高，虽然对糖化有利，但升温太快，糖的积累过多，酵母不能及时利用，易引起酸败；品温过低，则糖化不彻底，淀粉利用率低。因此，下坛拌曲的品温应根据季节、气温不同而随时调整，一般视室温情况掌握在 22~27℃，气温高时下坛温度应适当低一些。在下坛前，应先将坛洗刷干净，盛入清水，水量多少依配料要求而定，然后将配方的红曲取出一碗，其余全部倒入坛内，浸 16~18h 后备用。将摊冷的米饭按配方加入浸好曲的酒坛中，同时迅速加入白曲粉，用手或工具将饭、曲、水搅拌均匀，再将留下的一碗红曲铺在上面，以防止上层饭粒硬化和杂菌侵入，然后用纸包扎坛口。

⑥糖化发酵：糖化发酵过程中要掌握温度，温度过高易引起杂菌感染而造成酒醪酸败；若温度过低，糖化迟缓，则酒质差。发酵开始升温时间也应掌握，一般应控制在下坛或下缸后 24h 品温即开始上升，72h 达到发酵最旺盛期，品温也达最高，但不得超过 36℃。以后品温开始逐渐下降，发酵到 7~8d 后，品温接近室温，这一般称为前发酵期。

⑦翻醅：翻醅即开耙，翻醅的时间主要看酒醅的外观变化，如醅面糟皮很薄，用手摸发软；酒醅中发出刺鼻酒味；液汁以口尝略带辣甜；酒醅当中有陷醅面，呈现裂缝；品温降至 15℃ 以下，在这几种情况下应立即进行翻醅。一般辣醅在入坛后 20d，甜醅在入坛后 24~28d。翻醅的次数，一般连续 3d，每天 1 次，以后每隔 7~10d 翻一次，连续 2~3 次。翻醅是用木耙深入坛底，每次只开 5 下，先开中间，四边各开一下。经 90~120d 即发酵成熟。

⑧压榨：将成熟的酒醅倒入大酒槽内，2~3h 后将抽酒篓插入酒槽内的醅中，经 1~2h 酒液流入篓内，用挽桶或皮管将清酒液取出，4~5h 后酒液取出六到八成，将抽酒篓取出洗净备用。余下的酒糟装丝袋上榨，操作方法与一般传统工艺相同。目前各厂已普遍采用压榨机榨酒。

⑨洗糟：第一次压榨后的酒糟尚有部分残留的酒液，所以，酒糟经加水搅

拌后再行第二次压榨,取出残留液,以提高出酒率。每缸酒醅的糟加水65~70kg,榨出的酒液倒入第一次榨出的清酒中。

⑩中和:发酵结束,酒醅的总酸一般为7.5~10.5g/L,为使酸度达到标准要求,要用白壳灰(石灰)进行中和,其加量为每缸酒(620~650kg)0.9kg左右。加灰的方法是先将白壳灰用第二次榨出的酒液溶解,沉淀30~50min后取其清液加入酒液中,充分搅拌均匀,经16~20h完全沉淀澄清后,将酒液用泵打入待杀菌酒的盛酒容器中。

⑪杀菌、陈酿:杀菌温度为86~88℃,时间为10min。陈酿时间应以酒质而定,时间过长,焦苦味重,一般陈酿一年左右。陈放的地方应以干燥、通风、无阳光直晒为宜。

2. 乌衣红曲酒

乌衣红曲酒主要产于浙江省温州、金华、丽水及福建等地区。由于乌衣红曲兼有黑曲霉和红曲菌的优点,具有糖化力强、耐酸、耐高温的特点,所以乌衣红曲黄酒的出酒率高。但其制曲方法相当烦琐,管理复杂,不易实现机械化生产,有待改进。现将乌衣红曲酒酿造过程介绍如下:

(1)工艺流程

（2）酿造操作

①浸米：浸米时间一般早籼米为48h，粳米、糯米为24~36h，但也要视气温高低而缩短或延长浸米时间。

②蒸饭：浸好的米缓慢、均匀地流入振动筛，同时打开喷水管进行淋米，至流出的水清为止。淋清的米入木甑或蒸饭机进行蒸煮。籼米装甑待全部上汽后停2~3min进行淋水，要求淋水的水温在60℃以上，淋水量为20%左右，淋好后继续蒸20~25min即可出甑，出饭率一般在160%左右，糯米则不需淋水，上汽后蒸20min即可，出饭率一般在145%左右。

由于籼米原料蒸煮困难，采取先浸米、后粉碎的方法效果较好。把浸好的米粉碎成粉，用甑或蒸饭机把米粉蒸熟，并打散团块，摊凉备用。

③发酵：采用浸曲法培养酒母，一般用5倍于曲重量的清水浸渍，其目的是将淀粉酶浸出，使酵母预先繁殖。浸曲是重要的一环，关系到酒的质量和出酒率。曲是否浸好的标准有以下5个方面：一看温度，外观不同的乌衣红曲采用不同的水温，一般调节在24~26℃；二看气泡，一般在24h左右为大泡，到30h左右转为小泡，40h以上已看不出明显的气泡；三听声音，在24h声音最响，到40h以上声音已很微弱；四看化验，曲水酸度在0.75~1.35g/L，酵母数在0.5亿~0.9亿个/mL，出芽率在10%~15%；五看下池表现，下池后12h，升温在30℃左右，酒醪为苦涩味，略带甜味，说明曲已浸好，如果升温很慢或酒醪是甜淡味的，则浸曲太嫩或过老。根据季节不同，浸曲的时间和条件也不同，一般秋、夏酿酒浸曲30h左右，不调节浸曲水温，气温高时还要冷却降温；冬、春酿酒浸曲40~44h，调节浸曲水温在24~26℃。浸曲时为了防止杂菌的生长和有利于酵母的繁殖，应加入适量乳酸调节pH在4左右，这样既可保障酵母的纯粹培养，又可改善酒的风味。

曲浸好后加入摊凉的米饭（或米粉），总重量控制在320%左右。为了控制发酵温度，不少厂采用喂饭操作法，一般在发酵24h进行，这对提高出酒率和酒的质量有一定的作用。前酵一般4~5d，整个发酵过程酒醪的品温最高不超过30℃。后酵一般控制在22~24℃，后酵时间视气温高低与酒醪检验结果而定，一般10~15d。

④压榨、煎酒、贮存。

二、半干型黄酒的酿造

半干型黄酒总糖含量为15.1~40.0g/L，这类黄酒的许多品种，由于酿造精良，酒质优美，风味独特，素为国内外消费者喜爱。特别是绍兴加饭酒，酒色黄亮有光泽，香气浓郁芬芳，口味鲜美醇厚，甜度适口，在国内外享有盛誉。下面以绍兴加饭酒为代表，对半干型黄酒的酿造加以介绍。

加饭酒实质上是以元红酒生产工艺为基础，在配料中减少加水量，即相当于增加了饭量，进一步提高工艺操作要求酿制而成的。由于配料水少，发酵醪浓厚，主发酵期间品温下降缓慢，所以安排在天气较寒冷的季节生产。

1. 配料

加饭酒每缸用糯米144kg、水130~137kg（控制饭、水总量338.5kg）、麦曲25kg、淋饭酒母6~10kg、50%vol糟烧5kg。传统配方中用"三浆四水"，现在很少用浆水配料，有的加水量增加至145kg。

2. 工艺流程

3. 酿造操作

操作基本上与元红酒相同，以下仅做简单说明。

（1）落缸　加饭酒由于配料水少，落缸时饭块难以搅散，需要采用"盘缸"操作，即将已落缸的物料翻盘到相邻缸中，并继续把留下的饭块捏碎，以使缸中物料更加均匀一致。根据气温将落缸品温控制在 24~27℃，并及时做好酒缸的保温工作，防止升温过快或降温过快。

（2）糖化、发酵及开耙 物料落缸后，由于麦曲的糖化作用，酵母便有足够的营养开始繁殖，此时温度上升缓慢，应注意保温。一般缸口盖以草编缸盖，缸壁围以草包，然后再覆上塑料薄膜进行保温。注意关好门窗，以免冷空气侵入，影响发酵醪升温。约经 20h，品温上升至 35℃ 以上时，酒醪进入主发酵阶段，便可开头耙，一般头耙温度为 35~37℃，因缸中心与缸边、缸底酒醪的温度相差较大，开耙后缸中品温会下降 3~6℃，这时仍需保温。对尚未达到且已接近开头耙温度的缸，需要用木楫将缸心撬开挖洞，一方面可调节温度，更重要的是可补充新鲜空气。

头耙后间隔 4~5h 开二耙，二耙品温一般不超过 34℃，并根据品温情况逐渐去掉保温物。以后根据缸面酒醪的厚薄、品温情况及时开三耙、四耙。通常情况下四耙以后品温逐渐下降，主发酵基本完成。为提高酵母活力，每天开耙 3~4 次。4d 后灌入 25kg 的陶坛进行后发酵。后发酵灌坛前要加入陈年糟烧，以增加香味，提高酒精度，保证后酵 80~90d 的正常发酵。为保证后发酵均匀一致，堆往室外的半成品坛应注意适当控制向阳和背阴堆放处理。

在酿造过程中需注意以下几点：

①严格控制品温，及时用开耙搅拌和去掉保温物进行调节。如高温持续时间长，会引起酵母早衰，并导致生酸菌繁殖。

②注意酒精度的变化，前四耙酒精度要有明显上升，落缸 48h 酒精度达到 7%vol 左右，前酵结束灌坛时达到 10%vol 左右，后发酵结束应超过 19%vol。

③密切注意酸度变化。酸度是衡量酒质优劣、发酵正常与否的重要指标。头耙时总酸在 3.0~4.5g/L，前酵结束灌坛前在 5.5g/L 左右，后酵结束时最好控制在 7.0g/L 以内，否则影响风味。

④糖分变化是进行发酵控制、品温调节的一个依据，头耙时还原糖在 80~100g/L，四耙后降至 40g/L 左右，前酵结束时应保持在 30g/L 左右，以后糖分消耗与增长大致平衡，至后酵结束时一般在 10~20g/L。

⑤注意酒醪中酵母数的增减情况，一般以主发酵四耙结束时为依据，此时酵母细胞数量在 5 亿~10 亿个/mL，太少表明主发酵不正常，以后基本保持在这一范围，直至后酵结束。由于绍兴黄酒酵母活力较强，虽是后酵长时间静止养醅，酵母死亡率也低于 10%。

三、半甜型黄酒

半甜型黄酒在酿制时，以陈年干黄酒代水下缸，使酒醪开始糖化发酵之时，就存在较高的酒精含量，借以抑制酵母菌的生长繁殖速度，减缓发酵，造成酒醪发酵的不彻底状态，致使部分糖分在发酵结束时仍能残留于酒液之中。

该类黄酒的总糖含量在 40.1~100g/L，酒香浓郁，酒精度适中，酒味甘甜醇厚可口。由于以酒代水下缸，故成本较高，产量不大，被视为黄酒中的珍品。此酒在贮藏过程中，所含的糖分与氨基酸会发生美拉德反应，使类黑物质增多，引起酒色褐变，故不适于久贮。

绍兴善酿酒、无锡惠泉酒等属于半甜型黄酒。无锡惠泉酒以糯米、陈年糯米黄酒、糟烧或食用酒精、麦曲及 1/2 罐经 48h 发酵的江苏老酒发酵醪酿制而成。传统工艺绍兴善酿酒是以元红酒代水酿制而成。鲜酿酒是一种类似善酿酒的半甜型黄酒，以淋饭酒的上清液代替元红酒酿制而成，比善酿酒更鲜甜，但不及善酿酒柔和醇厚。下面以善酿酒为例介绍一下半甜型黄酒的生产方法。

（一）传统工艺

1. 配料

配料为每缸糯米 144kg、麦曲 27.5kg、淋饭酒母 15kg、浆水 55kg、陈元红酒 100kg。

2. 酿造操作

善酿酒的操作与元红酒基本相同。原料糯米经过 15d 左右的浸渍，汲取其酸浆水，稀释至 3.0~3.5g/L，澄清过夜，备用。湿米沥干，经常压蒸熟、风冷，然后与麦曲、淋饭酒母、陈元红酒等同时投入已盛有浆水的酿缸中去。由于加入了元红酒，落缸时酒精度已达 6% vol 以上，使酵母的生长繁殖受到抑制，发酵缓慢。为促进酵母繁殖和发酵，要求落缸品温比元红酒提高 2~3℃，一般为 28~30℃，并注意加强保温。

落缸后 22h 左右，随着糖化发酵的进行，品温升到 32~33℃，便可开头耙。头耙后品温下降 4~6℃，继续做好保温工作。再经 22h 左右，品温升到 30~32℃时，即开二耙。这时要根据气温、品温的高低和酒醪的成熟程度，采取适当的保温措施。再经 12h 左右，品温升到 28~30℃时，开三耙。三耙后不再保温，早晚各开耙一次。一般经 4d 主发酵后，将酒醪分装在酒坛中，使醪温进一步降低，进行缓慢的后发酵。经 70d 左右，即可压榨。由于发酵不完全，压榨速度较慢。

压榨后的酒液经澄清、煎酒、灌装，入库贮存数月，即可作为成品出售。

在善酿酒的酿造中，浆水对发酵影响很大。如不加浆水，发酵极为缓慢，品温基本不升高，只需每隔 24h 开耙一次，并重视保温工作。

（二）机械化工艺

各厂的机械化善酿酒配方和酿造操作存在较大差异，这里以某厂为例。

1. 配料

以糯米 100kg 计，麦曲 18kg、酒母 7 kg、元红酒 70kg、水 40kg、48h 加饭

酒发酵醪60kg。

2. 工艺流程

3. 酿造操作

落罐时将水、元红酒、饭、麦曲和酒母一次性投入到前酵罐中，控制落罐品温29~32℃。落罐后30h开头耙，之后每8h开耙一次，2d后每12h开耙一次，前酵品温控制不超过33℃。发酵4~5d后，加入加饭酒发酵醪并打入后发酵罐，后发酵温度控制在15~18℃。经过25d左右后发酵，酒精度达到15%~16%vol，还原糖达60~80g/L，就可压榨。

四、甜型黄酒

甜型黄酒的生产，一般采用淋饭法酿制，即在饭料中拌糖化发酵剂，当糖化发酵达到一定程度时，加入酒精度为40%~50%vol的米白酒或糟烧，抑制酵母菌的发酵作用，以保持酒醪中较高的糖含量。由于该类酒生产时糖度、酒精度均相当高，不怕杂菌污染，故可以安排在气温较高的季节生产，如绍兴香雪酒一般安排在5—6月和9—10月生产。甜型黄酒糖分在100g/L以上，最高可达400g/L左右，甜美可口，营养丰富。江苏丹阳封缸酒、福建龙岩沉缸酒、绍兴香雪酒、江西九江封缸酒等均属于此类黄酒的佼佼者。

（一）封缸酒

封缸酒呈琥珀色、醇香浓郁、味鲜甜醇厚，目前在甜型黄酒品质最优。封缸酒采用上等精白糯米为原料，经小曲（纯种根霉甜酒曲）糖化，加入经贮存半年后的优质小曲米白酒，封存于缸中发酵而成。

1. 配料

每缸糯米100kg、小曲0.75kg，50%vol米白酒90kg。

2. 酿造操作

（1）浸米　一般春天浸8h，夏天浸3~4h，秋天浸5~6h，冬天浸10h左右。要求吸水率达到25%~30%，用手捻之即碎为度。

（2）蒸饭 浸好的米，经淋清沥干后，送入蒸饭机蒸饭。饭的要求是熟而不烂，散而不硬，内无生心。

（3）淋水 同一般淋饭法操作，将米饭淋冷至30~32℃，沥去余水。

（4）落缸搭窝、糖化发酵 拌入小曲搭窝（图3-41），盖上缸盖保温糖化发酵（图3-42），经24h窝中出现甜液，此时品温不超过30~32℃，经常取甜液浇酒饭面，48h后品温逐渐下降至24~26℃，一般经72h甜液满窝（图3-43），糖浓度达到最高，这时加入米白酒抑制发酵（图3-44）。

图3-41 搭窝

图3-42 保温糖化发酵

图3-43 甜液

图3-44 加米白酒

（5）养醅（后发酵） 现已将封缸养醅改为大罐养醅。加白酒后用木耙搅拌均匀，合并打入后酵罐中养醅，前期每隔10~15d翻罐一次，翻3次后静止养醅，经100d左右养醅后压榨。

（二）沉缸酒

沉缸酒色泽鲜艳、酒香浓郁、味甜醇厚，品质优美，曾与绍兴加饭酒一道被评为国家名酒。沉缸酒以上等糯米和优质小曲米白酒为原料，以古田红曲、特制小曲为糖化发酵剂酿制而成。

1. 配料

每缸（容量约 100kg）用糯米 30kg、53%vol 米白酒 25kg、古田红曲 1.5kg、药曲 0.1kg、厦门白曲（散曲）0.05kg、根霉曲（以白曲根霉 2 号纯种培养的甜酒曲）0.05kg、水（包括全部用水）22~25kg。

配料中各项需根据气温变化和曲的质量好坏适当增减。气温较高时，米白酒用量适当增加；药曲糖化力和发酵力高、酸度低时，应减少散曲及根霉曲的用量。

2. 酿造操作

（1）浸米　浸米时间一般夏秋浸 10~14h，冬春浸 12~16h，以用手指捻米粉碎为度，吸水率为 33%~36%。

（2）冲洗　先冲去米面泡沫，放掉浸米水，将米轻轻捞入竹箩内，每箩米为每甑米量的一半（干米 15kg，湿米 20~20.5kg），冲洗至流出的水清时为止，沥干。

（3）蒸饭　将沥干水的米倒入甑桶内扒平，待蒸汽全部透出米面后再倒入一箩米。等蒸汽再透出米面，即盖上麻袋和甑盖，焖蒸 30~40min。如米质硬，米粒大，应适当延长蒸煮时间。之后每甑浇淋 1~1.5kg 温水，再继续蒸 15~20min。要求饭粒熟透均匀，软而不烂，无生心。蒸饭过程吸水率在 14% 左右。

（4）淋饭、下缸搭窝　饭蒸熟后，抬至搁有木架的缸上，立即用冷水冲淋。冷水用量视气温、水温高低及下缸品温要求而酌量增减。淋水后的饭再抬至另一缸上，取缸内温水 30kg 复淋，目的是使米饭上下和米粒内外温度均匀一致。将饭抬至缸口，边下饭边撒曲，然后迅速将缸内的饭上下翻拌均匀。再在饭中央挖一 "V" 形窝，冬季窝宜小些，洞口直径 20cm 左右；夏季窝宜大些，洞口直径 25cm 左右。然后用手将饭面轻轻抹光，以不使饭下塌为度。盖好缸盖，冬天要做好保温工作。落缸后的品温要求参考表 3-16。

表 3-16	沉缸酒淋饭搭窝品温控制			单位：℃
室温	10~15	15~20	20~25	25 以上
落缸后品温	32~34	30~32	28~30	28 以下

（5）第一次加酒　下缸后 12~24h，饭粒上长出白色菌丝，并有嘶嘶响声，这时应特别注意品温的测定。24~36h，饭粒表面似有水珠，用手轻压饭面便向下陷，气泡外溢，留下指凹的痕迹，此时整个饭粒已软化，并在窝底出现了酒液，品温升到 35~37℃。经 36~48h 后，甜酒液已达窝高的 4/5，品温

也降到33℃左右，酒醅的酒精含量达到3%~4%vol，这时就进行第一次加酒。

加酒前将红曲倒入缸内，加清水洗涤，以除去表面孢子、灰尘、杂质等，立即捞入箩内沥干，一般洗涤时红曲的加水量控制在100%以下。加酒时先打开缸盖，擦净缸壁凝结水，将红曲倒入缸中，再倒入配料规定用量的20%的米白酒（每缸约5kg），用手将红曲及米白酒翻拌均匀，揩净缸壁饭粒，测定品温，盖上缸盖。

（6）翻醅 加酒后约24h（气温高时12h左右）进行第一次翻醅，翻醅前记下品温，然后用手将缸四周醪盖向下压入液下，将中间酒醅翻向四周，使中心成为一锅形洞，上、中、下的醅温差控制在2℃以下，一般室温25℃以上时每天翻醅两次，室温在25℃以下每天翻醅一次，如室温在15℃以下，应2d翻一次。翻醅应品尝醅液的口味，一般以醅液逐渐清甜，苦涩味逐渐减少，酸度适宜为佳，并记下翻醅后的品温。

（7）第二次加酒 下缸后第7~8d（秋夏5~6d），酒醅还原糖在280g/L以上，酒精含量9%vol以上，总酸在7.6g/L左右即进行第二次加酒。将余下的白酒（每缸约20kg）全部倒入醅内，搅拌均匀，揩净缸壁，加盖密封。若产量大，发酵缸不够使用，可进行并缸或将酒醅分盛于已洗净的酒坛中，加坛盖并用两层纸扎紧坛口，堆叠整齐。

（8）养醅 第二次加酒后即静止养醅，其目的是利用微弱的糖化发酵作用，使酒增加芳香、醇厚和消除强烈的白酒味，增加柔和感及协调感。养醅期的长短应根据气候灵活掌握，一般都在40~60d。养醅期间必须加强检验，当酒醅还原糖达到250~270g/L、酒精含量降至20%以下、酸度上升到6g/L左右时，就可进行压榨。

（9）抽酒、压榨、澄清 用分离筛将发酵醅的清酒液与糟分离称为抽酒。发酵好的酒醅用泵或用勺桶打至另一个已杀菌好的空缸木架上的分离筛内，使酒液与糟缓慢分离，流出的清酒液打入沉淀桶内进行沉淀，糟醅送至压榨间压榨，压出的酒液并入沉淀桶内，加入适量糖色，搅拌均匀，澄清5~7d。

（10）煎酒、陈酿 将酒加热至86~90℃，装入经灭菌的酒坛内，每坛装酒25~30kg，坛口立即盖上瓦盖，以减少酒的挥发损失。待坛内酒稍冷时（一般第二天早晨）取下瓦盖，加上木盖，用三层棉纸、三层报纸涂以猪油石灰浆密封坛口，贮存期一般为3年。

（三）绍兴香雪酒

1. 传统工艺

（1）配料 香雪酒每缸用糯米100kg、麦曲10kg、50%vol糟烧100kg、酒药0.2~0.25kg。

（2）工艺流程

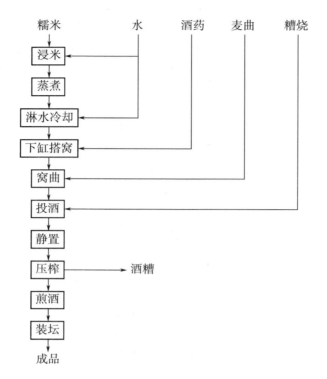

（3）酿造操作　香雪酒采用淋饭法制成酒酿，再加麦曲继续糖化，然后加入糟烧，进行3~5个月养醅，最后经压榨、煎酒而成。下缸搭窝以前的操作与淋饭酒母相同。

①蒸饭要求熟而不糊：饭蒸熟了，吸水多，淀粉糊化彻底，这就有利于淀粉糖化酶的分解作用，把更多的淀粉变为糖。但是饭也不能蒸得太烂，否则淋水困难、搭窝不疏松，影响糖化菌的生长，不利于糖分的形成。

②窝曲、投酒：窝曲的作用一方面是补充酶量，有利于淀粉的液化和糖化；另一方面是赋予麦曲特有的色、香、味。窝曲过程中，酒醅中的酵母大量繁殖并继续进行酒精发酵，消耗糖分，所以窝曲后，糖化作用达到一定程度时，便要加入糟烧以提高酒精含量，抑制酵母的发酵作用。窝曲糖化的作用适当与否，也就是糟烧加入是否适时，对香雪酒的产量、质量影响很大。各企业掌握的标准有所不同，但一般是酒窝满至九分，窝中糖液味鲜甜时，投入麦曲，并充分拌匀，继续保温糖化。经12~14h，酒醅固体部分向上浮起，形成醪盖，其下面积聚醅液15cm左右的高度时，便投入糟烧，充分搅拌均匀，然后加盖静置。糟烧加入太早或太迟都不好，加入太早，虽然糖分高些，但是麦

曲中酶的分解作用没有充分发挥，酒醅黏厚，造成压榨困难，出酒率低，而且酒的生麦味重，影响风味；相反，如加糟烧太迟，则因酵母酒精发酵过分，消耗过多的糖分，造成糖分较低，酒的鲜味也差，同样影响酒的质量。

③酒醅的堆放和榨煎：加糟烧后的酒醅，经一天静置，即可灌坛养醅。灌坛时，用耙将缸中的酒醅充分捣匀，使灌坛固液均匀，灌坛后坛口包扎好荷叶箬壳，3~4 坛为一列堆于室内，最上层坛口封上少量湿泥，以减少酒精挥发。如用缸封存，则加入糟烧后每隔 2~3d 捣醅一次，捣拌 2~3 次后，便可用洁净的空缸复盖，两缸口衔接处用荷叶衬垫，并用盐卤拌泥封口。

香雪酒的堆放养醅时间长达 3~5 个月。其间酒精含量会稍有下降，主要由于挥发所致，而总酸及糖分仍逐渐升高，这说明加糟烧后，糖化酶的作用虽被钝化但并未全部被破坏，糖化作用仍在缓慢进行。

经长时间的堆放养醅，各项指标达到规定标准，便可进行压榨。香雪酒由于酒精含量和糖分都比较高，无杀菌的必要。经煎酒后，胶体物质被凝结，使酒清澈透明。

2. 机械化工艺

各厂的机械化香雪酒配方和酿造操作差异不大，这里以某厂为例。

（1）配料 以糯米 100kg 计，块曲 11.5kg、熟麦曲 5kg、酒母 11.8kg、38%vol 糟烧或食用酒精 96.3kg、95%vol 食用酒精 16.6kg。

（2）工艺流程

（3）酿造操作　机械化香雪酒采用摊饭法生产，浸米时间延长至3~4d。投料时如酒精度过高，会影响酵母发酵和麦曲中酶的活力，因此配入的糟烧或食用酒精的酒精度以35%~40%vol为宜。落罐温度控制在28~31℃，落罐后24h左右开头耙，之后每天开耙一次，4d后加入95%vol食用酒精，打入后醇罐，糖化发酵100d左右即可压榨。

五、清爽型黄酒

各厂的清爽型黄酒配方和工艺差异较大。工艺上分喂饭法和摊饭法，采用摊饭法生产时，有的使用高温糖化酒母，有的使用速酿酒母；发酵容器传统上采用前缸后坛，现在有前缸后罐、前厢（控制宽1.5m、高1.0m，以方便搭窝操作，图3-45）后罐和前后醇均为大罐。喂饭法已在干型黄酒的酿造中介绍，这里以某厂使用速酿酒母的摊饭法为例。

图3-45　发酵厢（槽）

1. 工艺流程

2. 配料

速酿酒母和黄酒配料如表 3-17 所示。

表 3-17　　　　速酿酒母和黄酒配料（以米量为 100kg 计）

配料	酒母（10 月至次年 3 月）	酒母（4—9 月）	黄酒
粳米/kg	100	100	100
麦曲/kg	13	6.5	5%~12%
水/kg	220	220	160
种子或酒母/kg	2~4	2~4	≥10%
糖化酶（5 万 U/g）/kg	—	0.12	0~0.069
淀粉酶（6000U/g）/kg	0.007	0.06~0.07	0.013~0.041
食用乳酸/mL	0~80	0~80	—

3. 酿造操作

（1）浸米　将水温调至 35~50℃，在外壁包有保温材料的罐中浸泡 36~50h，总酸达到 5~6g/L。

（2）冲洗、蒸饭　浸后的米在输送带上冲洗后，进入卧式蒸饭机蒸饭，蒸饭过程中喷淋 85~95℃的热水。

（3）落罐　速酿酒母落罐温度 29~30℃，黄酒落罐温度 25~26℃。

（4）发酵　酒母落罐后 10~14h 开头耙，开耙温度不超过 31℃，培养温度 26~31℃，最高不超过 31℃，培养时间 2~3d，培养过程每隔 1~2h 翻动 1~3min；黄酒落罐后 8~12h 开头耙，开耙温度不超过 31℃，前发酵温度 25~33℃，最高不超过 33℃，3~4d 后打入后发酵罐，再在 25℃ 以下发酵 12~18d。

六、洋县黑米酒

陕西洋县黑米酒产区为傥河流域。该产品以国家地理标志保护产品洋县黑糯米为原料，以传统麦曲和人工驯化的酵母菌为糖化发酵剂，富含花色苷，酒色棕红，香气浓郁，口感醇厚，风格独特。

1. 配料

按 100kg 黑糯米（洋黑 3#）计，麦曲 12~15kg、酒母 5~8kg、糖化酶适量、投料水总量 180~200kg（含浸蒸吸水，即饭、水总量 280~300kg），用乳酸调节 pH 至 3.8 左右。新工艺不加麦曲和乳酸，使用活性干酵母、根霉曲、α-淀粉酶、糖化酶和蛋白酶进行纯种发酵。

2. 工艺流程

3. 酿造操作

（1）原料处理　对原料黑米进行脱皮精白处理，精米率达到85%~90%。将脱皮后的黑米用于酿酒，黑米皮用于提取色素。

（2）浸米　浸米水温根据环境温度进行调节，冬季水温30~45℃、春秋水温25~40℃。浸米时间48h左右，浸至用手捏米酥。

（3）蒸饭　蒸饭气压控制在0.03~0.04MPa、时间30min左右。焖饭时间一般为10min左右，根据不同米质调整。

（4）摊饭　加入适量水进行鼓风降温，适时翻动饭层，使米饭迅速而均匀地降温，饭粒松散不黏团，不产生热块。

（5）发酵　落罐品温：（25±2）℃。前酵品温：冬季25~31℃，春、秋季25~28℃。开耙：品温升至28~30℃时开头耙，以后每隔4h开耙一次，二至四耙品温控制在25~28℃。经7d前发酵，降温至20℃以下，输入后酵罐。后酵品温控制在15℃以下，早晚各开耙一次。经20~25d后发酵，要求酒精度达到17.0%vol以上、总酸在6.8 g /L以下。

（6）压榨、澄清、煎酒　压榨要求酒液清、糟粕干，澄清时间1~2d，煎酒温度控制在85~90℃。

（7）贮存　贮酒罐要清洗干净，严格杀菌，煎酒结束后密封罐口，开启降温水继续降温至30℃以下。保持满罐密封贮存，温度控制在25℃以下，贮存期6个月以上。

第六节　非稻米黄酒的酿造

一、黍米黄酒

我国北方黄酒多采用黍米为原料，其中以产自山东即墨的黄酒（老酒）最为有名，是北方黄酒的典型代表。即墨黄酒呈黑褐色，香味独特，具有焦香，味醇和适口，微苦而回味深长。即墨黄酒的生产方法与南方大米黄酒有很大区别。

即墨黄酒选用大粒黑脐的黄色黍米（俗称龙眼黍米，大黄米）为原料，这种黍米蒸煮时容易糊化。如使用白色黍米或红色黍米酿酒，因米质较硬，蒸煮困难，易产生硬心的黍米粒。

1. 工艺流程

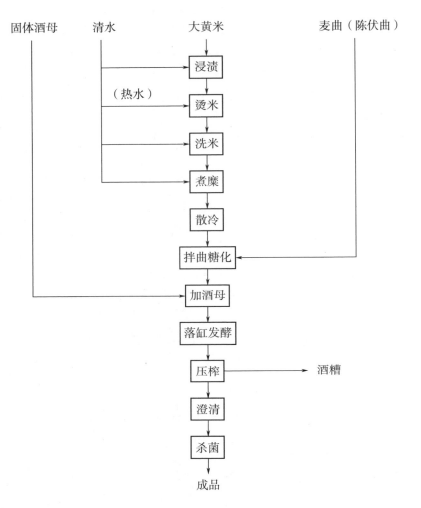

2. 酿造操作

（1）洗米、烫米、浸米　由于黍米的外壳较厚，颗粒较小，单纯靠浸渍，不易使黍米充分吸水，会给糊化造成困难。通过烫米，使黍米外壳软化裂开吸水，颗粒松散，以利糊化。烫米温度以60℃左右为宜，温度过低达不到烫米效果，过高又容易把米烫熟、结团。

每缸称取黍米50kg，加入清水65~75kg，用木楫充分搅拌淘洗，然后用笊篱捞出，沥尽余水。将缸内洗米水取出，换入清水25~30kg，再倒入沸水60kg，用木楫急速搅动进行烫米，直至搅拌散冷至35~40℃时便开始浸渍。浸米时间18~24h，以手捏能碎为度。捞出后用清水冲洗，沥净余水。

（2）煮糜　煮熟的黍米醪俗称"糜"，故这一操作称为煮糜。煮糜大铁锅的口径为120cm、深40cm。在锅内先倾入清水100kg，煮至沸腾，再加入原料50kg（干米），立即开动电动铲（图3-46）进行铲锅。烧火掌握"前缓、中急、后慢"的原则，根据糜色的变化调整火力，补加热水2~3次，共计50kg。铲锅频率随煮糜时间逐渐提高。当糜的色度接近要求时，进行压（减）火焖糜。压火后应继续铲锅5~8min，盖上锅盖焖糜30min，煮糜共历时1.5~2h。煮糜不仅使淀粉糊化，还使大黄米变色，产生独特的焦香味。对糜的质量要求是：呈棕红色，无生团，无积糜，无炭化块，外硬内软，熟而不烂，均匀一致。每锅出糜90~100kg。

图3-46　电动铲
（来源：参考文献［29］）

（3）散冷、拌曲、糖化　即墨黄酒的糖化曲采用小麦为原料的生块曲，多在夏季中伏天踏制，陈放一年以上，故又称陈伏曲。

将煮好的糜置于经开水烫过的糜案上，即开动电风扇，用木铲不断翻拌（图3-47），使其迅速降温，待品温降到60℃，放入块曲进行糖化，用曲量为黍米原料的7.5%。在加曲时要充分拌匀，堆积糖化20~30min，保温期间应进行2次翻拌。机械化生产已将糜案改成糖化机（图3-48），糖化机底部夹层内通入冷却水，缩短了糜的降温时间。

图3-47　糖化操作
（来源：参考文献［29］）

图3-48　糖化机
（来源：参考文献［29］）

（4）加酒母　即墨黄酒的酒母采用固体酒母。将锅内的糜煮到将要变色时，取出 1kg，散冷至适宜温度，即加麦曲 1kg，加菌根（种子）200g，拌匀后做成圆馍形。根据气候条件保温培养，一般开始品温 28~34℃，最后发酵成熟的品温在 37~39℃，保温培养时间为 12~20h。

糖化后的糜，继续散冷至 30℃左右时，拌入固体酒母。固体酒母用量为原料米的 0.5%。

（5）发酵　在糜入缸前，先将发酵缸用开水杀菌、揩干。糜入缸后一般到 22h 左右，即可开头耙，此时，品温比入缸时高 2~3℃。此后应每天检查一次品温，以便及时发现问题，采取措施。

（6）压榨、澄清、杀菌　由于采用了分段糖化和发酵的方法，糖化发酵迅速，整个发酵期短，一般经过 7d 发酵即可压榨，出酒率为 120%。

二、红小米（红酒谷）黄酒

红酒谷为禾本科狗尾草属植物红粟的种子，是粟的一种，外壳深红，去壳后称为红小米。红小米性温，味甘，具有活血化瘀、健脾暖胃、益气温中、消食之效。红小米作为河南省南阳盆地的特色农作物，用作南阳黄酒的酿造原料，使南阳黄酒具有独特的风味和营养价值，为中原黄酒的代表性产品。

1. 配料

每缸红小米 130kg、麦曲 15.6kg、红曲 7.8kg、水 180kg（含浸蒸吸水，即饭、水总量 310kg）。生产清爽黄酒时，添加 0.5‰左右的活性干酵母。

多数企业使用的红曲为市购、麦曲为自制。麦曲制作方法：在端午节前后，将新小麦用轧麦机轧成 3~4 片，筛出 15%左右面粉用于培养曲种，剩余小麦粗粉用于制曲。制曲前一天制作曲种，在筛出的面粉中加入 3 倍水，接入 1.5%陈年麦曲，于 25℃左右发酵成面粉糊，作为曲种用。在小麦粗粉中加入 20%左右青蒿（图 3-49）熬煮水和 2%曲种，迅速搅拌均匀，装入铺有 5 层麻叶（图 3-50）的曲模（尺寸 30cm×20cm×6cm），成人踩上 100 脚左右，使曲料提浆结块成型，取出，用麻叶包扎（除使用预先铺在曲模中的麻叶外，再外加一层麻叶），缠上麻绳，放入曲室，用麦糠覆盖保温培养 2d 后取出，挂在梁上，直至立冬前取下，去除麻叶，呈菊花心者为优良麦曲，粉碎成玉米粒大小，备用。

图 3-49　青蒿

图 3-50　麻叶

2. 工艺流程

3. 酿造操作

（1）脱壳　红酒谷经除杂质、脱壳后，用色选机精选至无带壳米。

（2）浸米　将小米倒入浸米池中，加入30℃左右清水，浸泡24h左右。

（3）冲洗　浸后的米捞入米筐中，用清水冲至无白水流出，以冲去残留的碎米粉，防止蒸米时结成团，沥水30min，备用。

（4）蒸饭（或煮饭）、冷饭、拌曲　将米分3次放入圆形手推式蒸饭车（图3-51），避免一次放入造成压汽，引起夹生。第一次放入1/3，上汽之后，再放入1/3米，待再上汽之后，放入剩余1/3，圆汽后再蒸20min关火。蒸出的米饭倒入不锈钢摊饭台，风冷至35℃，加入红曲和麦曲，搅拌均匀（图3-52，图3-53）。也有采用煮饭法：在大铁锅内先加入清水，每1kg干原料加水量为2kg，将水煮至沸腾，然后将米渐次投入，并不断翻拌（有的用带电动铲的不锈钢夹层搅拌锅），用猛火煮至米全部浮起，呈黏性，改用中火煮，每隔5min搅拌一次（图3-54）。煮饭历时1.5~2h。煮饭质量要求：煮至黏稠，无糊米，米质变色不变黑，无锅渣，无烟味。采用煮饭法可使淀粉糊化彻底，还可产生独特的焦香味。冷饭、加曲操作方法同上。

图3-51　蒸饭

图3-52　摊饭

图3-53　拌曲

图3-54　煮饭

（5）落缸　落缸（图3-55）温度冬天为26~28℃，春天为25~26℃。

（6）发酵　落缸后15~24h开头耙（图3-56），头耙温度30~31℃，不超过31℃，发酵温度控制26~32℃，最高不超过33℃。5~7d后打入后发酵罐，在15~25℃发酵20~30d，前2d每天开耙一次，后期不再开耙。发酵结束，酒醪酒精度为16%vol左右、总酸6.0g/L左右、氨基酸态氮0.5g/L以上。因红小米淀粉含量较低，出酒率仅150%左右。

图 3-55　落缸　　　　　　　　　　　图 3-56　开耙

第七节　黄酒酿造新思路

一、大米焙炒糊化技术

1988年，日本宝酒造株式会社率先将大米焙炒技术引入清酒生产中，并开发出新型的焙炒清酒。焙炒糊化的原理是利用高温气流（300℃）对大米进行流化处理，使大米内部的水分瞬间蒸发，从而破坏淀粉之间的氢键，在数十秒内使大米淀粉糊化。焙炒糊化设备结构与原理如图3-57所示。与传统的蒸饭糊化法相比，省去了浸米工序，从而减少了浸米废水的排放。此外，在焙炒过程中，大米中的淀粉、蛋白质在高温下的热降解产物之间发生了剧烈的美拉德反应，从而形成了大量的吡嗪、吡咯、噻吩、噻唑等杂环类香味化合物，赋予大米一种特殊的奶油香味。

江南大学在利用大米焙炒糊化技术生产黄酒方面做了研究工作。糯米经焙炒糊化，可获得与蒸饭相同或相近的糊化效果，焙炒糊化与蒸煮糊化各指标的比较如表3-18所示。

1—料斗；2—加料闭风器；3—流化室；4—出料闭风器；
5—风机；6—除尘器；7—排风；8—热风炉；9—燃烧器

图 3-57　焙炒糊化设备结构图

表 3-18　　　　　　　糯米焙炒糊化与蒸煮糊化各指标的比较　　　　单位：%

项目	未处理	焙炒	蒸煮
水分	14.74	3.19	38.45
糊化率	—	91.83	93.15
绝干淀粉含量	85.78	86.23	86.32
绝干脂肪含量	0.839	0.386	0.278
绝干含氮量	1.22	1.23	1.24

以焙炒糊化法对糯米进行酿酒试验，酿成的黄酒与蒸煮糊化法比较如表 3-19～表 3-21 所示。与蒸饭法相比，焙炒糊化法酿成的黄酒具有两个明显的特点：一是氨基酸含量较低，可能是在高温处理时，部分蛋白质和氨基酸与糖类发生美拉德反应所致；二是具有美拉德反应产生的令人愉快的香气。

表 3-19　　　　　焙炒法与蒸煮法黄酒各常规指标的比较

项目	蒸煮法黄酒	焙炒法黄酒
酒精度/%vol	14.1	14.2
残糖/（g/L）	4.02	4.00
总酸/（g/L）	5.45	4.35

续表

项目	蒸煮法黄酒	焙炒法黄酒
氨基酸态氮/（g/L）	1.092	0.815
挥发酸/（g/L）	0.506	0.253
挥发酯/（g/L）	0.371	0.389

表 3-20　　　　　　焙炒法与蒸煮法黄酒氨基酸含量的比较　　　　单位：mg/L

氨基酸	蒸煮法黄酒	焙炒法黄酒
天冬氨酸	150.68	124.36
苏氨酸	322.86	277.12
丝氨酸	140.40	118.59
谷氨酸	418.73	385.47
甘氨酸	125.30	100.32
丙氨酸	371.75	351.34
缬氨酸	277.61	233.59
甲硫氨酸	112.73	98.85
异亮氨酸	162.59	146.85
亮氨酸	305.91	270.17
酪氨酸	278.61	230.33
苯丙氨酸	252.00	204.32
赖氨酸	157.16	121.72
组氨酸	42.63	35.29
精氨酸	223.05	49.92
总计	3342.01	2748.24

表 3-21　　　　　　　　焙炒法与蒸煮法黄酒感官的比较

项目	蒸煮法黄酒	焙炒法黄酒
色泽	淡黄色	金黄色
香气	正常黄酒香气	特殊的类似奶油的香气
口感	苦涩鲜味较强	口味较为清爽

二、大米挤压膨化糊化技术

挤压膨化技术现已广泛应用于食品、饲料、酿造、油脂加工等方面。挤压膨化的原理：物料在挤压机机腔中依靠螺旋的推动曲折前进，在推进力和摩擦力作用下受压变热，使得淀粉粒解体，同时机腔内温度、压力升高（温度可达 150~200℃、压力可达 1MPa 以上），然后物料从一定形状的模孔瞬间挤出，由高温、高压突然降到常温、常压，其中游离水分急剧汽化、膨胀（水的体积可膨化大约 2000 倍），使物料淀粉体积膨大，迅速变成片层状疏松的海绵体结构，同时生淀粉（β-淀粉）转化为熟淀粉（α-淀粉）。

江南大学将挤压膨化技术应用于黄酒生产中的糯米原料的处理，通过挤压膨化使糯米淀粉获得较高的糊化度，省去浸米和蒸煮工序，从而节约能源和减少废水排放。糯米经挤压膨化（螺杆转速 650r/min）后各项指标的变化如表 3-22 所示。

表 3-22　　　　　　　　　糯米挤压膨化前后指标的变化

项目	膨化前	膨化后
水分/%	12.89	8.28
淀粉/%	83.04	76.23
还原糖/%	0.68	1.89
蛋白质/%	11.40	10.61
氨基酸/（mg/L）	59.68	76.79
脂肪/%	0.966	0.585
糊化度/%	13.00	89.93

用挤压膨化糯米酿造黄酒，能提高原料利用率，并缩短生产周期，酿成的黄酒各项指标与传统蒸饭法比较如表 3-23~表 3-25 所示，具有口味清爽、焦香味、氨基酸和醇酯类物质含量较低的特点。造成焦香味和氨基酸含量较低的原因，可能是膨化过程中部分蛋白质和氨基酸与还原糖在高温、高压、高剪切力下发生了美拉德反应。

表 3-23   膨化法与蒸煮法黄酒各指标的比较

项目	蒸煮法黄酒	膨化法黄酒
酒精度/%vol	16.7	16.0
残糖/ (g/L)	4.64	2.28
总酸/ (g/L)	5.60	5.13
氨基酸态氮/ (g/L)	1.32	1.62
原料利用率/%	65.23	76.12

表 3-24   膨化法与蒸煮法黄酒氨基酸含量的比较   单位：mg/L

氨基酸种类	蒸煮法黄酒	膨化法黄酒
天冬氨酸	524.84	491.14
苏氨酸	1252.96	838.22
丝氨酸	535.52	476.19
谷氨酸	1008.13	810.13
甘氨酸	444.43	345.74
丙氨酸	1139.03	642.59
胱氨酸	118.02	174.14
缬氨酸	495.78	427.64
甲硫氨酸	211.33	133.39
异亮氨酸	273.70	228.66
亮氨酸	765.72	571.35
酪氨酸	421.41	266.07
苯丙氨酸	502.96	328.92
赖氨酸	246.61	198.90
组氨酸	76.71	80.55
色氨酸	23.77	19.72
精氨酸	623.14	347.97
脯氨酸	747.92	628.37
合计	9411.98	7009.69

表3-25　　　　　　　　膨化法与蒸煮法黄酒风味物质的比较　　　　　单位：mg/L

化合物名称	蒸煮法黄酒	膨化法黄酒
丙醇	16.29	60.71
异戊醇	295.55	261.55
异丁醇	150.63	109.19
苯乙醇	43.85	18.57
己醇	1.18	1.60
乙酸乙酯	39.69	34.35
乳酸乙酯	42.92	46.72
己酸乙酯	0.27	0.35
琥珀酸二乙酯	1.50	0.47
乙酸异戊酯	10.48	10.52

三、液化法黄酒酿造技术

液化法黄酒酿造技术在兰溪芥子园酒业有限公司成功应用，其特点是原料粉碎后先液化，再加麦曲和酒母糖化发酵，酿制的黄酒理化指标与传统工艺黄酒较接近。

1. 工艺流程

2. 酿造操作与工艺要求

（1）粉碎　大米采用干法粉碎，粉碎细度40～60目。

（2）液化　料水比1：2，投料温度50℃，α-淀粉酶用量30U/g大米（其中65℃时加5U/g大米，80℃时加25U/g大米），食用级CaCl₂ 2500g/t大米，调pH5.8～6.0。液化工艺如下：

（3）冷却　以螺旋式换热器为冷却设备，将液化液冷却至25~28℃（入罐时25~28℃）。

（4）投料　发酵罐容量40t，分3次投料，每次投入液化液10.5t，24h后第2次投料，3~5h后第3次投料。

（5）加麦曲和酒母　麦曲用量为原料量的5%，第1次和第2次投料时各添加2.5%。酒母量为原料量的8%~10%，第1次投料时全部加入，添加时用空气搅拌使混合均匀。

（6）主酵　主酵温度27~30℃，最高不超过32℃，主酵时间5~6d，每8h通风搅拌10min，主酵结束时酒精度15.5%~17.0%vol，总酸5.0~6.8g/L。

（7）后酵　后酵温度控制15~25℃，后酵时间15~20d。

3. 酒母扩培

（1）工艺流程

（2）操作方法

①糖化：将液化液冷却到60~65℃，加入原料量6%~8%的麦曲进行糖化，糖化温度58~62℃、时间4~5h。

②灭菌：糖化结束后升温至100℃，保温20~30min，灭菌。

③冷却、接种：灭菌后的糖化醪冷却至 60℃，调至 pH4.0 左右、外观糖度 15°Bx 左右，继续冷却至 28~30℃，接入原料量的 1% 的干酵母。

④保温培养：接种后在 28℃ 左右培养 16~20h 即可使用，成熟酒母质量要求：酵母数 1.5×10^8 个/mL 以上，芽生率 20% 左右，细胞健壮、整齐、气味正常，无异味。

4. 成品酒理化指标和感官质量

成品酒理化指标符合 GB/T 13662—2018《黄酒》国家标准要求，成品酒理化指标如表 3-26 所示。感官质量与传统工艺黄酒相比，口味清新淡雅、苦涩味较小、麦曲味较轻。

表 3-26　　　　　　　　　　　　　成品酒理化指标

项目	指标
总糖（以葡萄糖计）/（g/L）	3.6
酒精度/%vol	16.6
总酸（以乳酸计）/（g/L）	5.9
氨基酸态氮/（g/L）	0.55
pH	4.0
固形物（除糖）/（g/L）	32.0
β-苯乙醇/（mg/L）	127.0

与传统酿造技术相比，液化法酿造技术具有以下优点：
①省去浸米工序，从而减少废水排放。
②有利于实现自动化、管道化和高效化生产。
③原料利用充分，出酒率高。
④不受季节性限制，可实现全年生产。

四、黄酒的增酸发酵技术

近年来，低度黄酒越来越受到市场欢迎，低度黄酒多采用稀释法生产，正常发酵的黄酒稀释后由于酸度降低，口感寡淡，目前采用发酵异常或贮存过程酸败的黄酒调酸，影响产品的口感和安全性。初步试验结果表明，利用从黄酒发酵醪中分离出的高产乳酸且低产生物胺乳酸菌进行强化发酵，可酿造出风味较好且生物胺含量较低的调酸用高酸黄酒。

1. 工艺流程

2. 成品酒理化指标和感官质量

成品酒无不良气味，香气与传统黄酒较接近，理化指标见表3-27。

表3-27　　　　　　　　　　成品酒理化指标

项目	指标
总糖（以葡萄糖计）/（g/L）	5.2
酒精度/%vol	15.8
总酸（以乳酸计）/（g/L）	14.6
氨基酸态氮/（g/L）	0.71
pH	3.6
固形物（除糖）/（g/L）	30.7

强化乳酸菌发酵酿造的高酸黄酒与正常生产的黄酒相比，具有酯含量较高、高级醇和生物胺含量较低、乳酸占总有机酸的比例较高等特点。以高酸黄酒代替酸败黄酒勾调调酸，能明显提高低度黄酒的品质。

第四章 | 成品黄酒

严格地讲，新酿成的黄酒还不能称为成品酒，还必须经过贮存、勾调和后处理。贮存的目的是提高黄酒的品质，使黄酒由新酿成时的口感辛辣粗糙、香气不足变得醇厚柔和、醇香浓郁；勾调是将不同质量特点的原酒进行组合和调整，其主要目的是使出厂产品的质量保持稳定；黄酒是极不稳定的胶体溶液，在存放过程中易产生浑浊、沉淀，通常采用澄清剂、冷冻、过滤等处理手段来延长其澄清期。此外，黄酒是供人们饮用的，其质量的优劣，除了理化分析鉴定外，还离不开感官品评鉴定。

第一节　黄酒的贮存

新酿成的黄酒，酒中各种成分之间不够协调，口感辛辣粗糙，香味不足，需要经过一定时期的贮存来提高品质，此过程称为黄酒的老熟或陈酿。

一、黄酒贮存过程中的变化

（一）主要成分的变化

1. 醇类物质的变化

黄酒中醇类物质，首先是主体物质乙醇。新酒在陶坛中贮存，随着贮存年份的增加，乙醇含量呈下减趋势，以乙醇含量为 19%vol 的新酒为例，前 3 年下降至 18%vol 左右，之后下降速度变缓，经过 15 ~ 20 年的贮存，下降至 15.5% ~ 16%vol。减少的乙醇量去向大体可分为三部分：部分被氧化成乙醛和乙酸；部分发生酯化反应，以有机酸乙酯的形式存在；部分与形成的有机酸乙酯一起挥发逸出。

高级醇类物质，如丁醇类、戊醇类、芳香醇类（苯乙醇、酪醇等）、丙醇，是黄酒的主要香气成分之一。在贮存过程中，高级醇由于挥发及参与氧化和酯化反应，其含量降低。上海黄酒中醇类物质的跟踪检测数据如表 4-1 所示。黄酒在贮存过程中甲醇含量增加，但远低于有关国家标准规定的红葡萄酒 $\leqslant$ 400mg/L、白酒 $\leqslant$ 600mg/L 和白兰地 $\leqslant$ 2000mg/L（蒸馏酒按 100% 酒精度折算）的限量要求。酒类中的甲醇来源于原料中果胶的分解，而在贮存过程中其含量增加的原因尚不清楚。

表 4-1 新酿和贮存 5 年上海黄酒中主要醇类物质含量 单位：mg/L

醇类	枫泾特酿		石库门加饭酒	
	新酒	贮存 5 年	新酒	贮存 5 年
正丙醇	25.8	24.6	28.9	27.2
异丁醇	81.2	76.9	147	136
异戊醇	148	139	149	141
β-苯乙醇	87.6	66.6	75.6	55.6
甲醇	9.7	13.1	8.83	12.3

注：数据引自参考文献［34］。

2. 醛、酸的变化

黄酒在贮存过程中，醛被氧化成酸，酸与醇反应形成酯，但因醇不断被氧化成醛和酸，使醛和酸的量得到补充，加上美拉德反应生成的醛，使醛和酸的生成量大于损失量，因此黄酒中醛和酸的含量随贮存期的延长而上升。醛类是形成黄酒陈香的重要物质，陶坛贮酒的微氧环境有利于醛类的生成。有研究表明，黄酒在玻璃瓶中贮存 5 年后，除糠醛增加（可能来源于美拉德反应和戊聚糖水解途径）外，其他醛类含量基本不变。上海黄酒中醛类物质的跟踪检测数据如表 4-2 所示，不同贮存期（不同年份酿造）黄酒中总酸含量如表 4-3 所示。

表 4-2 新酿和贮存 5 年上海黄酒中主要醛类物质含量 单位：mg/L

醛类	枫泾特酿		石库门加饭酒	
	新酒	贮存 5 年	新酒	贮存 5 年
乙醛	7.99	20.2	8.81	19.5
乙缩醛	0.65	1.61	0.66	1.35
异戊醛	0.06	0.66	0.10	0.55
苯甲醛	0	0.13	0	0.68
糠醛	0.7	13.9	0.09	4.94

注：数据引自参考文献［34］。

经长期贮存后，有的黄酒中乙醛（被认为是"上头"物质）含量可达 100mg/L 左右。目前黄酒行业普遍采用热灌装工艺，由于乙醛的沸点极低，杀菌后部分挥发除去，而回收的"老酒汗"含较高的乙醛，不宜直接回用于黄酒中。

表 4-3　　　　　　　　不同贮存期黄酒中的总酸含量　　　　　　　单位：g/L

贮存期	A 企业		贮存期	B 企业	
	总酸	年均增加量		总酸	年均增加量
1 年	6.3	—	1 年	5.1	—
4 年	6.9	0.20	3 年	6.1	0.50
7 年	7.2	0.15	4 年	6.3	0.40
10 年	7.5	0.13	12 年	6.5	0.13

注：数据引自参考文献 [38]。

3. 酯的变化

酯是黄酒的主要香气成分之一。黄酒在贮存过程中，有机酸与醇类反应生成酯，使酯的含量逐年增加，这是黄酒越陈越香的主要原因之一。由于酯类物质主要呈水果香，经过 60 年贮存的黄酒呈浓水果香。不同贮存期（不同年份酿造）黄酒中主要酯类物质含量如表 4-4 所示。

表 4-4　　　　　　不同贮存期黄酒中主要酯类物质含量　　　　　　单位：mg/L

酯类	A 企业				B 企业			C 企业	
	新酒	3 年	5 年	10 年	新酒	1 年	10 年	3 年	5 年
甲酸乙酯	9.21	17.52	20.51	33.05	3.91	11.73	29.15	5.67	7.03
乙酸乙酯	177.96	183.01	213.99	238.55	44.67	93.63	104.41	154.90	172.40
丙酸乙酯	1.48	1.88	1.83	3.79	0.30	1.31	1.39	0.59	0.69
乳酸乙酯	427.90	531.86	804.97	917.51	341.29	362.58	451.46	403.92	413.42
丁二酸二乙酯	35.69	83.94	87.47	101.18	19.09	22.28	23.19	57.76	64.75
总计	652.24	818.21	1128.77	1294.08	409.26	491.53	609.6	622.84	658.29

注：数据引自参考文献 [39]，检测方法为吹扫捕集与气质联用法。

4. 固形物的变化

黄酒特别是绍兴黄酒的固形物含量较高，固形物主要包括还原糖、糊精、蛋白质、肽、氨基酸、有机酸盐、无机元素和酚类物质等成分。在贮存过程中，虽然部分固形物沉淀析出，但由于酒液挥发而浓缩，使黄酒固形物随着贮存期的延长而增加。不同贮存期（不同年份酿造）黄酒的固形物含量如表 4-5 所示。

表 4-5　　　　　　　　　　不同贮存期黄酒的固形物含量　　　　　　　　单位：g/L

贮存期	A 企业		贮存期	B 企业	
	固形物	非糖固形物		固形物	非糖固形物
1 年	59.4	36.9	1 年	58.7	33.2
4 年	65.0	38.0	3 年	65.6	40.6
7 年	64.8	40.8	4 年	66.8	42.3
10 年	81.6	59.6	12 年	87.4	62.4

注：数据引自参考文献 [38]。

5. 氨基酸的变化

黄酒中游离氨基酸含量很高，种类达 20 种以上。在贮存过程中，部分氨基酸参与了美拉德反应和酯化反应，部分参与黄酒凝聚物的产生，使氨基酸含量下降。但由于黄酒 pH 较低，贮存过程中可能会有一部分肽降解成氨基酸，且酒液的挥发浓缩，会使氨基酸含量上升。新酿成的酒在煎酒和贮存一段时间后，氨基酸（检测氨基酸态氮）有所增加，除煎酒时酒液少量挥发浓缩外，可能与加热后肽降解成氨基酸和微生物发生自溶有关。由于不同年份酿造黄酒的氨基酸初始值差异很大，且不同贮存期（不同年份酿造）黄酒的氨基酸态氮检测数据（表 4-6）未呈现较好的规律性，因而无法确定其变化规律。据报道，贮存 60 年的绍兴元红酒氨基酸态氮含量为 0.61mg/L。由此，笔者推测，干型、半干型黄酒在贮存过程中氨基酸含量增加，但年增量极微。

表 4-6　　　　　　　不同贮存期黄酒中氨基酸态氮含量　　　　　　　单位：g/L

贮存期	氨基酸态氮（A 企业）	贮存期	氨基酸态氮（B 企业）
1 年	1.27	1 年	1.09
4 年	1.00	3 年	1.01
7 年	0.93	4 年	1.00
10 年	0.92	12 年	0.65
13 年	1.07	—	—

注：数据引自参考文献 [38]。

（二）电导率、氧化还原电位的变化

1. 电导率的变化

黄酒的电导率随贮存期的延长而增高，但可能不与贮存期成正比关系，开始时变化较大，以后变化较小。据有关报道，贮存 3 年和 60 年的绍兴元红酒

电导率分别为 $1.42×10^3 \mu\Omega/cm$ 和 $2.20×10^3 \mu\Omega/cm$。电导率的增高可能是由于醇类氧化使酸含量增高所致。另外，酒中的其他组分，尤其是乙醇与水分子的缔合作用，也使黄酒电导率有所提高。电导率可从一个侧面反映酒的老熟程度。

2. 氧化还原电位的变化

黄酒的氧化还原电位随贮存期的延长而下降，据有关报道，贮存 3 年和 60 年的绍兴元红酒氧化还原电位分别为 290mV 和 185mV。这是由于酒中氧化物质减少、还原物质增加的结果。陈酒对比新酒呈氧化状态，这意味新酒被氧化而变成陈酒的。

（三）色香味的变化

1. 色的变化

酒色随贮存期的延长而变深，主要是酒中的糖分与氨基酸、肽类发生美拉德反应，生成类黑精所致。糖和氨基酸含量高的黄酒色易变深。甜型黄酒由于含糖量高，虽然不加焦糖色，但经一段时间的贮存后酒色也会变得较深。此外，贮存温度较高时，酒色变深的速度加快。

2. 香气的变化

黄酒贮存过程中，除酯类和醛类物质含量上升外，还原糖与氨基酸、肽类发生美拉德反应形成呋喃类、吡嗪类、内酯类等香气物质，使黄酒的香气变得浓郁。经过长期贮存后，由于上述香气物质的增加和醇类物质的减少，使黄酒呈幽雅的陈香。甜型和半甜型黄酒经过较长时间贮存后，由于生成了较多的美拉德反应产物，会产生较浓的焦香。

最新研究认为：异戊酸、乙缩醛、丁酸乙酯、香兰素、丁酸、1-辛烯-3-酮、异戊酸乙酯、异丁酸乙酯、异戊醛、苯甲醛、葫芦巴内酯、4-乙烯基愈创木酚及 3-甲硫基丙醛等是造成新、陈黄酒香气差异的关键香气物质，其中苯甲醛、异戊醛、乙缩醛、葫芦巴内酯、香兰素等关键香气物质随贮存时间延长显著增加，4-乙烯基愈创木酚、3-甲硫基丙醛等关键香气物质随贮存时间延长显著降低。较高温度能明显促进多种陈酿关键香气物质的形成，而增加溶氧能促进苯甲醛、异戊醛、乙缩醛、香兰素（笔者注：香兰素可由 4-乙烯基愈创木酚氧化生成）等关键香气物质含量增加。

3. 味的变化

黄酒在贮存过程中，酒中各种成分发生一系列化学反应和物理变化，如醇的氧化、醇与酸的酯化、乙醛与乙醇的缩合、乙醇与水分子的缔合，使黄酒的口味从辛辣变得醇厚、柔和。但经过几十年的贮存后，黄酒的口味反而会变淡。此外，甜型、半甜型黄酒如果贮存时间过长，会给酒带来焦苦味。

二、贮存管理

（一）酒龄概念

根据 GB/T 13662—2018《黄酒》国家标准的定义，酒龄是指发酵后的成品原酒在酒坛、酒罐等容器中贮存的年限；而销售包装上标注的酒龄，以勾调所用原酒的酒龄加权平均计算。新酿成的绍兴黄酒在酒坛上用墨喷有酿制年份，在泥头内还有一张"坊单"，上面印有产品说明和酿制年份，由此可计算出该酒的酒龄。

值得注意的是，并不是所有黄酒都经得住长期贮存，优质绍兴加饭酒由于酒精度较高、酒质特别醇厚、糖分较低，能够长期贮存且越陈越香，故又名"老酒"。

（二）贮存容器

以陶坛贮酒是黄酒的特色之一，绍兴酒采用容量为 23kg 左右的陶坛作为贮酒容器，如图 4-1 所示。陶坛贮酒存在以下优点：

①陶坛系黏土烧结而成，内外表面涂以釉质，陶坛材料分子间排列疏松、空隙大，具有一定的透气性，贮存在陶坛中的黄酒可以通过坛壁上的空隙吸收氧气，适量的氧气有利于黄酒的氧化。此外，陶坛采用荷叶、箬壳和黏土封口，这些材料也具透气性。

②陶土中所含的镍、钛、铜、铁、锰等变价金属元素在高温烧结时形成高价态，对黄酒的老熟具有良好的催化作用。

图 4-1　陶坛贮酒

③陶土具有与高岭土类似的作用，能够对黄酒起到澄清作用。

但陶坛贮酒也存在缺点：一是贮酒成本高，万吨黄酒必须灌装成近 44 万只陶坛贮存，不但人工费用高，运输和贮存过程中的损耗大，而且需要较大的贮酒场地；二是搬运、堆幢（堆成 3~4 坛一叠）和翻幢的劳动强度大；三是由于采用泥头封口，影响生产车间和仓库环境卫生。

（三）存储环境

贮酒的仓库要求通风良好、高大、宽敞、阴凉、干燥。长期贮酒的仓库温度最好能保持在 5~20℃，过冷会减慢陈酿的速度；过热会使酒精挥发造成损耗，促使 EC 形成，以及有发生浑浊变质的危险。此外，堆叠好的黄酒应避免阳光辐射或直接照射，酒坛之间要留一定距离，以利通风和翻幢。

（四）贮存管理

成品黄酒在仓库内一般以 3~4 坛为一叠进行贮存，每年夏天或适当时间，应翻幢一两次，即将上层的酒坛移位翻到下层，下层翻到上层，减少因上、下层温度和空气流通情况的差异造成陈酿程度上的不一致。如果仓库条件允许的话，还应把通道边的酒翻到里面，把里面的酒翻到通道口来。此外，利用翻幢机会，将有渗漏的酒坛挑拣出来，及时处理以减少损耗。

三、黄酒贮存技术的发展

（一）大罐贮酒

早在 20 世纪 70 年代初，大罐贮酒技术在福州酒厂试验成功。1988 年，绍兴黄酒大罐贮存试验成功，贮酒罐为不锈钢材料，采用分级冷却、热酒进罐、补充无菌空气的工艺路线，1994 年在绍兴黄酒企业中正式推广应用，大罐容量为 50m^3，但是贮存的黄酒质量出现问题，很快停止了这项技术的应用。据了解内情的专家分析，主要原因是推广应用时对不锈钢材质没有把好关，大罐贮存后黄酒带有金属味，影响了黄酒品质。近年来，经过不断试验改进，大罐贮酒技术在一些黄酒企业推广应用，贮酒罐材质为 304-2B 或 316L-2B 冷轧板，容量已扩大到 250~400m^3，如图 4-2 所示。

图 4-2　大罐贮酒

大罐贮酒最关键的问题是在保证风味的前提下，防止酒的酸败，为此必须注意以下几点。

1. 清洗、灭菌

贮酒罐、管道、输酒设备应进行 CIP 清洗并严格灭菌。黄酒企业常用蒸汽灭菌（也有用 75%vol 酒精喷淋灭菌），灭菌时要特别注意死角和蒸汽冷凝水的排除。为防积液，中小型贮酒罐采用锥底罐，大型贮酒罐采用单向倾斜底。灭菌结束时应立即通入无菌空气，否则冷却过程中产生较大的负压，造成罐体内凹变形。

2. 进罐

煎酒后，先将酒温冷却到 65℃ 左右再进罐，这样既使酒保持无菌状态，又避免酒在高温下停留太久而影响酒质。贮酒罐的容积大时，可采用多台薄板换热器同时煎酒，以缩短进罐时间。

3. 降温

因罐的体积大，自然冷却时间过长，对酒质影响较大，进酒完毕应立即封罐降温至 30℃ 以下，罐上安装带空气无菌过滤装置的呼吸阀，空气经无菌过滤后进入罐内，能起到自动维持罐压的作用。

4. 无菌空气

如补充的无菌空气带菌会引起酸败，因此必须保证无菌空气质量。

5. 检测

CIP 清洗后，对末次洗涤水进行微生物检测，以检查清洗效果；贮存过程中，要定期检测酒的总酸、pH 和微生物指标（包括厌氧菌），一旦发现不正常情况，要及时采取措施，避免造成损失。此外，要定期对无菌空气进行微生物检测，防止无菌空气成为贮酒的污染源。

从目前的应用情况看，大罐贮存在 1~2 年内的陈酿效果较好，普通黄酒因为贮存期相对较短，采用大罐贮存各方面的优势明显。但是需要长期贮存的高档黄酒，还是以陶坛贮存为好。从理论上讲，通过补充氧气和添加陶坛碎片可以达到陶坛贮酒的效果，今后要进一步研究加以完善。

（二）人工催陈

由于黄酒贮存过程中氧化、酯化反应速度非常缓慢，依靠自然老熟需要较长的贮存期，因此酒库占地面积大，积压资金多，酒的自然损耗也大。如何通过人为的手段加快黄酒的陈酿速度，缩短黄酒的贮存期，引起了许多研究人员的兴趣。目前已有采用激光、辐射、高压、红外、微波、纳米工艺、化学催化剂等方法进行人工催陈的研究报道。

第二节　黄酒的化学成分与色香味

一、黄酒的化学成分

黄酒的酿造是以曲和酒母糖化发酵、多种微生物参与作用的复杂的生物转化过程，因此黄酒的化学成分十分复杂，包括糖类、氨基酸和肽类、有机酸、无机盐、维生素、醇类、酯类、醛类、呋喃类、吡嗪类、酮类、酚类等。黄酒中各成分的含量很难得出一个平均值，因为它受原料配方、糖化发酵剂、酿造工艺与气候条件、贮存期等多种因素的影响。研究黄酒成分，目的在于控制和提高产品质量。表4-7～表4-10为黄酒成分的分析数据。

表4-7　　　　　　　　　　古越龙山加饭酒的成分

成分	含量	成分	含量
酒精度/%vol	17.3	维生素/（mg/L）	
总酸/（以乳酸计，g/L）	5.5	维生素 B_1	0.69
总糖/（以葡萄糖计，g/L）	26.0	维生素 B_2	1.50
非糖固形物/（g/L）	36.1	维生素 PP	0.86
氨基酸态氮/（g/L）	0.85	维生素 B_6	4.21
氧化钙/（g/L）	0.18	维生素 C	37.35
挥发酯/（g/L）	0.36	矿物质/（mg/L）	
pH	4.1	Zn	3.29
游离氨基酸/（g/L）	4.5	Fe	3.60
水解氨基酸/（g/L）	17.62	Mn	4.57
有机酸/（mg/L）		Cu	0.27
酒石酸	401.8	K	391
丙酮酸	63.4	Mg	203
苹果酸	567.2	Ca	270
乳酸	4167.7	Na	20
乙酸	1439.8	Se	0.04
柠檬酸	648.5	酚类化合物/（mg/L）	
琥珀酸	750.8	原儿茶酸	1.52
富马酸	57.4	儿茶素	24.60
酮戊二酸	26.7	绿原酸	4.66
糖类/（g/L）		咖啡酸	1.24
果糖	0.25	表儿茶素	1.97
葡萄糖	15.52	丁香酸	6.87
麦芽糖	3.76	p-香豆酸	2.94
异麦芽糖	2.67	芦丁	3.73
潘糖	3.56	阿魏酸	2.29
异麦芽三糖	1.25		

注：酚类化合物数据引自参考文献［35］，样品为古越龙山3年陈加饭；硒为中国食品发酵工业研究院采用ICP-MS法测得。

表4-8　　　　　　　　　古越龙山加饭酒中的游离氨基酸含量　　　　　　单位：g/L

氨基酸	含量	氨基酸	含量
天冬氨酸	0.268	酪氨酸	0.262
谷氨酸	0.386	胱氨酸	0.041
天冬酰胺	0.130	缬氨酸	0.204
丝氨酸	0.232	甲硫氨酸（蛋氨酸）	0.058
组氨酸	0.090	色氨酸	0.059
甘氨酸	0.259	苯丙氨酸	0.278
苏氨酸	0.173	异亮氨酸	0.160
丙氨酸	0.577	亮氨酸	0.300
精氨酸	0.359	赖氨酸	0.197
γ-氨基丁酸	0.126	脯氨酸	0.339

表4-9　　　　　　　　　　绍兴黄酒挥发性香气成分含量　　　　　　单位：μg/L

香气化合物	古越龙山 10年陈	古越龙山 10年陈花雕	古越龙山 5年陈	塔牌8年陈	塔牌黄酒
醇类化合物					
正丙醇[1]	110.59	71.54	53.44	63.21	66.80
2-甲基丙醇[1]	69.29	85.20	71.44	63.29	63.95
正丁醇	2916.81	3311.52	1667.23	1077.13	2079.44
3-甲基丁醇[1]	184.80	214.20	174.72	175.60	187.59
正己醇	258.99	253.13	292.20	196.51	239.60
1-辛烯-3-醇	6.55	9.98	8.51	6.83	8.18
正庚醇	21.41	18.00	17.64	16.79	20.48
正壬醇	8.62	9.25	10.69	10.51	12.84
苯甲醇	543.94	571.31	431.14	337.38	257.39
β-苯乙醇[1]	96.75	109.31	72.04	134.76	98.70
酸类化合物					
乙酸[1]	853.27	895.34	814.92	837.46	796.38
丙酸	2641.11	2161.78	1933.84	1934.23	1282.20
2-甲基丙酸	898.35	896.55	787.53	853.16	729.11
丁酸	2734.99	2789.42	2247.61	1929.89	1930.55

续表

香气化合物	古越龙山 10 年陈	古越龙山 10 年陈花雕	古越龙山 5 年陈	塔牌 8 年陈	塔牌黄酒
3-甲基丁酸	2668.12	3100.66	1872.39	2085.04	1220.15
戊酸	201.48	337.81	223.08	167.24	165.94
4-甲基戊酸	203.00	294.28	486.53	278.57	351.03
己酸	825.48	1058.72	728.86	637.76	687.82
庚酸	86.25	87.15	77.66	79.37	77.28
辛酸	279.59	296.14	275.06	268.96	324.90
壬酸	63.79	56.87	75.38	105.27	63.82
酯类化合物					
乙酸乙酯[1]	100.23	83.97	77.49	111.25	107.74
丙酸乙酯	1462.02	2247.66	776.59	639.65	483.52
2-甲基丙酸乙酯	203.56	105.90	6853	89.51	75.28
丁酸乙酯	802.82	1242.85	354.88	321.07	490.91
2-甲基丁酸乙酯	37.93	2456	19.48	25.83	23.58
3-甲基丁酸乙酯	141.22	69.66	56.67	56.27	38.90
乙酸异戊酯	133.07	145.00	110.70	86.59	172.16
戊酸乙酯	31.53	96.37	19.36	11.31	13.24
己酸乙酯	116.91	392.23	85.39	67.10	123.03
乳酸乙酯[1]	731.47	676.78	624.25	465.61	488.26
辛酸乙酯	23.26	23.67	21.53	20.62	34.50
苯甲酸乙酯	87.36	119.61	68.19	63.68	49.13
2-苯乙酸乙酯	115.36	103.74	61.19	76.97	47.56
乙酸-2-苯乙酯	50.76	48.77	39.96	41.91	47.17
丁二酸二乙酯	9146.99	9643.22	7424.15	9512.36	9100.57
肉桂酸乙酯	6.82	1.99	3.59	1.54	2.93
酚类及其衍生物					
4-乙基愈创木酚	14.39	10.30	167.73	44.90	123.91
愈创木酚	134.58	72.04	52.47	125.02	46.38
苯酚	128.55	65.31	66.44	81.87	39.17
4-甲基苯酚	5.11	1.89	2.96	ND.	ND.

续表

香气化合物	古越龙山 10 年陈	古越龙山 10 年陈花雕	古越龙山 5 年陈	塔牌 8 年陈	塔牌黄酒
4-乙基苯酚	38.43	27.70	118.90	113.56	75.12
4-乙烯基愈创木酚	99.70	102.62	298.83	403.61	559.94
香兰素	1239.43	1276.45	838.00	1716.05	1075.28
香兰酸乙酯	610.08	713.67	547.60	1111.88	604.52
乙酰基香兰酮	753.89	681.73	624.74	839.14	525.31
吡嗪类化合物					
甲基吡嗪	7.47	9.22	9.17	8.13	6.44
2,6-二甲基吡嗪	17.69	19.45	17.91	17.10	13.67
2,3,5-三甲基吡嗪	12.73	12.02	8.30	7.06	6.22
2,3,5,6-四甲基吡嗪	90.73	151.43	73.37	20.74	33.59
呋喃类化合物					
糠醛	9193.09	6252.79	4074.17	8491.28	5949.56
2-乙酰基-5-甲基糠醛	21.63	7.97	6.19	959	8.11
糠酸乙酯	10.77	8.04	4.74	7.18	3.54
2-糠醇	526.78	654.72	573.31	808.03	776.92
内酯类化合物					
γ-丁内酯	7449.95	3791.34	3916.67	4557.10	3988.41
γ-己内酯	22.23	22.32	23.13	22.43	18.23
γ-壬内酯	92.25	136.28	138.96	148.24	140.58
DL-泛酰内酯	408.66	304.67	295.36	368.49	222.98
γ-癸内酯	208.92	220.32	130.50	174.62	149.25
醛酮类化合物					
乙醛[1]	99.38	137.48	93.89	100.15	84.71
3-甲基丁醛	2258.92	2319.64	1654.80	1932.49	1845.04
1-己醛	13.17	12.38	15.36	21.33	16.29
苯甲醛	4001.62	5251.44	2880.91	2378.52	1731.01
2-苯基-2-丁烯醛	279.87	199.16	141.11	213.83	152.13
肉桂醛	17.87	36.07	16.62	11.43	6.54
苯乙醛	117.28	89.67	102.02	92.91	79.64
苯乙酮	196.37	213.09	205.31	150.38	157.29

续表

香气化合物	古越龙山 10 年陈	古越龙山 10 年陈花雕	古越龙山 5 年陈	塔牌 8 年陈	塔牌黄酒
含硫化合物					
二甲基三硫	7.60	2.39	4.53	2.36	2.81
二甲基二硫	2.63	0.57	1.36	0.15	2.33
二硫化碳	3.22	5.39	1.71	1.32	1.01
硫代乙酸甲酯	ND.[2]	1.15	ND.	ND.	1.28
硫代乙酸乙酯	1.96	0.42	0.96	1.00	1.04
二异丙基二硫	0.94	1.18	0.84	0.97	0.76
3-甲硫基丙醛	18.46	16.27	89.31	39.79	44.36
其他化合物					
反-1,10-二甲基-反-9-癸醇	0.221	0.350	0.217	0.264	0.108

注：数据引自参考文献 [3]；[1] 浓度单位为 mg/L；[2] ND. 表示未检测出。

表 4-10　　　　　　　　　　不同产地黄酒中挥发性香气成分含量　　　　　　单位：µg/L

成分	会稽山 5 年陈	金枫 5 年陈	沙洲优黄 5 年陈	锡山老酒 5 年陈	即墨老酒
醇类化合物					
丙醇	32345.81	22249.79	18898.89	13081.17	18912.67
2-甲基丙醇	46314.56	74120.27	53789.87	33573.42	17494.98
丁醇	1962.93	ND.	1499.77	1281.12	1656.02
2-甲基丁醇	21289.12	16397.47	16714.74	20481.83	7928.03
3-甲基丁醇	154200.63	140616.86	114049.72	95079.82	87068.36
戊醇	ND.	95.19	ND.	ND.	ND.
己醇	463.99	199.05	213.22	341.74	172.46
1-辛烯-3-醇	22.58	20.29	19.27	35.21	18.83
庚醇	50.02	26.61	39.44	51.17	26.86
酯类化合物					
乙酸乙酯	97404.91	66115.63	38070.37	64399.93	41042.26
丙酸乙酯	730.84	725.95	129.02	307.87	883.69

续表

成分	会稽山 5 年陈	金枫 5 年陈	沙洲优黄 5 年陈	锡山老酒 5 年陈	即墨老酒
2-甲基丙酸乙酯	222.12	425.68	191.88	207.74	156.6
丁酸乙酯	860.77	1766.51	388.9	424.02	438.36
乙酸异戊酯	102.57	172.04	114.28	76.27	38.82
戊酸乙酯	ND.	284.51	ND.	15.12	2.03
己酸乙酯	84.53	177.3	68.66	89.04	61.22
辛酸乙酯	109.28	95.29	94.26	102.28	91.53
丁二酸二乙酯	23892.91	9172.58	4991.4	10929.7	1505.96
酸类化合物					
乙酸	270150.28	142428.99	75490.66	134113.02	150366.21
2-甲基丙酸	594.93	954.51	456.99	607.85	534.58
丁酸	1907.98	1526.18	ND.	957.82	334.28
3-甲基丁酸	3873.18	2797.03	2555.12	2913.34	2787.2
戊酸	ND.	1451.29	ND.	ND.	436.25
己酸	1519.51	4156.58	979.1	1477.12	1275.96
庚酸	71.06	ND.	ND.	ND.	ND.
辛酸	105.76	204.69	285.41	142.6	140.09
芳香族化合物					
苯甲醛	1495.59	652.96	409.38	1393.95	395.29
苯乙醛	80.74	57.25	39.91	76.15	64.42
乙酰基苯	190.92	48.58	3.67	89.86	ND.
苯甲酸乙酯	66.69	26.48	13	38.76	12.78
苯乙酸乙酯	180.98	62.73	27.92	67.36	40.17
乙酸苯乙酯	68.89	50.53	83.61	40.54	22.36
苯甲醇	670.9	6708.38	432.25	1181.65	427.54
苯丙酸乙酯	48.99	8.12	20.73	15.82	14.18
苯乙醇	97535.53	61371.81	75390.88	74575.3	48622.88
(2Z)-2-苯基-2-丁烯醛	3117.24	576.87	ND.	1187.82	ND.
萘	ND.	0.5	0.54	1.18	0.5

续表

成分	会稽山 5年陈	金枫 5年陈	沙洲优黄 5年陈	锡山老酒 5年陈	即墨老酒
酚及其衍生物					
苯酚	47.47	ND.	ND.	46.38	674.26
4-甲基苯酚	ND.	—	—	—	715.45
4-乙基苯酚	78.11	110.88	27.29	24.39	71.33
4-乙烯基愈创木酚	—	ND.	ND.	ND.	—
呋喃类化合物					
糠醛	18144.91	10367.91	4493.96	13151.66	10895.97
2-乙酰基呋喃	ND.	ND.	ND.	ND.	1845.9
5-甲基糠醛	87.46	68.47	65.32	73.28	152.64
糠酸乙酯	11.64	11.59	4.86	9.66	58.96
2-乙酰基-5-甲基呋喃	89.98	37.65	31.56	60.53	175.72
糠醇	ND.	ND.	ND.	2089.67	6869.91
内酯化合物					
γ-壬内酯	209.11	57.36	10.15	115.59	52.59
醛					
己醛	21.47	31.08	ND.	16.7	ND.
硫化物					
二甲基三硫	88.43	90.59	85.17	89.75	ND.
3-甲硫基丙醇	20438.77	3053.17	ND.	7268.28	ND.
含氮化合物					
2-乙酰基吡咯	ND.	ND.	ND.	148.37	1069.08
2,5-二甲基吡嗪	ND.	—	—	—	26.57
2,6-二甲基吡嗪	ND.	—	—	—	22.45

注：数据引自参考文献［40］，检测方法为顶空固相微萃取与气质联用法；ND. 表示未检出。

二、黄酒的色香味

（一）黄酒的色泽

黄酒的色因品种不同而异，主要来自酿造原辅料的自然色、微生物分泌的色素、黄酒贮存过程中发生美拉德反应产生的类黑精、某些金属离子及添加的焦糖色等。此外，有的产品使用了炒焦的原料，使酒色变深，如即墨老酒。

（二）黄酒的香气

黄酒的香气，不是指某一种化合物的突出香气，而是一种由多种挥发性成分组成的复合香。

1. 酯类

目前已从黄酒中检测出的酯类物质有 149 种，主要为乳酸乙酯、乙酸乙酯、丁二酸二乙酯、甲酸乙酯、丙酸乙酯、丁酸乙酯、己酸乙酯等。酯类物质大多呈水果香，这也是黄酒越陈越香的气味。

2. 醛类

黄酒中的醛类主要有乙醛、乙缩醛、苯甲醛、苯乙醛、异戊醛等，醛类主要呈果香和花香。乙缩醛由乙醛与乙醇缩合而成，具有愉快的清香味，也是黄酒的陈香气味。

3. 醇类

黄酒中除了乙醇外，还含有异戊醇、异丁醇、β-苯乙醇、2-甲基丁醇、丙醇、仲丁醇等高级醇。高级醇是各种酒类的主要香气和口味物质之一，其中 β-苯乙醇具有玫瑰花香和蜂蜜香。

此外，黄酒中的香气化合物还有酚类、吡嗪类、呋喃类和内酯类。其中，酚类主要有香兰素、愈创木酚、4-乙烯基愈创木酚等，吡嗪类主要有 2,3,5,6-四甲基吡嗪、2,6-二甲基吡嗪、2,3,5-三甲基吡嗪等，呋喃类主要有糠醛、2-糠醇、5-甲基糠醛等，内酯类主要有葫芦巴内酯、γ-壬内酯、γ-癸内酯等。香兰素呈甜香和香草香，愈创木酚呈药香，4-乙烯基愈创木酚呈强烈香辛料和丁香气味，呋喃类呈焙烤香或坚果香，糠醛呈杏仁香和焦甜香，葫芦巴内酯呈焦糖香、γ-壬内酯呈椰子香和桃香。

（三）黄酒的滋味

黄酒中的滋味物质非常丰富，从大量的感官品评和理化分析得出，主要由甜、酸、苦、辣、涩、鲜六味融合在一起，形成一种醇和、柔顺、丰满、浓郁、圆润、浑厚、悠长的感觉形象，兼有香、醇、柔、绵、爽的综合风味，令人回味无穷。

1. 甜味物质

黄酒中的甜味物质，一是糖类，主要为单糖、二糖和三糖，其中葡萄糖占总糖量的 50%~70%。此外，黄酒中发现一种叫乙基-α-D-葡萄糖的糖，简称 α-EG 糖，系葡萄糖与乙醇脱水综合而成，分子式 $C_8H_{16}O_6$，相对分子质量 208，极易溶于水和无水乙醇，属非还原性糖，口味与葡萄糖相似，在绍兴加饭酒中的含量为 4.2g/L，善酿酒中的含量为 11.4g/L，陈年封缸酒中的含量为

1.2g/L；二是甜味氨基酸，如甘氨酸、丙氨酸、丝氨酸、苏氨酸、脯氨酸、组氨酸；三是某些醇类，如乙醇、2,3-丁二醇、丙三醇（甘油），其甜度随羟基数增加而加强。

2. 酸味物质

俗话说："无酸不成味"。酸是黄酒的重要口味之一，可增加酒的爽快和浓厚感。黄酒中的酸味物质主要是有机酸，已定量分析的有机酸有10余种，含量较高的有机酸为乳酸、乙酸、琥珀酸、柠檬酸、苹果酸等。

3. 鲜味物质

黄酒中的鲜味物质有鲜味氨基酸（谷氨酸、天冬氨酸等）、鲜味肽、琥珀酸、酵母等微生物自溶产生的 5′-核苷酸等。此外，黄酒中部分鲜味氨基酸和鲜味肽与还原糖发生美拉德反应，近年来的研究发现美拉德反应具有明显的增鲜作用，如 Kazuki Shiga 等发现美拉德反应产物 $N-$（1-deoxyfructos-1-yl）glutamic acid（Fru-Glu）的鲜味强度高于对应的谷氨酸；赵炫等发现鲜味肽 Asn-Pro、Ala-His 与葡萄糖发生美拉德反应后鲜味明显增加。这些鲜味物质赋予黄酒入口鲜爽、后味鲜长的独特风格。

4. 苦味物质

黄酒中的苦味物质包括苦味肽（如 Pyr-LFNPSTNPWHSP、LPTL）、苦味氨基酸（组氨酸、精氨酸、缬氨酸、异亮氨酸、亮氨酸、苯丙氨酸、色氨酸）、某些高级醇（如苯乙醇、异戊醇、正己醇、异丁醇、酪醇、正丙醇）、酚类化合物、类黑精、焦糖、糠醛、丙烯醛、丁酸乙酯、乳酸乙酯、5′-甲硫基腺苷和胺类等物质。此外，用曲量多和贮存期长会给酒带来苦味。苦味是黄酒的诸味之一，在极其轻微的情况下赋予黄酒刚劲爽口的口感，但苦味过重则破坏酒的协调。

5. 涩味物质

黄酒中的涩味物质主要是乳酸、乳酸乙酯、丁酸乙酯、醛类（如乙醛、糠醛）、某些高级醇（如异丁醇、异戊醇、苯乙醇、正丙醇）、某些氨基酸（如酪氨酸、缬氨酸、亮氨酸）和酚类化合物等，这些物质过量时涩味难耐。此外，发酵醪酸度过高而添加过量石灰中和，以及曲的质量差也会给酒带来涩味。黄酒需要保持适量涩感，以增加其浓厚调和感。

6. 辣味物质

黄酒的辣味物质主要是乙醇、高级醇和醛类。新酿的黄酒辛辣味较明显，在陈酿过程中，这些物质经过酯化、缩合和分子缔合作用，使酒质由辛辣、刺激变得柔和、爽适。

第三节　黄酒的品评

一、品评的意义和作用

鉴定黄酒质量的方法，总的来说，可分为理化分析和感官品评两种。黄酒的感官品评，习惯称之为评酒，是运用人的视觉、味觉、嗅觉来评定黄酒感官性质优劣的一种方法。品评大致可分为四步：首先是运用感觉器官对黄酒进行色、香、味、体（风格）的鉴定；其次是对大脑收到的信息进行归纳、分析并加以描述；再次将品评结果与感官标准进行比较；最后对黄酒进行评定。

黄酒是供人们饮用的，尽管理化分析法能将黄酒中各成分含量数据化，但仅仅根据理化分析的结果来评定黄酒的质量是不够充分的，经常会出现这样的情况：理化分析数据上十分接近的酒样，风味上可能存在一定或明显的差异。因此，对黄酒质量的鉴定，不但要进行理化分析，还必须经过人们的感官品评。

感官品评是最便捷、最普通、采用面最广的国际通用方法，能在接触产品后的很短时间内迅速确定产品的质量状况，比理化分析所得的结果快、准确率高。感官品评的作用有：

①通过感官品评，可以及时发现产品质量缺陷，找出产生原因并提出改进措施。

②品评可以判定产品质量的等级，是分级入库的依据，而在黄酒的贮存过程中，通过品评，可获得酒质的变化情况和掌握陈酿老熟的规律。

③品评可作为制订勾调方案的依据，又可用来检验勾调的效果，品评水平决定勾调产品水平。

④品评是控制最终出厂产品质量的关键性措施，是把住产品质量关的重要手段。

⑤品评在酿酒工艺技术的创新中起指导和评价作用。

⑥品评是搜集市场反映，了解消费爱好的手段，用于指导产品的改进和新产品开发。

⑦品评是商品流通领域中对酒类实行质量监督、管理的常用手段。

二、品评原理

（一）嗅觉

人的嗅觉器官是鼻腔。嗅觉是有气味的物质的气体分子或溶液在口腔内挥发后，随着空气进入鼻腔的嗅觉部位而产生的。嗅觉区位于鼻腔的最上部，即鼻黏膜的深处，称为嗅膜（也称嗅觉上皮，因有黄色色素，又称嗅斑），大小为 $2.7 \sim 5 cm^2$。嗅膜上的嗅细胞呈杆状，一端在嗅膜表面，附有黏膜的分泌液；另一端为嗅球部分，与神经细胞相连。当有气味的分子接触到嗅膜后，被溶解于嗅腺分泌液中，借化学作用而刺激嗅细胞，嗅细胞因刺激而发生神经兴奋，通过传导至大脑中枢，遂发生嗅觉。

人的鼻腔结构，前部称为鼻前庭，后部称为固有鼻腔。固有鼻腔衬以黏膜，上部为嗅膜区，侧鼻上生出上、中、下三个鼻甲，各鼻甲下的狭缝，称为上、中、下三个鼻道。当人平静呼吸时，被吸入的空气通常多通过下鼻道和中鼻道进入鼻咽部，在这种情况下，带有气味物质的空气，只能以弥散的状态（极少量而缓慢）进入上鼻道接触嗅膜区，所以只能感到有轻微的气味，甚至感觉不到气味。当人有意做吸气动作，气流进入鼻腔的速度加快时，便在鼻道中形成空气涡流带着有气味的物质分子进入嗅膜区，对嗅觉的刺激就加强了。所以为了获得明显嗅觉，就必须做适当用力的吸气（收缩鼻孔）或扇动鼻翼做急促的呼吸。但这样加强的嗅觉，仍然很快就变得十分轻微。人们为了嗅得一种有味物质的充分气味，最好的方法是头部稍微低下，把被嗅物质放在鼻下，收缩鼻孔，让气味自下而上地进入鼻腔，这样就较易使气流在上鼻道产生涡流，气味分子接触嗅膜增多，从而加强了嗅觉。

有气味的物质分子还有的是通过鼻咽部的途径而进入上鼻道的，例如进入口腔中的食物或饮料中气味所挥发的分子，进入鼻咽后，与呼出的气体一起通过两个鼻后孔进入鼻腔，这时吸气也能感到食物的气味。人们在吞咽食物和饮料时，可以造成对气体进入鼻腔的有利条件。因为当食物或饮料经过咽喉时，由于软腭下垂、喉咽与鼻咽的通路中断，这种反射可以阻挡食物进入鼻腔和上呼吸道。当食物或饮料下咽至食管后，便发生有力的呼气动作，而带有气味的分子的空气便由鼻咽急速向鼻腔推进，此时人对食物或饮料的气味感觉会特别明显，这是气味与口味的复合作用。有些食物和饮料的气味不但可以通过喉咽达到鼻腔，而且咽下以后还会再返回来，一般称为回味。回味有长短，并可分辨出是否纯净（有无邪杂气味）、有无刺激性。由此可见，香与味是密切相关的。

有关味觉的几个问题。

1. 嗅觉灵敏度

人的嗅觉是非常灵敏的，即空气中的有味气体能引起嗅觉细胞兴奋的浓度是极其微小的，例如在 50mL 空气中有 $2.2 \times 10^{-12} g$ 乙硫醇、$3 \times 10^{-8} g$ 麝香或 $2.88 \times 10^{-4} g$ 乙醇就能被人嗅出。在一定条件下，人们对某一物质的气味能感觉到的最低浓度称为该物质的气味阈值。某人对某物质的气味阈值越低，就表明某人对某物质的嗅觉灵敏度越高。由于人的嗅觉灵敏度不同，气味阈值应根据大多数人的感觉而定。

2. 嗅觉疲劳

嗅觉极容易疲劳，对某一气味嗅的时间稍长些，就会迟钝不灵，这称为"有时限的嗅觉缺损"。古人所说的"入芝兰之室，久而不闻其香；入鲍鱼之肆，久而不闻其臭"，就是指嗅觉易于迟钝。但人对某一种气味的嗅觉迟钝之后，对其他气味的嗅觉灵敏度，仍可保持不变。

评酒时，嗅闻酒的香气时间不宜过长，要有间歇，以保持嗅觉的灵敏度。当评酒时间较长，嗅觉疲劳时，应休息片刻再进行品评，才能得出准确的判断。

3. 人的嗅觉差别

嗅觉灵敏度的个体差异很大，同一个人的嗅觉灵敏度的变动范围也是很大的，如人在感冒、身体疲倦或营养不良时，嗅觉灵敏度降低。

嗅觉还与经验有关，有的气味由于不熟悉往往容易被忽略。如果没有接触过某种气味，在该气味很浓时，就不能准确地表达它；在该气味很轻时，就难以捕捉到它。所以作为评酒员，各种食品或与食品有关的物质（如中药材）都要嗅一嗅，并要把它记住，这样当一种气味出现时，你能马上捕捉到它。

4. 香味物质之间的相互影响

（1）中和反应　两种不同性质的香味物质相混合失去各自单独香味现象。

（2）抵消反应　两种不同性质的香味物质相混合各自独有的香味有减弱现象。

（3）掩盖反应　两种不同性质的香味物质相混合，只有一种香味物质呈现香味现象，另一种香味物质的呈香全部被掩盖。

（4）间段反应　两种不同性质的香味物质，初嗅是混合的，继嗅是单一的，有分段感觉。

（5）加强反应　在一种香味物质中，添加了另一种香味物质，使原香味物质的香味有加强的感觉。

（6）不同浓度的反应　香味物质浓度不同，使嗅觉有不同的反应。酪酸浓度变高时呈腐败的酯臭气，稀薄时具水果样香气；丙酮浓度高时有特异的丙酮臭，稀薄时呈果实样香气。

（二）味觉

人的味觉器官是舌，同时口腔的腭、咽等部位也有味觉功能。舌之所以能产生各种味觉，是由于舌面上的黏膜分布着众多不同形状的味觉乳头。在味觉乳头的四周存在着味蕾，味蕾是味的感受器，也就是在黏膜上皮层下的神经组织。味蕾的外形很像小的蒜头，由味觉细胞和支持细胞组成。味觉细胞是与神经纤维相联的，味觉神经纤维联成小束，通入大脑味觉中枢。当有味的物质溶液由味孔进入味蕾，刺激味觉细胞使神经兴奋，传入大脑，经过味觉中枢的分析，产生各种味觉。味蕾大部分分布在味觉乳头上，少数分布于软腭、咽后壁及会厌上，因此这些部位也有味感能力。

由于舌头上味觉乳头的分布和味觉乳头的形状不同，各部位的感受性也不相同。舌尖对甜味最敏感，舌尖和舌前侧边缘对咸味最敏感，舌后侧靠腮的两边对酸味最敏感，舌根部对苦味最敏感。在舌头的中央和背面没有味觉乳头，就不受有味物质的刺激兴奋，因而无辨别滋味的能力，但对压力、冷、热、光滑、粗糙、发涩等有感觉。4种基本味觉甜、酸、苦、咸在舌面上最敏感的分布部位如图4-3所示。但后来的研究表明，该舌头味觉分布图是错误的，舌头不同部位对不同味觉的敏感程度只有微小的差异。

图4-3 味觉在舌面上分布部位

从味觉的敏锐和持久的时间来区别，舌的前后部分有明显的差异：味觉最敏感、反应迅速而细致、消失也很快的是舌尖部，其次为前部，而舌的后部（包括腭、喉等）味感则来得较慢，但持续时间较久，这也是我们吃中药时常感到留有后苦的原因。

有关味觉的几个问题。

1. 基本味

我们常说的"五味调和"，"五味"是指甜、酸、苦、辣、咸。但从生理学角度讲，基本味只有甜、酸、苦、咸4种，其他味是触觉或这四种基本味掺合而成的，如辣味是刺激口腔黏膜引起的疼痛感觉；涩味是一种舌体黏膜的收敛感。对于四种基本味具有较高灵敏度是作为一名评酒员所应具备的基本技能。因此，要成为一名合格的评酒员，必须加强这方面的训练。

2. 味觉与温度的关系

味觉与温度的关系很大。最能刺激味觉的温度在10~40℃，其中以30℃时味觉最敏感，即接近舌温对味的敏感性最大，高于或低于此温度，味觉都稍有减弱，如甜味在50℃以上时，感觉明显迟钝。温度对味觉的影响表现在味阈值的变化上。感觉不同味道的最适温度有明显差别。甜味和酸味的最佳感觉温度在35~50℃，咸味的最适感觉温度为18~35℃，而苦味则是10℃。

3. 味觉与年龄、生理等的关系

味蕾是味觉感受器，其数量的多少决定了味觉的敏感性。味蕾数量随年龄的增长而减少，因而味觉会逐渐衰退。味觉衰退首先表现在专门鉴别甜、咸的味蕾上，相比之下，那些鉴别苦、酸的味蕾的衰退现象要迟得多。

味蕾的兴奋程度，与饥、饱有关。人在饥饿的时候，味蕾呈兴奋状态，因而吃任何东西都觉得很香；饱餐以后，味蕾多半处于抑制状态，感觉也渐迟钝了。因此，评酒的时间应选择在不饱不饥时为宜。

此外，味觉的敏感性受健康、心理状态的影响。生病、心理紧张会引起人的味觉下降。有些病人吃了某种药后会失去味觉，经研究发现，这是因为所服用的药物中的某些成分干扰了人体中某些微量元素，特别是铜、锌缺少。当给患者补充若干铜和锌制剂后，病人的味觉功能很快恢复正常。

4. 味觉间的相互影响

味觉间的相互影响分为互补作用和抵消作用。以咸味为例：咸味的咸度会因为添加砂糖而降低，在1%~2%的食盐溶液中添加7~10倍砂糖，咸味几乎完全消失，咸汽水没有咸味感觉也就是这个道理。同样，在甜食中少量添加食盐不但不会降低甜度，相反，可以增加甜度，在10%糖液中添加0.15%食盐（相当于砂糖量的0.015%）甜度最高；咸味与酸味关系较为复杂。在极少量加酸的情况下会提高其咸度，如在1%~2%的食盐液中加0.01%的醋酸，咸度明显提高。但在添加较多量的酸时，反而会降低咸度，如在1%~2%食盐中添加0.05%以上（pH 3.4以下）的醋酸时，会使咸度明显下降。此外，苦味对咸度有降低作用。

三、评酒员需具备的素质与注意事项

（一）评酒员需具备的素质

评酒员分两个层次：一般评酒员的主要职能是裁判；分析型评酒员既要当裁判员，又要当教练员。分析型评酒员能指出产品存在的优点或缺陷，仔细区分这些优点或缺陷的微小差别，并分析出造成这些优点或缺陷的原因，包括水质、原料、配方、工艺过程、贮藏条件等。还能指出成分中多了些什么，少了些什么。分析型评酒员需要渊博的知识和丰富的实践经验。

作为一个评酒员，需具备四个基本素质：

1. 健康素质

身体健康，有正常的视觉、嗅觉和味觉，抵抗感冒能力强，无色盲、重性鼻炎和肠胃炎。

2. 品德素质

评酒员要实事求是、认真负责、公平公正，且要将个人爱好的倾向性降到最低程度，不得以个人爱好参加品评。

3. 酿酒专业素质

评酒员要通晓酒类生产业务知识，准确、牢固地掌握产品质量标准和本型酒应具备的风格典型性。不仅要熟悉本单位、本地区酒类生产情况，还要了解和比较熟悉国内同类型产品的风格、质量标准、工艺特点。

4. 评酒技能素质

评酒员必须热爱评酒工作，不断学习评酒知识，反复锻炼感官分辨能力，练好评酒基本功，并具有准确的品评语言表达能力。

（二）评酒员注意事项

在评酒期间，评酒员应注意以下几点：

①评酒时不准抽烟，以免影响味觉和嗅觉的灵敏性。

②评酒期间饮食应清淡、简单，不要进食香浓、辛辣、油腻的食物，不得饮酒，以免影响评酒判断力。

③评酒期间应停止使用香水等一切带香味的化妆品，以免干扰评酒工作。

④评酒期间应注意休息和保暖，避免伤风感冒。

四、品评组织工作

（一）评酒杯要求

评酒杯采用无色透明、无花纹的高级玻璃杯，杯型为郁金香型，满杯容量约为60mL。酒杯要求厚薄均匀、无气泡，并且大小、高矮应完全一致。即使同一工厂、同型产品，也要进行选择，方可用于评酒。

（二）评酒顺序安排

组织评酒，应讲究评酒顺序的合理安排。在评酒的轮次（同时评的一组酒为一轮）顺序安排上，应遵循下列原则：酒精度先低后高；香气先淡后浓；滋味先干后甜；酒色先浅后深。

（三）酒样品种、数量、倒酒

根据以上评酒顺序安排，同一组酒样必须有可比性。品评酒样的多少，以不使评酒员的感觉器官产生疲劳为原则。一般情况下，每组酒样以4个为宜。有时在轮次安排上有困难，一组酒样安排6个酒样，这样的情况以少出现为好，频繁出现会加速感官疲劳。一天之内品评的酒样数为24～32个为宜。

每轮的酒样确定后，工作人员可将酒样取好，进行编号，酒样号与酒杯号要相符。倒酒操作必须谨慎、小心，要做到：

①取酒样的动作要轻稳、垂直，减少酒的震荡。黄酒国家标准允许瓶底有少量聚集物，因此，倒酒时只倒上清液，要防止瓶底的聚集物泛起。

②小心地开启瓶盖、瓶塞，不使任何异物落入。

③倒酒时瓶口与杯口距离要近，让瓶中酒液缓缓流向酒杯，不要引起酒液冲激和飞溅。

④酒液在杯中盛满高度为 3/5 左右，同时注意每杯酒注入体积必须相同。酒液不充满杯的目的是使杯中有足够的空间，以便品评时转酒杯或轻微摇晃酒杯。

（四）酒样温度

酒的温度不同，香与味的感觉区别较大。一般说来，温度在 10~40℃ 时，人的味觉最敏感。黄酒最适宜的品评温度为 20~25℃，虽然黄酒在 38℃ 左右最好喝，但这样高的温度组织集体评酒，又用小杯子，是难以保持的。

调温工作，有时因准备时间不够充分或衔接不好，或设备条件受限，只能做到接近于上述规定的温度，那么必须严守这样一条原则：同一次评酒的酒样温度必须一致。

（五）评酒时间安排

评酒最佳时间是：上午 9—11 时，下午 3—5 时。选定这样的评酒时间的理由是：每天早上，我们的头脑和感觉器官已获得充分的休息，所以在这个时候一般人都具备最大限度的敏感性；中午有足够时间休息，以利评酒员去除疲劳、恢复精力。此外，这个时间避开了胃部过饱、过饿的时间。因此，这样的时间安排为评酒员获得正确的、可靠的嗅觉和味觉印象提供了条件。

五、评酒操作

评酒操作，包括四个方面：观色、嗅香、尝味、品格。掌握正确的操作方法是至关重要的。其中还有一些技巧问题，也需要掌握。

（一）观色

观色是评外观，用手指夹住酒杯的杯柱，举杯于适宜的光线下，进行直观或侧观。这种对光观察必须逐只进行，一点细微现象也不能放过，再用白纸作背景观察一组酒中杯与杯的比较情况。还可用俯视的方法，置一组酒杯于白纸上，从上往杯底俯视，观察澄清度。观色的项目有下列各项：

（1）呈色（色泽、色调、颜色）　是否具备应有的色泽，具备应有色泽也称"正色"，否则是"异色"，与黄酒应有色泽不符。

（2）清浑　酒的澄清度是酒体健康的标志，标准是澄清、透明。

（3）光泽　对光检查酒液的亮度，是发暗、失光，还是晶亮。对颜色较深的酒，对光检查也应有反光。

（4）杂质　有无悬浮物、沉淀物。

（5）流动度　反映酒液的浓厚程度，黏稠性，酒液挂杯情况，应予以观察检查。

（二）嗅香

置酒杯于距离鼻孔下 6~7cm 处，头略低，轻嗅其气味，这是第一印象，应特别注意。嗅了第一杯，就立刻记下香气情况；接着嗅第二杯，避免各杯的相互混淆。稍稍休息一会，再从逆次序各嗅一次，并核对记录。有出入者，打好存疑记号。

稍停，再做第二轮闻香。第二轮闻香可以说是深嗅。深嗅的措施是，酒杯可以接近鼻孔，同时可转动或轻轻摇动酒杯，以增加香气的逸发量，可扇动鼻翼，扩大鼻孔接受气流的容积，做短促呼吸，用心辨别气味。先顺次序嗅一遍，再逆次序嗅一遍，这样就能对该组酒列出淡、浓、优、劣的次序了。剩下来的问题是：是否还有疑点和相同或相近的两杯，是否还有微小差别。为了解决这两个问题，休息一会后，针对性地找有关杯，进行第三轮嗅香。这时用手将酒捂一捂，以提高酒温，增加香气逸发量，用鼻子深深吸气，细心地进行辨别，记好特点，以消除疑点，排出一组酒的优劣次序，评出分数。

嗅香时要注意的几个问题：

①嗅香前要先呼气，然后再拿杯于鼻下吸气，不能对酒杯呼气，吸气时间、间歇、吸入气量要尽可能相等。

②每杯与鼻的距离都应一致，以使嗅入量保持相等。

③嗅香气不能忽快忽慢，忽远忽近，忽多忽少，要有一定的节奏性，还要注意鼻子有一定的间歇休息时间，不要一下子搞得很疲劳。

（三）尝味

尝味应掌握下列要点：

①尝味次序一般根据香气浓淡排列，先尝香淡的，后尝香浓的，再尝异杂气酒，以免异杂气味酒对口腔感觉产生干扰。由淡到浓尝了以后，再由浓到淡进行复尝。

②尝味要慢而稳，使酒液先接触舌头（味觉最灵敏部位），次两侧，再至舌根部，然后鼓一下舌头，使酒液铺展到舌的全面，进行味觉全面判断。并有少量酒液入喉，以辨别后味。不能将酒液全部吐掉。尝味最珍贵第一印象，要立即做好记录。

③尝味的量要一致，先是小尝，黄酒每口应为 4mL。小尝一遍后，再增量尝一遍，但一般不超过 10mL。

④酒液在口中停留时间，以 9~10s 为好。时间过短难以细致分辨味觉，而时间过长，酒液掺和唾液后，具有稀释与缓冲作用，影响判断结果，同时还

会加速评酒员的疲劳。

⑤酒含在口中，要从各个角度去探讨其滋味，一般经历四个阶段：

a. 初感。获得主味感，如甜黄酒在 1~6s 内主要有甜味感受，6~7s 出现酸味。

b. 触感。7~9s 时获得酒体感觉，如粗糙、细致、柔软、绵和。

c. 刺激感。在 9s 以后，露出苦味和收敛（涩口）、辣口的感觉。

d. 回味。接着检查回味长短，尾子是否干净，是回甜还是后苦、生涩，有无余香，有无刺喉和不快感等。

⑥尝味后要漱口，用等于体温或比体温稍低的开水或蒸馏水漱口，可将口中的残余香味除去。

⑦要注意顺序效应和后效应。

a. 顺序效应。人的嗅觉和味觉经过较长时间的刺激兴奋，就会逐渐降低灵敏度而迟钝，甚至麻木不仁，这样对于最后评的一两个酒就会受到影响，称为顺序效应。顺序效应分两种情况，如评 1 号、2 号、3 号三种酒，先评 1 号酒、再评 2 号酒和 3 号酒，会发生偏爱 1 号酒的心理现象，为正的顺序效应；有时则相反，偏爱 3 号酒，则为负的顺序效应。

b. 后效应。评两个以上的酒时，品评了前一个酒，往往会影响后一个酒的正确性，例如评了一个酸涩味很重的酒，再评一个酸涩较轻的酒，就会感到没有酸涩味或很轻，称为后效应。

为了避免这些影响，评酒时，应先按 1、2、3……顺序品评，再按……3、2、1 顺序品评，如此反复几次，再体会感受。每评一个酒后，要稍稍休息一下，以消除感觉疲劳。特别是评完一轮次后，要有适当的间歇，并漱口。

(四) 品格

品格，指综合判断酒的风格，包括三个方面：

(1) 检查酒体是否协调　酒体是由包括色、香、味感官情况和理化成分的统一体，要互相协调，如一只酒尝味有酸度偏高的感觉，但理化指标测定，酸度没有超过规定，这是因为酒体其他成分偏少，酒体不能承载酸度，使人有偏酸的感觉，这也是一种酒体不协调。

(2) 检查是否"落型""入格"　如标注是半干酒，但尝起来酒体很淡薄，与半干酒的要求"醇厚"相去甚远，这称作不入格。有的半干酒总糖含量超过 40g/L，就不能落入半干型。

(3) 检查典型性　典型性是由原料、配方、工艺、贮存年份以及上述"落型""入格"等方面形成的。如山东即墨老酒，其典型性是由大黄米原料、使用陈伏曲、采用煮糜的工艺形成的，主要表现在：呈深褐色，有焦香，后口有焦苦味，但不留口，余味清爽。

六、评酒打分

黄酒品评是采用记分品评法，满分为 100 分，其中色泽 10 分、香气 25 分、口味 50 分、风格 15 分。打分的依据是根据品评酒样的色、香、味、格的优劣差异的评语情况，依规定项目的分数，进行打分。

1. 色泽（10 分）

橙黄（或符合本类型黄酒应有色泽，如橙红、黄褐、深褐等），清亮透明，有光泽。

有下列情形者进行扣分：

清亮透明，但光泽略差，或者色泽过深或过浅者；

微浑，或者失光者；

浑浊，或者缺乏黄酒应有的色泽者；

有沉淀物、悬浮物，其他杂质者。

2. 香气（25 分）

具有黄酒特有的香气，醇香浓郁，无其他异香异气。

有下列情形者进行扣分：

有黄酒应有的香气，有醇香，但不浓郁者；

有黄酒应有的香气，但醇香不明显者；

缺乏黄酒应有的香气，有异杂气者；

有黄酒不应有的香气，有不愉快的异香者；

有严重的臭气或异杂怪气者。

3. 口味（50 分）

醇厚（半干型以上黄酒），醇和（干型普通黄酒），鲜甜（半甜型和甜型黄酒），柔和、爽口（鲜爽）、无其他异杂味。

有下列情形者进行扣分：

醇厚、醇和、甜润，但不够柔和者；

尚醇和、清爽，但酒味较淡薄者；

酒味淡薄，略带苦涩味，或有弱味者；

酒味淡薄，有苦涩、暴辣味者；

淡而无味，苦涩味重，有酸感者；

酸败，异杂怪味者。

4. 风格（15 分）

具有本类型黄酒的独特风格，酒体组分协调。

有下列情形者进行扣分：

有本类型黄酒的风格，酒体组分较协调；

典型性不明显，酒体组分尚协调者；

缺乏典型性，酒体组分不协调者。

以上各项应予扣分的缺陷排列是由轻到重。

七、品评术语

品评术语（简称"评语"）是酒类品评的常用语。由于黄酒种类、风格不同，使用的术语也不同。但不同的术语不少是概念性的词汇或比较性的形容词。所以，在选用时必须正确理解它的意义，恰如其分地使用。

1. 色泽的术语

黄酒品评常用的色泽术语，主要有以下几种：

（1）橙黄　指大多数黄酒应有的色泽。

（2）橙红　指酒色黄中带红。

（3）黄褐　指酒色黄而带褐。

（4）深褐　指酒液近似黑色。

（5）清亮透明　指光线能通过酒液，清彻明亮。

（6）有光泽　指在正常光线下，酒液像水晶体一样高度晶亮。

（7）失光　指酒液失去光泽。

（8）微浑　指光束不能通过酒液，酒体轻微浑浊。

（9）浑浊　指酒液像浊泥水一样。

（10）悬浮物　指酒液中有粒状、絮状、片状、纤维状、浮油状等悬浮物质。

（11）沉淀物　指酒液中有粒状、片状、块状等沉淀物质。

2. 香气的术语

黄酒的香气是比较复杂的，各类型的黄酒有各种不同的香气。因此，香气的术语，一是形容香气的浓、淡、优、劣程度；二是表示各种类型黄酒的香气特点。常用的香气术语，主要有以下几种：

（1）黄酒特有的香气　指酒香纯正、自然。

（2）醇香浓郁　指酒中香气浓而馥郁。

（3）醇香欠浓郁　指酒中有醇香，但不够浓郁。

（4）醇香不明显　指酒中醇香低弱，在若有若无之间。

（5）无醇香　指酒中醇香不能嗅出，失去黄酒应有的香。

（6）焦（糖）香　指酒中有一种焦（糖）香味。

（7）暴香　指酒香刺鼻、不自然。

（8）异香　指黄酒中不应有的香气。

（9）异（杂）气　指酒中不应有的杂气味。

（10）臭气　指酒中有腐臭气。

3. 口味的术语

口味术语是表示味感的用语。其味感是极为复杂的，各类型的黄酒有不同的味感，选用术语也应不同。常用的口味术语，有以下几种：

（1）醇和　指酒味纯正而柔和，无刺激性。适用于干型黄酒的术语。

（2）醇厚　指酒味醇润而浓厚。适用于半干型以上黄酒。

（3）甜润　指酒味甘润而不腻。适用于半甜、甜型黄酒。

（4）柔和　指酒味柔绵而润和，无刺喉、辛辣、粗糙的味感。

（5）鲜洁　也称鲜灵，指酒味鲜而爽净。

（6）清爽　指酒无其他异杂味。

（7）爽口　指酒中的甜、酸、酒精等诸味协调、爽净、适口。

（8）淡薄　指酒味寡淡单薄，缺乏醇厚感。

（9）苦味　指酒有苦味感。可分为苦重、后苦、苦涩等。

（10）涩味　指酒中有涩味感。

（11）弱味　指酒软弱无劲，缺乏"刚骨"的味感。

（12）酸感　指酒有酸的味感。

（13）酸败　指酒的酸味过高，压倒了其他味感，酒体开始败坏。

（14）异杂味　指酒中有异常的怪杂味。

4. 风格的术语

（1）酒体组分协调　指酒中的糖、酒、酸及各种微量成分平衡协调。

（2）酒体组分欠协调　指酒中的诸味尚欠协调。

（3）酒体组分不协调　指酒的诸味不协调。

（4）具有本类型黄酒的典型风格　指典型性明显、酒质完美、独具一格。

（5）具有本类型黄酒的风格　指酒质尚优，有典型性。

（6）典型性不明显　指缺少本类型酒应有的典型性，酒质一般。

（7）失去典型性　指不具备本类型酒应有的典型性。

八、基于风味轮的黄酒感官评价术语体系

黄酒的传统感官评价描述术语必须依靠长期的实践经验积累才能体会和准确表达，不利于产品研发人员、消费者、市场营销人员之间的沟通。风味轮是国际上普遍认可的科学有效的感官评价体系，通常以 2~3 层车轮形式直观表达产品风味的特性与共性，从内而外对风味进行逐层分类细化，最外层为明确特定的风味注释。风味轮评价方法使用的描述术语具体直白、不易产生歧义，使得风味的表达更为直观，从而更容易被消费者感知和接受。国外酒类如葡萄酒、啤酒、威士忌、白兰地等先后建立了各自专属的风味轮。

　　江南大学王栋等通过选取 13 种不同地域的典型黄酒样品，参照国际标准 ISO 11035 感官描述语选择方法，依靠由 35 名国家级黄酒评酒委员和 57 名青年消费者组成的品评小组，于 2013 年初步建立了中国黄酒的风味轮（图 4-4）。该风味轮分为嗅觉和味觉 2 大类，其中味觉包括涩味、咸味、苦味、鲜味、酸味、甜味和口感 7 类；嗅觉包括焦糖香、芳香、蔬菜气、硫化物、香料香、陈香、木香、曲香、谷物气、土腥气、坚果香、化学气及果香 13 类。外层术语共有 63 个。同时研究参照 ISO 标准，运用多元统计方法，选择确定了甜味、苦味、涩味、酸味、鲜味、醇香、焦糖香、果香、药香、烟气香、曲香及蜂蜜香等 12 个术语作为黄酒风味感官轮廓的基本描述语。

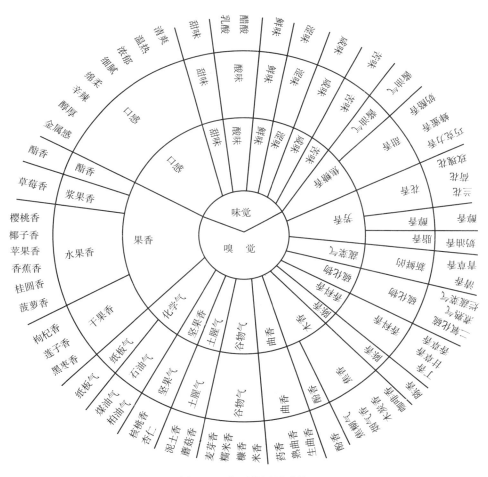

图 4-4　中国黄酒风味轮

最近，江南大学王蒙等对黄酒的风味轮进行了细化研究，建立了绍兴黄酒专属风味轮（图 4-5）。在绍兴黄酒风味轮的内层，描述词主要从嗅觉、味觉、口感和余味四大方面描述。最外层共有 57 个细化描述词，其中 42 个嗅觉描述词，分别为草莓香、苹果香、椰子香、樱桃香、香蕉香、桂圆香、大枣香、榛子香、枸杞香、酯香、杏仁香、花生香、胡桃香、泥土香、蘑菇香、粮香、米香、谷糠香、麦曲香、木香、薄荷香、药草香、青草气、丁香、甘草香、香草香、黄油香、奶油香、醇香、紫罗兰花香、玫瑰花香、焦糖香、奶酪香、蜂蜜香、烟熏香、烤面包香、烤榛子香、酸香、酱香、酵母香、石油气、皮革味；5 个味觉描述词，分别为鲜味、苦味、甜味、酸味和涩味；8 个口感描述词，分别为柔和、辛辣、协调、粗糙、醇厚、顺滑、鲜爽和涩口；2 个余味描述词，分别为悠长和爽净。在此基础上，建立了绍兴黄酒的感官质量评价标准。该评价标准参考 GB/T 13662—2018《黄酒》及 GB/T 17946—2008《地理标志产品 绍兴酒（绍兴黄酒）》中的感官评价要求，从色泽、香气、口感和风格 4 个维度进行评分，总分为 100 分，详如表 4-11 所示。

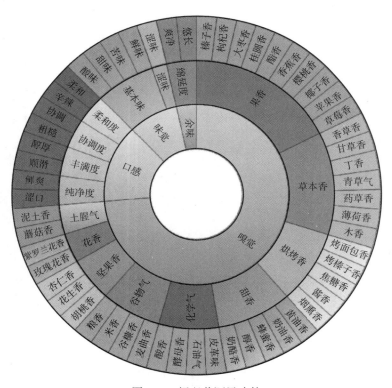

图 4-5 绍兴黄酒风味轮

表4-11　绍兴黄酒感官指标评分标准

项目	总分/分	单项分值/分	词汇	定义和解释	分值区间/分			
					9～10（4～5）	8～9（3～4）	7～8（2～3）	7以下（1～2）
色泽	10	5	颜色	色泽是否自然纯正	色泽自然纯正	色泽较自然	色泽欠自然	色泽不正
		5	澄清度	澄清度、光亮度的综合判断	清亮透明	较清亮透明	微浑、透明但光泽差	浑浊失光
香气	25	10	醇香	乙醇等醇类物质的香气	醇香优雅浓郁	醇香较浓郁	醇香一般	醇香不明显
		10	陈香	焦糖、坚果（杏仁）、香草等陈酿特征香	陈香舒雅突出	陈香明显	陈香一般	陈香不明显
		5	愉悦	各香气属性间的协调性、愉悦舒适性	协调愉悦	较协调愉悦	稍协调愉悦	欠愉悦、异香
口感	50	10	协调	甜、酸、鲜、苦、涩、辛等的协调性	自然协调	较协调	稍协调	欠协调
		10	层次	多种味觉相互呈现复杂性、层次感	层次突出、细腻	层次分明	稍层次	欠层次
		10	醇厚	酒体浓厚感，类似全脂牛奶	醇厚丰满	醇厚饱满	醇和浓郁	欠浓郁
		10	柔和	口感的醇和、柔顺感（与辛辣对应）	柔和	较柔和	稍柔和	欠柔和/辛辣
		10	余味	回味余香和余味的舒适性及长短	余味悠长	较悠长	稍悠长	欠悠长/短促
风格	15	10	典型性	绍兴黄酒的典型特征	风格典型	风格突出	风格明显	欠风格
		5	个性	是否具有自身的独特个性	个性独特	个性突出	个性明显	欠个性

构建黄酒风味轮及其感官评价体系，用消费者明白易懂的语言传达黄酒的感官风味特征，有利于对黄酒风味的认识、感知和交流，促进黄酒品鉴文化的发展与传播，并为客观分析与有效评价消费者对黄酒感官风味的诉求提供科学手段，但以上研究仍需进一步完善。

第四节　黄酒的勾调

黄酒的勾调是指对不同质量特点或不同品种的发酵原酒进行组合和调整，以达到稳定和提高产品质量、增加品种和产品档次的目的。黄酒的勾调包括压榨前成熟酒醪的搭配、生清酒的调配和装瓶前原酒的组合与调整三方面，但一般说的勾调是指装瓶前原酒的组合与调整。

一、黄酒勾调的目的和作用

不同车间、不同批次以及不同酿造年份的发酵原酒之间质量上存在差异，这是因为在整个生产过程中原料质量、气候条件、工艺操作、发酵周期等有差别，在贮存后熟期间又受到贮存条件和贮存期长短的影响，使酒质发生不同的变化。这种质量各异的黄酒，需要采取组合、调整、分档等措施。其目的和作用，表现在以下 3 个方面：

①提高产品合格率和优质率。

②稳定出厂产品的质量，确保其固有的特色和风格。

③增加品种和产品档次来满足不同消费需求，提高经济效益。如咸亨酒店推出的特色产品太雕酒，以陈年香雪、善酿和加饭酒等品种勾调而成，受到消费者喜爱，产生了良好的经济效益。

二、勾调的基本原理

勾调是将具有不同特点的原酒，重新进行组合，调整各种成分之间的比例，其基本原理有以下几点。

（一）长短互补机理

不同生产批次的原酒，其感官、理化指标等均存在着一定差异。以酒精度、总糖、总酸三个主要理化指标为例来说，酒精度偏高，有辣口，酒体存在不够柔和的感觉；酒精度偏低，有柔弱无刚之感；总酸高了有酸感，低了又觉得木口和不鲜爽。同样，总糖的高低也各有其长短之处。另外，黄酒的微量成分相当复杂，各种成分含量的多少及其成分之间的比例关系都会影响酒的风味，有的成分少了是一种缺陷，多了也是一种缺陷。而勾调可以取长补短，A酒的某长处弥补 B 酒的某短处，这就是长短互补机理。

（二）优点带领机理

某原酒具有某种明显的优点，而需要勾调的大宗酒却缺乏这种优点，为具备这种优点，就让那种具有明显优点的酒（称为带酒）起带头作用，从而使酒质获得提高。这种机理，称之谓"带领机理"，也可以理解为优势强化机理。如大宗酒陈香味不足，掺入少量的多年陈酒，陈酒味就带出来了。又如有的大宗酒口味较木，掺入部分鲜爽的好酒，鲜爽味就带出来了。

（三）缺点稀释机理

某原酒具有某些明显的缺点，又无法矫正，如酸度过高的酒，带有异杂味的酒，又黑又苦的陈年甜黄酒，这些酒在仓库里，如不利用损失很大，但又无法出售，这种酒称为"搭酒"。勾调时可以用稀释机理，把它的缺点稀释到"许可程度"，这个"许可程度"必须遵守：理化指标不能超标；感官指标不能降低要求。通常说的"酸不挤口""甜不腻口""苦不留口""咸不露头"是比较笼统的概念，搭配时慎之又慎，别因小失大，损害了大批酒的质量。

（四）平衡协调机理

勾调的目标之一是实现酒体的平衡协调。如有的酒酸度并不超标，但喝起来有酸感，查其原因是酒体较薄，负荷不起酸度，对这种酒除用降酸的办法以外，还可以采用增加酒体的醇厚度，使它载得起酸度，使酸度与酒体相协调。如酒体比较弱的酒，加一些较老口的酒使之刚劲。总之，要用平衡协调的机理，把酒体变得协调、平衡、丰满、结实，使之成为完整的酒。

三、勾调人员的任务与素质

勾调是一项技术性、艺术性和原则性很强的工作，勾调人员要明确任务，掌握质量把关的原则，不断提高自己的业务素养，才能搞好勾调工作。

（一）勾调工作的任务

1. 保证质量

勾调酒样必须和标准酒样对照，与标准酒样相符的合格酒方能出厂，低于或高于标准酒样都是不对的。

2. 提高经济效益

勾调人员应从库存酒的实际出发，通过合理组合，创造出较好的经济效益。

（二）勾调人员的素质

具有相当的文化程度；熟悉黄酒生产工艺；要练就过硬的评酒功夫；身体健康，感觉器官灵敏；坚持原则，实事求是。

四、勾调的基础工作

（一）建立库存酒的质量档案

每批次黄酒在入库之前，要建立质量档案。质量档案包括该批次产品的名称、数量、生产部门、生产日期、理化指标、感官品评等信息。

（二）实时掌握库存酒信息

在贮存过程中，每年要进行一次理化指标测定和感官品评（可在翻幢时进行），并将结果记入质量档案。同时，每年必须对贮酒仓库中各档黄酒的库存情况进行实地盘点，并将结果记录入档案。

（三）制备标准酒样

为保持出厂产品质量的一致性，需要在进行勾调之前，制定标准酒样作为对照酒。在制定标准酒样时应听取相关部门的意见，并经领导批准。制定标准酒样以后，将其作为勾调和质量监督的依据。当然，标准酒样是有时限性的，需要定期进行更换。

（四）对库存酒进行质量分类

勾调工作的第一步是充分了解库存黄酒的质量和数量情况。根据库存黄酒的质量档案，把存酒进行质量分类：

1. 带酒

带酒是库存合格酒中具有独特香和味的好酒，带酒又可分以下几类。

（1）陈香带酒 具有 4 年以上的酒龄，陈香纯正、浓郁、酒味甘顺、酒体协调，典型性明确、完整，用作增香酒。

（2）骨子带酒 具有 2 年以上的酒龄，酒体结实、刚劲，色、香、味正常、良好，用作调整酒体骨子的酒。

（3）鲜长带酒 具有 2 年以上的酒龄，酒味柔和、鲜长、清爽，用作调味酒。

2. 大宗酒

大宗酒是库存合格黄酒，它的感官评尝总分是合格的，但各批酒有不同的优点和缺陷。大宗酒可以是同一批次，也可以是几个批次。为了保持产品质量的长期稳定，尽可能以多批次、按比例混合为好。

3. 搭酒

搭酒可按其特征进行细分，如总酸超标的，氧化钙超标的，酒精度不合格的，固形物不合格的，氨基酸态氮不合格的，有异气的，有邪杂味的。搭酒也往往是一分为二，有缺陷，也有作用。如总酸超标的搭酒，当用在勾调甜酒时，可以稀释甜酒的甜腻感，使其变得鲜灵爽口；氧化钙超标的搭酒，用于调整氧化钙含量低的酒体，对克服散口感有作用。

五、勾调

（一）确定初步方案

勾调人员根据所需勾调产品的要求及原酒库存情况，确定初步的勾调方案。在确定初步勾调方案时，应正确处理好以下各原酒的比例关系。

1. 陈酒与新酒的比例

陈酒与新酒的比例要根据质量要求和库存情况来决定，使用陈酒要有分寸，不能在短时间内把陈酒用完。在使用陈酒的同时，应有一个贮存陈酒的计划，保持适当数量的各年陈酒，以保证产品质量的长期稳定。

2. 优质酒与大宗酒的比例

优质酒一般都能担当带酒角色，显然其比例是小于大宗酒的。大宗酒按不同品牌的要求，一般都占50%以上。

3. 机械化工艺酒与传统工艺酒的比例

在同时存在两种工艺的企业，这两种酒可以互相勾调，其比例可按实际情况而定。

4. 大宗酒内部的比例

不同车间、不同批次、不同年份的酒，其质量是有差别的。为了取长补短、稳定出厂产品的质量，以由几批酒组成为好。因此，勾调人员要掌握本厂生产情况，做到勾调前心中有数，这样就能制订出恰到好处的勾调方案来。

（二）小型勾调

小型勾调是以从酒库中抽来的酒样进行勾调的，酒样是否具有代表性关系重大，应多抽几个样，按适当比例混合成为勾调酒样。小型勾调应多搞几个方案，从中选优。勾调的全过程要有文字记录，以便于检查，防止差错，也便于总结经验。

小型勾调的步骤大致如下：

大宗酒组合──→试加搭酒──→添加带酒──→测定理化指标是否合格──→确定配方

（三）正式勾调

在正式勾调前，需进行中型试验。中型试验可在陶缸中进行，先加入大宗酒，再加搭酒，再加带酒，每加一种酒，搅拌均匀，品尝一下，发现与小样勾调出入很大时，则要找出原因，加以校正后，方可加入后一道原酒。中型试验与小型试验相符后，才可进行正式生产勾调。

正式勾调时，按配方准确加入原酒。待全部酒混合后，搅拌5~10min，静止后取样化验、品尝，如与标准酒样尚有一些差距，可进行必要的调整。

六、勾调计算

（一）理化指标的平衡计算

各原酒与成品酒之间的主要理化指标可按式（4-1）与式（4-2）计算：

$$\begin{cases} V_1 \times A_1 + V_2 \times A_2 + \cdots + V_n \times A_n = V \times A & (4-1) \\ V_1 + V_2 + \cdots + V_n = V & (4-2) \end{cases}$$

式中：　　　　V——勾调后目标酒的总体积

　　　　　　　A——勾调后目标酒的某项理化指标

V_1、V_2、$\cdots$、V_n——各原酒的体积

A_1、A_2、$\cdots$、A_n——各原酒的某项相同理化指标

例1：有酒精度为18%vol和15%vol的两种黄酒，欲勾调成100L酒精度为16%vol的黄酒，问要实现该勾调需上述两种原酒各多少升？

解：设需酒精度为18%vol的黄酒为V_1，需酒精度为15%vol的黄酒为V_2。则根据式（4-1）、式（4-2）列出以下方程：

$$\begin{cases} V_1 \times 18\% + V_2 \times 15\% = 100 \times 16\% \\ V_1 + V_2 = 100 \end{cases}$$

解该方程后可得：

$$V_1 = 33.33 \ (L)$$
$$V_2 = 66.67 \ (L)$$

答：需酒精度为18%vol的黄酒33.33L，需酒精度为15%vol的黄酒66.67L。

例2：今有总糖为230g/L的浓甜型黄酒100L，欲勾调成总糖为140g/L的甜型黄酒，拟用总糖为70g/L的半甜型黄酒勾调，问需半甜型黄酒多少升？

解：设需半甜型黄酒为V，则最终勾调后甜型黄酒总量为（100+V），根据式（4-1）可列出以下等式：

$$230 \times 100 + 70 \times V = (100 + V) \times 140$$
$$V = 128.57 \ (L)$$

答：需总糖为70g/L的半甜型黄酒128.57 L。

（二）过高、不足的平衡计算

黄酒中的总糖、总酸、酒精度等理化指标，其缺陷不外乎是过高（包括数值上的超标和口感上的过头）与不足，通过勾调，达到符合质量要求的平衡点，其计算方法是：

设：A为勾调目标指标，B为原酒实测指标，C为调整酒的实测指标，V为原酒体积（L），X为需要调整酒的数量（L）。

平衡过高公式，即原酒某项指标过高，求需要低指标调整酒的数量［式（4-3）］：

$$X = \frac{B-A}{A-C} \times V \tag{4-3}$$

平衡不足公式，即原酒某项指标不足，求需要高指标调整酒的数量 [式 (4-4)]：

$$X = \frac{A-B}{C-A} \times V \qquad (4-4)$$

例：有原酒 1000L，实测其氧化钙含量为 0.8g/L，为改善其风味，拟把氧化钙含量降低到 0.6g/L，仓库中另有一批原酒实测氧化钙为 0.3g/L，可作调整酒，问需该调整酒多少升？

解：设需调整酒体积为 X

根据平衡过高计算公式：

$$X = \frac{B-A}{A-C} \times V$$

列出以下等式：

$$X = \frac{0.8-0.6}{0.6-0.3} \times 1000 \approx 666.67 \ (L)$$

答：需氧化钙为 0.3g/L 的调整酒 666.67L。

第五节 黄酒非生物浑浊沉淀

黄酒的非生物浑浊沉淀是指不是由于微生物污染而产生的浑浊沉淀现象。经过滤后澄清透明的黄酒仍是极不稳定的胶体溶液，它含有大量的大分子物质，如蛋白质、多肽、多糖、糊精、多酚。这些胶体物质在 O_2、光线、振动及存放过程中会发生一系列变化——化合、凝聚等，使胶体溶液稳定性破坏，形成浑浊沉淀，主要表现为酒体遇冷浑浊、自然存放过程中沉淀物析出并聚于瓶底。俗话说：黄酒有"千层脚"，指的就是黄酒在存放过程中会不停地产生沉淀。因新酿黄酒贮存后需要重新过滤灌装，这里只讨论瓶装黄酒的浑浊沉淀，即黄酒的二次浑浊沉淀。由于缺乏深入研究，目前对黄酒浑浊沉淀机理的认识还十分粗浅。

一、黄酒的蛋白质沉淀

（一）黄酒蛋白质沉淀的组成

有关研究认为，引起黄酒非生物浑浊沉淀的主要物质是蛋白质、多酚、糊精、焦糖色、铁离子等。瓶装黄酒沉淀物成分中，粗蛋白占干重的 50.56%，其中高、中、低分子蛋白的比例分别为 72.62%、2.32%、25.06%。瓶装黄酒沉淀物成分如表 4-12 所示，沉淀物组成成分中尚有 20.29%未确定。笔者推测，产生沉淀的成分可能包含非淀粉多糖（如戊聚糖）、焦糖色、有机酸盐等。

表 4-12   瓶装黄酒沉淀物成分表

单位:%（质量分数，以干基计）

成分	含量	成分	含量
粗蛋白	50.56	还原糖	14.70
粗纤维	1.11	灰分	6.73
总多酚	2.08	铁	0.27
糊精	4.53	其他	20.29

蛋白质是瓶装黄酒沉淀物的主要成分。提取沉淀物和酒体中的蛋白质，测定其氨基酸组成，结果如表 4-13 所示。沉淀蛋白质的谷氨酸含量最高，占总氨基酸含量的 20.48%，其次为脯氨酸和天冬氨酸，分别占 10.12% 和 8.54%。与酒体蛋白质的氨基酸组成存在差异。

表 4-13   瓶装黄酒沉淀物和酒体中蛋白质的氨基酸组成

单位:%（质量分数）

氨基酸	占沉淀蛋白质总氨基酸比例	占酒体蛋白质总氨基酸比例
天冬氨酸	8.54	8.67
谷氨酸	20.48	31.98
丝氨酸	4.73	7.53
组氨酸	2.20	3.05
甘氨酸	6.06	6.17
苏氨酸	4.05	3.89
精氨酸	7.59	3.94
丙氨酸	6.07	4.26
酪氨酸	3.56	1.44
半胱氨酸	3.81	1.11
缬氨酸	5.10	5.25
甲硫氨酸	1.76	7.64
苯丙氨酸	3.51	3.57
异亮氨酸	3.06	3.84
亮氨酸	7.00	4.86
赖氨酸	2.34	2.48
脯氨酸	10.12	7.31

　　笔者与江南大学陆健教授、孙军勇博士合作，采用双向电泳（2-DE）和基质辅助激光解析电离飞行时间串联质谱（MALDI-TOF/TOF MS）分析了瓶装黄酒沉淀物中蛋白质的种类和来源，双向电泳图谱和 48 个蛋白质点的鉴定结果分别如图 4-6 和表 4-14 所示。

图 4-6　瓶装黄酒沉淀蛋白双向电泳图谱
（7cm，pH 3~10，非线性的 IPG 胶条）

表 4-14 黄酒沉淀蛋白质谱鉴定结果

取点	鉴定结果	理论等电点	理论分子质量/ku	来源
1	类燕麦蛋白 B	7.8	33.3	小麦
2	二聚 α-淀粉酶抑制剂	5.8	15.6	小麦
3	二聚 α-淀粉酶抑制剂	5.7	13.9	小麦
4	二聚 α-淀粉酶抑制剂	5.8	15.6	小麦
5	胰蛋白酶前体	5.06	26.9	小麦
6	类燕麦蛋白 A	8.42	19.2	小麦
7	类燕麦蛋白 A	8.42	19.2	小麦
8	二聚 α-淀粉酶抑制剂	5.8	15.7	小麦
9	类燕麦蛋白前体	8.42	20.7	小麦
10	假定蛋白 OSJ_ 04535	10.36	29.7	水稻
11	假定蛋白 OSJ_ 04535	10.36	29.7	水稻
12	假定蛋白 OSJ_ 04535	10.36	29.7	水稻
13	假定蛋白 OSI_ 17439	8.95	36.3	水稻
14	二聚 α-淀粉酶抑制剂	5.8	15.6	小麦
15	二聚 α-淀粉酶抑制剂	5.8	15.6	小麦
16	类燕麦蛋白前体	8.42	20.7	小麦
17	类燕麦蛋白前体	8.42	20.7	小麦
18	蛋白 H0313F03.18	8.88	36.1	水稻
19	假定蛋白 OSI_ 17439	8.95	36.3	水稻
20	二聚 α-淀粉酶抑制剂	5.8	15.7	小麦
21	二聚 α-淀粉酶抑制剂	5.8	15.7	小麦
22	类燕麦蛋白前体	8.42	20.7	小麦
23	假定蛋白 OSJ_ 04535	10.36	29.7	水稻
24	假定蛋白 OSJ_ 04535	10.36	29.7	水稻
25	假定蛋白 OSI_ 17439	8.95	36.3	水稻
26	二聚 α-淀粉酶抑制剂	5.8	15.7	小麦
27	二聚 α-淀粉酶抑制剂	5.8	15.7	小麦
28	二聚 α-淀粉酶抑制剂	5.7	13.9	小麦
29	假定蛋白 OSJ_ 04535	10.36	29.7	水稻
30	类燕麦蛋白前体	8.42	20.7	小麦

续表

取点	鉴定结果	理论等电点	理论分子质量/ku	来源
31	假定蛋白 OSI_ 17439	8.95	36.3	水稻
32	假定蛋白 OSI_ 17439	8.95	36.3	水稻
33	类燕麦蛋白前体	8.42	20.7	小麦
34	类燕麦蛋白 b1	8.08	33.8	小麦
35	类燕麦蛋白	6.84	33.4	水稻
36	类燕麦蛋白	7.83	33.4	小麦
37	二聚 α-淀粉酶抑制剂	5.58	15.1	小麦
38	病程相关蛋白（Wheatwin1）	5.8	13.9	小麦
39	病程相关蛋白-4	6.28	13.9	小麦
40	病程相关蛋白	6.97	14.0	小麦
41	病程相关蛋白-4	7.0	13.4	小麦
42	二聚 α-淀粉酶抑制剂	8.03	13.5	小麦
43	β-淀粉酶	5.29	55.4	水稻
44	β-淀粉酶 2	5.84	46.6	水稻
45	二聚 α-淀粉酶抑制剂	5.58	15.1	小麦
46	二聚 α-淀粉酶抑制剂	6.86	13.3	小麦
47	几丁质酶 II	8.66	28.6	小麦
48	二聚 α-淀粉酶抑制剂	8.03	13.5	小麦

黄酒沉淀蛋白质主要有来源于小麦的二聚 α-淀粉酶抑制剂、类燕麦蛋白、病程相关蛋白、胰蛋白酶前体、几丁质酶 II 等，以及来源于水稻的假定蛋白 OSJ_ 04535、假定蛋白 OSI_ 17439、β-淀粉酶和蛋白 H0313F03.18 等。二聚 α-淀粉酶抑制剂是 α-淀粉酶抑制剂的二聚体。α-淀粉酶抑制剂最早发现于小麦种子中，对不同来源的 α-淀粉酶都有强烈的抑制作用，具有抗病虫害的作用。α-淀粉酶抑制剂具有较广泛的酸碱耐受性，并由于耐热性较好，在煎酒的过程中只有少部分变性凝固析出，大部分存留于酒中，经过长时间的贮存，逐渐析出形成沉淀；病程相关蛋白是植物在病理环境下诱导产生的一类水溶性蛋白质总称，参与植物的抗病反应，能耐低 pH、重金属、蛋白酶和高温；燕麦蛋白是小麦的贮藏蛋白，来源于小麦胚乳，属于低分子质量谷蛋白，含有高冗余的半胱氨酸残基，通过分子内和分子间二硫键形成聚合体。类燕麦蛋白分为 A 亚型和 B 亚型两种。A 亚型蛋白质所含的 168 个氨基酸中谷氨酸有 36 个，

占氨基酸总量的 21%，B 亚型蛋白质所含的 284 个氨基酸中谷氨酸有 80 个，占氨基酸总量的 28%，这与沉淀蛋白氨基酸分析中谷氨酸含量占有较高比例相符合。此外，在未完成的电泳中发现脂质转运蛋白。脂质转运蛋白是一类小分子（分子质量约 9ku）碱性蛋白，由于含有 4 个二硫键，是一类很稳定的蛋白，在 4℃下存放数月后仍有活性，95℃加热 5min 后仍保持有转运脂质的活性。

以上只是初步研究，由于不同瓶装黄酒样品存在原料、酿造工艺、贮存期和后处理上的差异，沉淀蛋白质种类和数量必然存在差别，有待更全面深入的研究。

（二）黄酒蛋白质浑浊沉淀的成因

一般认为，多酚和高分子蛋白质结合是黄酒浑浊沉淀的主体。但从瓶装黄酒沉淀物成分组成看，蛋白质与多酚的比例相差 20 倍以上，笔者推测多酚和高分子蛋白质结合可能只是沉淀的主因之一，黄酒的蛋白质沉淀可能还存在蛋白质本身的聚集沉淀、蛋白质-多糖复合物、蛋白质-铁离子复合物、蛋白质-多糖复合物、蛋白质-多酚-焦糖色复合物等多种沉淀形式，而这些复合物又可能将氨基酸、肽等吸附沉淀下来。

单体多酚与蛋白质结合形成可溶性多酚-蛋白质复合物，结合力很弱，属可逆反应，遇冷浑浊，加热复溶，称其为冷浑浊。但多酚经氧化聚合成分子质量更大的聚多酚后，更容易与蛋白质结合，造成黄酒的永久浑浊。

$$多酚 P + 蛋白质 T \rightleftharpoons 可溶性复合物 PT \longrightarrow 浑浊性聚合物 PPTT$$

多酚与蛋白质之间主要通过氢键或疏水键结合。多酚分子质量的大小是多酚和蛋白质结合能力的决定因素。一般来说，相对分子质量在 500 以下的多酚几乎不能使蛋白质沉淀，当相对分子质量在 500~1000 时，蛋白质的沉淀量随着多酚相对分子质量的增加而增加，但是当相对分子质量大于 1000 时，对蛋白质的沉淀量几乎不变。因为多酚相对分子质量的增大会使其水溶性降低而减少与蛋白质反应的机会，许多相对分子质量大于 3000 的多酚就不具有沉淀蛋白质的能力。同时，在多酚与蛋白质形成浑浊沉淀的过程中，还受蛋白质的分子结构的影响。一般来说，氨基酸残基中脯氨酸残基或其他疏水性氨基酸含量高的蛋白质对多酚的亲和力强；蛋白质的相对分子质量越大，对多酚的亲和力越强；结构比较松散的蛋白质与多酚的结合能力强。

1. 蛋白质

黄酒中的蛋白质主要来源于大米和麦曲原料，另外还有少量的微生物蛋白质和酶蛋白，这些蛋白质在酒液中以胶体状态存在。

（1）冷浑浊 酒中的 β-球蛋白和醇溶蛋白在温度较高时和水形成氢键，呈水溶性，但在温度较低时，它们又可以和多酚结合，和水结合的氢键断裂，以肉眼看不见的微小颗粒析出，使黄酒失光、浑浊，加热后浑浊又会消失，故也称为可逆浑浊。

（2）氧化浑浊 又称为永久浑浊，黄酒长期放置时，含硫基蛋白质在氧作用下发生 $R—SH+R'—SH+1/2O_2 \longrightarrow R—S—S—R'+H_2O$ 反应，聚合成高分子蛋白质。多酚物质也发生聚合，变成聚多酚。聚多酚与氧化聚合蛋白结合，先以小颗粒析出，随着存放时间的延长，聚合度增大，颗粒也随之增大，最后形成沉淀。铁离子是氧化浑浊沉淀的催化剂。

（3）热浑浊 高分子蛋白质在黄酒加热时，水膜破坏，发生变性、絮凝，又和多酚结合、聚合而引起的。

2. 多酚物质

多酚主要来自原料小麦。多酚不但对黄酒的色泽、口味等有显著的影响，且会引起黄酒的浑浊沉淀。

多酚物质按照相对分子质量可以区分如下：

（1）相对分子质量<500的单体酚类 如阿魏酸，广泛存在于植物细胞壁中，特别在米糠和麦麸中含量比较丰富。有一定涩味，具还原性，对黄酒浑浊的影响很小。

（2）相对分子质量<500的单体多酚 有黄酮醇类和黄烷醇类，其中影响

黄酒浑浊沉淀的主要是黄烷醇类。黄烷醇类主要是儿茶酸类及花色素、花色苷、花色素原等，它们易氧化聚合，与黄酒中蛋白质结合形成浑浊沉淀物质。

（3）相对分子质量在 1000~3000 的单宁类物质　有极强的收敛性，涩味很大，具有很强的和蛋白质结合能力。

3. 铁离子

黄酒中的铁离子来自原料、硅藻土、设备及工具，除了在黄酒的氧化浑浊沉淀中起催化作用外，Fe^{3+} 可与高分子蛋白质、多酚、有机酸形成不溶性络合物。此外，Fe^{3+} 与 $H_2PO_4^-$ 形成磷酸铁胶体，此胶体带负电荷，易与带正电荷的蛋白质等物质发生凝聚而沉淀。

4. 焦糖色

黄酒生产中多使用氨法焦糖色，目前尚无该类焦糖色对黄酒沉淀影响的研究报道。氨法焦糖色带正电荷，可与黄酒中带负电荷的多糖等物质凝聚沉淀。由表4-12可知，黄酒中许多蛋白质的等电点高于黄酒的 pH，这些蛋白质也带正电荷，与焦糖色是否生成沉淀及生成沉淀机制如何有待今后研究。

（三）黄酒蛋白质浑浊沉淀倾向的预测

用于酒类稳定性快速预测的方法主要有冷热循环法、热处理法、乙醇浊度法和冷冻处理法。乙醇浊度法为浙江大学化学系与浙江古越龙山绍兴酒股份有限公司提出，其原理为：黄酒中加入乙醇，当加入量为 40%~60%vol 时，酒体的浊度存在着一个突变范围，如图4-7所示。在这个突变范围内，加入等

图4-7　3种成品酒样的乙醇–浊度变化曲线

量的乙醇（一般取加入量为 50%），如酒体的浊度低，则其非生物稳定性好。酒样浊度用分光光度计测定，即以 800nm 为测定波长，以澄清未处理的同种酒样为参比，将待测酒样迅速摇匀测定透光率 T，以 $1-T$ 作为黄酒的浊度。

提取经以上方法处理得到的黄酒沉淀物中的蛋白质，并进行 N-三（羟甲基）甘氨酸-十二烷基硫酸钠-聚丙烯酰胺凝胶电泳（Tricine-SDS-PAGE）分析，结果如图 4-8 所示。两种酒样中自然沉淀蛋白质都主要分布在分子质量为 14.4 ku（条带 b1 和 c2）和 27 ku（条带 a1 和 b2）处。冷热循环法和热处理法沉淀蛋白与自然沉淀蛋白的分布相同。乙醇浊度法和冷冻处理法沉淀出的蛋白质多出条带 c1 和 a2，经鉴定分别为病程相关蛋白-4（PR-4）和丝氨酸蛋白酶抑制剂-Z1C。病程相关蛋白-4 虽是自然沉淀蛋白的组成成分，但在自然沉淀蛋白的电泳图谱中该条带并不明显，这说明不是自然沉淀蛋白中的主要成分；丝氨酸蛋白酶抑制剂-Z1C 来源于小麦，但在自然沉淀蛋白中并不存在。因此，冷热循环法和热处理法与黄酒沉淀倾向相关性可能相对较高。但由于不同黄酒样品的差异很大，建立适于黄酒浑浊沉淀预测的方法难度很大，有待今后系统深入的研究。

（1）塔牌绍兴花雕酒3年陈　　　　　　（2）古越龙山绍兴花雕酒

泳道 1 为自然沉淀蛋白；泳道 2~5 分别为冷热循环法、热处理法、乙醇浊度法、
冷冻处理法沉淀出的蛋白质

图 4-8　不同预测方法沉淀蛋白质的 Tricine-SDS-PAGE 图谱

二、黄酒的草酸钙沉淀

笔者在实际生产中发现，黄酒中还存在着另外一种非生物浑浊沉淀——草酸钙沉淀。

（一）黄酒中草酸钙沉淀的特征

草酸钙沉淀在黄酒中呈有光泽、很细的砂粒状（图 4-9），在 15×10 倍显

微镜下观察到较大的菱形晶体（图4-10），能在0.5mol/L的盐酸中溶解。

图4-9 沉淀物外观

图4-10 沉淀物在15×10倍显微镜下的形状

（二）草酸钙沉淀的成因

黄酒醪在压榨前如果总酸过高，压榨时需要降酸。醪液的总酸越高，降酸时带入的钙越多，反之则少，因此基酒中钙含量有高有低。按国家标准要求，黄酒中氧化钙含量应控制在1.0g/L以内。大坛装新酒在贮存过程中，酒中的草酸和钙会发生反应并沉淀析出，两者达到暂时的平衡。由于不同新酒中钙含量不同，贮存过程中沉淀出的草酸量也不一样，因此不同基酒中钙和草酸的含量也不同。对20多个大坛加饭酒样品的检测结果表明，草酸含量为9～56mg/L，差异较大。而瓶装黄酒一般都是由不同年份、不同车间、不同批次的大坛基酒勾调而成，各种基酒勾调后酒体中草酸和钙的平衡就有可能被打破，从而使瓶装酒产生草酸钙沉淀。

三、提高黄酒非生物稳定性的措施

要提高黄酒非生物稳定性，首先要从原料、发酵过程等源头上加以控制，如保证糖化发酵正常进行，使发酵彻底，减少酒中易引起浑浊沉淀的大分子物质；在保证正常糖化发酵的情况下，适当减少麦曲用量，因为小麦的蛋白质含量较高，不利于黄酒的稳定性。

对于成品黄酒，要进行后处理。后处理方法主要有冷处理法、热冷处理法、澄清剂处理法和微滤法。冷处理法将在第五章介绍，这里介绍热冷处理法、澄清剂处理法和微滤法。

1. 热冷处理法

在上海特型黄酒生产中采用热冷处理法，即将勾调后的酒用薄板换热器加热到86～90℃后，在保温罐中保温30min左右，再用薄板换热器冷却至−5～0℃，在保温冷贮罐或恒温冷贮罐中澄清2～10d。由于采用高温长时间加热，可能会对酒的品质造成不利影响。笔者在味淋酒生产中，采用高温短时间加热处理，即用薄板换热器加热至82～85℃，保持15～20s后，迅速冷却至35℃以下，结合皂土、单宁和明胶等澄清剂处理，效果较好。因未对黄酒进行高温短时间加热的热冷处理实验，效果如何尚不清楚。

2. 澄清剂处理法

酒类常用的澄清剂有单宁、明胶、皂土、海藻酸钠、海藻酸丙二醇酯、PVPP、硅胶等。澄清剂使用效果易受用量、酒体成分、pH、作用时间等因素的影响，有的澄清剂如果使用不当，不仅会对黄酒的风味、理化指标产生一定的影响，而且会造成酒体的二次浑浊，因此必须对澄清剂的特性有较好的了解，并在使用前先做好详细的小试工作。当然，澄清剂一旦用好了，其效果也是相当明显的。

（1）单宁　单宁能与高分子蛋白质形成络合物沉淀。要使用天然的高纯度没食子单宁（梧酸单宁），添加量应通过小试确定，添加时应防止接触氧和氧化。

（2）PVPP　PVPP是一种不溶性的高分子交联的聚乙烯聚吡咯烷酮，分子中有大量酰胺键（—CO—NH—），酰胺中氢键能高度选择性地吸附和蛋白质交联的多酚，PVPP的分子式及其对多酚的吸附如图4-11所示。目前工业上使用的PVPP分为一次性的PVPP和再生型PVPP。

（3）硅胶　硅胶（$H_2Si_2O_5$）含Si 30%～40%，粉剂是高研磨产品，平均粒度只有数几微米，比表面积巨大，而且是多孔性的，孔径为40～90μm。与皂土相比，硅胶能选择性吸附酒中的高分子蛋白质，而皂土对蛋白质的吸附没有选择性。

图 4-11 PVPP 的分子式及其对多酚的吸附

（4）皂土 皂土是由天然膨润土精制而成的无机矿物凝胶，化学成分是水合硅酸铝。皂土遇水膨胀，能吸附自身 10 倍质量的水，形成带负电荷的胶体悬浮液。由于其巨大的吸附能力，对黄酒的处理效果优于硅胶，但对酒的口感有一定影响，并且会使酒的色泽变浅。

采用单一澄清剂处理难以达到理想的效果，实际生产中一般采用多种澄清剂进行处理。近年来开发的一些复配黄酒专用澄清剂在黄酒企业中得到应用，效果较好。但在采用新型澄清剂时，要注意其安全性，必须是经过审批的。

3. 微滤法

现代膜分离技术的发展，使膜孔径的控制变得相当容易，微滤膜过滤能直接滤去黄酒中影响非生物稳定性的部分大分子物质，使黄酒不易产生浑浊沉淀。2003 年，笔者首次在瓶装黄酒生产中使用冷冻结合 0.18μm 错流膜过滤处理技术，使黄酒的非生物稳定性大大提高，该处理方法已在行业推广应用。

黄酒经过 0.18μm 错流膜过滤后，常规理化指标除了 OD 值下降 16.0%、非糖固形物下降 2.1% 外，其余指标保持不变，且黄酒的风味几乎保持不变。蛋白质是引起黄酒非生物浑浊沉淀的主要原因，经过膜过滤后，黄酒中的蛋白质含量下降 17.3%，且除去的蛋白质分子质量在 5000u 以上。采用流动注射光度法（凝胶层析结合 Bradford 法）测定膜过滤前后酒样的蛋白质图谱如图 4-12 所示。

关于黄酒草酸钙沉淀的防止，目前尚缺乏研究。在啤酒酿造中，通过糖化过程中添加氯化钙来保证麦汁中钙离子含量，从而降低啤酒中草酸以防止瓶装啤酒草酸钙沉淀。笔者推测，在氧化钙含量低的生清酒中添加适量的氯化钙来

图 4-12 过滤前后酒样蛋白质图谱

增加酒中的钙含量，使大坛基酒在贮存过程中事先除去过量的草酸，可能对防止瓶装黄酒草酸钙沉淀有一定效果。

第六节 黄酒的污染微生物

黄酒的污染微生物主要有乳酸菌、醋酸菌、芽孢杆菌、霉菌、酵母等，这些微生物会引起酒的酸败或酸败且浑浊，有时会出现异味、异气，严重的甚至发臭。但目前对黄酒污染微生物的研究还十分欠缺。

毛青钟等对贮存酸败坛装黄酒中微生物的研究发现：对于非漏坛、包装完好的酸败黄酒，乳酸乙酯含量明显高于正常酒。在贮存两年的这类酒中已无活菌，镜检发现微生物以细菌（杆菌）为主，初步鉴定为乳酸杆菌；在漏坛或包装损坏的黄酒中检测到酵母，初步鉴定为产膜酵母和裂殖酵母等，在检测过程中还发现有白色菌丝的霉菌。

章银珠从贮存酸败的江苏坛装干型黄酒中初步鉴定出 5 株乳酸杆菌（ML、MDx、MC、LBx、LZY）、4 株酵母和 4 株霉菌。乳酸杆菌在改良 MRS 平板上生长菌落细小，有的呈针尖状，白色，多为透明或半透明。ML 菌落镜检呈短杆状，较细，成链，有的形成长链。MDx 呈短杆状，较细，单个或成对出现。MC 呈长杆状，单个或成对出现。LBx 呈短小棒杆状，单个或成链出现。LZY 呈杆状，单个不成链，少数成对出现。4 株酵母为酵母属、汉逊氏酵母属、毕赤酵母属和酒香酵母属，镜检形态分别为圆形或椭圆形、腊肠形、卵形、长柱形。汉逊氏酵母、毕赤酵母和酒香酵母为产膜酵母，在酒的表面生长形成菌蹼，并引起酒的浑浊。毕赤酵母和酒香酵母能耐较高的酒精浓度，酒香酵母甚至能在酒精度 14% ~ 15%vol 的条件下生长繁殖。4 株霉菌为侧孢霉、曲霉和 2

株青霉。将分离到的微生物接到未变质的无菌黄酒中，经加速陈化后，发现乳杆菌 MDx 和 LZY 能明显提高乳酸或乙酸的含量，毕赤酵母能明显提高乙酸的含量，是引起黄酒酸败的主要腐败菌，而其余菌株对黄酒的酸败无明显影响。高酒精度（>14%）、低温（<15℃）能较有效地抑制 3 株腐败菌的生长，低 pH（pH<3.8）能显著抑制 2 株腐败乳杆菌的生长。

张遐耘从浑浊干型袋装黄酒中检测出乳酸菌。该菌镜检细胞呈杆状，个体大小为（0.5～1.2）μm×（1.0～7.5）μm。采用普通营养肉汤培养基（蛋白胨 5g，牛肉膏 3g，氯化钠 5g，琼脂 20g，加蒸馏水至 1000mL，调 pH 至 7.2）检测，48h 内看不见菌落，72h 后菌落仍然非常小。而采用乳酸菌培养基（酵母膏 5g，蛋白胨 7.5g，葡萄糖 10g，磷酸二氢钾 2g，番茄汁 100mL，吐温-80 0.5g，琼脂 20g，加蒸馏水至 1000mL，调 pH 至 7.0）培养，48h 菌落数达 104 个/mL。

肖连冬等从南阳产瓶装酸败黄酒中初步鉴定出 2 株醋酸菌和 1 株酵母，2 株醋酸菌产酸，而酵母不产酸，在黄酒中均产菌醭。章志超从浑浊、异味的酸败黄酒中分离到食果糖乳杆菌，并优化了检测方法，即在 MRS 固体培养基基础上添加质量分数 0.08% 的 L-半胱氨酸、调节 pH 为 5.4，临用时加入体积分数 9% 的无水乙醇，培养温度为 30℃。采用优化后的方法，定量检出时间为 3～4d。

刘文容等从贮存酸败黄酒中分离出食果糖乳杆菌和耐酸乳杆菌（图 4-13），发现耐酸乳杆菌是导致黄酒酸败的主要微生物，食果糖乳杆菌次之。30℃下厌氧培养，在酒精度为 17%vol 的 MRS 培养基上不生长；在添加甲瓦龙酸（添加量 5.0mg/L 培养基）或过氧化氢酶（酶液浓度 10000U/mL，添加量 0.1mL/L 培养基）的 MRS 培养基（酒精度为 17%vol）上生长良好，菌落呈白色、湿润、边缘整齐。罗雪等研究发现，上述黄酒酸败微生物在酒精度

（1）食果糖乳杆菌　　　　　　　　　　　（2）耐酸乳杆菌

图 4-13　食果糖乳杆菌和耐酸乳杆菌

23%vol 的条件下仍能生长，在酒精度 25%vol 的条件下生长受到抑制，主要以糖类作为能源物质，能够利用部分有机酸，不利用氨基酸，其中对葡萄糖的利用能力最强。在低糖条件下，酸败微生物代谢产生的有机酸含量不足以导致黄酒酸败。

笔者从酸败大罐贮存黄酒中鉴定出乳酸杆菌和短乳杆菌；从酸败袋装黄酒中检测出 5 种假单胞菌和木糖氧化无色杆菌，5 种假单胞菌分别为托拉斯假单胞菌、*Pseudomonas lindanilytica*、耳炎假单胞菌、恶臭假单胞菌、布氏假单胞菌，其中托拉斯假单胞菌最多（53.85%）；从卫生指标不合格的瓶装黄酒中分离出 6 株不同菌落形态的酵母和 4 株细菌。酵母镜检呈圆形或椭圆形。细菌经分子鉴定，为乳链球菌、戊糖片球菌、短芽孢杆菌和类芽孢杆菌。对于类芽孢杆菌，生产上曾试验用 90℃、50min 杀菌仍无法杀灭，但受这种微生物污染的瓶装黄酒不变质，且微生物数量会随存放时间的延长而逐渐减少。各细菌的显微形态如图 4-14 所示。

（1）乳酸杆菌　　　　　　　　　　　　（2）短乳杆菌

（3）乳链球菌　　　　　　　　　　　　（4）戊糖片球菌

（5）短芽孢杆菌　　　　　　　　　　（6）类芽孢杆菌

图 4-14　细菌的显微形态

为防止黄酒微生物污染的发生，应做好以下几项工作：

①按工艺规定严格控制煎酒的温度及时间。

②认真做好酒坛的清洗和灭菌工作。

③按工艺规定做好包扎坛口的荷叶、箬壳、竹丝的灭菌工作。

④不用漏坛装酒。

⑤煎酒灌坛后应立即封口。

⑥用于贮存的黄酒酒精度应在 16%vol 以上。

⑦防止瓶装酒生产过程的微生物污染。

a. 勾调完的酒在罐中存放时间不宜过长，必要时进行冷冻处理。

b. 认真做好与酒接触的设备、容器、管道等的清洗和消毒工作。

c. 保持灌酒区域的洁净，使之符合生产规定要求。

d. 严格控制杀菌的温度及时间。

第五章 | 瓶装黄酒的生产

本章讲述瓶装黄酒的生产，实际上是讲述小包装黄酒的生产，即容量在 3000mL 以下的以玻璃瓶、瓷瓶、陶坛及塑料壶等为容器的黄酒灌装生产工艺。因为在小包装黄酒中玻璃瓶的比例最大，所以本章主要讲述瓶装黄酒的生产，对于其他形式的小包装黄酒将适当简述，并以瓶装黄酒来统称小包装黄酒。

小包装黄酒主要指的是将经过一定时间贮存的坛装黄酒，经重新勾调、澄清、过滤、灌装、杀菌、装箱后再进行出售的一种新型包装形式。相对于大坛酒而言，小包装黄酒具有运输、携带、保存方便，包装干净、卫生，外观漂亮，形式多样等优点，大大提高了传统黄酒的质量、花色品种、产品附加值等。近年来，包装精美的小包装黄酒销量增长迅猛，使得古老的黄酒由于采用新型的包装形式而重新焕发出勃勃生机。据初步估计，目前小包装黄酒的销量已占全国黄酒销量的 2/3 以上。有些黄酒生产企业的产品，甚至全部都是小包装产品。

第一节　瓶装黄酒生产概述

一、瓶装黄酒的发展历程

瓶装黄酒从出现至今只不过几十年的时间，但其发展速度却相当快。1956年，绍兴酒厂作为展示样品首次采用玻璃瓶装黄酒。20 世纪 70 年代，商品化的瓶装黄酒开始批量生产，由于产量小，因此都采用手工灌装。1985 年，绍兴市酿酒总公司（现浙江古越龙山绍兴酒股份有限公司）从当时的联邦德国引进了一条年产 1 万千升的全自动玻璃瓶灌装线，之后东风酒厂（现会稽山绍兴酒股份有限公司）也从日本引进了一条小包装黄酒全自动灌装线，使瓶装黄酒的产量迅速得到了提升。20 世纪 90 年代以来，瓶装黄酒外包装用纸箱、纸盒等的不断改进和发展，使瓶装黄酒的包装更趋多样化，瓶酒的包装容器也由单一的玻璃瓶，发展成如今的陶瓷瓶、塑料袋（桶）、小陶坛（以 500mL、250mL、1500mL 装居多）、金属易拉罐等。

二、瓶装黄酒的生产工艺

瓶装黄酒生产线虽然在生产规模和所采用的机器设备上存在差别，还会因为包装要求的不同而在某些环节上有一定的差异，但其大致生产工艺还是一致的，主要按以下步骤进行：

一般情况下，瓶装黄酒的生产线可以分为手工灌装线、半自动灌装线和全自动灌装线。但是由于一些设备的交叉使用，所谓的手工灌装线、半自动灌装线和全自动灌装线的区分有时并不是十分明显。所以在本章，我们将按照工艺流程的顺序进行介绍。

第二节 瓶装黄酒的勾调、澄清、过滤

勾调、澄清、过滤在瓶装黄酒的生产中称为清酒处理，所以在本节集中介绍。

一、勾调

按 GB/T 13662—2018《黄酒》国家标准定义，勾调是指将不同酒龄、不同类型的原酒按一定比例调合，并可加适量水调整的过程。一般来说，黄酒企业为保证各品种黄酒内在品质的稳定性，首先应确定配方。在配方中设定了各档原酒（基酒）的使用比例以及理化指标的控制要求。然后再根据配方的要求来进行勾调。

勾调的方法、步骤、计算等详见第四章。

瓶装黄酒的勾调还需要将不同产品的特色体现出来。黄酒企业为了迎合市场不同消费者的不同需求，开发出了许许多多的不同产品。在这些产品中，某些是比较接近或类似的，但是又存在着一定的区别，这就需要通过勾调来体现出不同产品的特色。

所以勾调是一项表面看起来简单易懂的操作，只是将两种或两种以上的黄酒进行混合，但是要想得到最佳的效果却并非易事，需要有丰富和精湛的感官品评能力，这种能力必须来自日积月累的经验。

其操作流程如下：

具体操作简述如下。

（一）取酒

黄酒在贮存过程中，由于各种原因，坛底会产生很多沉淀物，俗称"酒脚"。所以，当坛酒从仓库运抵瓶酒车间后，由于运输过程中的震荡、摇晃，这些"酒脚"又会悬浮在酒体中，所以在取酒前应预先静置4d以上，尽量将"酒脚"沉淀于坛底，从而在取酒时，只是将上清液取出。

在黄酒的酿造中，同一年份中不同车间酿造的黄酒或者同一个车间不同批次的黄酒，可能有一定的差异。所以在取酒前勾调工最好能够先将同一批次的坛酒进行化验，对理化指标做到心中有数，尽量避免出现不合格再重新勾调的情况。

由于种种原因，坛装黄酒在贮存过程中，可能会有少量的酸败酒出现。所以在开坛后取酒前用pH试纸（pH 2.8~5.0）测定黄酒的pH，发现pH不正常的酒要拣出。

取酒，一般是将正常的黄酒用虹吸管从坛内吸取到糟罐（桶）内，注意虹吸管的吸口位置以不吸入沉淀物为宜。具体的操作一般是取长约70cm的不锈钢管，一端将口封住，在约3cm处开一小口，插入坛底，这样坛底的"酒脚"就不会被吸出，不锈钢管的另一端做成圆弧状使管口朝下，与食用橡胶管相连。已吸取的黄酒泵入勾调罐（池）内进行勾调，沉淀物可以收集起来，及时用绢袋过滤、压滤或真空过滤等方法进行过滤，滤液仍可用于勾调。

（二）勾调

根据配方的要求将几种酒吸取并充分混合后，应及时进行理化分析和感官品尝，根据结果可做适当调整，直到完全符合标准。合格后进行澄清，如果不合格就需要重新进行勾调。

二、澄清

黄酒成分相当复杂，其酒体是一个极不稳定的胶体。不同贮存年份、不同品种，以及同一品种坛与坛之间的黄酒，都有其各自稳定的pH和等电点，以达到胶体平衡。当这些黄酒进行重新勾调时，酒体原有的胶体平衡被破坏而呈不稳定状态。因此瓶装黄酒在勾调后必须有一定时间的澄清期，通过某些成分的析出沉降，使酒体重新达到胶体平衡，以提高成品黄酒的非生物稳定性并改善其风味。黄酒的澄清可以采用自然澄清法、冷冻澄清法和添加澄清剂法。

（一）自然澄清法

黄酒勾调后，即在一底部有锥体的澄清罐中进行自然澄清。在澄清期内，各种粒子在本身重力以及粒子间相互电荷吸附、化学键合等作用下形成较大颗粒后析出，沉降于容器底部，进行二次"割脚"。自然澄清的效果取决于酒体温度的高低、澄清时间的长短、各种勾调用原酒性状的融合性（即 pH、等电点较接近）等因素。

（二）冷冻澄清法

冷浑浊是黄酒胶体不稳定性的重要表现之一。黄酒的冷浑浊与黄酒非生物性沉淀物的形成有着密切的内在联系。经研究，黄酒的冷浑浊物是形成黄酒永久性浑浊沉淀的前驱体。因此在较短时间内将酒体温度下降，加速引起黄酒不稳定性物质的析出沉降，有利于提高黄酒的非生物稳定性。其方法是将黄酒冷却至 $-6 \sim -2℃$，并维持 $3 \sim 5d$。

黄酒的冷却方式主要有以下 3 种。

一种是在冷冻罐内安装冷却蛇管和搅拌设备，用冷媒对酒直接冷却。此方法适用于产量较小的企业。

一种是将澄清罐内的黄酒通过制冷机循环冷却，直到达到所需温度。

一种是通过速冷机一次性将酒冷却到所需温度。

以上 3 种方法各有优缺点，且电耗较大，建议在夜晚低谷电制冷以节约电费，降低生产成本。

由于冷冻处理对延长瓶装黄酒稳定期的效果明显，且可改善黄酒的风味，因此目前有许多黄酒企业正在积极引进冷冻处理方法。

（三）添加澄清剂法

澄清剂澄清法见第四章。

目前黄酒行业中的规模企业，所采用的澄清处理方法是综合上述 3 种方法的混合法。具体操作是在第一天将黄酒根据要求勾调合格后，按照比例添加澄清剂后自然澄清 1d，采用速冷机器将酒体冷至 $-6 \sim -2℃$，然后再自然澄清 $3 \sim 5d$。采用这样的混合方法，澄清的效果更加理想。

三、过滤

勾调后的黄酒，虽然在澄清罐中大部分沉淀物析出后沉降于容器底部被除去，但仍有一部分悬浮粒子存在于酒体中，影响酒液的澄清透明度，不仅影响成品的感官，还会使成品短期内出现沉淀，所以必须通过过滤的方法加以除去。

目前黄酒企业最常用的过滤方法为硅藻土过滤或硅藻土过滤+膜过滤。硅藻土过滤为粗滤，而膜过滤由于孔径较小，可作为精滤。

（一）过滤机理

酒液中悬浮粒子被阻留主要基于以下三方面的作用。

1. 阻挡作用（筛分作用或表面过滤）

阻挡作用是一种物理过程。比过滤介质孔隙大的颗粒不能通过，被阻挡在介质一侧。这些颗粒可能增加也可能减少过滤能力。如果是硬质或多孔性颗粒，它便附着于滤层进滤液面一侧形成粗滤层，以减少滤层内部结构的负担。如果酒液中颗粒是可变形或黏性的，则附着于过滤介质间隙形成阻塞，降低过滤效率。

2. 深度效应（机械网罗作用）

过滤介质中细长曲折的微孔途径对悬浮粒子产生阻滞作用，因此，要求介质充满迷宫式的槽沟，它对微小颗粒也能网罗。它除了机械网罗外还有静电滞留效应。棉饼和硅藻土都有深度效应。

3. 静电吸附作用

比介质微孔更小的粒子，也可能由于多种分子间力产生的吸附作用而滞留。其中最重要的是 ζ-电位。黄酒的 pH 大都在 $3.8\sim4.6$，在此 pH 范围内，石棉的 ζ-电位为阳性，即石棉带有阳电荷，故能吸附酒液中带阴电荷的粒子。

过滤的三种作用示意图如图 5-1 所示。

（1）阻挡（筛分）效应　　　　（2）机械网罗作用　　　　（3）吸附作用

图 5-1　过滤的三种作用示意图

过滤的机理即为上述三种作用联合发挥效能，将酒液中的悬浮颗粒从酒体中分离。

（二）硅藻土过滤

硅藻土过滤的介质是一种较纯的二氧化硅矿石。其过滤特点是可以不断添加助滤剂，使过滤性能得到更新、补充，因此过滤能力很强，可以过滤很浑浊的酒，没有像棉饼那样有洗棉和拆卸的劳动，省汽省水省工，酒损也较低。目前黄酒企业大都采用硅藻土过滤来替代棉饼过滤。

硅藻土过滤机型号很多，根据其关键性部件——支撑单元，可分为三种类型：板框式过滤机、加压叶片式过滤机（立式和水平式）、柱式（烛柱式）过滤机。目前黄酒企业使用的以前两种为主，其结构分别如图5-2、图5-3、图5-4所示。

1—板框支撑轨；2—浑酒入口；3—板和框；4—机座

图5-2　板框式硅藻土过滤机

1—机台框架；2—摆动喷水管；3—过滤叶片；4—黄酒进口；5—清酒出口；6—滤渣出口

图5-3　立式叶片硅藻土过滤机（卧式罐）

硅藻土过滤的大致操作工艺如下：

1. 过滤前准备

过滤前必须对接触酒液的过滤机、阀门、管路、贮酒罐等进行十分严格的清洗，在确认无异物、异气后，连接好管路并关闭相关阀门。

2. 预涂

硅藻土过滤机的预涂分两层。

第一层预涂为粗粒硅藻土助剂。其颗粒的大小，略大于过滤机支撑的孔径，避免颗粒进入支撑介质深层空间，造成孔隙阻塞。第一层预涂质量，可直

1—黄酒进口；2—过滤叶片；3—空心轴；4—清酒出口；5—滤泥出口

图 5-4 圆形叶片水平硅藻土过滤机（立式罐）

接影响周期过滤产量及过滤介质的使用寿命。

第二层为粗细混合的硅藻土（其中细硅藻土为 60%~75%），为高效滤层，对黄酒的澄清度提高有重要作用。

预涂用的硅藻土量一般为 $0.8~1.5 kg/m^2$，预涂厚度为 $1.8~3.5mm$。具体操作时，先将硅藻土在添加槽中按一定比例［硅藻土：滤清液 = （1：8）~（1：10）］配成预涂浆，开启预涂循环泵循环 15min 左右，直至视镜中液体澄清透明。

在过滤过程中补添的硅藻土其粗细土比例同第二次预涂用硅藻土相似。

硅藻土的预涂工艺如图 5-5 所示。

3. 过滤

预涂结束后，就可以开始正式过滤。在过滤过程中，为维持滤层的通透能力，需不定时地添补预涂层 20% 左右的新硅藻土。随着过滤的进行，滤层中所积累的固形物越来越多并最终占满滤网（柱）之间的空间，使过滤的阻力迅速增大，主要表现为过滤压力急剧升高，流量急剧下降。此时必须停止过滤，并排出废硅藻土，更换新硅藻土。

1—硅藻土混合罐；2—硅藻土过滤机；3—黄酒泵；4—硅藻土供料泵；5—搅拌电动机；
6—视镜；7—硅藻土进料口；8—通风；9—压力表；10—进酒管；11—循环管
图 5-5　硅藻土过滤机预涂工艺

由于硅藻土过滤的原理是通过硅藻土粒子之间的"搭桥"作用，形成滤网，一旦过滤压力超过滤网能承受的力量，就会产生漏土现象。因此为保证过滤质量，最好在硅藻土过滤机后设置精过滤器或硅藻土捕集器。

（三）微孔膜过滤

微孔膜过滤是以用生物和化学稳定性很强的合成纤维和塑料制成的多孔膜作为过滤介质。由于微孔膜过滤具有分离效率高、除浊效果好、自动化程度高、操作简单、使用费用低廉等优点，因此在葡萄酒、啤酒行业，微孔膜过滤的应用已相当普遍。而在黄酒行业，近年来由于企业技改速度的加快，用微孔膜过滤设备来替代传统过滤方式将是大势所趋。

微孔膜过滤分为并流过滤和错流过滤两种方式。并流过滤指料液垂直于膜表面通过滤膜，对于比较浑浊的黄酒，容易造成膜通量快速衰减；错流过滤指料液以切线方向通过膜表面，以料液快速流过膜表面时产生的高剪切力为动力，在实现固液分离的同时，将沉积于膜表面的颗粒状浑浊物不断扩散回主体流，从而保证膜表面不会快速形成污染层，可有效遏制膜通量的快速衰减。两种过滤模式的过滤效果如图 5-6 所示。

以错流中空微孔膜过滤系统为例，一般该过滤系统由袋式预过滤器、滤膜、膜后保护过滤器、液体输送系统及智能控制电气系统五部分组成，其大致操作工艺如下。

（1）错流过滤　　　　　　　　　　（2）并流过滤

图 5-6　不同过滤模式过滤效果示意图

1. 过滤前准备

过滤前必须对接触酒液的过滤机、阀门、管路、贮酒罐等进行十分严格的清洗，在确认无异物、异气后，连接好管路并用压缩空气顶出管路中的残留清水。

2. 过滤

准备工作结束后，即可开始正式过滤。为避免过滤过程中膜通量的快速衰减，可根据黄酒的浑浊情况，设定定时的自动反冲程序。

3. 清洗

过滤结束后，打开排液阀，将设备、管路中的残酒排出，并用清水进行正向和反向的清洗。当用清水清洗后膜通量不能恢复到理想状态时，可用 10~20g/L 的 NaOH 进行化学清洗。

4. 保养

为延长滤膜的使用寿命，清洗结束后的膜必须采取正确的保存方法：若设备停机时间在 5d 以内，可用清水加以保存，并每天用清水冲洗一次设备；若停机在 5d 以上，应在设备清洗完毕后注入 20g/L NaHSO$_3$ 溶液作为保护液体；夏季若停机在 10d 以上，应在设备清洗完毕后注入 0.5% 的甲醛水溶液作为保护液体。

第三节 洗瓶

在本节将描述各种黄酒的包装容器的清洗方法。重点讲述玻璃瓶的清洗，对于其他包装容器将加以简单介绍。

一、玻璃瓶的清洗

玻璃瓶的清洗方法有多种，根据所采用的机器不同，可以分为手工清洗、半自动清洗和全自动清洗。下面重点讲述使用全自动洗瓶机的全自动清洗方法。

（一）手工清洗

手工洗瓶方法，一般适用于产量较小的手工灌装线，主要用于对异型瓶、陶坛、回收旧瓶等的清洗。

以前往往用碳钢板制作两只洗瓶池，但是由于碳钢容易生锈，锈泥会进入瓶中造成二次污染，所以现在多采用不锈钢板制作洗瓶池。

首先将两只池中注入适量的清水，以倒入瓶子后水没有溢出为准，为增加洗瓶效果，在冬天用蒸汽适当将水加温；特别的，如果是清洗旧瓶，还需要添加固体碱来增加清洗效果，注意控制碱液浓度在 20~30g/L，并且要及时补充固体碱。然后把需要清洗的瓶子倒入第一只水池，注意在运送空瓶及倒瓶时，动作要轻，避免动作幅度过大造成瓶子的破损。在手工洗瓶时掌握先外后内的原则。在清洗瓶子外部时，如果是新瓶子，只要用带水的湿毛巾将瓶子外壁全部抹到、擦去浮尘即可；如果是旧瓶子，需要先用钢丝球用力将外表的商标和其他污渍擦洗干净后再用带水的湿毛巾将瓶子外壁全部抹到。在清洗瓶子内部时，洗瓶工一手拿瓶，一手拿长柄瓶刷，通过瓶刷的移动来摩擦瓶子内壁，使瓶子内壁黏附的异物剥落，在此操作过程中注意要不断更改瓶刷的进出角度，从而保证内壁的各处均被擦到。然后将瓶子放入第二只水池中进行漂洗，再次将瓶中的水沥干，控制瓶口朝下 10s 的滴水小于 3 滴为准。这样洗瓶结束，备用。

（二）半自动清洗

所谓的半自动清洗方法，是介于手工清洗和全自动清洗之间的一种方法。半自动清洗瓶子因为采用了简单的机械，所以效率比手工洗瓶要高了许多，同时还可以大大降低劳动强度（图 5-7）。

半自动洗瓶与手工洗瓶的区别在于添加了一个小电机，与小电机相连有数只瓶刷，瓶刷随电机的转动而转动，操作工以瓶口对准瓶刷然后送进去使瓶刷达到瓶子底部，并上下左右摇动瓶子，从而使瓶刷可以摩擦到瓶子内壁的各

图 5-7 半自动洗瓶装置

处，从而达到洗瓶的目的，其余的操作和要求与手工洗瓶相同。

无论是手工洗瓶还是半自动洗瓶，为保证瓶内的清洁，在灌装前还需要用清水进行冲洗。一般有一个特制的架子，将瓶子倒置，用自来水反冲 20s 左右，再将水沥干。这样可以有效地避免瓶内洗涤液的残留。

（三）全自动清洗

全自动洗瓶是采用全自动洗瓶机这样一种工艺先进、生产效率高的瓶子清洗设备来洗瓶的方式，主要有双端式（图 5-8）与单端式两种。

图 5-8 双端式全自动洗瓶机

所谓双端式是指瓶子从洗瓶机的一端进，从另一端出；单端式是指瓶子的进出口均在机器的一端。单端式洗瓶机仅需一人操作，但由于净瓶与脏瓶相距较近，卫生可靠性不及双端式。两种洗瓶机虽然形式不同，但其工艺过程相同，主要可分为以下 5 部分。

1. 预泡部分

瓶子进入洗瓶机后，首先在预泡槽中进行初步的清洗和消毒。预泡槽内有温度 30~40℃ 的洗涤液。除了预洗功能外，预泡时还对瓶子进行了充分的预热，以避免瓶子进行后道高温清洗时受热破裂。

2. 浸泡部分

瓶子从预泡槽出来后，即进入放有温度为 70~75℃ 洗涤液的浸泡槽。瓶子最终清洗效果的好坏，就主要取决于瓶子在浸泡槽中浸泡时间与温度。在浸泡槽中，黏附于瓶子上的大部分污杂物被洗脱下来，瓶子也进行了消毒。

3. 喷冲部分

瓶子经浸泡后，还有少部分难以洗脱的污杂物必须借助机械力将其除去。进入喷冲部分后，瓶子被倒置，经过几组固定外喷淋管和固定内喷淋管用高温（75℃ 左右）高压（0.25MPa 以上）的洗涤剂对瓶子的内外进行强力喷冲，此时所有的污物被彻底除去，瓶子也进行了进一步的消毒。

特别对于旧瓶，由于瓶底有凝固物、瓶外有商标，仅依靠浸泡和喷淋或许达不到清洗的效果。但是全自动洗瓶机特别设计了 2 个轴流泵，使水槽中的水产生急速的水流，在这种急速水流产生的强力摩擦之下，瓶子内外的附着物被彻底清除了。

4. 清洗降温部分

在这一部分，瓶子内外被 55℃ 热水、35℃ 的温水及常温冷水依次喷冲，附着于瓶子内外壁上的残余洗涤液被全部洗脱，并使瓶温接近室温后进入灌装线。

在这部分，特别设计了旋转跟踪喷淋装置。当链条带动瓶盒前进时，星轮会带动喷淋管跟着瓶盒做同步运动，这样喷出的水会跟随瓶盒做旋转跟踪喷射。并且由于水流在跟踪时的角度变换，可以彻底冲洗瓶子的内壁和底部，从而增加了冲洗的效果。

5. 自动液位调节和显示

在机器的水槽外装有液位自动调节装置，用于保证水槽中的液位高度。该装置设有最小液位和最大液位。

当无瓶运行时液位低于最小液位或有瓶运行时低于最大液位，就会自动打开液位气动补充蝶阀来补充液位，直到液位达到设定的要求，各液位补充阀自动关闭，从而保证浸泡的效果。

下面举例来说明某种全自动洗瓶机的操作程序和操作要求。

（1）作业程序

（2）操作要求

①开机前必须对机器的限位开关、感光器等安全装置做全面检查，处于良好的工作状态才能开机。

②关闭人孔门，开启水阀给各清洗池注水，一般控制各水池的冷水量为60%左右即可。然后给碱1池加4包片碱、给碱2池加2包片碱，使pH在10左右。

由于瓶子在运行过程中，会有一些碱液从碱1池带入碱2池，所以要给碱1池中多加片碱。

③开启电源总开关，打开蒸汽阀门开始加热。待各清洗池的水温升至设定值后，开始洗瓶。

④开启主机进瓶清洗，保持进瓶、出瓶同步；处理进出瓶时卡住的瓶子或碎玻璃应先停止机器，然后用专用开关或工具进行处理。

⑤对清洗后的瓶定时用pH试纸进行碱性测定，当池水pH≤8则需给1号池加苛性碱，以增加清洗能力，并对清洗结果做岗位记录。

⑥当最后一排瓶从洗瓶机出来后，关掉主机，同时关掉水阀、蒸汽阀及进瓶输送带，最后等出瓶输送带瓶走完后关掉出瓶输送带。

⑦放出各清洗池的水，并将各水池冲洗干净，再做好周围环境的卫生工作。

二、塑料壶的清洗

由于塑料制品的特殊性，所以清洗的方法也比较特殊。

首先要求采购的塑料壶包装一定要完整。由于塑料制品厂所生产的产品是成型后及时包装的，所以要求厂家要做到二层包装，并且要注意运输过程中避免包装物受损，从而避免塑料壶被污染。在使用前的清洗时，使用75%的食用酒精来清洗，主要目的在于杀菌，然后竖放倒置，将酒精沥干。要注意第一不要使用包装物破损的塑料壶，因为包装物破损后容易粘上灰尘，在清洗时混入清洗用的酒精造成洗涤液的污染；第二是一定要竖直倒置，这样才能够将清洗用的酒精充分沥干，否则会影响灌装后黄酒的品质。

第四节 空瓶检验

本节讲述的是经过清洗的瓶在灌装前的检验步骤。

无论采取何种方法洗瓶，在灌装前都需要进行检验。将其中的不合格品剔除，避免不必要的浪费，其操作程序和操作要求如下。

一、操作程序

二、操作要求

①上班时先开启输送带，调整输送带两侧拦板的距离，使瓶子能够在输送带上被正常输送，然后打开灯检器的开关。

②灯检时，对破瓶、脏瓶等不符合灌装要求的瓶子及歪瓶、异形瓶、外观不光洁，有气泡、结石等质量不好的瓶子尽量挑尽，装入空箱，不得遗留到下道工序。

③对瓶子输送带上跌倒或卡住的瓶子应及时扶正，保证瓶子输送的正常运行。

④倒掉挑出的次瓶并做好岗位记录，同时做好瓶子输送带及工作环境的清洁卫生工作。

第五节 灌装

灌装机是将酒液根据需要的容量定量地灌入酒瓶的机器。

灌装机的形式各种各样，根据机器的原理和特点，可以分为正压灌装、负压灌装、直线式灌装、旋转式灌装、液位灌装、时间灌装、定量杯灌装等。根据生产规模的大小，有手工灌装、半自动灌装和全自动灌装之分。

一、手工灌装

手工灌装一般采用定量杯灌装的方法。清酒被泵入高位槽后因重力的作用流入长方体形状的中间罐，中间罐的底部开有数个出口。同时有相同数量的管子，一端与中间罐焊接相连，一端与定量杯螺纹相连。定量杯容量的大小是根据需要制作的，上下均有手动球阀，上面的阀门是进酒的，下面的阀门是出酒的。旁边有用透明橡胶管制作的液位显示管。

瓶装黄酒的生产车间，往往有不同规格的定量杯。生产时根据产品需求的容量将相应的容量杯通过螺纹与中间罐连接。生产时打开上面的进酒阀、关闭下面的出酒阀，使中间罐的酒液靠重力流进容量杯，然后将空瓶放在容量杯的下面，使瓶口对准容量杯的出口。观察液位显示管，当显示容量杯已经注满酒液后关闭进酒阀，再打开出酒阀，使容量杯中固定体积的酒液注入瓶中。当容量杯流空后，关闭出酒阀、打开进酒阀，使酒液重新注入容量杯，在注酒过程中将灌好的满瓶移开同时将空瓶放在容量杯的下面。

在生产过程中要注意以下几点：

①班前班后要检查进、出酒阀的密封性。如果阀门滴漏的话会影响容量的准确性。

②在确保容量杯已经流空后关死出酒阀，确保容量杯注满后关死进酒阀，否则都会影响到容量的准确性。

③因为工作环境是敞开式的，所以要做好工作现场的卫生工作和防虫工作，避免有异物进入酒瓶而影响产品的质量。

二、半自动灌装

半自动灌装采用时间灌装的方法。

灌装机带有电脑控制模块，前后都有输送带相连。可以设定一系列相关的时间参数和其他参数，如灌装时间 t_1、出瓶时间 t_2、进瓶滞后时间 t_3、进瓶数 n 等，同时灌装机还带有一系列的气动开关和气动阀门。

工作时根据瓶子的形状、容量等设定好时间参数。启动机器开始工作，输送带开始运转，自动打开进瓶气动开关、关闭出瓶气动开关，在进瓶处的光电管开始计数。当读数达到设定的 n 时，进瓶气动开关关闭、输送带停止运转，控制酒阀的气动开关打开，开始注酒。灌装时间达到 t_1 后，酒阀关闭，输送带开始运转，同时出瓶的气动开关打开，酒瓶被送出。经过出瓶时间 t_2 后，出瓶气动开关关闭。当出瓶气动开关打开后，经过进瓶滞后时间 t_3，进瓶气动开关再次打开，重复以上动作。

在生产过程中要注意以下几点：

①每种瓶形的一些参数要做好记录，以便下次使用，从而减少摸索参数的时间。

②如果第一次使用一种新的瓶形，可以根据经验初步设定参数，然后进行调整，直到取得最合理的参数为止，并做好记录。

③影响时间灌装可靠性的最大因素在于中间罐的液位，因为液位的高低会影响到出酒的流酒速度，从而影响到产品的容量，所以操作工人工作中要多加注意。

采用时间灌装的灌装机都是直线式的。

三、全自动灌装

采用玻璃瓶为容器且销量大的产品，可以应用全自动灌装机。

黄酒行业应用的全自动灌装机，实际是从啤酒灌装机引申过来的。因为啤酒全自动灌装机的技术已相当成熟。但是考虑黄酒与啤酒的差异，所以黄酒灌装机还是具有自身的特点的：

①为提高灌装速度，可以采用正压灌装，就是提高酒缸的压力从而提高注酒速度。

②采用负压灌装，就是用真空泵使玻璃瓶内部产生负压，这样也可以提高注酒速度。

③采用液位灌装，使瓶内酒液的液面比较稳定。

④采用时间灌装，使瓶内酒液的容量比较稳定。

⑤还可以采用组合技术，比如负压时间灌装、负压液位灌装等。

玻璃瓶全自动流水灌装线如图5-9所示。

图5-9　玻璃瓶全自动流水灌装线

四、灌装注意事项

在进行灌装操作时应注意以下事项：

①搞好与灌装相关所有设备、用具、场所、工作人员的卫生工作。

②正式灌装前先用酒液顶出管道内残余水，待灌装机出来的酒液各项指标均达到标准要求后再行灌装。

③灌装过程中要不时检查实际灌装容量是否与标准要求相符。一般规定1h 抽查一次，从而做到及时发现问题并及时整改。

④灌装结束后将容器、管道内的余酒放出，并分别用碱液（或次氯酸钠溶液）、热水、清水等清洗干净。如设备较长时间不用，需在容器、管道中打入 1%～2% 甲醛或 20g/L 次氯酸钠溶液加以保存。

第六节 压（封）盖

灌装后的瓶酒需要及时封口，避免异物进入瓶内而出现质量问题。

封口的形式各种各样，有压盖、螺旋盖、木塞等形式。

一、皇冠盖压盖

灌装后的瓶酒应及时压盖。压盖时应注意瓶盖压得松紧程度，压好后瓶盖周围的齿形突起应紧贴瓶口，不得有隆起或歪斜现象，否则易于脱落或漏酒。

压盖机应随瓶子的大小高低加以调节。如发现瓶盖压不紧，可将压盖机上部向下调节，如易轧碎瓶口、太紧造成咬口，则可稍稍升高。

在压盖机上，瓶盖传送装置附设压缩空气装置，既可帮助送盖，又可除去瓶盖垫片上附着的异物等，以防混入酒内。

二、螺旋盖封盖

螺旋盖封盖多用铝制，事先未加工出螺纹。封口时，用滚轮同向滚压铝盖，使之出现与螺纹形状相同的螺纹而将容器密封，这种封盖在封口时，封盖下端被滚压扣紧在瓶口凹棱上，启封时将沿其裙部周边的压痕断开而无法复原，故又称"防盗盖"。该包装多用于高档瓶装黄酒。图 5-10 为防盗盖封盖机。

防盗盖的封口过程大致可分为送盖、定位夹紧、滚纹和复位等四步，并用专门的测定器对封盖进行检测。

1. 送盖

散装在料斗中的铝制瓶盖由理盖机构整理，并按正确位向送到滚纹机头处。

2. 定位夹紧

铝盖套装是由送瓶装置将瓶子送到送盖装置下部，并将瓶盖套入瓶子口

图 5-10　防盗盖封盖机

部，经滚纹机头上的导向罩定位后，压头下压瓶盖，并施加一定的压力，使瓶盖和瓶口在滚压过程中不发生相对运动。

3. 滚纹封口

要实现滚纹封口，滚压螺纹装置必须完成下述运动：一是滚纹机头相对于封口机主轴向直线运动（即螺旋运动）；二是滚纹和封边滚轮相对瓶体完成径向进给运动。这样，在滚纹滚轮的作用下，铝盖的外圆上滚压出与瓶口螺纹形状相同的螺纹，使铝盖产生永久变形，并与瓶口螺纹完全吻合。而封边滚轮则滚压铝盖的裙边，使其周边向内收缩并扣在瓶口螺纹下沿的端面上，从而形成以滚压螺纹连接的封口结构。

4. 复位

完成封口后，滚纹滚轮和封边滚轮沿径向离开铝盖，封盖封头上升复位。与此同时，瓶子离开封盖工位，从而完成了一次工作循环。

5. 封盖检测

①封盖的酒瓶固定于测定器上，把转矩测定器指针拨到"0"上，再用手抓住瓶盖，向开瓶角度拧（即按逆时针方向拧动），这时要注意测定器指针的转动刻度。

②首先听到有"嘎吱"的声响，这是第一转矩；再次拧动听到同样的声响，这是第二转矩；最后再次拧动并听到铝盖断开声，这就是第三转矩。第一转矩的标准值为（12±4）kg/cm^2，第二转矩为（16±4）kg/cm^2，第三转矩为（10±4）kg/cm^2。

③开盖转矩值测定完后，再用转矩测定器检测瓶盖的封盖质量，检测方法如下：顺时针拧瓶盖，此时瓶盖的螺纹开始破裂，瓶盖只能空转，查看它的数值，即为反转拧矩。反转拧矩的标准值为$20kg/cm^2$以上。

第七节 杀 菌

一、手工水浴杀菌

将灌装后的瓶酒装入特制的杀菌篮（其中一瓶不封口，用来插温度计用以观察杀菌温度）后，再将篮子吊入杀菌槽（池）中进行水浴杀菌。水浴的液面高度应与瓶内黄酒液面高度基本持平，并注意水浴槽（池）中的水受热膨胀后不能满过瓶口。将杀菌篮放入水浴槽（池）后即可用蒸汽缓慢加热升温至杀菌温度（一般为80~85℃），整个杀菌过程大约持续40min。

在杀菌过程中为充分利用热能，并减少酒瓶因受热温差过大而造成破裂，杀菌槽可分为3组：第一组为预热槽，将酒预热到45℃左右；第二组为升温槽，将酒升温到70℃左右；第三组为杀菌槽，将酒加热到杀菌温度后维持5~10min即可出篮。为降低能耗，减少高温杀菌对黄酒风味的负面影响，在保证卫生指标合格的情况下，杀菌时间尽可能短，杀菌温度尽可能低。

二、全自动步移式杀菌机

瓶装黄酒在通过灭菌机通道过程中，利用六档或八档不同温度喷淋杀菌。第一档：预热区，喷淋50~60℃温水；第二档：升温区，喷淋70~75℃热水；第三档：杀菌区，喷淋80~85℃热水；第四档：保温区，喷淋80℃热水；第五档：降温区，喷淋60~70℃热水；第六档：冷却区，喷淋50~55℃温水。瓶装黄酒通过杀菌机通道约45min，其中杀菌区和保温区约25min。

喷淋水分配箱底部钻有筛孔，每班刷洗，水泵也有滤网，以保证喷淋水量充足与畅通。均匀充分喷洒于每瓶酒上，防止"死角"，即热水喷不到的地方，造成有漏杀菌的现象。

杀菌机开车时，准备工作要做好。循环水泵与喷淋水分配箱各档温度均达到要求后，先运转几分钟，待正常后一齐进入杀菌机通道，可防止瓶酒跌倒。喷淋杀菌机链条传送部分应经常添加润滑油，保持运转灵活，喷淋水量畅通均匀无"死角"，温度达到工艺要求，才能保证杀菌质量。

杀菌后瓶酒还须有专人检查，在灯光下检验，由于瓶子和酒液的放大作用，细小的颗粒可以很明显地被发现。另外，如有瓶盖未轧实，密封不好，酒液满至瓶口或发现漏酒等现象，均应拣出。

杀菌操作重点控制内容如下：

①各区温度符合工艺条件。

②喷淋压力要求0.2~0.3MPa。

③喷淋头畅通，不得阻塞。

④运转平稳，每班要传送完全部瓶子，不得在杀菌机内积存过夜。

三、操作程序和操作要求

下面以某品牌杀菌机为例来说明操作程序和操作要求。

1. 操作程序

2. 操作要求

①打开水阀，向水箱中注水。

②开启电源开关，开启所有水泵，开启手动蒸汽阀进行加温。

③检查各水域水温，当高温区水温接近设定值时，关闭手动蒸汽阀。当各水域水温均达到设定值时，开启进瓶输送带。

④开动主机，使瓶酒通过步移来依次通过各温区。要定时检测酒温，在高温区与保温区的交界处开有窗口，一般控制每小时取样，检测酒温，确保杀菌温度，并做好记录。检查出酒输送带，对跌倒或卡住的瓶子应及时扶正、拣出出瓶输带上破碎的瓶子，并及时倒掉。

⑤工作结束后依次关闭压缩空气、蒸汽阀门、水泵和电源开关。

⑥水箱放水，做好卫生。

⑦工作过程中要经常检查各槽喷淋情况，发现喷头堵塞的情况后，在工作结束后要及时清洗、疏通或更换，定期清洗各喷淋槽的插入式滤网。

第八节 检 验

本节所讲的检验，是指在经过杀菌之后、贴标之前的检验。一般来说，只有在全自动生产线上单独有这道工序。而在手工灌装线或半自动生产线上，并不是说不需要检验，只不过是没有单独的检验人员，而是操作工在手工贴标时兼有了检验职能。本节只讲述全自动生产线上的检验。

在全自动生产线上，对检验员要求将杀菌后裂口、无盖、酒中含有异物、容量不足、太满等瓶酒尽数拿掉，不得遗留到下道工序。

瓶酒经过杀菌后，可能会出现以下情况的不合格产品。

1. 无盖、瓶盖裂开

瓶酒在杀菌机中受热，在封口严密的情况下，瓶内压力升高。如果采用皇冠盖来封口，有可能由于承受不住压力导致皇冠盖被顶开，所以会产生无盖现象。如果采用防盗盖来封口，由于个别盖子在加工时刀纹割得较深，盖子受热产生的拉力增加使盖子相连部分断开，从而出现盖子裂口现象。

2. 酒中含有异物

发生这种情况有两种可能。一是在生产的开始阶段，由于灌装机的清洗不够彻底，灌装机内的微生物及代谢产物（已经凝结成块状，可以肉眼观察到）随酒液进入瓶内。二是由于盖子在制作过程中没有处理干净，一些铝屑或密封材料颗粒可能由于静电作用吸附在盖内，杀菌过程中静电消除后进入酒液。

3. 液位太满或太浅

由于瓶子的满口容量存在一定的偏差，采用定量灌装的方法时，瓶内液面也会产生高低。经过高温杀菌，瓶内液体受热膨胀，液面上升，而瓶颈部分的直径越来越小，导致视觉上液面高低相差比较明显。还有一种情况是瓶酒在杀菌机内倒翻，如果封口不严密，盖子与玻璃的膨胀系数不一致，就会出现渗漏，也会导致瓶内液面偏低。

4. 瓶盖变形

以下两种情形，会产生瓶盖变形。一是瓶子中心线有倾斜，进入滚纹机头上的导向罩定位后，盖顶受压不均匀，导致一边塌落，俗称"塌盖"；二是封盖后，瓶子在输送带上移动时，由于转弯或输送带连接处的速度差，会使瓶子倒翻，瓶盖受到挤压而变形。

对于产生的以上情况，检验员要仔细把关，彻底剔除。剔除的瓶酒在岗位附近定点放置，堆放要整齐。由于理化指标没有问题，所以将这些次酒拉到次酒堆放处，等冷却后进行处理，酒液经过重新勾调仍然可以继续使用。

检验员还需要将输送带上跌倒或卡住的瓶子及时扶正、疏通，保证生产的连续进行。

第九节　贴　标

贴标有两种方法：手工贴标和机器贴标。

一般在手工生产线上，由于量小，相应采用手工方法来贴标。就是手工将黏合剂均匀涂抹在商标背面，然后根据位置要求贴在瓶壁上。

要注意在商标和瓶壁之间不得有明显的黏合剂痕迹，同时用半干湿的抹布将黏附于瓶壁的杂物擦净。

贴标机又称贴标签机，它是将预先印刷好的标签贴到包装容器的特定部位的机器。贴标机种类较多，有直线式、回转式、压捺式、转鼓式、刷贴式、压敏式等，另外还有单标机、双标机、多标机等，各企业可根据实际生产需要加以选择。

贴标机操作包括取标、送标、涂胶、贴标、整平等工序。其工艺控制要求主要有以下几点。

①机器开动前先检查各部件是否正常，并加好润滑油。

②确认商标、批号与产品是否一致，并校正好生产日期。

③通过试贴调整好商标粘贴效果，要求是商标端正美观，紧贴瓶身与瓶颈处，不皱折、不歪斜、不翘角、不重叠、不脱落。其中的正标，如果是双标，要求上下标签的中心线和瓶子中心线对中度允许偏差≤3mm；如果是单标（一张正标）要求标签的中心度与瓶子对中度允许偏差≤2.5mm。

贴标的效率和质量不仅取决于机械的好坏，还取决于纸标机的质量和黏贴剂的质量。纸标要求横向拉力强，厚度、软硬适中，粘后易于服贴。黏贴剂要求接触玻璃粘力强、流动性好，但贴后易于干燥等性能。使用前纸标宜贮于湿度较大的地方，以防止过干不适合机械操作。

第十节　包　装

小包装黄酒基本是都是采用纸箱包装。装入纸箱的方法有两种，一种是手工装入纸箱，另一种使用自动装箱机来完成。

黄酒的生产企业大多采用手工装箱的方式。手工装箱是用人工的方法将经过检验已经合格并且已经贴好商标的小包装黄酒按照要求装入纸箱的操作过程。包装工首先将纸箱折好，底部用胶带粘贴，然后根据要求将一定数量的小包装黄酒装入纸箱，再将纸箱顶部用胶带粘贴。在操作中要特别注意以下几点：

①不能缺瓶（即少装）。

②装箱时要检查商标，将缺标、破标、歪标的黄酒剔除。

③要轻拿轻放、避免擦破商标。

④每箱中要放合格证，合格证上的生产日期要与瓶盖或商标上的日期一致。

自动装箱机一般适用于生产规模比较大且单一品种产量比较大的全自动黄酒生产线。使用自动装箱机可以节省大量的人力并且大幅度降低劳动强度。装箱机有若干抓头，预先要调整好抓头的位置。工作时，抓头中的气囊因充气而膨胀从而将瓶口裹紧，通过机械臂的转动将酒瓶移入纸箱中，然后排气，气囊与瓶口分离。使用自动装箱机，对商标和黏合剂的要求比较高。如果商标太嫩会导致商标容易擦破；黏合剂不容易干会导致商标打皱。

第十一节 热灌装技术

近几年来，热灌装技术在黄酒行业的瓶装酒生产中得以应用并逐渐普及。前面所述的瓶装黄酒的生产是灌装、封口后经过杀菌（手工水浴杀菌或全自动步移杀菌），使成品的瓶装黄酒中的微生物彻底死亡，达到灭菌效果。因为是常温的酒液或经过冷冻的酒液先灌装再杀菌，所以可以称为冷灌装。

所谓的热灌装技术是相对于上述的冷灌装而言，它是先对酒液加热杀菌，然后再灌装封口，其大致生产工艺主要按以下步骤进行。

而本章所述的冷灌装工艺步骤如下。

二者相比较，主要的区别在标有下划线的几点，下面分别说明。

1. 暖瓶

热灌装技术要求所使用的瓶子的生产日期与瓶子的使用日期在两周内，并且瓶子是包装完好的。因为玻璃瓶在制作时，经过高温，绝对是无菌的，且瓶子用塑料薄膜包装，只要包装完好，两周内是不会被污染的。

因为瓶子干净，所以不需要洗瓶这一步骤，但需要暖瓶，就是瓶子用蒸汽吹一吹，使瓶子的玻璃温度升高，避免热的酒液进瓶时温差过大出现爆瓶。

如图 5-11 所示，输送带上安装一个箱体，箱体连接蒸汽，打开蒸汽阀门，蒸汽进入箱体，为了保证蒸汽在箱体内均匀，还安装了一个鼓风机来增加蒸汽的流动性。瓶子在输送带上移动时，通过这个箱体，玻璃被蒸汽加热。

图 5-11　暖瓶

2. 杀菌

热灌装技术使用板框式热交换器，对酒液进行瞬时高温杀菌。板框式热交换器的每一块板子，一面是热水，另一面是酒液，工作时二者都在流动。当酒液在板子之间流动时，不断与板子另一面的热水进行热交换而升温，调节好水温，就能使酒液通过热交换器后达到设定的温度，达到杀菌的目的。

由于板框式热交换器是瞬时杀菌，往往会产生温度达到生产要求但微生物没有全部杀死的情况，成品检测时，菌落存在甚至较多。为保证杀菌的效果，生产线上设置两个大的不锈钢容器，杀菌后的酒液进入容器进行保温，一般控制半小时的生产量。由于容器体积大，酒温降低的幅度很小，达到类似杀菌机保温区的灭菌效果。

3. 灌装

热灌装技术的灌装实际分为两部分。

（1）冲瓶　冲瓶就是将瓶子倒置，用热水反冲，一般水温控制在 70～80℃。冲瓶的主要目的是使瓶子玻璃的温度进一步升高。每一只玻璃瓶经过暖瓶和冲瓶两个步骤，玻璃的温度可以达到 60℃以上，这样可以避免酒液灌入瓶内出现爆瓶的现象。另外，热水冲到瓶底，沿内壁流下来，如果瓶内有异物的话，异物可以被水带走。

生产时要注意热水的喷头要伸入瓶口，这样才能够保证在喷水时，水会沿内壁流下来并从瓶口流出，避免热水在瓶内的残留。

喷头如图 5-12 所示，冲瓶如图 5-13 所示。

图 5-12　喷头　　　　　　　　　图 5-13　冲瓶

（2）灌装　因为灌装的是热酒，所以特别要注意各个部件所使用的密封圈要耐高温，否则长时间的高温工作，使密封圈受热变形或快速老化，容易给生产带来故障。

4. 降温

灌装结束后产品装箱时酒温仍有 80℃ 以上，入仓后纸箱受热变形，尤其是底层受压，其变形会更加严重。所以在灌装后贴标前这个阶段，设置降温装置，如图 5-14 所示。

图 5-14　降温

　　降温装置就是设置蛇形的输送带，以便在有限的场地上延长输送带的长度，使酒温降到45℃左右。输送带上部进行封闭，其顶部采用不锈钢罩，内含带喷淋孔的水管，酒瓶随输送带移动时，通过喷淋水来降温。侧面是塑料的"门帘"，以便"掀起门帘"处理故障。输送带的下面有接水盘，接水盘有一定的坡度，喷淋水落入接水盘后流入集水槽，集水槽的水泵入喷淋管可以循环使用。为避免喷淋水循环使用过程中水温不断升高，一般采用冷却装置，将冷却水温降低，从而保证降温的效果，降低喷淋水用量。

　　应用热灌装技术，特别要注意以下方面：生产前后相关设备的清洗工作。酒液经过板框式热交换器的加热杀菌，只要达到温度的要求，就能够达到无菌的状态。但是因为与冷灌装相比较，减少了杀菌机这个步骤，所以在热灌装前还要对从板框式热交换器到灌装机的所有管道进行彻底的消毒杀菌，保证杀菌后的酒液不会被第二次污染。一般采用的方法是在程序上将灌装机包含在热交换器的清洗中，生产前在对热交换器清洗消毒时，也把从板框式热交换器到灌装机的所有管道、灌装机等与酒液接触的部分也进行清洗消毒，确保处于无菌状态。

　　一般的，每天生产前后的清洗采用95℃的热水，每周要用70℃的热碱液清洗一次，既可以避免结垢影响热水的清洗效果，同时热碱液还可以大大提高杀菌的效果。

　　与冷灌装技术相比较，热灌装技术主要有以下优点。

　　（1）降低能耗　冷灌装技术生产时，生产前先要将浴池（水浴杀菌）的水或杀菌机水箱（机器杀菌）的水加热升温，生产结束后，还要将这些水排放掉。同时生产过程中因为是敞开式或半敞开式，热量外泄。而热灌装技术则可以减少这些热量的损失。

　　（2）质量更加稳定　热酒灌装后迅速封口，瓶内残留的空气基本没有。同时待酒液冷却后，瓶内产生负压，这种压力能够提高盖子内垫片与瓶口的吻合程度，从而提高密封程度。这样就能够更好地保证瓶装酒在到达消费者手中之前的稳定性。

　　（3）提高劳动效率　冷灌装时每天的生产前要将浴池的水或杀菌机的喷淋水加热，这一过程将近1h，一年下来要300h，基本上要40个工作日，而热灌装技术则可以节省这40个工作日。

　　（4）降低损耗　采用冷灌装技术，如果封口质量差，在贮存时可能因为漏气而变质，也可能在搬运过程中酒液泄漏而影响外观。如果封口质量好，在加热杀菌时，瓶内酒液受热膨胀，瓶内压力升高，如果瓶子的质量稍差，很容易破碎，造成瓶子、盖子和酒液的损耗。而采用热灌装技术，就可以避免这一损耗。

第十二节 瓶装黄酒的包装材料

瓶装黄酒最基本的包装构成包括酒瓶、瓶盖、酒标三部分，一些高档礼盒装黄酒还在瓶子外包装纸盒、木盒等。包装精美的瓶装黄酒不仅给予消费者物质上的美味享受，同时也满足了消费者视觉上的审美需求。

一、酒瓶及材质

目前瓶装黄酒的酒瓶真可谓是丰富多彩、琳琅满目，从酒瓶的造型上讲有圆形瓶、方形瓶、扁圆形瓶、多角瓶、异形瓶等；从酒瓶的材料上讲则有陶瓷瓶、玻璃瓶、塑料桶（袋）、金属易拉罐等。但是不管瓶装黄酒采用何种形式包装，其材料必须满足以下要求：

①对人体无毒害，包装材料中不得含有危害人体健康的成分。

②具有一定的化学稳定性，不能与黄酒发生作用而影响质量。

③加工性能良好，资源丰富，成本低，能满足工业化的需求。

④有优良的综合防护性能，能较好地保持黄酒的色、香、味的特色。

⑤耐压，强度高，重量轻，不易变形破损，而且便于携带和装卸。

（一）玻璃瓶

黄酒包装广泛采用的形式是玻璃瓶。

瓶装黄酒用的玻璃瓶除了要满足相应的技术规定外，还需满足下列基本要求。

1. 玻璃质量

玻璃应当熔化良好均匀，尽可能避免结石、条纹、气泡等缺陷；无色玻璃瓶透明度要高，带颜色玻璃其颜色要稳定，并能吸收一定波长的光线。

2. 玻璃的物理化学性能

（1）应具有一定的化学稳定性　不能与黄酒发生作用而影响其质量。

（2）应具有一定的热稳定性　以降低杀菌以及其他加热、冷却过程中的破损率。

（3）应具有一定的机械强度　以承受内部压力和在搬运与使用过程中所遇到的震动、冲击力和压力等。

3. 成型质量

应按一定的容量、重量和形状成型，不应有扭歪变形，表面不光滑平整和裂纹等缺陷，玻璃分布要均匀，不允许有局部过薄或过厚，特别是口部要圆滑平整，尺寸标准，以保证密封的质量和便于开启。

4. 容量

容量分公称容量（即灌装容量）和满口容量。满口容量一般为灌装容量的 105%，这是为瓶装黄酒因加热杀菌引起酒液膨胀而设定的。

（二）陶瓷瓶

我国是使用陶瓷制品历史最悠久的国家。陶瓷制品用作食品包装容器主要有瓶、罐、缸、坛等，它主要用于酒类等传统食品的包装。

陶瓷包装容器耐火、耐热与隔热性能比玻璃包装容器好，且耐酸性能优良，透气性极低，历经多年不变形、不变质。原材料资源丰富，废弃物不污染环境，与塑料、复合材料制作的包装容器相比，陶瓷更能保持黄酒的风味，且陶瓷容器包装的食品常给消费者以纯净、天然、传统的感觉。陶瓷包装容器的优点是可利用其特有的色彩和造型来塑造商品形象，体现悠久的黄酒文化和传统的民族特色。缺点是与玻璃容器一样，陶瓷包装容器重容比大，且易破碎；容器不透明，生产率低，且一般不再重复使用，故成本较高。

1. 陶瓷瓶的制造工艺

原料配比 → 泥坯成型 → 干燥 → 上釉 → 焙烧

2. 陶瓷瓶的设计

陶瓷瓶的设计必须满足以下要求：

①陶瓷瓶应与被包装黄酒档次相适应，作为包装容器，首先应满足其包装功能，然后考虑其包装的艺术性。一般的包装采用陶土、河土等为主要原料制成的陶器，高档的则采用以高岭土、长石和石英为原料制成的瓷器并加以装饰。

②造型应具有陈列价值，且便于集装运输。因此，要避免造型上的重复，还要节省空间，并具有良好的强度和刚度。

③厚薄适宜，瓶口标准，封口后密封可靠，且便于加工和包装。满口容量能满足灌装容量及膨胀需要。

④商标与装饰应与陶瓷容器风格一致。

⑤便于批量生产与运输，包装成本低。

3. 陶瓷瓶的卫生安全性

陶瓷瓶的卫生安全性，主要指上釉陶瓷表面釉层中，重金属元素铅或镉的溶出。一般认为陶瓷瓶与玻璃瓶一样，无毒、卫生、安全，不会与食品发生任何不良反应，但长期的研究观察表明，釉料，特别是各种色釉中所含的有害金属，如铅和镉等，会溶入到包装的酒液中去，造成对人体健康的危害。因而应选用无色的釉料，特别是瓶体内部表面的釉。表 5-1 为 GB 14147—1993

《陶瓷包装容器铅、镉溶出量允许极限》中对陶瓷包装容器铅、镉溶出量允许极限。

表 5-1 陶瓷包装容器铅、镉溶出量允许极限

溶出物	铅（Pb）	镉（Cd）
指标/（mg/L）	≤1.0	≤0.10

（三）小陶坛

小陶坛也是瓶装黄酒的重要包装容器，其所用原料、生产工艺、卫生要求等与贮存陈酿黄酒用的大陶坛基本相同，但外观形式却丰富多彩。小陶坛比较有代表性的产品是最早于 1959 年由山东淄博陶厂烧制的一种腹大、底小、短颈、小口的异形彩陶小坛（容量为 1500mL），坛肩装有四个耳环，用于吊红绸带，坛身有稻穗浮雕图案装饰，用木塞封口，外套鸡皮套。由于此坛产于山东，因此俗称"山东坛"。

（四）仿陶坛

仿陶坛实际上也是玻璃制品。玻璃瓶厂根据客户需求，生产外形类似陶瓷坛的"玻璃瓶"，然后喷涂陶瓷的颜色或特定的颜色，进行高温烘烤，确保颜色牢固。

仿陶坛因为是玻璃制品，相对于陶瓷坛来说，具有重量轻、容量稳定、瓶口尺寸一致、瓶身不会渗漏等优点。但对于着色、烘烤的要求很高，否则容易出现粘连、掉漆等现象，严重影响产品的外观质量。

二、瓶盖

由于黄酒的酒瓶形式多种多样，因此与其相配套的瓶盖无论从样式上还是材质上其品种也较多，有金属制的皇冠盖、木头或木屑压制成的软木塞、金属或塑料制的螺旋盖等。

（一）皇冠盖

皇冠盖又称王冠盖、齿轮式瓶盖。盖紧后形如锯齿，盖在酒瓶上形如王冠。盖内有衬垫，与瓶口接触紧密，形成密封。皇冠盖材料为普通马口铁板，经印刷、冲压成型后黏接或胶注衬垫。衬垫应平整无缺陷，与瓶盖黏接牢固，同时具有一定的弹性和韧性，既要保证密封，又不能成为污染源，一般要求无毒、无异味、异臭，其浸泡液不应有着色、不快臭味及荧光等现象，瓶盖应具有良好的耐腐蚀性，漆膜有良好的耐磨性。

（二）螺旋盖

螺旋盖用于螺旋口的瓶子，与瓶口螺旋相配合，盖内有衬垫，瓶口上沿必

须平整才能保证密封。螺旋盖一般用铝或塑料等材料制成，根据瓶型和用途决定。衬垫分为嵌入衬垫、滴型衬垫和模塑衬垫三种。螺旋盖分为普通螺旋盖、扭断螺旋盖和止旋螺旋盖，黄酒包装上一般采用扭断螺旋盖。

在扭断螺旋盖的下部有间断刻线，将盖分为两个部分，扭断刻线可开启，并留下开启痕迹，不能复原，因此这种盖又称防盗盖。被扭断的残盖又成为普通螺旋盖仍可进行再密封，因此这种盖具有防盗性和再密封性，扭断螺旋盖一般适用于瓶口直径 18~38mm 的瓶子。

（三）软木塞

软木塞有两种：一种以栎树的树皮为软木制成的木塞，也称天然软木塞。另一种是以软木屑黏合加工制成的软木塞，也称合成软木塞。

软木密度低，可压缩，不透水，与液体接触也能长期不腐，表面可以抛光，因此很适宜做瓶塞。尤其是天然软木塞更以它优越的密封性和微氧化透气性的完美结合，而被众多酒厂使用。但天然软木塞产量较低，价格较高，而合成软木塞其弹性及封闭性能均能达到要求，况且具有操作不掉渣、价格低的优点，因而被越来越多的酒厂使用。

软木塞的质量要求及检验方法尚未有一个统一的标准，一般应掌握如下几个原则。

1. 规格

长度为 30~45mm，误差为 ±0.5mm，可以根据酒厂要求定制，直径一般为瓶口内径的 125%~128%，误差 ±0.2mm，有时根据软木塞密度的不同而有微小变化。

2. 密度

260~320kg/m^3，一般不超过 340kg/m^3。

3. 水分

含水 8%~12%，其机械性能最好，干燥的软木塞容易发脆。

三、酒标

（一）酒标的定义

酒标是表示酒的品名、品牌、性能、容量及生产企业的一种标记。酒装入玻璃瓶、陶瓷瓶或其他容器后，贴上印刷的标签或直接印上标签、标记，挂上标牌，用来说明内容物，这种专用于酒的标签或标记，统称酒标。

（二）酒标的分类

酒标可根据在瓶身上的不同部位分为封口标、顶标、全圈颈标、胸标、颈标、前标、背标、全身包标、腹标、肩标、身标。酒标在酒瓶中的不同部位如图 5-15 所示。

E   ECO   ELU   EGU   ESI   ECOLU   ECOGU   ECOSI   ELUGU   ELUSI   ECOLUGU   ECOLUSI

E—身标（前标）；GU—颈标；CO—背标；SI—封口标（骑马标）；LU—肩标

图 5-15　酒标的部位示意图

（1）封口标（又称骑马标）　从瓶盖的一面通过瓶盖顶贴在瓶盖的另一面，起到保护商品原装的作用。

（2）顶标　贴在瓶盖的顶部，也有直接冲压或注塑或印在瓶盖上的，顶标大部分用商标或生产厂的专用标记。

（3）全圈颈标　贴在瓶颈一圈的，有封口、保护原装和美化的作用。

（4）胸标　有些酒标造型突出胸部。

（5）前标、背标　有部分酒在瓶身上贴两个标，前者为酒名、厂名等装潢图案，后者为说明或配方，大部分玻璃瓶装黄酒采用此类酒标。

（6）全身包标　在瓶身上贴一圈，内容多包括品名、厂名、装潢图案及说明、配方等。

（7）腹标　贴在瓶腹部的标签。

（8）肩标　贴在前标、背标以上，颈标以下。

（9）身标　贴在瓶身部的标签，也有直接印在瓶身上的，是酒必不可少的商品标记。

（三）酒标的表现形式

酒标大多数为纸质，印刷工艺高级，印工精细讲究。根据不同品种需求，大致可分为黏贴（纸张类）、丝网印（漆印）瓶身、瓶身彩绘、瓶身浮雕、陶瓷贴花等五种表现形式。

（四）酒标的作用及特点

酒标不仅告诉消费者酒的品质、容量、产地等，还可使人们在酒标上领略酒的风味及品格。酒标的优劣，往往决定我们对酒质量好坏的感性评价，在市场竞争中，将直接影响产品的销售与企业的声誉。

从商品装潢效果看，一件好的酒标一般具有以下特点：

①从大的效果着眼，有远看效果。一瓶酒放在五彩缤纷的同类酒中间时，有某种特色会令人注目。具体地说在橱窗或货架上形象鲜明，风味独特。

②从小的效果研究，有近看效果。当消费者将酒瓶放在手里细看时，酒标上的画面经得起欣赏玩味，使人乐于接受。

③从长远效果考虑，有经久耐看的效果，能达到保存收藏的效果。

第六章 | 黄酒物料消耗与副产物的综合利用

掌握黄酒生产的基本参数和物料消耗是进行生产管理和经济核算所必需的。黄酒生产的副产物主要指酒糟、浸米产生的米浆水、煎酒时产生的汗酒，另外还有大罐发酵过程中产生的 CO_2 等。利用好这些副产物，有利于减少排放，提高企业经济效益。

第一节　黄酒物料消耗

一、黄酒生产的基本参数

黄酒生产的基本参数如表 6-1 所示。

表 6-1 黄酒生产的基本参数

项目	计算单位	数值	备注
酒药出药率	kg 干药重/100kg 米粉	85	
生麦块曲出曲率	kg 干曲重/100kg 小麦	80	
熟麦曲出曲率	kg 出房曲/100kg 小麦	100 左右	熟麦曲含水分25%计
淋饭酒母出率	kg 酒母重/100kg 糯米	220	
摊饭糯米出饭率	kg 饭重/100kg 糯米	140~145	粳米为150左右
糯米传统元红酒出酒率	kg 酒重/100kg 糯米	≤205	含酒母用糯米
机械化元红酒出酒率	kg 酒重/100kg 糯米	≤215	含酒母用糯米
元红酒出糟率	kg 板糟/100kg 糯米	28~29	含酒母用糯米

二、干型黄酒的物料消耗

每吨干型黄酒的物料消耗如表 6-2 所示。

表 6-2 每吨干型黄酒的物料消耗

项目	单位	数值	备注
投料糯米	kg	475	传统法元红酒
制曲用小麦	kg	93	传统法元红酒
制淋饭酒母用糯米	kg	15	传统法元红酒
制淋饭酒母用小麦	kg	5.7	传统法元红酒
制淋饭酒母用酒药	kg	0.03	传统法元红酒
焦糖色	kg	1~2	传统法元红酒
包口用荷叶	kg	0.8~1	
包坛口用箬壳	kg	0.8~1	
包坛口用篾丝	根	44	长 105~110cm
盖坛口用灯盏盖	只	44	
贮酒用陶坛	只	44	容量23kg左右
拌泥用砻糠	kg	1~2	
黏土	m^3	0.25	糊泥头用
酒库仓位	m^2	1.4	堆4坛一叠、加走道

注：（1）陶坛堆叠规律：上一层的横排和纵排只数分别比下一层的横排和纵排只数少一只；

（2）陶坛计数公式：$S=mab-(m^2-m)\times[3(a+b)-2m+1]/6$，其中 S 为陶坛总数、a 为底层横排只数、b 为底层纵排只数、m 为堆高层数。

第二节 酒糟的综合利用

一、酒糟的成分

发酵成熟后的黄酒醪经压榨，分离出酒液后的固形物，称为酒糟（因成板状，故常称为板糟）。黄酒的出糟率因酒的品种、原料和操作方法不同而有较大的差别，如使用熟麦曲比使用生麦曲出糟率低；发酵正常的酒醪比酸败的酒醪出糟率低。此外，压榨设备和压榨时间也会影响出糟率。一般元红酒的出糟率为28%~29%，加饭酒的出糟率为30%~31%。

酒糟成分主要来自酿酒原料和在糖化发酵过程中产生的一系列代谢产物。此外，发酵醪中的大量酵母细胞和一些酶压榨后残留在酒糟中。酒糟的主要成分含量因酒的品种、原料和操作方法不同而差别较大。绍兴黄酒由于大量使用生麦曲和控制较低的出酒率，酒糟中的粗淀粉含量高达25%～30%。对于普通的麦曲类黄酒，其酒糟成分可参考表6-3。

表6-3　　　　　　　　　　　　　　黄酒的酒糟成分　　　　单位:%（质量分数）

成分	糯米酒糟	粳米酒糟
挥发部分[①]	53.00	52.08
酒精	4.5	4.0
粗淀粉	14.80	16.06
蛋白质	14.17	12.79
粗纤维	5.97	6.02
灰分	0.83	0.87
总酸[②]	1.04	1.08
不挥发酸[②]	0.75	0.92

注：①挥发部分主要指水分、酒精、挥发酸和挥发酯等物质。
②总酸、不挥发酸以琥珀酸计。

酒糟中含有大量风味物质和营养活性物质。据江南大学郑国锋、钱和分析，振太黄酒糟湿基（挥发分51.76%）中除含蛋白质19.92%、淀粉16.62%外，还检出挥发性风味成分68种，其中酯27种、醇16种、酸15种，醇和酯的总量占到了总挥发性风味成分的93.8%。会稽山绍兴酒股份有限公司与浙江工业大学合作，从绍兴加饭酒酒糟中分析出除常规醇、酸、酯以外的成分270多种，包括小肽和氨基酸类（102种）、酸类、醇类、酯类、核苷和嘌呤类、多酚类等，其中一些成分如小肽、阿魏酸、香豆素、香豆酸、异鼠李素、芹菜素、12，13-二羟基-9Z-十八烯酸、吲哚-3-甲醇、DL-吲哚-3-乳酸、腺苷具有生理活性。

二、酒糟的利用

（一）蒸馏白酒

酒糟中不但含有多量的酒精、淀粉和糖分、活的酵母细胞和酶，而且还带有黄酒的香味成分，因此可利用它生产白酒。以酒糟生产的白酒俗称"糟烧"，其芳香浓郁、风味独特，是一种比较高级的蒸馏酒（因"糟烧"之名给人以低档形象，笔者曾建议与"绍酒"或"绍兴黄酒"对应，改名"绍烧"或"绍兴烧酒"），在绍兴当地享有"小茅台"的美称。许多地方酒糟只发酵蒸馏一次，而绍兴黄酒的酒糟由于淀粉含量较高，为充分利用，一般进行第二次发酵蒸馏，得到的白酒称为复制糟烧。复制糟烧的生产方法有液态法和固态法两种。经前后两次发酵（其中第二次采用液态法时），一般100kg酒糟可蒸馏得到酒精含量为50%vol的白酒51kg以上，其中头吊糟烧15~18kg。

1. 工艺流程

2. 工艺简要说明

（1）头吊糟烧 头吊糟烧采用固态发酵法生产，其工艺操作要点如下。

①轧碎：酒醪压滤完毕，取出板糟，用轧碎机将板糟轧碎成疏松细粒状。这就要求压滤时要尽可能地将酒糟压干，否则糟板不易被粉碎均匀，影响出酒率。

②密封发酵：将轧碎的酒糟投入大缸或池中，稍加压实后密封，让酒糟中残存的淀粉酶和酵母菌继续糖化发酵一个月左右。

③蒸馏：将发酵成熟的酒糟取出，拌入适量的谷壳，然后装入甑桶

（图6-1）中蒸馏。操作中要注意：上甑前酒糟与谷壳要充分拌匀，消除疙瘩；上甑要撒得疏松均匀，装得平，不压汽，不能装太满；供汽需均匀；流酒温度要控制在35℃以下。为提高糟烧质量，最好使用不经粉碎的谷壳，使用前将谷壳清蒸除去杂味。但是，如果采用液态法生产复制糟烧，则以采用粉碎的谷壳为宜，以避免造成堵塞管道。

图6-1 甑桶

（2）复制糟烧 复制糟烧的生产方法有液态法（酒精生产方法）和固态法（麸曲白酒生产方法）两种。固态法出酒率低，但酒的风味较好。液态法生产效率和出酒率高，但酒的风味差。现将两种生产方法简单介绍如下：

①液态法

a. 拌料蒸煮。头吊糟出甑后趁热送往拌料池，加2~2.5倍的水（加水量以糖化后醪液的浓度8~10°Bx为宜），搅拌均匀后进行高压蒸煮糊化。

b. 糖化。糊化醪冷却至62℃后，加入糖化酶，在60℃下糖化10~20min。

c. 发酵。糖化结束后将醪液冷却到32℃左右，加入活化后的活性干酵母，入罐发酵，控制品温不超过35℃，经72h左右即可进行蒸馏。

d. 蒸馏。采用双塔式酒精蒸馏塔进行蒸馏。蒸馏过程中要重视杂醇油的提取和挥发性杂质的排除。

②固态法：头吊糟出甑后冷却至30℃左右，加入麸曲（或糖化酶）、纯种酒母（或活性干酵母）和水，充分拌匀，入池（或缸）密闭发酵5~7d取出，拌入预先清蒸的谷壳，上甑蒸馏即得到复制糟烧。

3. 糟烧（头吊）的风味成分

糟烧的风味成分及与其他香型白酒的比较如表6-4和表6-5所示，乙酸乙酯、乳酸乙酯、丁二酸二乙酯、乙酸异戊酯、异戊醇、异丁醇、正丙醇、β-苯乙醇、乙酸等是糟烧的骨架成分，与其他香型白酒相比，糟烧在一些风味成分的量比关系上存在以下特点。

①丁二酸二乙酯和乙酸异戊酯是黄酒的重要香气化合物，在糟烧中的含量显著高于其他香型白酒；绍兴地区糟烧乙酸乙酯和乳酸乙酯的比例与清香型白酒一致，异戊醇、异丁醇和正丙醇的比例与清香型白酒接近。

②异戊醇含量显著高于其他香型白酒；异丁醇含量与米香型相当，略高于清香型，显著高于浓香型和酱香型；β-苯乙醇含量介于酱香型和豉香型之间，显著高于清香型和浓香型；正丙醇与正丁醇含量与清香型相当，显著低于浓香型和酱香型。

③糠醛含量显著低于酱香型白酒，显著高于清香型和浓香型。

糟烧中高级醇和糠醛含量较高，其主要原因之一是在蒸馏时未掐头去尾，稻壳使用前未进行清蒸。两者含量高会给酒带来苦涩味和焦苦味，并引起饮后"上头"，应降低其含量。

表 6-4　　　　　　　　　　糟烧（头吊）风味成分　　　　　　　单位：mg/L

成分	样品					平均
	A	B	C	D	E	
乙酸乙酯	1109.9	1447.7	1954.4	1913.6	1164.2	1518
乳酸乙酯	752.9	967.4	1147	405.2	213.9	697.3
丁二酸二乙酯	36.5	53.1	48.6	27.9	25.9	38.4
己酸乙酯	15.5	25.8	13.3	24.8	20.9	20.1
乙酸异戊酯	13.8	24.5	31.1	38.5	20.8	25.7
丁酸乙酯	18.4	3.2	12.9	4.1	6.4	9
异戊醇	715.7	1153.8	890.6	1262.9	1001.2	1004.8
异丁醇	208	388.8	251.3	531.3	537.7	383.4
正丙醇	142	199.1	166.5	213.4	168.2	177.8
β-苯乙醇	42.6	40.5	25	56.6	53.2	43.6
正丁醇	9.4	5.9	8.9	9	11.3	8.9
2,3-丁二醇	6.5	9.1	2.5	1.3	0.6	4
乙醛	68.5	31.2	43.8	89.3	82	63
乙缩醛	140.1	131.8	202.4	279.8	322.3	215.3
糠醛	98.2	49.2	96.7	59	48.2	70.3

续表

成分	样品					平均
	A	B	C	D	E	
苯甲醛	4.4	2.6	4.4	1.7	1.9	3
乙酸	186.9	183.1	265.4	190.4	131.1	191.4
丙酸	44.4	15	50.6	42.7	63.9	43.3
乙酸乙酯:乳酸乙酯	1:0.7	1:0.7	1:0.6	1:0.2	1:0.2	1:0.46
异戊醇:异丁醇	1:0.3	1:0.3	1:0.3	1:0.4	1:0.5	1:0.38
异戊醇:正丙醇	1:0.2	1:0.2	1:0.2	1:0.2	1:0.2	1:0.18
乙醛:乙缩醛	0.49:1	0.24:1	0.22:1	0.32:1	0.25:1	0.29:1

注：数据引自参考文献［51］；样品均为大坛中取样，A、B、C 产地绍兴，D 产地温州，E 产地安吉。

表 6-5　　　　　　　糟烧与各香型白酒风味成分含量及比例比较　　　　单位：mg/L

成分/比例	糟烧	清香型	浓香型	酱香型	米香型	豉香型
β-苯乙醇	43.6	6.4	3.7	22.3	37.4	66
异戊醇	1004.8	514	172	313	578	354
异丁醇	383.4	293	133.8	79.7	374	233
正丙醇	177.8	161	285.8	859	157	88.2
正丁醇	8.9	9.6	137.4	241	24	
乙酸异戊酯	25.7	5.59	2.37	1.82		
丁二酸二乙酯	38.4	13.4	1.1	1.9		
糠醛	70.2	<10	40	260		
A:B:P*	1:0.38:0.18	1:0.29:0.24	1:0.44:0.68			

注：*A、B、P 分别表示异戊醇、异丁醇、正丙醇。

　　此外，黄酒糟是生产芝麻香型白酒较为理想的原料，由于含丰富的还原糖和氨基酸，在堆积过程中的美拉德反应使风味物质更加丰富，而且黄酒糟中独特的香味成分，使芝麻香酒体更加独特、细腻、丰满。江苏南通白蒲黄酒有限公司利用优质红粮和新鲜黄酒糟作为主要原料，生产出优质芝麻香型白酒。

（二）香糟和香糟卤

　　用香糟来加工和保藏食品是我国传统的食品加工技术之一，具有民族特色。各地香糟的制法不尽相同，其大致工艺如下：将新鲜的酒糟，拌入预先炒热的麸皮 15%～20% 及香料（茴香、花椒、陈皮、肉桂、丁香等）2%～3%，装入坛中，压实密封发酵数月至一年不等，制成香味浓郁的香糟。用香糟腌制肉、鱼、鸡、鸭、蛋等食品以及烹饪调味，可使食品风味更加芳香鲜美。制成的香糟再加入水、黄酒、糟烧、食盐、味精、花椒、茴香等，压榨后可制成香糟卤。

（三）香醅

将新鲜酒糟经扬渣机打碎成 0.5～1cm 的颗粒，加入一部分麦曲或麸曲和少量的橘皮、丁香、花椒等香料（种类和数量可根据实际需要增减）。此外，为提高香醅质量，还可加入生香酵母培养液或己酸菌发酵液，混合拌匀后装入缸中，用少量白酒盖面，然后密封发酵 3 个月以上即可使用。以此香醅，利用串香法来提高液态法白酒的质量。

（四）饲料

经过第一次蒸馏后的头吊糟，是家畜、家禽、鱼类等的优良饲料。经固态法生产复制糟烧后的酒糟，仍可作为饲料出售。液体法生产复制糟烧后的糟水，由于水分含量高、运输不便，近年来销售不畅。但经压榨、烘干后，由于粗蛋白含量高达 30%（玉米酒精糟为 27%），受到饲料企业的欢迎。其缺点是粗纤维含量高达 23%（玉米酒精糟为 9%），使其应用范围受到限制。

此外，黄酒酒糟还可以用于制醋、培养饲料用菌体蛋白和益生菌、制细菌纤维素、栽培食用菌、提取功能性物质和风味物质等。

第三节 其他副产物的综合利用

一、浸米浆水的利用

浸米浆水中含有较多的淀粉、乳酸、氨基酸、维生素等有机物，并且 COD 含量很高，其中绍兴黄酒浸米浆水的 COD 高达 25000mg/L。如作为废水处理，将花费很高的处理成本，因此最好加以回收利用。浸米浆水除可作为黄酒酿造的配料外，浙江古越龙山绍兴酒股份有限公司在米制酒精生产中以浸米浆水代替 70% 的投料用水使用，取得良好的效果；在既有传统法生产线，又有膨化法或液化法生产线的黄酒企业，将传统法产生的浸米浆水用作膨化法或液化法生产的配料用水，既可使前者产生的浸米浆水得到利用，又可起到调节后者 pH 的作用。此外，浸米浆水用于高温糖化酒母配料，既可起到调节 pH 的作用，又能增加酵母生长所需的营养物质。

二、老酒汗的利用

老酒汗又称酒汗或汗酒，是黄酒在煎酒（杀菌）过程中，酒体中的低沸点物质受热挥发，经冷凝收集到的液体。老酒汗的酒精度为 50%～70%vol，含有丰富的香味物质如醇类、酯类、醛类、挥发酸。作为黄酒的重要副产物，老酒汗的用途也比较多，主要有以下三个方面：一是经过勾调后可作为白酒直接出售。由于老酒汗中高级醇和醛类物质含量高，建议通过复蒸和掐头去尾处理，降低其含量，提高产品的安全性；二是可与糟烧一起作为绍兴香雪酒酿造中的投料用白酒使用，对改善香雪酒的风味有一定的好处；三是作为提高黄酒酒精度的勾调用酒，能与黄酒很好地融合。

第七章 | 黄酒工业废水处理

黄酒工业作为传统发酵产业，其废水排放量巨大且含有高浓度的有机物和悬浮固体，直接排放易对环境造成污染。因此，黄酒工业废水处理已成为黄酒行业面临的重要课题。在废水处理中，生物处理法是处理富含有机物质的废水，如黄酒工业废水最适合的方法。根据参与作用的微生物需氧情况，生物处理法又可分为：好氧处理法、厌氧处理法和兼性厌氧处理法三大类。

一、好氧处理法

利用微生物来处理废水的方法称生物法或生化法，而利用好氧或兼性好氧微生物来分解氧化污染物的方法称好氧处理法。好氧法处理废水，一般所需时间较短，在适宜的条件下其生物需氧量 BOD 去除率可达 80%~90%，甚至可达 95% 以上。

好氧处理法又以微生物生长形式不同而分两种：①活性污泥法：将微生物悬浮生长在废水中，其实质即水体自净的人工化；②生物膜法：将微生物附着在固体物上生长，其实质即土壤自净的人工化。工业废水的生物处理用得较多的是活性污泥法。

活性污泥法是利用某些微生物在生长繁殖过程中形成表面积较大的菌胶团，它可以大量絮凝和吸附废水中悬浮的胶体或溶解的污染物，并将这些物质吸收入细胞体内，在氧的参与下，将这些物质同化为菌体本身的组成，或将这些物质完全氧化释放出能量、CO_2 和 H_2O。这种具有活性的微生物菌胶团或絮状的微生物群体称之为活性污泥。以活性污泥为主体的废水处理法就称活性污泥法。

生物膜法是模拟了自然界中土壤自净的一种废水处理法，它使微生物群体附着于固体填料表面，形成生物膜。当废水流经设置的滤料表面，游离态的微生物及悬浮物通过吸附作用附着在滤料表面构成了生物膜。随着污水的流入，微生物不断生长繁殖，从而使生物膜逐步增厚，经过 10d 到一月余，就可形成成熟的工作正常的生物膜。生物膜一般呈蓬松的絮状结构，微孔较多，表面积很大，因此具有很强的吸附作用，有利于微生物进一步对这些被吸附的有机物进行分解和利用。当生物膜增厚到一定程度将会受到水力的流涮作用而发生剥落，适当的剥落可使生物膜得到更新。生物膜外表层的微生物一般为好气菌，因而称为好气层。内层因受氧扩散的影响，供氧不足，因而使厌氧菌大量繁殖形成厌氧层。

二、厌氧处理法

厌氧处理法又称厌氧消化法或沼气发酵法、甲烷发酵法。甲烷发酵是生物能源研发的主要方法之一，具有许多优点，受到世界各国的普遍重视。有机物质在厌氧的条件下通过微生物的作用，最后转化成沼气，这个过程很复杂。1979 年布赖恩特（Bryant）根据近年来研究的成果，提出了将沼气发酵的过程分成三个作用阶段的学说，三个阶段由三大代谢类群微生物引起，即①发酵细菌类群；②产氢、产乙酸细菌类群；③产甲烷细菌类群。

第一节　黄酒生产废水产生概况

黄酒生产废水有机污染物含量高，富含淀粉、可溶性糖类、多肽、磷、氨基酸等，废水的 BOD/COD（COD 为化学需氧量）高于 0.6，可生化性强，耗氧量大，排入江河会严重污染水体，给工农业生产、居民生活用水及水产养殖等造成严重威胁，因而必须对黄酒生产废水进行达标处理。

在黄酒酿造过程中，废水主要来源于浸米、淋米、蒸饭、淋饭、发酵、压滤、澄清、洗坛、煎酒、勾调、过滤、洗瓶、冷却等生产工序。黄酒生产废水 COD 的平均浓度为 4000~8000mg/L，而浸米浆水 COD 最高可达 10^5mg/L，悬浮物（SS）为 500~800mg/L，pH 为 5~6。黄酒生产废水的产生因不同生产工艺、废水产生点和废水性质而不同，具体如下所述。

一、传统生产工艺废水产生点

1. 传统黄酒生产工艺废水产生点如下所述。

2. 淋饭酒母制作废水产生点如下所述。

二、机械化生产工艺废水产生点

机械化黄酒生产工艺废水产生点如下所述。

三、瓶酒灌装废水产生点

瓶酒灌装废水产生点如下所述。

根据黄酒生产废水的性质，采用生物处理可以非常有效地降低废水中有机污染物的浓度，从而实现达标排放的目的。但由于该类废水中具有较高的有机物浓度，若直接采用好氧活性污泥法，不仅工程投资大，日常运行费很高，建设单位难以承受，而且出水水质也不稳定。通过综合比较和选择，黄酒生产废水可采用"高效厌氧–好氧系统"处理工艺、分类处理工艺、荷兰帕克（PAQUES）环保公司黄酒废水处理工艺，不仅可以大大减少工程投资费用，而且废水经高效厌氧系统处理后，大部分有机物已被去除，此时再采用好氧处理法，整个废水处理系统的日常运行费用较低，系统出水水质也十分稳定，并且还能对厌氧系统所产生的沼气进行综合利用，产生一定的经济效益。

第二节 内循环高效厌氧反应器（IC 反应器）

浙江绍兴大型黄酒厂 A 从 2010 年起引进了三套荷兰帕克（PAQUES）环保公司的 IC 反应器处理黄酒生产废水，效果显著。这套系统是采用"IC 反应器–厌氧氨氧化–A/O（厌氧/好氧）"组合工艺处理黄酒生产废水。

在 20 世纪 80 年代中后期，PAQUES 公司开发了 IC 反应器，是在上流式厌氧污泥床（UASB）反应器基础上发展起来的。从全混合式厌氧反应器到UASB 反应器，再到 IC 反应器，代表了厌氧反应器具有里程碑意义的 3 个发展阶段，分别称它们为"第 1 代""第 2 代"和"第 3 代"的厌氧反应装置。

一、IC 反应器处理废水的工艺流程

黄酒生产废水处理整体工艺过程包括预处理、厌氧处理、除磷处理、厌氧氨氧化（ANAMMOX）脱氮处理、深度处理、沼气处理、曝气系统、废气处

305

理、污泥处理（污泥浓缩池、污泥脱水、委托有资质的第三方处理）、投试剂、监控系统、网络通信配制系统、数据采集与监视控制系统 SCADA（PLC可编程逻辑控制器）、I/O（输入/输出）点系统、PLC 与 MCC（控制中心）连络系统、联锁系统、在线检测系统等。预处理指的是水质水量均衡、去除悬浮固形物等物化预处理。预处理设施包括集水井、事故池和初沉池。废水经过厌氧处理，在 IC 反应器中，大部分有机污染物最终被转化为沼气。沼气由 IC反应器顶部的气液分离器收集后经沼气气囊送入沼气燃烧器进行燃烧处理。除磷处理系统由 Phospaq 反应器（一种可以同时去除 BOD 和磷的曝气系统）和二沉池组合而成。废水经除磷处理后进入 ANAMMOX 脱氮系统以实现氨氮的去除。废水经厌氧处理后再经好氧活性污泥系统进一步去除可生物降解的有机污染物，好氧处理系统由曝气池和二沉池组合而成，在曝气池中通过控制溶解氧浓度和活性污泥浓度以进行生物转化，二沉池中活性污泥依靠重力沉降到池底，形成污泥层，该污泥一部分回流至曝气池进口，一部分进入后续的污泥脱水系统进行脱水处理，澄清的上清液达标排放。

（一）废水处理工艺流程

废水处理工艺流程图如下所述。

（二）第三代 IC 反应器处理废水的流程

第三代 IC 反应器于 20 世纪 80 年代中期由 PAQUES 公司开发成功，并推入国际废水处理工程市场，在马铃薯加工、啤酒、食品、柠檬酸等的废水处理中均取得明显成效。日处理 $300m^3$ IC 反应器直径为 4m，高 24m，容积为 $298m^3$，为普通 UASB 反应器的 4 倍左右，占地少。浙江绍兴大型黄酒厂 A 是我国黄酒行业较早引进第三代 IC 反应器废水处理技术的公司，将其用于处理米浆水和其他废水，处理后达到三级排放标准，纳入城市排污管网。IC 反应器处理废水的流程如图 7-1 所示。

IC 反应器废水处理过程：使用高效的配水系统由反应器底部泵入反应器，与反应器内的厌氧颗粒污泥混合 [1（即图 7-1，后同）]，在反应器下部主处理区（2），绝大部分有机物质被转化为甲烷和 CO_2。这些混合气体（或者称作沼气）由下部的三相分离器（3）收集。产生的"气提"带动水流通过上升管（4）进入反应器

图 7-1　IC 反应器
处理废水的流程

顶部的气液分离器（5）。沼气从这个分离器中溢出反应器，水流经过下降管（6）回到反应器的底部。基于这个原理，反应器被命名为内循环反应器。在上部的精处理区，废水被进一步处理（7）。沼气在精处理阶段的液相中脱离出来，接着被上部的三相分离器（8）收集，处理过的水从反应器顶部排出。

（三）IC 反应器特点

IC 反应器自动调节的内循环技术在系统的运行上具有很多的优点，主要为节省运行成本，提高处理能力和增强稳定性，具体为以下几类。

1. 容积负荷高，水力停留时间短

IC 反应器内污泥浓度高，微生物量大，且存在内循环，传质效果好，进水有机负荷可超过普通厌氧反应器的 3 倍以上。

2. 节省投资和占地面积

IC 反应器容积负荷率高出普通 UASB 反应器 3 倍左右，其体积相当于普通反应器的 1/4~1/3，大大降低了反应器的基建投资；而且 IC 反应器高径比很大（一般为 4~8），所以占地面积特别省，非常适合用地紧张的企业。

3. 抗冲击负荷能力强

处理低浓度废水（COD = 2000～3000mg/L）时，反应器内循环流量可达进水量的 2～3 倍；处理高浓度废水（COD = 10000～15000mg/L）时，内循环流量可达进水量的 10～20 倍；大量的循环水和进水充分混合，使原水中的有害物质得到充分稀释，大大降低了有害物质对厌氧消化过程的影响。

4. 低温耐受能力强

温度对厌氧消化的影响主要是对消化速率的影响。IC 反应器由于含有大量的微生物，因而温度对厌氧消化的影响被削弱；通常 IC 反应器厌氧消化可在常温条件（20～25℃）下进行，这样既减少了消化保温的困难，又达到了节能的功效。

5. 具有缓冲 pH 的能力

内循环流量相当于第 1 厌氧区的出水回流量，可利用 COD 转化的碱度，对 pH 起缓冲作用，使反应器内 pH 保持最佳状态，同时还可减少进水的投碱量。

6. 内部自动循环，不必外加动力

普通厌氧反应器的回流是通过外部加压实现的，而 IC 反应器以其自身产生的沼气作为提升的动力来实现混合液内循环，不必设泵强制循环，节省了动力消耗。

7. 出水稳定性好

利用二级 UASB 串联分级厌氧处理，可以补偿厌氧过程中 K_s（污泥产生系数，指单位体积污水处理过程中产生的污泥量）高产生的不利影响。经实践证明，反应器分级会降低出水挥发性脂肪酸浓度 VFA（mg/L），延长生物停留时间，使反应进程保持稳定。

8. 启动周期短

IC 反应器内污泥活性高，生物增殖快，为反应器快速启动提供有利条件。IC 反应器启动周期一般为 1～2 个月，而普通 UASB 启动周期长达 4～6 个月。

9. 沼气利用价值高

高效厌氧 IC 反应器产生的生物天然气纯度高，甲烷（CH_4）为 70%～80%，CO_2 为 20%～30%，其他有机物为 1%～5%，可作为燃料加以利用。

另外，还有系统完全封闭，无异味排放；抗腐蚀，使用寿命长；系列化、标准化生产，产品质量可靠；控制自动化，操作简单；应用范围广泛，运行业绩成功等优点。

（四）IC 反应器处理废水工艺

1. BIOPAQ IC 反应器结构

BIOPAQ IC 反应器：日处理 1000m³ IC 反应器，反应器有效容积约为

992m³（直径7.3m，高24m）。在 IC 反应器内废水中大量的 COD 被生物降解并转化为沼气。BIOPAQ IC 反应器的进水流量由电磁流量计和控制阀及 IC 反应器供料泵来自动控制；BIOPAQ IC 反应器出水的 pH 和温度连续监测。IC 反应器顶部脱气罐装有液位开关，若其液位过高则产生高位报警。

BIOPAQ IC 反应器结构图及两套 IC 反应器系统如图 7-2 所示。

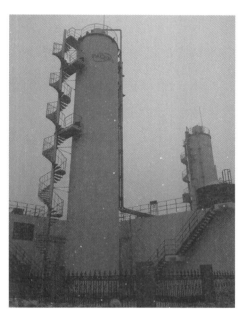

1—喷淋水；2—气液分离器；3，10—氮气吹入点；4—上部三相分离器；5—上升管；6—精处理室；
7—下部三相分离器；8—下降管；9—膨胀污泥床区；11—进水；12—混合区；
13—沼气；14—通风；15—出水；16—取样点；17—进泥口（上部阀门），排泥口（底部阀门）
图 7-2　BIOPAQ IC 反应器结构图及两套 IC 反应器系统

2. 废水处理整体工艺过程

废水处理整体工艺过程包括：生产生活综合废水→收集池→调节池→预酸化池→初沉池→循环测量池→ IC 反应器（+沼气燃烧器）→二沉池→ANAMMOX 反应器→硝化/反硝化→好氧曝气池→三沉池（+污泥浓缩池+污泥脱水+委托有资质的第三方处理）→砂滤→出水排放（纳入城市排污管网）等。

（1）预处理　指水质水量均衡、去除悬浮固形物等物化预处理。预处理设施包括集水井、事故池和初沉池。

（2）集水井　前酵罐冲洗水、后酵罐冲洗水、洗滤布水、硅藻土过滤机清洗水、洗坛水、地坪冲洗水、湿米输送水、酒母米浆废水及酒母洗罐冲洗水废水由车间自流至污水站，进入第一个集水井进行收集，第一个集水井有效容积约34m³。米浆废水由车间自流至污水站，进入第二个集水井进行收集，第二个集水井有效容积约8m³。两个集水井装备机械格栅（栅条间隔为5mm）以栅除大块杂物，保护后续转动设备。在机械格栅后装有一台液位计以连续监测集水井液位，并控制进水提升泵的启停。

（3）旋转滤网　由于废水中稻壳等杂质较多，废水经进水提升泵在进入调节池与预酸化池前需要经过各自的旋转滤网，以去除废水中较大的悬浮物，避免其进入后续处理单元。调节预酸化池前的旋转滤网孔间距为0.5mm，调节池前的旋转滤网孔间距为0.2mm。

（4）调节池　调节池有效容积约为219m³，池中装有潜水搅拌机以维持米浆水水质的均匀混合及防止固形物沉淀。调节池提升泵的出水支管用于精确测量调节池的pH及温度。调节池内废水的pH和温度将被连续监控，pH通过投加NaOH来自动调节。调节池内装有液位计以连续监测其液位。

（5）预酸化池　预酸化池有效容积约为1351m³。在预酸化池中，废水中的有机污染物将被酸化菌部分酸化为VFA，为后续进行的厌氧反应提供良好的条件。预酸化池装有潜水搅拌机以维持预酸化池内水质的均匀混合及防止固形物沉淀。预酸化池提升泵将废水提升至初沉池。

（6）初沉池　废水中含有SS，高浓度的SS进入厌氧反应器后，不仅会影响传质，降低生化反应速度，还有可能累积在反应器内，影响整个处理系统的稳定性。混合废水由调节罐提升泵送入初沉池，并在此实现污泥与废水的分离。初沉池采用斜板沉淀器，是一种高效的沉淀系统，这种沉淀系统具有操作维护简便和紧凑的特点，它可以简单又有效地将废水中的泥、水分离。废水中的SS在初沉池中沉降到底部污泥斗中，重力流至污泥混合池。初沉池出水自流进入循环池。

（7）循环池　废水从初沉池自流入循环池，循环池有效容积为131m³。循环池装有潜水搅拌机以维持循环池内水质的均匀混合及防止固形物沉淀，并供给IC反应器稳定均衡的废水。循环池内废水的pH和温度将被连续监测，并在必要时通过投加NaOH及HCl来自动控制。一个测量循环泵用于维持循环流并精确测量循环池的pH、温度。

（8）IC反应器　废水自循环池泵入IC反应器，反应器有效容积约为992m³（直径7.3m，高24m）。在IC反应器内废水中的有机物被生物降解并转化为沼气，COD大幅降低。进水流量由电磁流量计和控制阀及IC反应器供料泵来自动控制。IC反应器出水的pH和温度被连续监测。顶部脱气罐装有液位开关，若其液位过高则产生高位报警。

（9）除磷处理　系统由Phospaq反应器和二沉池组合而成。

①Phospaq 反应器：由于进水中含有大量的磷，为防止在后续的处理设施中出现结垢现象，使用 Phospaq 反应器进行除磷处理。Phospaq 反应器可将大部分磷酸盐去除，同时也可去除部分氨氮和 COD，这样可大大减轻后续处理的负荷。除磷处理工艺是用于去除废水中的可生物降解 COD、磷酸盐和氨氮。COD 被生物氧化，分解为 CO_2 和 H_2O 等无害物质，排出系统；加入氧化镁后，可与磷酸盐和氨形成鸟粪石沉淀从废水中去除，此外，鸟粪石颗粒作为一种肥料可用于农业生产。在除磷处理系统中共安装两台鼓风机（一用一备），每台风机最大供气量为 $12.5m^3/min$，风压为 $8×10^4Pa$。

②二沉池：Phospaq 反应器出水流入两个二沉池，二沉池采用斜板沉淀器。废水中的 SS 在二沉池中沉降到底部污泥斗中，通过二沉池污泥泵排出。排出来的污泥有两个去处：一部分回流至 Phospaq 反应器以保证反应器内的污泥浓度，剩余污泥进入后续的污泥脱水系统进行脱水处理。污泥回流量连续监测。二沉池出水自流进入二沉池出水罐，经 ANAMMOX 提升泵提升至 ANAMMOX 脱氮系统。

（10）ANAMMOX 脱氮处理　废水经除磷处理后进入 ANAMMOX 脱氮系统以实现氨氮的去除。

①ANAMMOX 反应器：ANAMMOX 脱氮工艺是一项创新的废水和废气生物处理工艺，是脱氮领域的重要突破。与传统的硝化/反硝化工艺相比，运行成本和二氧化碳产量的减少均高达 90%。此外，该工艺不需要补充碳源，而且只需要相当于传统工艺 1/10 的空间。ANAMMOX 转化过程是自然氮循环的一条巧妙捷径，能将 NH_4^+-N（铵态氮）直接转化为氮气。ANAMMOX 反应器维持较高的生物量和防止污泥流失，以及通过污泥颗粒化等提高厌氧氨氧化菌（AnAOB）的持留能力，因此保证了有效的转化和稳定的运行。

ANAMMOX 反应器有效容积约 $560m^3$。两台鼓风机（一用一备），采用微孔曝气的形式连续向反应器内输送空气，约 330 个曝气头，曝气能力为 $5m^3/h/$个。单台鼓风机风量为 $27m^3/min$，风压为 0.08MPa。ANAMMOX 反应器满负荷启动污泥量为 $10m^3$。污泥泵一方面用于将 ANAMMOX 反应器内多余的污泥泵至污泥处理系统，另一方面用于切割 ANAMMOX 反应器内的污泥，避免污泥颗粒过大。

②A/O 脱氮处理：ANAMMOX 出水的 NH_4^+-N 浓度约 30mg/L，NO_3^--N（硝态氮）浓度约 49mg/L，NO_2^--N（亚硝态氮）浓度约 15mg/L，TN（总氮）浓度约 94mg/L。为了进一步降低废水中 NO_3^--N 浓度，防止废水在沉淀池中发生反硝化飘泥现象，该系统设置 A/O 反应器进行深度脱氮处理。

（11）反硝化池　ANAMMOX 反应器出水经配水井自流进入体积约为 $767m^3$ 的反硝化池，考虑到在脱氮过程中碳源不足，需要外加葡萄糖至反硝化池中。除了 ANAMMOX 反应器进水以外，还有来自硝化池的混合液和三沉池污泥回流至反硝化池（回流量可根据需要进行调节）。在反硝化池中发生反硝化反应，利用废水中的有机成分作为碳源，可将混合液中硝基氮还原为氮气。反硝化池中装有两台潜水搅拌机以保证废水的均匀混合。

（12）硝化池　反硝化池出水进入有效容积约为 809m³ 的硝化池，其主要作用在于去除污水中的 COD 以及产生硝化作用，将氨氮转化为硝态氮，为反硝化池的反硝化反应提供充足的电子受体。在硝化池中发生实质性的 NH_4^+-N 到 NO_3^--N 的实质性转化。部分硝化池的混合液需要回到反硝化池，为反硝化反应提供碳源。反硝化池产生的污泥流至硝化池，为了保持硝化池的污泥量在预设值，必须将剩余污泥从系统中排出。

（13）三沉池及出水井　来自硝化池的泥水混合物自流进入一座直径为 15m³ 的三沉池，在三沉池中活性污泥依靠重力沉降得以实现与处理后废水的分离。三沉池的进口底部设贮泥斗，采用刮泥机机械清泥。处理的废水经三沉池溢流堰溢流至三沉池出水井。三沉池中沉淀的污泥由三沉池污泥泵从三沉池污泥井中部分送回到反硝化池，部分作为剩余污泥送至污泥脱水系统。回流及剩余污泥的流量被连续监测。

（14）砂滤系统

①活性砂滤器：砂滤装置是将悬浮颗粒和絮状物体从液体中过滤去除的装置，常规的砂滤设备由于截留了一定量的 SS 后，必须进行滤砂清洗，即反冲洗。由于这种冲洗是在停止过滤的条件下进行，它会影响到过滤运行的连续性和降低运行效率，同时反冲洗会增加冲洗设备，提高能耗，影响到运行的效益。

②静态混合器：在一级砂滤前面设置静态混合器，在静态混合器中添加 $FeCl_3$ 以去除废水中的磷，使得出水达标。

③一级砂滤：三沉池出水经砂滤供料泵提升至一级活性砂滤器中，经过过滤后出水自流进入一级砂滤出水井中，洗砂排污水则自流进入反硝化池中。一级砂滤有 3 台 AS-500-20 砂滤器，处理水量为 1572m³/h。砂滤出水井中废水一部分直接达标排放，另一部分进入二级砂滤后回用。

④二级砂滤：二级砂滤供料泵自一级砂滤出水井提升废水至二级砂滤，经过过滤后的出水自流至回用水池，洗砂排污水则自流进入反硝化池中。二级砂滤有两台 AS-500-20 砂滤器，处理水量为 1572m³/h。

（15）沼气产气　IC 反应器中产生沼气，产生量取决于反应器所去除的 COD 数量。去除 COD 越多，产气越多。沼气由 IC 反应器顶部的气液分离器收集至储气柜，配置直燃式燃气锅炉燃烧供热，年可产沼气 218 万 Nm³。燃烧后可产热力 47725GJ，具有可观的经济价值。IC 反应器和沼气处理设施皆为封闭系统，因而沼气在沼气处理设施中燃烧不会散发进入周围环境中。

对沼气流量进行连续监测。沼气流量是反映 IC 反应器内部生物反应过程的良好指征，而且还能对 IC 反应器的进水 COD 负荷率进行控制。如果 IC 反应器的 COD 负荷增加，则产气量随之增加，在异常情况下如果 COD 负荷超过系统设定的最大值，将产生"沼气高流量"报警，此时需对 IC 反应器进水流量重新设定。通过此途径可使 IC 反应器的 COD 负荷得到控制。

设计条件下 IC 反应器装置满负荷运行沼气产量估计约为 $8201m^3/d$（$7269Nm^3/d$）。沼气回收产生的效益见表 7-1。

表 7-1 沼气回收烧锅炉产生的效益

名称	产量/ （Nm^3/d）	相当于标准煤/ （kg/d）	标煤单价/ （元/kg）	沼气回收效益/ （元/d）	备注
沼气	7269	6033	1.20	7240	沼气温度以 35℃计

注：标准煤的热值为 29308kJ/kg，沼气的热值为 23028~24284kJ/Nm^3，所以 $1Nm^3$ 沼气约相当于 0.83kg 标煤。

年产生沼气量：$7269Nm^3/d×300d=218$ 万 Nm^3

（16）废水处理站废气处理 废水处理站废气处理工艺为：废气收集系统→生物除臭系统→涤气塔→排放口，采用"次氯酸钠氧化+碱吸收"工艺处理，通过风机高空排放。处理设施完好、日常运行情况稳定。经第三方检测，臭气浓度（无量纲）<10，符合 GB14554—2018《恶臭污染物排放标准》中的二级标准要求。

（17）污泥处理单元 该系统设计需处理的污泥主要包括惰性污泥、生物污泥和化学污泥。

①污泥浓缩池：好氧池产生的剩余污泥、二沉池污泥及斜板沉淀池污泥均泵入污泥浓缩池，进行浓缩处理，浓缩处理后的总悬浮固体（TSS）浓度为 1.5%~2%，通过脱水机污泥供料泵将浓缩池污泥送至带式脱水机，进行进一步脱水处理。

污泥浓缩池脱水处理后的上清液依靠重力流入滤液池。

②叠螺压泥脱水系统：在进行浓缩脱水之前，污泥与絮凝剂先在污泥絮凝罐中混合并产生絮凝作用，形成污泥絮凝体，然后通过叠螺压泥机的压滤作用，使污泥进一步脱水至干固形物含量为 15%~20%，外运处置。污泥机械脱水时需投加絮凝剂提升污泥脱水性能。

现在也有用污泥压滤机进行压滤，污泥压滤机滤饼（废污泥）较干燥，且数量较少，更易于处理。相较而言，叠螺压泥脱水系统产生的废污泥较潮湿，数量多，废污泥处理负荷较大。而且，污泥压滤机的废滤液更清澈（相较叠螺压泥脱水系统产生的废液），后期处理较方便。

③滤液池：污泥脱水机系统的滤液流至滤液池，此收集后由滤液泵泵入好氧池中进行进一步处理。

二、废水处理系统处理结果

处理后废水达到 GB 27631—2011《发酵酒精和白酒工业水污染物排放标准》间接排放标准要求：pH 6~9，COD≤400mg/L，氨氮≤30mg/L，BOD≤80mg/L。处理前后废水中各项指标测定结果如表7-2所示。

表 7-2　　　　　　　　废水处理站进出口检测结果

序号	采样地点（或样品编号）	样品性状描述	pH	COD/（mg/L）	氨氮/（mg/L）	BOD/（mg/L）
1	生产废水进口-1	灰色浑浊液态	9.81	$4.87×10^3$	10.3	$1.46×10^3$
2	生产废水进口-2	灰色浑浊液态	9.79	$4.34×10^3$	10.1	$1.52×10^3$
3	生产废水进口-3	灰色浑浊液态	9.80	$4.25×10^3$	10.2	$1.61×10^3$
4	生产废水进口-4	灰色浑浊液态	9.81	$4.26×10^3$	10.2	$1.06×10^3$
5	生产废水出口-1	无色澄清液态	7.28	66	0.960	11.2
6	生产废水出口-2	无色澄清液态	7.31	60	0.940	13.4
7	生产废水出口-3	无色澄清液态	7.35	47	0.960	11.7
8	生产废水出口-4	无色澄清液态	7.34	49	0.950	13.1
9	生产废水出口-5	无色澄清液态	7.29	50	0.930	13.5
10	生产废水出口-6	无色澄清液态	7.30	38	0.960	11.3
11	生产废水出口-7	无色澄清液态	7.33	73	0.940	13.1
12	生产废水出口-8	无色澄清液态	7.32	48	0.940	12.2

PAQUES 公司 IC 反应器对处理高浓度有机废水有其独特优势，黄酒生产废水经处理后可达到排放要求，成效显著。

三、废水处理自动化控制

（一）废水处理自动化控制系统

废水处理系统占地面积较大（与黄酒酿造车间立体布置比较）、处理工艺复杂且控制设备布置分散。PAQUES 公司废水处理系统采用西门子 S7［step7

的缩写，指可编程逻辑控制器（PLC）自动控制系统的下位控制，与上位组态软件是分开的］系列（SCADA）软硬件，是以 PLC 结合上位机的集散控制系统的自动化控制系统，自动化控制系统由如下三级构成：第一级为现场控制级，采用 SMCC 连络总线标准连接，通过 DP 总线将就地控制箱、现场仪表、电气开关等的实时信号传送至 PLC 控制站 I/O 模块，由 PLC 进行数据的处理，然后将处理后获得的控制信号传回设备，以实现废水处理过程的控制。第二级为分散监控级，采用 100Mb/s 环形工业以太网，将多个 PLC 控制站和中央监控站链接在同一环网中。每个 PLC 控制站点独立运行，根据采集对应设备和仪表的信号，通过处理来输出控制信号传回给设备，通过传输网络与中央监控站和其他 PLC 站进行数据信息的传输。第三级为中央监控总站中控，现场设备的就地控制箱和就地按钮箱上均有转换开关，当转换开关转至"远程控制"时，中央监控站工作以实现对全套设备的远程控制；本系统具有实际使用性能合理，通信速率、性价比高的特点。

1. 监控系统

监控系统由主监控画面、分监控画面、设备操作画面、参数设置、历史趋势、故障报警及运行人员操作记录组成。为了能形象地反映现场设备的运行情况，采用动静结合及平面和立体相结合的方式，建立上位机监控画面。监控画面直观、实用、美观。用户可以实时监视和控制整个工艺流程的设备运行情况、主要工艺参数，并可通过人员操作记录文件，管理人员可以查询何人、何时所做的任何操作，便于事故责任的分析和管理。

2. 监视控制和数据采集系统 SCADA 系统

SCADA 系统是由三个层面组成的，即设备层、控制层和监视层。系统能够采集污水处理系统的实时数据，并对现场进行远程或者本地控制，实现废水处理的全过程监控，污水处理管理人员能够使用 SCADA 系统获取详细数据。

3. 在线检测系统

自动化检测系统是自动化控制系统中至关重要的组成部分之一，这个系统具有操作简便、数据准确等优点，并且自动化控制仪表具有通讯接口。应用在黄酒废水处理系统中，不仅节省了财力和人力，还能够让技术人员对黄酒废水处理工艺进行实时调整。在黄酒废水处理系统中使用的测量仪表主要有压力计、温度计、液位仪、流量仪、pH 计、在线检测仪（COD、SS、总磷、氨氮、总氮浓度）等，测量仪表能够将测量值及时传送到中心计算机并在屏幕上显示，以供技术人员分析。COD、SS、总磷、氨氮、总氮浓度等污染物的主要参数被发送到控制系统的中心 PLC 中，计算机分析参数信息并控制 IC 反应器的运行、曝气池不同阶段的曝气模式和运行时间，及其他所有设备的模式和运行情况，废水处理系统中的设备如果发生了问题，程序就会向中心计算机以及技术人员携带的移动设备发送信息,技术人员能够了解问题发生的时间和位置,并根据问题的具体参数判断是否需要立刻解决以及如何解决。

4. PLC

PLC 主要用于自动化生产线,SCADA 系统主要针对多点的需求;从计算机和网络的角度来说,它们是统一的,区别主要在于应用的需求方面。PLC 对处理速度要求高,因此经常用在联锁上,甚至是故障安全系统;SCADA 系统也可用于一些特殊装置,如振动监测、流量计算、温度监测等。将 PLC 与 SCADA 系统有机结合应用于黄酒废水自动化处理系统。

PLC 的性能:①存储容量:存储容量是指用户程序存储器的容量。存储容量大,可编制出复杂的程序。小型 PLC 的用户存储器容量为几千字,而大型机的用户存储器容量为几万字。②输入/输出(I/O)点数:I/O 点数是 PLC 可以接受的输入信号和输出信号的总和,是衡量 PLC 性能的重要指标。I/O 点数越多,外部可接的输入设备和输出设备就越多,控制规模就越大。③扫描速度:扫描速度是指 PLC 执行用户程序的速度,是衡量 PLC 性能的重要指标。一般以扫描 1K(1K=1024 字节)字用户程序所需的时间来衡量扫描速度,通常以 ms/K 字为单位。PLC 用户手册一般给出执行各条指令所用的时间,可以通过比较各种 PLC 相同操作所用的时间来衡量扫描速度的快慢。④指令的功能与数量:指令功能的强弱、数量的多少也是衡量 PLC 性能的重要指标。编程指令的功能越强、数量越多,PLC 的处理能力和控制能力也越强,用户编程也越简单和方便,越容易完成复杂的控制任务。⑤内部元件的种类与数量:在编制 PLC 程序时,需要用到大量的内部元件来存放变量、中间结果、保持数据、定时计数、模块设置和各种标志位等信息。这些元件的种类与数量越多,表示 PLC 存储和处理各种信息的能力越强。⑥特殊功能单元:特殊功能单元种类的多少与功能的强弱是衡量 PLC 产品的一个重要指标。近年来各 PLC 厂商非常重视特殊功能单元的开发,特殊功能单元种类日益增多,功能越来越强,使 PLC 的控制功能日益扩大。⑦可扩展能力:PLC 的可扩展能力包括 I/O 点数的扩展、存储容量的扩展、联网功能的扩展、各种功能模块的扩展等。在选择 PLC 时,经常需要考虑 PLC 的可扩展能力。

自动监控、自动控制、自动分析三部分是废水处理系统自动化程序的关键所在,所有设备的共同配合就是为了让整个处理系统完成这三项自动化工作。其中,自动化分析系统主要是利用参数曲线,以及现场控制分站反馈的参数数据等,通过计算机来进行对比分析,对废水中各种元素的合理指标进行判断,从而制定出最合适的运行工作曲线来控制工艺流程的进行,以及整体工作的合理运行。在现场控制部分中,上位机是智能控制系统的关键所在。此外,PLC 是对上位机传输的控制信号进行执行的机构,通过有关的设定程序来控制执行设备进行多重的自动控制，以及对废水自动化处理设备的集成，从而达到自动化的目的。

（二）自动化废水处理系统操作和维护

1. 自动化废水处理系统操作前检查

操作前检查各工艺管线、手动阀门均处于正确位置。然后检查 PLC 控制系统中各设备处于自动状态。在 P2 界面开启按钮并点击开启对应的"operation"，点击"product on"，开始处理。

2. 自动化废水处理系统

PLC 具有良好的稳定性和可靠性。但由于环境的影响及内部元件的老化等因素，也会造成 PLC 不能正常工作。如果能经常定期地做好维护、检修，可让系统始终处于最佳工作状态。因此，定期检修与做好日常维护是非常重要的。一般情况下检修时间以每六个月至一年检修 1 次为宜，当外部环境条件较差时，可根据具体情况缩短检修间隔时间。

三套自动化废水处理系统从 2011 年到 2014 年相继设计调试完成并投入运行，至今系统稳定，工作可靠，使用方便，处理效果良好，自动化程度高，减少了运行人员，提高了企业效率。同时在现场维护、设备调整及远程监控等方面，体现了一定的优越性。

四、废水处理系统操作要点

（1）第 1 天开始进废水，IC 反应器产生正常内循环现象，产生沼气，火炬点火成功。第 4 天整套系统完成联动调试。

（2）该处理系统 IC 反应器接种污泥颗粒 180m³，启动过程中会有少量污泥流失，属正常现象，运行正常后就不会再出现流失现象。

（3）开始阶段最大进废水量为 810m³/d，前期进废水量较小，小于 800m³/d（图 7-3）。调节罐总 COD（TCOD，包括溶解性和非溶解性）浓度为 2000~7000mg/L，平均约为 4500mg/L（图 7-4）。IC 反应器出水 COD＜500mg/L，二沉池出水 COD 平均约为 150mg/L（图 7-5）。

（4）IC 反应器出水 VFA＜5mmol/L，出水正常，二沉池出水达标排放。

（5）注意事项

①时刻关注空压机的运行状态，保证储气罐的压力在 0.5~0.8MPa，否则气动阀门将停止运行。

②密切关注沼气流量，当沼气量突然增高时，需要根据计算公式推算 IC 反应器是否超负荷运行，需及时降低废水量。

③关注化验室检测指标，计算 IC 反应器的污泥负荷不超过 0.45kg COD（kgVSS·d）（IC 反应器每日的处理量，其中 VSS 为厌氧污泥的挥发性固体总

图 7-3　系统处理水量

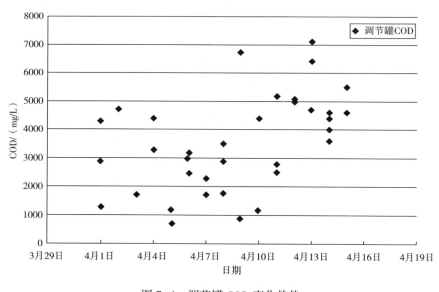

图 7-4　调节罐 COD 变化趋势

量）。IC 反应器出水 VFA 必须<5mmol/L，如果超过 5mmol/L 必须降低流量。

　　④分析化验室检测数据的准确性，需满足 IC 反应器出水 COD>69VFA 的条件，如果检测值不满足，需要求化验室重新检测，得到真实准确的数值来调节水量。

318

图 7-5　IC 反应器及二沉池出水 COD 变化趋势

⑤关注 IC 反应器出水沉降比 SV30mL/L，SV30 必须<0.5%，如果发现有颗粒污泥流失或 SV30 超过 0.5%，需及时通知 PAQUES 公司工程师。

⑥初沉池进废水水量的提升速度严禁过快，1h 内不能提高超过 $5m^3/h$，水量的提升需谨慎，慢慢上调流量。

⑦如果来水停止，初沉池进水停了，IC 反应器自动循环时，回流量需与进水量一致，测量管路阀门需手动关闭。

⑧当 IC 反应器停止进水时，必须及时关闭管道进水阀门，防止污泥外泄。如果 IC 反应器停止运行时间较长，需要关闭现场进水。

⑨曝气池深解氧控制在 1.5~2.5mg/L，最低不能低于 1mg/L，必要时从调节罐调节部分水量到曝气池，提高负荷，避免曝气池负荷太低。在保证曝气池溶解氧的条件下，控制曝气池 COD 负荷为 0.1~0.2kgCOD/kgVSS。化验室应每天测试曝气池及二沉池污泥浓度，便于调节曝气池负荷及排泥量。

⑩每周定期标定在线的 pH 计（调节罐、顶酸化池、IC 反应器出水），保证在线 pH 的准确性。

⑪每周需定期发送运行数据表至 PAQUES 公司相关人员。

⑫化验室各项操作需严格执行化验室操作标准，以保证数据的准确性，化验室需测试 IC 反应器内的厌氧污泥量。

⑬运行人员需熟悉废水车间设施运行操作技术，掌握废水处理工艺流程，共需 6 人，每班 2 人，轮流值班。主要工作为：电脑界面的操作，现场巡查，絮凝剂制备系统加药，脱水系统的维护等。

（6）现场调试结果

①调节罐（压滤水、米浆水、洗罐水、洗瓶水等调配）进水，进水 COD 浓度维持在 3000~6000mg/L，IC 反应器出水 COD 浓度为 300~500mg/L，二沉池出水 COD 浓度平均为 150mg/L。

②在线溶解氧检测仪（DO）仪表正常，除带机外设备运行正常。

③IC 反应器出水正常，二沉池出水达标，完成生物启动。

（7）废水处理运行记录　废水处理运行记录如表 7-3 所示。

表 7-3　　　　　　　　　　废水处理运行记录（COD，mg/L）

抽样批次	抽样次数	调节罐	预酸化罐	IC 反应器出水	二沉池出水
1	（1）	5.18×10^3	1.08×10^3	438	165
	（2）	2.81×10^3	835	373	157
2	（1）	5.08×10^3	601	354	154
	（2）	5.00×10^3	1.09×10^3	374	134
3	（1）	7.11×10^3	1.24×10^3	528	183
	（2）	4.67×10^3	1.09×10^3	565	163
4	（1）	4.71×10^3	1.08×10^3	382	203
	（2）	3.66×10^3	1.60×10^3	435	183
5	（1）	5.45×10^3	748	362	154
	（2）	4.71×10^3	1.07×10^3	372	195
6	（1）	5.65×10^3	967	325	110
	（2）	3.37×10^3	1.32×10^3	345	118
7	（1）	6.41×10^3	845	313	77
	（2）	6.34×10^3	1.51×10^3	240	85
8	（1）	6.87×10^3	821	289	37
	（2）	6.06×10^3	6.02×10^3	337	112
9	（1）	6.55×10^3	835	365	145
	（2）	5.70×10^3	1.46×10^3	361	185
10	（1）	6.59×10^3	795	345	205
	（2）	6.63×10^3	1.74×10^3	233	233
11	（1）	6.83×10^3	675	390	233
	（2）	6.22×10^3	1.78×10^3	398	209

五、IC 反应器-厌氧氨氧化-A/O 组合工艺

江苏 A 黄酒厂年产黄酒 50000t，全厂生产废水和生活污水排放量共计 473000t/年（其中生活污水 16000t/年），进水 COD 浓度约为 10000mg/L，氨

氮约为 200mg/L，经厂区内污水处理设施处理后，即可达到 GB 18918—2002《城镇污水处理厂污染物排放标准》一级 A 标准后排放。

这套系统（IC 反应器—厌氧氨氧化—A/O 组合工艺系统）与 PAQUES 公司 IC 反应器处理黄酒生产废水的差别在于：

1. 处理所需费用高

系统出水要达到 GB18918—2002《城镇污水处理厂污染物排放标准》（GB18918—2002）一级 A 排放标准，该标准即出水 COD 浓度低于 50mg/L，TN 浓度低于 15mg/L，处理所需费用高。

2. 负荷冲击影响较大

黄酒生产过程中产生的废水量和污染物浓度不稳定，会给系统运行带来影响，可通过建设足够容量的调节缓冲池（罐）来解决这一问题。

3. 废水中总氮总磷处理困难

黄酒生产废水中的有机物含有一定量的氮和磷元素，采用常规处理方法较难达到 GB18918—2002《城镇污水处理厂污染物排放标准》一级 A 标准，但黄酒生产企业大部分都处于执行该标准的地区。因此，在常规的处理工艺中增加一些特殊的处理单元，是工艺选择时应考虑的重点。

第三节　UASB-CAAS 好氧组合工艺

UASB-CAAS（上流式厌氧污泥床反应器—周期循环活性污泥法）好氧组合工艺在处理黄酒生产废水中已得到应用。以江苏 B 黄酒厂为例，平均每天生产的废水约 200m³，主要含有淀粉、糊精、蛋白质、多肽、小肽、氨基酸等，进水 COD、BOD、SS 分别约为 4000、3000 和 500mg/L。

一、工艺流程

该厂选择废水处理工艺时一方面考虑充分利用原有设施，另一方面希望尽可能降低投资和运行费用。因此，最终选择采用 UASB-CAAS 好氧组合工艺。该废水处理系统工艺特点：

①反应器的水力停留时间大大缩短，具有非常高的容积负荷。

②可用于处理各种高、中浓度的有机工业废水，也可以用于低浓度城市污水的处理。

③反应器内集成了生物反应和沉淀分离的功能，结构更加紧凑。

④不需要设置填料，从而节省了费用，也提高了反应器的容积利用率。

部分高浓度废水经 UASB 反应器厌氧处理后，出水与其他低浓度废水相混合，先进入高效气升式反应器处理，再进入 CAAS 系统，出水经沉淀、生物过滤处理后，可达到国家规定的一级废水排放标准（COD≤100mg/L，BOD≤30mg/L）。具体的废水处理工艺流程如下所述。

其中，UASB反应器的结构特点：①反应器从断面上看，可以分为圆形和矩形，矩形断面便于三相分离器的设计和施工，圆形断面则需要采用特殊形式的三相分离器。②反应器的主体通常采用钢结构或钢筋混凝土结构。③内部一般不设置加热，多采用外部保温措施，必要时也会对进水进行加热处理。④从形式上可分为开敞式UASB反应器和封闭式UASB反应器。

二、工艺流程说明

①黄酒生产中产生的废水因其来源不同，里面的内容物也有些许差异。其

中，洗米废水的固形物和有机物浓度均较高，若先单独处理将更有利于系统的运行。由于这一部分废水含有一定量的淀粉等固形物，先进行固液分离可提高后续生化处理单元的处理效果，分离后得到的淀粉等固形物也具有一定的回收利用价值。因此，废水在进入厌氧处理系统前，先经固液分离设备即沉淀罐进行沉淀预处理，去除大部分淀粉等固形物颗粒。固液分离设备的容积为 $100m^3$。

②洗米废水经固液分离后有机物浓度仍较高，宜先进行厌氧消化处理。采用高效的 UASB 反应器处理这部分废水，其容积为 $180m^3$，废水停留时间为 24h，采用中温发酵工艺。废水中的有机物在 UASB 反应器中被微生物消化降解，其浓度进一步降低，使得水质更适合好氧处理。这一过程不仅可以减少好氧处理的费用，还可以提高好氧处理效率。UASB 反应器具有容积负荷高、有机物净化效果好等优点，是新一代的高效厌氧反应器。废水经厌氧消化处理后出水 COD 浓度可降至 1000mg/L 左右。

③经厌氧消化处理后，洗米废水中有机物的浓度降低至适合好氧处理，这一部分废水将与其他大部分废水汇合在一起进行好氧处理，以进一步降低废水中有机物浓度。

④尽管废水中有机物已降低至适合好氧处理的浓度，但有机物浓度仍然较高（COD 浓度约为 1000mg/L），利用高效气升式反应器在高强度下对废水进行处理，水中有机物的去除效率会大大提高。该反应器排出的废水直接排入 CAAS 系统。

⑤CAAS 系统包括缺氧池、预曝池、初沉池和接触氧化池。废水先在缺氧池停留，使厌氧出水中有机物的理化性质得到改善，以便更适合好氧生物的代谢条件；缺氧池出水经预曝池和初沉池进入接触氧化池；接触氧化池采用翻腾式设计，容积利用率高，并采用比表面积大的盾式纤维填料和网状膜式曝气器。这种设计可使好氧生物处理技术中的活性污泥法和接触氧化法得以有机结合，确保废水处理达到预期效果。其特点是处理负荷高、出水水质稳定、操作运行简单、运行成本较低且投资较小。

整个好氧处理系统的总容积为 $200m^3$，该反应器糅合了兼氧、活性污泥法、接触氧化法和沉淀等处理工艺，使生物处理有机链接、互相补充，废水依次流经系统的各个处理单元，其停留时间分别为 5、5、13 和 2h，出水即可实现达标排放。

好氧处理出水再经过二沉池、滤池后，COD 浓度可降至 100mg/L 以下。

⑥CAAS 处理系统产生的污泥送入污泥浓缩罐，部分污泥可回流至好氧处理系统，剩余污泥可送入 UASB 反应器中进行厌氧消化，污泥可达到零排放。

三、废水处理效果

采用厌氧和好氧处理相结合的方法处理黄酒生产废水，COD 去除率达93.8%，BOD 去除率为 97.5%，处理出水中 SS、COD、BOD、NH_4^+-N 和 pH 分别达到 70mg/L、100mg/L、30mg/L、12.5mg/L 和 7.2mg/L，各项指标均满足 GB 8978—1996《污水综合排放标准》的一级排放标准，系统的处理能耗及处理费用分别为 97.5kW·h/d 和 1.48 元/m^3，远低于传统生物处理方法。

2018 年起该公司生产废水采用废水系统处理后，纳入城市排污管网，二次处理，排放总量平均为 100t/d；经抽样监测，达到 GB 8978—1996《污水综合排放标准》的三级排放标准，纳入政府废水管网，进行二次处理。

该废水处理系统的结构特点：①反应器上部设置了固、液、气三相分离器。②反应器底部设置了均匀补水系统。③反应器内的污泥能形成颗粒污泥，直径在 0.1~0.5cm，湿比重（污泥湿密度/水的密度）为 1.04~1.08。④具有很高的沉降性能和产甲烷活性。⑤污泥浓度可以达到 50gVSS/L（污泥浓度，一升水中所含可挥发性悬浮物的量）以上，污泥龄一般在 30d 以上，甚至几百天。

该废水处理工艺流程相对较为简单，可操作性及可控性均较强，剩余污泥产量低，同时具有投资少、运行费用低和出水水质稳定等特点，适用于中小规模黄酒企业废水的达标排放处理。

第四节　ABR—生物接触氧化与 MBR—高效澄清器组合工艺

近几年，福建某黄酒厂建造了红曲黄酒自动化、智能化酿造生产项目，该项目缩小了传统酿造工艺产能，增加自动化、智能化酿造工艺，其目的之一是减少废水的排放，并根据厂区位置设计废水处理设施。排水采用雨污分流制，对于雨水，通过雨水沟排入附近水渠。厂区设置一座 30t/d 的废水处理站，受纳厂区生产废水和生活废水，处理工艺为"ABR（厌氧折流板反应器）+生物接触氧化+MBR+高效澄清器"，其中 MBR 是膜分离技术与生物反应器结合的一种新型废水处理装置；废水最大排放量为 29.178t/d（次），全年废水排放量为 4492.44t/年，其中生产废水 3421.44t/年，生活废水 1071t/年，生产废水和生活废水经过厂区废水站处理后排入厂区东侧的溪沟。

红曲黄酒酿造过程所产生的生产性废水中 COD、BOD、NH_3-N、SS 等主要污染物含量较高，且含有大量的淀粉、蛋白质、酒精等高浓度有机污染物，洗米池的米浆水、酿造水排入废水处理站的废水 COD 浓度为 10000 ~ 15000mg/L，BOD 浓度为 6000~10000mg/L，SS 浓度为 200~800mg/L，NH_3-N浓度为 150~250mg/L，其可生化性能较好。

　　各生产环节产生的废水如下：浸米产生的米浆废水、前发酵坛的洗缸废水、后发酵坛的洗缸废水、压榨过程中产生的洗滤布废水、酒坛产生的装坛清洗废水、错流膜过滤设备冲洗废水、洗瓶废水、车间地面冲洗产生的地面冲洗水等，此外，还有职工生活产生的生活废水。废水进入废水处理站之前，进行预处理措施如下：①浸米、洗米废水主要含米浆等残渣，经沉淀池沉淀，米糠可无偿提供给附近农民作为猪饲料使用，沉淀后上层废水进废水处理设施处理。②糊化罐、中间罐、发酵罐、压榨滤布、酒缸及酿酒设备，需要定期清洗，废水间歇排放，进废水处理站调节池，再分批次进二级生化处理设施处理后排放。③输酒管道、错流膜过滤设备、低温不锈钢罐等灌装生产线产生的清洗废水，排入废水处理站调节池。④地面和设备需定期清洗，清洗废水排入废水处理站调节池。⑤生活废水经化粪池预处理后，经废水处理站处理后排放。

一、废水站处理工艺流程图

　　废水站处理工艺流程如下所述。

二、各工艺流程说明

高浓度废水通过沉淀预处理后与灌装工艺废水一起接入调节池，后进入废水处理站处理。

1. 调节池

调节池主要用于调节废水的水质和水量，对于水质水量周期性变化较大的废水处理系统是必不可少的设施，由于该废水的水质水量具有较大波动性，且排水相对集中，因此，应尽可能延长调节池停留时间，以调节水质水量。同时应在池中设置曝气管，在较长时间的气搅作用下充分混匀，保证出水水质均匀、水量均衡，为后续处理单元提供连续稳定的进水。

2. 厌氧折流板反应器（ABR）厌氧池

ABR 是在 UASB 基础上开发出的一种新型高效厌氧反应器，具有结构简单（不设三相分离器等）、效率高、COD 去除率可达 3~10kg/d（污泥负荷单位）、操作简便等多种优点。ABR 利用厌氧菌和兼性菌的共同作用，将不易生物降解的大分子物质降解为小分子物质，提高废水的可生化性，有利于后续好氧处理进一步去除。

3. 膜生物反应器（MBR）池

膜分离使微生物被完全截留在生物反应器内，使得系统内能够维持较高的微生物浓度，不但提高了反应装置对污染物的整体去除效率，保证了良好的出水水质，同时反应器对进水负荷（水质及水量）的各种变化具有很好的适应性，耐冲击负荷，能够获得稳定优质的出水水质。

4. 高效澄清器

由已验收的监测结果表明，现有水质可达到 GB 8978—1996《污水综合排放标准》一级标准，除 SS 外，其他水质因子也满足 GB 18918—2002《城镇污水处理厂污染物排放标准》一级 A 标准，因此在末端增加一套高效澄清器。同时，为使出水达到更高标准，增加脱色和消毒装置。废水处理站设计进、出水水质指标要求如表 7-4 所示。

表 7-4　　　　　　　　废水处理站设计进、出水水质指标要求

指标	COD/（mg/L）	BOD/（mg/L）	SS/（mg/L）	NH₃-N/（mg/L）	pH
设计进水水质	2000	600	200	—	3~10
设计出水水质	≤50	≤10	≤10	≤5	6~9

项目年生产 280d，日最大废水产生量为 29.178t，废水产生量为 4492.44t/年（日均 16.04t/d），现有废水处理站规模为 30t/d，处理规模满足

要求，根据间歇性排放生产废水的情况，采用调节池对水质进行均质的同时对进入废水站的水量进行控制，保证废水站的正常运行，项目废水进入调节池混合后，COD 1622mg/L，BOD 407mg/L，SS 927mg/L，NH_3-N 27mg/L，均低于废水站设计的最大进水浓度。根据废水处理站的处理原理以及各反应池处理效率可知，该废水处理设施能够保证废水达标排放，采取的工艺措施技术可行。

5. 事故池设计合理性分析

项目消防用水量为 35m³，项目废水处理站能力为 30t/d，事故状态下废水全部引入到事故池中，故 65m³ 项目应急事故池可满足消防废水的收集，事故池设为地下式，以便废水能自流进入事故池，随时应对可能发生的泄漏事件。

6. 规范化废水排放口

废水经厂内预处理后水质达到 GB 8978—1996《污水综合排放标准》一级标准后排入溪沟。根据有关规定，只能设置一个排放口，同时应设立一个规范化的废水排放口，设立标志牌、安装流量计和事故应急阀门，并进行保持维护。

7. 水处理污泥由环卫部门清运

第五节　酒坛清洗废水处理

黄酒酒坛表面有少量的石灰，酒坛清洗废水为碱性，因酒坛集中清洗，清洗废水可以单独集中处理。绍兴大型黄酒厂 A 在原厂区有一套酒坛清洗废水处理装置，采用生物接触氧化工艺，该设施设计处理能力为 240m³/d。

一、酒坛清洗废水处理工艺流程

酒坛清洗废水处理站设计进出水质指标如表 7-5 所示，酒坛清洗废水处理工艺流程如下所述。

表 7-5　　　　　　　　　　废水处理站设计指标

指标	pH	COD/（mg/L）	SS/（mg/L）
设计进水	7~9	≤300	≤600
设计出水	7~9	≤100	≤70

二、处理工艺流程说明

酒坛清洗废水首先经粗、细格栅拦截杂物后，自流至沉砂池，进一步去除悬浮物和大量石灰后，用泵提升进入调节池，使废水的水量和水质保持恒定均匀，保证后续设备和处理连续运行，调节池出水自流进入生物接触氧化池，池内挂满生物填料，吸附在填料上的好氧微生物通过新陈代谢作用去除和降解有机污染物，经生化处理后再自流入二沉池进行泥水分离，沉淀后的废水部分达标排放，部分进入中间水池，进行水量调节后再进入砂滤器进行过滤，出水至政府废水管网。

为了了解该洗坛废水处理装置的运行情况，委托了第三方检测公司对该处理装置的进、出口的水质进行了监测，监测结果如表7-6所示。

表7-6　　　　　　　　洗坛废水回用设施废水监测结果一览表

点位			pH	COD/（mg/L）	BOD/（mg/L）	SS/（mg/L）
进口水质	一	①	6.60	408	319	168
		②	6.61	381	276	158
	二	①	6.50	363	272	216
		②	6.52	360	263	148
	设计值		7~9	300	—	600
出口水质	一	①	6.73	62	18.7	98
		②	6.75	56	18.4	83
	二	①	6.75	51	16.9	91
		②	6.73	44	15.1	79
	设计值		7~9	100	—	70
备注			数据来源：政府环监监字第006号			

由监测结果可得，目前该洗坛废水处理装置出水水质 COD 符合设计水质要求，SS 监测值超过设计要求，从进水废水监测结果来看，进水水质 COD 略有超过进水设计水质，而 SS 均低于设计要求，总体认为该洗坛废水处理站运行较稳定。根据试验研究，由于经处理后的废水出水中微生物数量较高，经与新鲜水对比使用，其生产的大坛酒细菌数明显偏高，影响产品的卫生指标，考虑到产品质量可能受到影响，并未对该废水进行回用，而是纳入城市排污管网统一处理。

第六节　其他黄酒企业的废水处理

1. 浙江湖州某黄酒厂废水处理系统

由浙江某环境工程有限公司设计建造，年纳管废水量为 120000t 左右。废水处理技术采用厌氧生物法处理工艺，即生产生活综合废水收集（高浓度废水进 IC 反应器）→调节池→酸化池→兼氧池→初沉池→好氧曝气池→终沉池（+污泥浓缩池+污泥脱水+委托有资质的第三方处理）→砂滤→出水排放（浙江省自动监测系统监测），整套处理设施运行情况良好，符合纳管排放标准要求，纳入城市排污管网统一处理。臭气治理系统主要处理工艺技术为：废气收集系统→生物除臭系统→洗涤气塔→排放口。经第三方检测，臭气浓度（无量纲）<977mg/m³，硫化氢<0.000989mg/m³，氨<0.0238mg/m³，符合 GB 14554—1993《恶臭污染物排放标准》中的标准要求。

2. 浙江嘉兴某黄酒厂废水处理系统

该系统为一座处理量为 320t/d 的废水处理站，年处理废水 67000t 左右。公司产生的废水全部收集排入废水处理站，经公司废水处理站预处理后纳入城市排污管网进行统一处理。废水处理技术采用生化与物化相结合的处理工艺，即生产生活综合废水收集→集水池→初沉池→厌氧池→CASS 池→终沉池（+污泥浓缩池+污泥脱水+委托有资质的第三方处理）→砂滤→出水排放（浙江省自动监测系统），整套处理设施运行良好。

3. 浙江绍兴大型黄酒厂 B 新建黄酒酿造工程废水处理项目

可处理 300t/d 的高浓度废水和 3500t/d 的低浓度废水的处理设施，高浓度废水和低浓度废水均采用生物法处理工艺。废水处理工程由某公司设计施工总承包，采用某公司国内领先的厌氧能源化技术和高效脱氮技术，厌氧反应器高 23m，实现废水稳定达标的同时产生良好的经济效益。

4. 浙江绍兴大型黄酒厂 B 第一厂区废水处理工艺

收集+沉淀+气浮物化处理和厌氧+好氧+缺氧生化处理，处理设施运行稳定，处理后的废水纳入城市排污管网统一处理。2021 年进网废水总量为 229923t。废水总排放口安装在线监测设备，实现实时自动监控，自动监控

pH、COD、NH$_3$-N、TN、TP、流量项目。

5. 浙江绍兴大型黄酒厂 B 子公司废水处理工艺

收集+沉淀物化处理和厌氧+SBR 生化处理，设计废水处理能力 2000t/d，配套建设 1000m^3 废水集池；2021 年进网废水排放总量为 260657t，处理后的废水纳入城市排污管网统一处理，达排放标准。废水总排放口安装在线监测设备，实现实时自动监控，自动监控 pH、COD、NH$_3$-N、TN、TP、流量项目。

第八章 | 黄酒分析检测

黄酒分析检测就是运用感官的、物理的、化学的和生物的基本理论和技术，对黄酒及其酿造原料的组成成分、发酵过程、感官特性、理化性质和卫生状况等进行分析检测的过程。通过对黄酒及其酿造原料的分析检测，可以使生产者对黄酒的酿造过程进行有效地控制，对产品质量的优劣进行科学地评判，对产品的食品安全进行严格地监控等。

近年来，随着气相色谱仪、气-质联用仪、液相色谱仪、原子吸收仪、自动电位滴定仪等先进仪器设备在黄酒分析检测中的应用，黄酒的分析检测技术有了较大的进步。

第一节 黄酒原料的分析

黄酒的酿造原料种类比较多，包括淀粉质原料大米、小麦、小米、黍米、玉米等，酿造用水，用作糖化发酵剂的麦曲、麸曲、小曲（酒药）以及酶制剂等。

一、大米与小麦的分析

（一）物理分析

1. 感官

（1）原理 取一定量的样品，去除其中的杂质，在规定条件下，按照规定方法借助感觉器官鉴定其色泽、气味、口味，以"正常"或"不正常"表示。

（2）用具 天平（感量1g）、谷物选筛、广口瓶、水浴锅。

（3）色泽鉴定 分取20~50g样品，放在手掌中均匀地摊平，在散射光线下仔细观察样品的整体颜色和光泽。

黄酒原料大米以米色洁白无杂色，略有光泽者为良品，呈暗黄色或失去光泽者不适于酿酒。夹有杂色的大米，常含有较多的蛋白质和脂肪，也不利于酿酒。

制曲用原料小麦，以当年产红皮软质小麦为最佳。小麦应籽粒饱满，粒状均匀，外皮薄，呈淡红色，不得有呈褐色、灰色和虫蛀者。

（4）气味鉴定 分取 20～50g 样品，放在手掌中用哈气或摩擦的方法，提高样品的温度后立即嗅其气味。对气味不易鉴定的样品，分取 20g 样品，放入广口瓶中，置于 60～70℃ 的水浴锅中，盖上瓶塞，保温 8～10min，开盖嗅其气味。

优质大米应具有新鲜的米香，绝不应有腐败气味及霉味。

（5）结果表示 色泽、气味鉴定结果以"正常"或"不正常"表示，对"不正常"的应加以说明。

2. 小麦的杂质、不完善粒

杂质是指混在原料中没有利用价值的，甚至影响黄酒品质的物质。

不完善粒是指受到损伤但尚有使用价值的小麦颗粒，包括虫蚀粒、病斑粒、破损粒、生芽粒和生霉粒。

（1）仪器和用具 天平（感量 0.01g、0.1g、1g）、谷物选筛、电动筛选器、分样器或分样板、分析盘、镊子等。

（2）照明要求 操作过程中的照明要求应符合 GB/T 22505—2008《粮油检验 感官检验环境照明》的要求。

（3）样品制备 检验杂质的试样分大样、小样两种。大样用于检验大样杂质，包括大型杂质和绝对筛层的筛下物；小样是从检验过大样杂质的样品中分出少量试样，检验与粮粒大小相似的并肩杂质。小麦杂质检验中大样用量约 500g，小样用量约 50g。

（4）筛选

①电动筛选器法：按 GB/T 5494—2019《粮油检验 粮食、油料的杂质、不完善粒检验》附录 A 规定的筛层套好（大孔筛在上，小孔筛在下，套上筛底），按规定取试样放入上层筛上，盖上筛盖。放在电动筛选器上，接通电源，打开开关，选筛自动地向左向右各筛 1min（110～120r/min），筛后静止片刻，将上层筛的筛上物和下层筛的筛下物分别倒入分析盘内。卡在筛孔中间的颗粒属于筛上物。

②手筛法：按电动筛选器法中的方法将筛层套好，倒入试样，盖好筛盖。然后将选筛置于玻璃板或光滑桌面上，用双手以 110～120 次/min 的速度，顺时针和逆时针各转动 1min。筛动的范围掌握在选筛直径扩大 8～10cm。筛后的操作同电动筛选器法。

（5）大样杂质检验

①操作方法：从平均样中称取大样用量 500g，精确至 1g，分两次进行筛选，然后拣出筛上大样杂质和筛下物合并称重（m_1），精确至 0.01g（小麦大

样杂质在 4.5mm 筛上拣出）。

②结果计算：大样杂质含量（M）以质量分数（%）表示，按式（8-1）计算。

$$M = \frac{m_1}{500} \times 100 \tag{8-1}$$

式中 m_1——大样杂质质量，g；

500——大样质量，g。

在重复性条件下，获得的两次独立测试结果的绝对差值不超过 0.3%，求其平均数，即为测试结果。测试结果保留到小数点后一位。

（6）小样杂质检验

①操作方法：从检验过大样杂质的试样中，称取小样用量 50g，精确至 0.01g，倒入分析盘中，按质量标准的规定拣出杂质，称重（m_2），精确至 0.01g。

②结果计算：小样杂质含量（N）以质量分数（%）表示，按式（8-2）计算。

$$N = (100 - M) \times \frac{m_2}{50} \tag{8-2}$$

式中 m_2——小样杂质质量，g；

50——小样质量，g。

在重复性条件下，获得的两次独立测试结果的绝对差值不超过 0.3%，求其平均数，即为测试结果。测试结果保留到小数点后一位。

（7）杂质总量计算 杂质总量（B）以质量分数（%）表示，按式（8-3）计算。

$$B = M + N \tag{8-3}$$

计算结果保留到小数点后一位。

（8）不完善粒

①操作方法：在检验小样杂质的同时，按质量标准的规定拣出不完善粒，将不完善粒称重（m_3），精确至 0.01g。

②结果计算：不完善粒（C）以质量分数（%）表示，按式（8-4）计算。

$$C = (100 - M) \times \frac{m_3}{50} \tag{8-4}$$

式中 m_3——不完善粒质量，g；

50——小样质量，g。

在重复性条件下，获得的两次独立测试结果的绝对差值不超过 0.5%，求其平均数，即为测试结果。测试结果保留到小数点后一位。

3. 小麦容重

小麦容重是小麦颗粒在单位容积内的质量，以 g/L 表示。通常容重大的，其颗粒饱满整齐，淀粉含量也高。

（1）原理　用特定的容重器按规定的方法测定固定容器（1L）内可盛入小麦的质量。

（2）仪器和用具　谷物容重器、天平（感量 0.1g）、谷物选筛（筛孔孔径：上筛层 4.5mm，下筛层 1.5mm）、分样器或分样板。

（3）试样制备　从平均样中分取试样约 1000g，用谷物选筛分 4 次进行筛选，拣出上层筛上的大型杂质并弃除下层筛筛下物，合并上、下层筛上的小麦颗粒，混匀作为测定容重的试样。

（4）测定　按所选容器的说明书检测试样容重。

（5）结果表示　两次测定结果的允许差不超过 3g/L，求其平均值，即为测定结果，测定结果取整数。

4. 互混

绍兴黄酒酿造用的大米原料为糯米，因此糯米的互混主要检测其中非糯性大米所占的比例。互混高的酿造原料中支链淀粉含量低，会对成品绍兴黄酒的品质造成一定的不良影响，应加以控制。

（1）原理　直链淀粉遇碘显蓝色，支链淀粉遇碘显棕红色。因糯米中支链淀粉含量达 98% 左右，遇碘显棕红色，而一般粳米中直链淀粉占 8.7%～17.2%，籼米中直链淀粉占 17.2%～28.5%，遇碘变蓝色，因此可用此方法区分原料大米中糯性米与非糯性米。

（2）试剂　1.0g/L 碘-乙醇溶液。

（3）测定　随机从平均样中取出 200 粒完整米粒，用清水洗涤后，再用 1.0g/L 碘-乙醇溶液浸泡 1min 左右，然后用蒸馏水洗净，观察米粒着色情况。拣出混入的非糯性米，并记录粒数（n）。

（4）结果计算　互混按式（8-5）计算。

$$R = \frac{n}{200} \times 100 \qquad\qquad (8-5)$$

式中　R——互混，%；

　　　n——异类粒数。

在重复性条件下，获得的两次独立测试结果的绝对差值不超过 1%，求其平均数，即为测试结果。测试结果保留到整数位。

5. 碎米

碎米是指长度小于同批次试样米粒平均长度 3/4，留存 1.0mm 圆孔筛上的不完善粒。碎米率的高低影响原料大米浸泡时淀粉的损耗、蒸饭的质量等。

（1）原理　以筛分法和人工挑选相结合的方法，分选出样品中的碎米，计算碎米含量。

（2）仪器和设备

天平：感量 0.01g。

筛选器：转速 110~120r/min，可自动控制以 1min 为间隔按顺时针或逆时针各转动 1 次。

谷物选筛：1.0mm、1.2mm、1.5mm 和 2.0mm 圆孔筛，配有筛底和筛盖，可配合筛选器使用。

分样板：长方形平整木板或塑料板，厚约 2mm，一条长边加工成斜口，以便于分样。

电动碎米分离器、表面皿、分析盘、镊子等。

（3）测定　称取除去杂质平均样品 50g，放入直径 2.0mm 圆孔筛内，下接直径 1.0mm 圆孔筛和筛底，盖上筛盖，安装于筛选器上进行自动筛选，或将安装好的谷物选筛置于光滑平面上，用双手以约 100r/min 左右的速度，顺时针和逆时针各转动 1min，控制转动范围在选筛直径的基础上扩大 8~10cm。将选筛静止片刻，收集留存在 1.0mm 圆孔筛上及卡在筛孔中的碎米，称量（m_1），即为小碎米。

将留存于 2.0mm 圆孔筛及卡在孔筛上的米粒倒入碎米分离器，根据粒形调整碎米斗的倾斜角度，使分离效果最佳，分离 2min。将初步分离后的整米与碎米倒入分析盘中，用木棒轻敲分离筒，将残留在分离筒中的米粒并入碎米，拣出碎米中不小于整米平均长度 3/4 的米粒并入整米中，拣出整米中小于整米平均长度 3/4 的米粒并入碎米，将分离出的碎米与小碎米合并称重（m_2）。

如无碎米分离器，则将留存于 2.0mm 圆孔筛及卡在孔筛上的米粒倒入分析盘，手工拣出小于整米平均长度 3/4 的米粒，与小碎米合并称重（m_2）。

（4）计算　小碎米率 X_1 按式（8-6）计算。

$$X_1 = \frac{m_1}{m} \times 100\% \tag{8-6}$$

式中　X_1——小碎米率，%；

　　　m_1——小碎米质量，g；

　　　m——试样质量，g。

碎米率 X_2 按式（8-7）计算。

$$X_2 = \frac{m_2}{m} \times 100\% \tag{8-7}$$

式中　X_2——碎米率，%；

　　　m_2——碎米质量，g；

　　　m——试样质量，g。

测定结果以双试验结果的平均值表示，保留小数点后一位。双试验结果绝对差不得超过 0.5%。

6. 水分的测定

方法一：105℃恒重法（国标方法）

（1）仪器和用具　电热恒温鼓风干燥箱、电子天平（感量 0.001g）、实验室用电动粉碎机、谷物选筛、干燥器、称量瓶（外径 5cm，高 3cm）。

（2）样品处理　取 30~60g 去除杂质和矿物质的样品，用实验室用电动粉碎机粉碎，使粉碎细度通过 1.5mm 圆孔筛的不少于 90%。

（3）测定

①取干净的称量瓶 1 只，放入（105±2）℃电热恒温鼓风干燥箱中烘 0.5~1h，置于干燥器中冷却至室温，取出称重，再烘 30min，冷却后再次称重，使两次称重之差值不超过 0.005g，即为恒重。

②取经过处理后的样品约 5g（m_1），均匀平铺于烘至恒重的称量瓶（m_0）中，于（105±2）℃电热恒温鼓风干燥箱中烘 3h，取出后于干燥器中冷却至室温，称量（m_2）。

③计算　大米含水率按式（8-8）计算

$$含水率（\%）= \frac{m_1 - m_2}{m_1 - m_0} \times 100 \qquad (8-8)$$

式中　m_0——称量瓶重，g；

　　　m_1——烘干前试样+称量瓶重，g；

　　　m_2——烘干后试样+称量瓶重，g；

　　　100——换算成百分含量。

测定结果以双试验结果的平均值表示，保留小数点后一位。双试验结果绝对差不得超过 0.2%。

方法二：快速水分测定仪测定法

快速水分测定仪能够快速检测各类有机及无机固体、液体、气体样品中的含水率，按照测定原理可分为物理测定法和化学测定法两大类。目前黄酒酿造用大米、小麦中水分快速测定主要是物理测定法中的失重法。

常见的失重法快速水分测定仪有卤素快速水分测定仪、红外快速水分测定仪、微波快速水分测定仪等。由于快速水分测定仪测定原料中的水分为非国标方法，因此该方法只能作为企业进行原料验收时的内部方法，其测定结果与国标方法相比一般偏小。检测方法可按不同仪器的操作说明进行测定。

（二）化学分析

1. 粗淀粉的测定

（1）原理　淀粉经酸或酶水解后生成葡萄糖。由于葡萄糖具有还原性，故能用测定还原糖的方法进行测定，再换算成淀粉。这里还原糖采用廉-爱农法。斐林溶液与还原糖共沸，生成氧化亚铜沉淀。以次甲基蓝为指示液，用试样水解液滴定沸腾状态的斐林溶液。达到终点时，稍微过量的还原糖将次甲基蓝还原成无色。

（2）仪器 电子天平（感量 0.01g、0.0001g）、电炉、电热恒温鼓风干燥箱，实验室用电动粉碎机。

（3）试剂

①盐酸溶液（1+4）：1 体积浓盐酸加入 4 体积的水。

②200g/L 氢氧化钠溶液：称取氢氧化钠 20g，用水溶解并稀释至 100mL。

③pH 试纸。

④次甲基蓝指示液（10g/L）：称取次甲基蓝 1.0g，加水溶解并定容至 100mL。

⑤斐林甲液：称取硫酸铜（$CuSO_4 \cdot 5H_2O$）69.8g，加水溶解并定容至 1000mL。

⑥斐林乙液：称取酒石酸钾钠 346g 及氢氧化钠 100g，加水溶解并定容至 1000mL，摇匀，过滤，备用。

⑦葡萄糖标准溶液（2.5g/L）：称取经 103~105℃烘干至恒重的无水葡萄糖 2.5g（精确至 0.0001g），加水溶解，并加浓盐酸 5mL，再用水定容至 1000mL。

（4）标定斐林溶液

①标定斐林溶液的预滴定：准确吸取斐林甲、乙液各 5mL 于 250mL 锥形瓶中，加水 30mL，混合后置于电炉上加热至沸腾。滴入葡萄糖标准溶液，保持沸腾，待试液蓝色即将消失时，加入次甲基蓝指示液 2 滴，继续用葡萄糖标准溶液滴定至蓝色消失为终点。记录消耗葡萄糖标准溶液的体积（V）。

②斐林溶液的标定：准确吸取斐林甲、乙液各 5mL 于 250mL 锥形瓶中，加水 30mL。混匀后，加入比预滴定体积（V）少 1mL 的葡萄糖标准溶液，置于电炉上加热至沸腾，加入次甲基蓝指示液 2 滴，保持沸腾 2min，继续用葡萄糖标准溶液滴定至蓝色消失为终点，并记录消耗葡萄糖标准溶液的总体积（V_1）。全部滴定操作应在 3min 内完成。

斐林甲、乙液各 5mL 相当于葡萄糖的质量，按式（8-9）计算。

$$F = \frac{m_1 \times V_1}{1000} \tag{8-9}$$

式中 F——斐林甲、乙液各 5mL 相当于葡萄糖的质量，g；

m_1——称取葡萄糖的质量，g；

V_1——正式标定时消耗葡萄糖标准溶液的总体积，mL。

（5）测定

①样品处理：取一定量的试样，用实验室用电动粉碎机充分粉碎混匀，准确称取粉碎样 2g，放入 250mL 三角瓶中，加盐酸溶液（1+4）50mL，轻轻摇动，使试样充分湿润。在瓶口装上具有 1m 长玻璃管的塞子，置于沸水浴中回流水解 3h。立即冷却后用 200g/L 氢氧化钠溶液中和至中性或微酸性。瓶中溶液用滤纸滤入 500mL 容量瓶中，用水充分洗涤残渣，洗液并入容量瓶，然后用水定容，摇匀，即为供测定糖液。

②测定：以上述供测定糖液代替葡萄糖标准溶液按斐林溶液标定的方法进行测定。

（6）结果计算　按式（8-10）计算。

$$粗淀粉含量（\%）= \frac{500 \times F}{V \times m} \times 0.9 \times 100 \qquad (8-10)$$

式中　F——斐林甲、乙液各 5mL 相当于葡萄糖的质量，g；

　　　V——滴定消耗糖液的体积，mL；

　　　m——试样的质量，g；

　　　500——滤液总体积，mL；

　　　0.9——葡萄糖与淀粉的换算系数。

（7）注意事项

①本法严格要求在规定的操作条件下进行，加热电炉以 600W 电炉为好。

②由于次甲基蓝也能被空气氧化为蓝色，同时反应生成的 Cu_2O 也易被氧化，因此滴定操作必须在试液沸腾状况下进行，以逐出瓶中的空气，故不能从电炉上取下滴定。

③葡萄糖与斐林溶液反应需一定时间，因此滴定速度不能过快，一般以 2s/滴为宜。

④试样经水解、中和后，应立即定糖，不能久置，否则糖易腐败而导致结果偏低。

⑤葡萄糖与淀粉换算系数来源如下：

$$(C_6H_{10}O_5)_n + nH_2O \Longrightarrow nC_6H_{12}O_6$$

而淀粉相对分子质量为 162，葡萄糖相对分子质量为 180，故换算系数为 $\frac{162}{180} = 0.9$，即 0.9g 淀粉水解后生成 1g 葡萄糖。

2. 粗蛋白的测定

原料中适量的蛋白质为黄酒发酵过程中微生物的生长与繁殖提供了氮源，但含量过高则易使成品酒产生沉淀，同时蛋白质在多种酶及酵母菌的作用下最终生成高级醇，其含量过高影响黄酒品质。

食品中蛋白质通常用凯氏定氮法测定。但由于凯氏定氮时，原料中的一些非蛋白质氮如硝基氮、氨氮、氨基酸、酰胺氮以及核酸中的氮一并计算在内，故测得的结果为粗蛋白质含量。

（1）原理 试样中的蛋白质在催化加热条件下被分解，产生的氨与硫酸结合生成硫酸铵。碱化蒸馏使氨游离，用硼酸吸收后以硫酸或盐酸标准滴定溶液滴定，根据酸的消耗量乘以换算系数，即为蛋白质的含量。

（2）试剂

①硫酸铜（$CuSO_4 \cdot 5H_2O$）。

②硫酸钾（K_2SO_4）。

③浓硫酸（H_2SO_4 密度为 1.84g/L）。

④硼酸溶液（20g/L）：称取 20g 硼酸，加水溶解后稀释至 1000mL。

⑤氢氧化钠溶液（400g/L）：称取 40g 氢氧化钠加水溶解后，放冷，并稀释至 100mL。

⑥硫酸标准滴定溶液（0.0500mol/L）或盐酸标准滴定溶液（0.0500mol/L）：按 GB/T 601—2016《化学试剂 标准滴定溶液的制备》中的方法配制与标定。

⑦A 混合指示液：2 份甲基红乙醇溶液（1g/L）与 1 份亚甲基蓝乙醇溶液（1g/L）临用时混合。

⑧B 混合指示液：1 份甲基红乙醇溶液（1g/L）与 5 份溴甲酚绿乙醇溶液（1g/L）临用时混合。

（3）仪器设备

①定氮蒸馏装置（图 8-1）。

②电子天平（感量 0.0001g）。

（4）测定步骤

①样品消化：准确称取充分混匀的粉碎试样 1~2g，精确至 0.001g，移入干燥的 250mL 定氮瓶中，加入 0.2g 硫酸铜、6g 硫酸钾及 20mL 硫酸，轻摇匀后于瓶口放一小漏斗，将瓶以 45°角斜支于电炉在通风橱内消化，先小火缓慢加热至内容物完全炭化，泡沫完全停止后，再加强火力，消化至液体呈蓝绿色并澄清透明。取下漏斗，继续加热 0.5h 后冷却至室温。取下放冷，小心加入 20mL 水。放冷后，移入 100mL 容量瓶中，并用少量水洗定氮瓶，洗液并入容量瓶中，再加水至刻度，混匀备用。同时做试剂空白试验。

②测定：按图 8-1 装好定氮蒸馏装置，向水蒸气发生器内装水至 2/3 处，加入数粒玻璃珠，加甲基红乙醇溶液（1g/L）数滴及数毫升浓硫酸，以保持水呈酸性，加热煮沸水蒸气发生器内的水并保持沸腾。

向接收瓶内加入 10.0mL 硼酸溶液及 1~2 滴 A 混合指示液或 B 混合指示液，并使冷凝管的下端插入液面下，根据试样中氮含量，准确吸取 2.0~

1—电炉；2—水蒸气发生器（2L 烧瓶）；3—螺旋夹；4—小玻杯及棒状玻塞；5—反应室；
6—反应室外层；7—橡皮管及螺旋夹；8—冷凝管；9—蒸馏液接收瓶；10—温度计

图 8-1　定氮蒸馏装置

10.0mL 试样处理液由小玻杯注入反应室，以 10mL 水洗涤小玻杯并使之流入反应室内，随后塞紧棒状玻塞。将 10.0mL 氢氧化钠溶液倒入小玻杯，提起玻塞使其缓缓流入反应室，立即将玻塞盖紧，并水封。夹紧螺旋夹，开始蒸馏。蒸馏 10min 后移动蒸馏液接收瓶，液面离开冷凝管下端，再蒸馏 1min。然后用少量水冲洗冷凝管下端外部，取下蒸馏液接收瓶。尽快以硫酸或盐酸标准滴定溶液滴定至终点，如用 A 混合指示液，终点颜色为灰蓝色；如用 B 混合指示液，终点颜色为浅灰红色。同时做试剂空白试验。

（5）结果计算　试样中粗蛋白质的含量按式（8-11）进行计算。

$$粗蛋白质含量（\%）= \frac{(V_1 - V_2) \times c \times 0.0140}{m \times V_3 / 100} \times F \times 100 \qquad (8\text{-}11)$$

式中　V_1——试液消耗硫酸或盐酸标准滴定液的体积，mL；

$\quad\quad V_2$——试剂空白消耗硫酸或盐酸标准滴定液的体积，mL；

$\quad\quad V_3$——吸取消化液的体积，mL；

$\quad\quad c$——硫酸或盐酸标准滴定溶液浓度，mol/L；

0.0140——1.0mL 硫酸 $[c(1/2H_2SO_4) = 1.000\text{mol/L}]$ 或盐酸 $[c(HCl) = 1.000\text{mol/L}]$ 标准滴定溶液相当的氮的质量，g；

$\quad\quad m$——试样的质量，g；

$\quad\quad F$——氮换算为蛋白质的系数（一般原料为 6.25，玉米为 6.24，大米为 5.95，小米为 5.83）；

100——消化液的总体积。

结果以重复性条件下获得的两次独立测定结果的算术平均值表示。在重复性条件下获得的两次独立测定结果的绝对差值不得超过算术平均值的 10%。

3. 小麦中脱氧雪腐镰刀菌烯醇（呕吐毒素）的测定

（1）原理　试样提取液中脱氧雪腐镰刀菌烯醇与检测条中胶体金微粒发生呈色反应，颜色深浅与试样中脱氧雪腐镰刀菌烯醇含量相关。用读数仪测定检测条的颜色深浅，根据颜色深浅和读数仪内置曲线自动计算出试样中脱氧雪腐镰刀菌烯醇的含量。

（2）试剂　除另有说明外，所用试剂均为分析纯，实验室用水应符合GB/T 6682—2008《分析实验室用水规格和试验方法》中三级水的要求。

①稀释缓冲液：由胶体金检测条配套提供，或按照其说明书配制。

②提取液：水或与胶体金检测条配套的提取液。

（3）仪器设备材料　实验室常规仪器、设备及材料。

①天平：感量 0.01g。

②粉碎机：可使试样粉碎后全部通过 20 目筛。

③离心机：转速不低于 4000r/min。

④涡旋振荡器。

⑤孵育器：可进行 45℃恒温（控温精度±1℃）孵育，具有时间调整功能。

⑥读数仪：可测定并显示胶体金定量检测条的测定结果。

⑦ROSA 脱氧雪腐镰刀菌烯醇胶体金快速定量检测条：需冷藏贮存，具体贮存条件参照使用说明。

⑧滤纸：采用 Whatman 2V（或等效）滤纸。

（4）样品制备

①扦样与分样：按照 GB/T 5491—1985《粮食、油料检验 扦样、分样法》执行。

②样品处理：取有代表性的样品 500g，用粉碎机粉碎至全部通过 20 目筛，混匀。准确称取 10.00g 试样于 200mL 具塞锥形瓶中，加入 50.0mL 试样提取液，密闭，用涡旋振荡器振荡 1～2min，静置后用滤纸过滤，或取 1.0～1.5mL 混合液于离心管中，用离心机（4000r/min）离心 1min。取滤液或离心后上清液 100μL 于另一离心管中，加入 1.0mL 稀释缓冲液，充分混匀待测。

注：不同厂家的脱氧雪腐镰刀菌烯醇胶体金快速定量检测条所用的样品处理方法可能不同，应按照产品使用说明的规定方法进行操作。

（5）样品测定　将胶体金检测条从冷藏状态（2～8℃）取出放置至室温并将孵育器预热至 45℃。将检测条平放在孵育器凹槽中，打开加样孔。准确移取 300μL 待测溶液，加入检测条加样孔中，关闭加样孔及孵育器盖。孵育5min 后，取出检测条观察 C 线（质控线）和丁线（检测线）显色情况。若出现下述情况，视为无效检测。

①C 线不出现；

②C 线出现但弥散或严重不均匀；

③C 线出现，但 T1 或 T2 线弥散或严重不均匀。

选择读数仪的脱氧雪腐镰刀菌烯醇检测频道并设定基质为"00"（MATRIX 00），开始样品测定，测定需在 2min 内完成，读数仪自动显示试样中脱氧雪腐镰刀菌烯醇的含量。若读数仪显示"+1500^{ppb}"，需移取 300μL 待测溶液于离心管中，加入 1.0mL 稀释缓冲液后混匀后测定，其中基质设定为 01（MATRIX 01）。

注：不同厂家孵育器和读数仪的使用方法可能有所不同，应按照产品使用说明的规定进行操作。

（6）结果表述　试样中脱氧雪腐镰刀菌烯醇含量由读数仪自动计算并显示，单位为微克每千克（μg/kg）。

（7）重复性　在同一实验室，由同一操作者使用相同仪器，按相同的测定方法，并在短时间内对同一被测试对象相互独立进行测试，获得的两次独立测试结果的绝对差值大于算术平均值 20% 的情况不超过 5%。

ROSA 胶体金快速定量检测条由美国 Charm 公司生产。提供此信息仅为了方便使用本标准，而不是对 ROSA 真菌毒素快速定量检测系统的认可，任何有相同技术参数和性能的产品均可使用。

二、小曲（酒药）的分析

（一）感官鉴定

1. 色泽

小曲剖面应呈一致的颜色（如传统绍兴酒药应为白色或淡黄色），如有其他杂色，皆非好曲。

2. 气味

具有小曲的清香味，不得带有霉酸味。

3. 菌丝

曲块应疏松，曲块中心应有足量的菌丝生长。

（二）原始酸度测定

1. 试剂

（1）0.1mol/L 氢氧化钠标准溶液　按 GB/T 601—2016《化学试剂　标准滴定溶液的制备》中的方法配制与标定。

（2）10g/L 酚酞指示剂　称取 1g 酚酞，用乙醇（95%）溶解并稀释至 100mL。

2. 测定

①称取经粉碎后过 40 目筛混匀的小曲 10g，放入烧杯中，加 100mL 水在 30℃恒温水浴锅中浸泡 1h（中间每隔 15min 搅拌 1 次），用滤纸或脱脂棉过滤。

②吸取滤液 20mL 于 150mL 三角瓶中，加 2 滴 10g/L 酚酞指示剂，用 0.1mol/L 氢氧化钠标准溶液滴至呈微红色，半分钟内不褪色为止。

3. 结果计算

原始酸度：以 100g 小曲消耗 1mol/L 氢氧化钠标准溶液的体积（mL）表示，见式（8-12）。

$$原始酸度 = c \times V \times \frac{100}{20} \times \frac{100}{10} \qquad (8-12)$$

式中　c——氢氧化钠标准溶液的浓度，mol/L；

　　　V——20mL 滤液消耗氢氧化钠标准溶液的体积，mL；

$\dfrac{100}{20}$——20 为测定时吸取滤液的体积，mL；100 为小曲总浸出液的体积，mL；

$\dfrac{100}{10}$——10g 小曲换算成 100g 小曲的倍数。

（三）发酵酸度测定

1. 试剂

同本章小曲原始酸度测定。

2. 测定

（1）扩大培养　称取 50g 大米于 500mL 三角瓶中，加水 50mL，浸渍 10h 后沥干，瓶口用棉塞塞紧并用油纸包裹，于常压下蒸料 40min（或 0.1MPa 灭菌 20min）。取出，稍冷，在无菌室中用玻璃棒搅散饭团。待冷却至 30℃时，小心撒入小曲粉末 0.25g，搅拌均匀，置于 30℃恒温培养箱中培养 26~30h。

（2）测定　首先观察瓶内生长状态和气味，如米饭黏成棉絮似的团状，一般为良曲；如米粒松散，则质量欠佳。

在扩大培养后的大米醅中加入 100mL 水，浸泡 1h（中间每隔 15min 搅拌 1 次），用滤纸或脱脂棉过滤。吸取滤液 25mL 于 250mL 三角瓶中，加入 10g/L 酚酞指示剂 2 滴，用 0.1mol/L 氢氧化钠标准溶液滴定至微红色，半分钟内不消失为止。

3. 结果计算

发酵酸度：100g 大米经小曲作用后生成的酸量，以 1mol/L 氢氧化钠溶液的体积（mL）表示，见式（8-13）。

$$发酵酸度 = c \times V \times \frac{100}{25} \times \frac{100}{50} \qquad (8-13)$$

式中　c——氢氧化钠标准溶液的浓度，mol/L；

　　　V——25mL 滤液消耗氢氧化钠标准溶液的体积，mL；

　　　$\frac{100}{25}$——25 为测定时吸取滤液的体积，mL；100 为小曲总浸出液的体积，mL；

　　　$\frac{100}{50}$——50g 大米换算成 100g 大米的倍数。

4. 注意事项

撒入小曲时勿使小曲粉黏在三角瓶壁上；灭菌后的饭粒易结成团状，必须用玻璃棒搅散，使饭粒间有空隙，让菌丝均匀繁殖。

（四）发酵力（淀粉利用率）测定

1. 试剂

碳酸钠（粉末）、10g/L 酚酞指示剂。

2. 测定方法

（1）扩大培养　方法同本节发酵酸度测定。在 30℃ 恒温培养箱中培养 26~30h 后，取出，加 100mL 无菌水，再继续培养至全部时间为 120h。

（2）测定　将三角瓶中的酒醅倒入 1000mL 圆底烧瓶中，用 100mL 水洗涤三角瓶，洗液并入圆底烧瓶中，加 2 滴 10g/L 酚酞指示剂，用碳酸钠粉末中和至微酸性后，连接好酒精蒸馏装置进行蒸馏。待 100mL 接收容量瓶中馏出液达 95mL 时停止蒸馏。加水定容至刻度，摇匀，测定酒精度。

3. 结果计算

先根据酒精度查出 100mL 中所含的纯酒精克数，再按式（8-14）计算发酵力。

$$发酵力（\%）= \frac{纯酒精（g）}{50 \times 大米淀粉含量（\%）\times 0.5678} \times 100 \qquad (8-14)$$

式中　50——大米重量，g；

　0.5678——1g 淀粉理论上产生纯酒精的量，g；

　　100——换算成百分率。

三、麦曲的分析

（一）感官鉴定

自然培养块曲：曲块坚韧而疏松，敲断曲块要求内部菌丝茂密且均匀，菌丝呈白色或黄绿色，无霉烂的黑心，曲香正常，无霉味和其他杂味。

纯种培养麦曲：菌丝精壮稠密，无明显的黄绿色，曲香明显，无酸味和其他霉臭味。

（二）水分的测定

同本章原料中水分的测定方法。

（三）原始酸度的测定

1. 试剂

同本章小曲原始酸度测定。

2. 测定方法

称取粉碎麦曲试样 10g（以绝干曲计），放入 500mL 烧杯中，加水 100mL，于 30℃ 水浴锅中浸泡 1h（每隔 15min 搅拌 1 次），用滤纸或脱脂棉过滤。吸取滤液 20mL 于 250mL 三角瓶中，加 2 滴 10g/L 酚酞指示剂，用 0.1mol/L 氢氧化钠标准溶液滴至呈微红色，半分钟不消失为终点。

3. 结果计算

原始酸度：以 100g 绝干曲消耗 1mol/L 氢氧化钠体积（mL）表示，见式（8-15）。

$$原始酸度 = c \times V \times \frac{100}{20} \times \frac{100}{10}$$

（8-15）

式中　c——氢氧化钠标准溶液的浓度，mol/L；

V——20mL 滤液消耗氢氧化钠标准溶液的体积，mL；

$\dfrac{100}{20}$——20 为测定时吸取滤液的体积，mL；100 为麦曲总浸出液的体积，mL；

$\dfrac{100}{10}$——10g 干麦曲换算成 100g 绝干麦曲的倍数。

（四）糖化力的测定

1. 原理

淀粉在一定操作条件下受糖化酶的作用，生成葡萄糖，然后测得葡萄糖的含量来计算糖化力的大小。

2. 试剂

（1）斐林溶液　见本章原料分析中粗淀粉的测定。

（2）10g/L 次甲基蓝指示剂　见本章原料分析中粗淀粉的测定。

（3）2.5g/L 葡萄糖标准溶液　见本章原料分析中粗淀粉的测定。

（4）0.1mol/L 氢氧化钠标准溶液　见本章小曲原始酸度测定。

（5）0.2mol/L 乙酸-乙酸钠缓冲溶液　pH 4.6。

①乙酸溶液：吸取冰乙酸溶液 11.8mL，加水定容至 1000mL。

②乙酸钠溶液：称取乙酸钠（$CH_3COONa \cdot 3H_2O$）27.2g，加水定容至 1000mL。

将乙酸溶液与乙酸钠溶液等体积混合即为 pH 4.6 的缓冲溶液。

（6）20g/L 可溶性淀粉溶液　称取 2.00g 经 100～105℃烘 2h 的可溶性淀粉，加 10mL 水调匀，然后加入 60mL 沸水，搅匀，煮沸至透明，冷却后用水定容至 100mL（此溶液需现配现用）。

（7）麦曲浸出液的制备　称取以绝干曲计的粉碎麦曲 5.0g，加水 90mL，加乙酸-乙酸钠缓冲溶液 10mL，搅拌均匀后于 30℃恒温水浴中浸泡 1h（每隔 15min 搅拌 1 次），用滤纸或脱脂棉过滤，取滤液备用。

3. 测定

（1）糖化液制备　吸取 25mL 20g/L 可溶性淀粉溶液于 50mL 容量瓶中，加乙酸-乙酸钠缓冲溶液 5mL，于 30℃恒温水浴中预热 10min，准确加入 5mL 麦曲浸出液，立即计时摇匀，于 30℃恒温水浴中糖化 1h 后，立即加入 15mL 0.1mol/L 氢氧化钠标准溶液终止反应。取出冷却至室温后用水定容至刻度，摇匀，得到糖化液。

同时做空白试验：吸取 25mL 20g/L 可溶性淀粉溶液于 50mL 容量瓶中，加乙酸-乙酸钠缓冲溶液 5mL，先加 15mL 0.1mol/L 氢氧化钠标准溶液，再加 5mL 麦曲浸出液，加水定容至刻度，摇匀。

（2）糖化液定糖　吸取斐林溶液甲、乙液各 5mL 于 250mL 三角瓶中，加水 30mL，准确加入 5mL 糖化液。用滴定管加入适量的 2.5g/L 葡萄糖标准溶液（使滴定时消耗葡萄糖标准溶液在 1mL 之内），摇匀后置于电炉上加热至沸，并保持 2min。加 2 滴 10g/L 次甲基蓝指示剂。继续用 2.5g/L 葡萄糖标准溶液滴定至蓝色消失，记录消耗的葡萄糖标准溶液体积为 V_1。

空白液测定：吸取 5mL 空白液替代 5mL 糖化液，其余操作同上，记录空白液测定时消耗的葡萄糖标准溶液体积为 V_0。

4. 结果计算

糖化力：1g 绝干麦曲在 30℃糖化 1h 所产生的葡萄糖的质量（mg），按式（8-16）计算。

$$糖化力 = \frac{(V_0 - V_1) \times 2.5}{5} \times \frac{50}{5} \times \frac{100}{5} \qquad (8-16)$$

式中　V_0——5mL 空白液消耗的葡萄糖标准溶液体积，mL；

$\quad\quad V_1$——5mL 糖化液消耗的葡萄糖标准溶液体积，mL；

$\quad$ 2.5——葡萄糖标准溶液的浓度，mg/mL；

$\quad\quad$ 5——绝干麦曲称取量，g；

$\dfrac{50}{5}$——5 为测定时糖化液的体积，mL；50 为总糖化液的体积，mL；

$\dfrac{100}{5}$——5 为测定时麦曲浸出液的体积，mL；100 为总麦曲浸出液的体积，mL。

5. 注意事项

①要严格控制糖化温度与时间，以免影响结果。

②空白试验用以消除糖化酶本身和可溶性淀粉中所含还原物质的影响。

③糖化酶活性与所用可溶性淀粉质量有关，故需注明淀粉品牌与厂名。

（五）液化力的测定（碘反应法）

1. 原理

α-淀粉酶（淀粉 1，4-糊精酶）能将淀粉水解产生大量糊精及少量麦芽糖和葡萄糖，使淀粉浓度下降，黏度降低。由于碘液对不同分子质量的糊精呈不同颜色，因此在水解过程中，对碘液的呈色反应为蓝色→紫色→红色→无色。常以蓝色消失所需时间来衡量液化力的大小。

2. 试剂

（1）20g/L 可溶性淀粉　见本章糖化力测定。

（2）原碘液　称取 2.2g 碘与 4.4g 碘化钾，加少量水溶解后，加水定容至 100mL，贮于棕色试剂瓶中避光保存。

稀碘液　吸取原碘液 0.4mL，添加碘化钾 4g，加水定容至 100mL，贮于棕色试剂瓶中避光保存。

（3）标准终点色溶液

甲液：准确称取 40.2439g 氯化钴（$CoCl_2 \cdot 6H_2O$）、0.4873g 重铬酸钾（$K_2Cr_2O_7$）溶于水中，加水定容至 500mL。

乙液：准确称取 40mg 铬黑 T（$C_{20}H_{12}N_{13}NaO_7S$）溶于水中，加水定容至 100mL。

使用时吸取甲液 40mL 与乙液 5mL 混合。此混合液宜冰箱保存，使用 7d 后需重新配制。

（4）麦曲浸出液的制备　见本章糖化力测定。

3. 测定

（1）取 2 滴标准终点色溶液于白瓷板空穴内，作为比较颜色的标准。

（2）准确吸取 20g/L 可溶性淀粉溶液 10mL 及水 35mL 于大试管（25 mm×200mm）中，置于 30℃ 恒温水浴中保温 10min。

（3）准确吸取酶液 5mL 于上述保温淀粉溶液中，立即计时，摇匀。以后定时取出液化液 1 滴于预先充满稀碘液 1 滴的白瓷板空穴内。颜色由紫色逐渐变为红棕色，当与标准终点色相同时，即为反应终点，记录所需时间（min）。

4. 结果计算

液化力：以 1g 绝干曲在 30℃下作用 1h 能液化淀粉的质量（g）表示，见式（8-17）。

$$液化力 = \frac{60}{t} \times \frac{0.2}{0.25}$$

（8-17）

式中　t——加酶液后至遇碘呈标准终点色所需的时间，min；

　　　60——换算成 1h 作用时间；

　　　0.2——10mL 20g/L 可溶性淀粉溶液相当于 0.2g 淀粉；

0.25——5mL 麦曲浸出液相当于 0.25g 绝干曲。

5. 注意事项

（1）麦曲中液化酶与糖化酶同时存在，碘反应时间随糖化酶含量增加而缩短，故结果有一定的误差。但由于此法简便、迅速，常被广大酿酒企业采用。

（2）液化酶活性与所用可溶性淀粉质量有关，故需注明淀粉品牌与厂名。

（六）蛋白质分解力（蛋白酶活性）测定

1. 原理

福林-酚试剂在碱性条件下可被酚类化合物还原呈蓝色（钼蓝和钨蓝混合物）。蛋白酶能将酪蛋白水解成含酚基的酪氨酸，酪氨酸在碱性条件下将福林-酚试剂还原成蓝色化合物，用比色法测定。

2. 试剂

除另有说明，所有试剂均为分析纯。

（1）福林-酚试剂　取钨酸钠（$NaWO_4 \cdot 2H_2O$）50g、钼酸钠（$NaMoO_4 \cdot 2H_2O$）12.5g 与水 350mL 于 1000mL 磨口圆底烧瓶中，溶解后加入 85%磷酸 25mL 及浓盐酸 50mL，装上磨口回流冷凝管，以小火沸腾回流 10h，结束后再加入 50g 的硫酸锂（Li_2SO_4）、25mL 水及数滴浓溴水（99%）。摇匀后开口继续沸腾 15min，以驱除过量的溴（在通风柜中进行），冷却后滤液呈金黄色（如仍带绿色，于冷却后再滴加溴水数滴，再煮沸除溴），加水定容至 500mL，混匀，过滤，滤液置于棕色试剂瓶中，贮于冰箱中可长期保存备用。

福林-酚试剂稀释液：取 1 份福林-酚试剂与 2 份蒸馏水混匀。

（2）0.4mol/L 碳酸钠溶液　称取无水碳酸钠（Na_2CO_3）42.4g，用水溶解，加水定容至 1000mL。

（3）0.4mol/L 三氯醋酸溶液　称取 65.4g 三氯醋酸，用水溶解，加水定容至 1000mL。

（4）0.05mol/L 乳酸-乳酸钠缓冲溶液　pH 3。

①乳酸溶液：称取 10.6g 乳酸（80%~90%），加水溶解并定容至 1000mL。

②乳酸钠溶液：称取 16.0g 乳酸钠（70%~80%），加水溶解并定容至 1000mL。

取乳酸溶液 8mL 与乳酸钠溶液 1mL，混匀后用水稀释 1 倍，即成 pH 3 的缓冲溶液。

（5）20g/L 酪素溶液　称取酪素 2.000g，用几滴乳酸湿润，加入适量的乳酸-乳酸钠缓冲溶液，在沸水浴中使之完全溶解，冷却后移入 100mL 容量瓶中，用乳酸-乳酸钠缓冲溶液定容至刻度。

（6）酶液制备　称取 10.0g 绝干曲试样，加乳酸-乳酸钠缓冲溶液 100mL，30℃恒温浸出 1h（每隔 15min 搅拌 1 次），用滤纸或脱脂棉过滤。

（7）0.2mol/L 盐酸溶液　量取 1.7mL 浓盐酸（相对密度 1.19），用水稀释至 100mL。

（8）1mol/L 盐酸溶液　量取 8.4mL 浓盐酸（相对密度 1.19），用水稀释至 100mL。

（9）酪氨酸标准溶液（100μg/mL）　精确称取经 105℃烘 2~3h 的 L-酪氨酸 0.1g，逐步加 1mol/L 盐酸 6mL，使其溶解，用 0.2mol/L 盐酸溶液定容至 100mL。吸取此溶液 10mL，用 0.2mol/L 盐酸溶液定容至 100mL，即成 100μg/mL 酪氨酸标准溶液。

3. 仪器

72 型分光光度计。

4. 测定方法

（1）标准曲线绘制　取 7 支试管，按表 8-1 稀释酪氨酸标准溶液。

表 8-1　　　　　　　　　　　稀释酪氨酸标准溶液

编　号	0	1	2	3	4	5	6
100μg/mL 酪氨酸溶液/mL	0	1	2	3	4	5	6
水/mL	10	9	8	7	6	5	4
酪氨酸溶液浓度/（μg/mL）	0	10	20	30	40	50	60

从上述各试管中吸取 1mL 于另 7 支试管中，分别准确加入 5mL 0.4mol/L 碳酸钠溶液、1mL 福林-酚试剂稀释液，于 40℃恒温水浴中显色 20min，在 680nm 波长下测定各试管中酪氨酸溶液的吸光度。

以吸光度为纵坐标，酪氨酸浓度为横坐标，绘制标准曲线，求出斜率 K，即标准曲线中吸光度为 1 时相当的酪氨酸的量（μg/mL）。

（2）试样测定

①吸取 5mL 酶液，用水稀释（2~5 倍）成酶稀释液。

②分别吸取 1mL 酶稀释液于 3 支编号试管中，放入 40℃恒温水浴中预热 3~5min，然后严格按表 8-2 顺序加入试剂。加入三氯醋酸溶液后，立即摇匀，以停止酶的作用。

表 8-2 溶液加入顺序

编号 / 试剂	空白	试样	
	0	1	2
0.4mol/L 三氯醋酸/mL	2	0	0
20g/L 酪素溶液/mL	1	1	1
40℃恒温水解 10min			
0.4mol/L 三氯醋酸/mL	0	2	2

③分别吸取 1mL 滤液于另 3 支试管中，各管准确加入 0.4mol/L 碳酸钠溶液 5mL 及 1mL 福林-酚试剂稀释液，摇匀，于 40℃恒温水浴中显色 20min，在 680nm 波长下，以 0 号管为空白，测定吸光度，取其平均值。

5. 结果计算

蛋白质分解力：1g 绝干曲在 40℃每分钟分解酪蛋白为酪氨酸的质量（μg），按式（8-18）进行计算。

$$蛋白质分解力 = \frac{K \times OD \times 100 \times 4 \times n}{10 \times 10} \tag{8-18}$$

式中　K——标准曲线中吸光度为 1 所相当的酪氨酸的量，μg/mL；

　　　OD——试样管的平均吸光度；

　　　100——麦曲总浸出液的体积，mL；

　　　　4——酶水解时总体积，mL；

　　　10——绝干麦曲称取量，g；

　　　10——酶水解时间，min；

　　　n——酶液稀释倍数。

6. 说明

（1）黄酒麦曲酶系中吸收高峰为 pH 3 及 pH 6 左右。如考虑到酿酒 pH 条件，可采用 pH 3。也可根据具体情况选定合适 pH，但在测定结果中必须注明。

（2）测定时，水解温度、时间、吸取量都需准确，以减小误差。

（3）配制酪素定容时，泡沫过多，可滴加几滴酒精消泡。酪素溶液应保存于4℃冰箱中。发现变质，应重新配制。

（4）需注明酪素的品牌、厂名。

第二节 黄酒半成品的分析

一、米饭的分析

（一）水分测定

1. 原理

试样中水分超过16%时，一是粉碎困难，二是粉碎时水分损失较多，因此常将试样先在60℃恒温干燥箱内干燥至含水分在16%之下，测出水分称为前水分。再将试样进行粉碎，在100~105℃恒温干燥箱中烘至恒重，测出水分称为后水分。由前水分及后水分计算出总水分。

2. 测定方法

（1）前水分 称取试样10g于60℃恒温干燥箱内烘3~4h，使其干燥至含水分16%以下，测出前水分（%）。

（2）后水分 将测定前水分后的试样，进行粉碎，在100~105℃恒温干燥箱中烘至恒重，测出后水分（%）。

3. 计算

米饭中总水分的测定见式（8-19）。

$$\text{米饭总水分（%）} = \text{前水分} + \text{后水分} \times \frac{100 - \text{前水分}}{100} \tag{8-19}$$

（二）出饭率及吸水率测定

出饭率及吸水率在传统工艺中可用称重法测定。在机械化连续生产中可用千粒重法测定。

1. 称重法

（1）测定方法 称取白米重 m，蒸煮成饭后称重为 m_1。

（2）结果计算 见式（8-20）和式（8-21）。

$$\text{出饭率（%）} = \frac{m_1}{m} \times 100 \tag{8-20}$$

$$\text{吸水率（%）} = \left(\frac{m_1}{m} - 1\right) \times 100 \tag{8-21}$$

2. 千粒重法

（1）测定方法 白米千粒重：称取白米 m（约20g），分出整粒米数 a 和碎米数 b，分别称出整粒米重 A 及碎米重 B，碎米系数 K 与白米千粒重计算见式（8-22）和式（8-23）。

$$碎米系数\ K=\dfrac{\dfrac{B}{b}}{\dfrac{A}{a}} \tag{8-22}$$

$$白米千粒重=\dfrac{m\times1000}{b\times K+a}=\dfrac{m\times1000}{\left(\dfrac{B}{A}+1\right)\times a} \tag{8-23}$$

蒸饭千粒重：抽取蒸饭约 28g 放入称量瓶中，并迅速盖闭，称其质量为 m_1（准确至 0.01g），数出其中整粒饭的数值 a_2，称出其质量 A_2，碎饭重量为 B_2。由于操作过程中米饭水分的蒸发，因此要折算成初始质量 A_1 和 B_1，使 $A_1+B_1=m_1$，相关计算见式（8-24）～式（8-26）。

$$初始整粒饭重 A_1=\dfrac{A_2}{A_2+B_2}\times m_1 \tag{8-24}$$

$$初始碎饭粒重 B_1=\dfrac{B_2}{A_2+B_2}\times m_1 \tag{8-25}$$

$$蒸饭千粒重=\dfrac{m\times1000}{\left(\dfrac{B_1}{A_1}+1\right)\times a_2} \tag{8-26}$$

（2）结果计算见式（8-27）和式（8-28）。

$$蒸饭出饭率（\%）=\dfrac{蒸饭千粒重}{白米千粒重}\times100 \tag{8-27}$$

$$蒸饭吸水率（\%）=\left(\dfrac{蒸饭千粒重}{白米千粒重}-1\right)\times100 \tag{8-28}$$

（3）说明 一个批量的整粒米与碎粒米的碎米系数 K 是一个常数，只需标出一个 K 值即可。

（三）生心率的测定

1. 试剂

（1）10g/L 次甲基蓝溶液 见本章原料分析中粗淀粉的测定（即 10g/L 次甲基蓝指示剂）。

（2）10g/L 溴甲酚蓝指示剂 称取 1g 溴甲酚蓝溶于 100mL 20%乙醇中。

2. 测定

①将欲测定的米饭放在培养皿中，加入 10g/L 次甲基蓝溶液（或 10g/L 溴甲酚蓝指示剂），使米饭浸没。

②1min 后倒去次甲基蓝或溴甲酚蓝溶液，将每粒米饭用刀切成两段，看其中心染色情况，在未糊化处不能染上颜色。

3. 结果计算

计算 100 粒米饭中其内心未染色的百分数即为生心率。

二、发酵醪的测定

（一）显微镜检查

1. 酵母细胞数测定

（1）仪器设备

①显微镜。

②血球计数板：血球计数板是一块特制玻片，中间为一个大格称计数室，长和宽各为 1mm，深度为 0.1mm，其体积为 $0.1mm^3$。大格中共刻有 400 个小方格，其结构如图 8-2 所示。

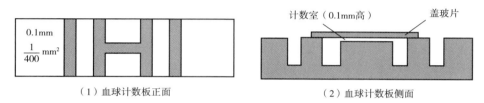

（1）血球计数板正面　　　　　　（2）血球计数板侧面

图 8-2　血球计数板结构图

血球计数板常用的规格有两种，一种为 16 中格×25 小格（称为汤麦式，图 8-3）；另一种是 25 中格×16 小格（称为希列格式，图 8-4）。两者都是 400 个小格。

图 8-3　汤麦式血球计数板

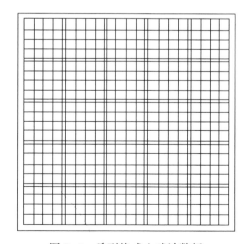

图 8-4　希列格式血球计数板

（2）测定

①将所取醪液通过双层纱布过滤（酿缸不过滤），然后进行适当稀释（一般酿缸样品稀释 10 倍，前后酵样品稀释 100 倍，以每一小格含 4~5 个酵母为宜），摇匀。

②将血球计数板用擦镜纸擦净，在中央的计数室上加一专用的厚盖玻片。

③将稀释后的发酵醪液用吸管取 1 滴置于盖玻片的边缘，醪液自行渗入，多余的醪液用吸水纸吸去，稍待片刻，当酵母细胞全部沉降到计数板表面时，置于显微镜下观察。

（3）计数　在 16×25 规格的计数板上，数左上、右上、左下、右下四个中格（即共 100 个小格）酵母。

在 25×16 规格的计数板上，除上述四个中格外，还需加数中央的一个中格。

每个样品应重复计数 3 次，取其平均值。

计数公式：

16×25 的计数板见式（8-29）。

$$\text{酵母细胞数（个/mL）} = \frac{100 \text{ 个小格内酵母细胞数}}{100} \times 400 \times 10000 \times \text{稀释倍数} \quad (8-29)$$

25×16 的计数板见式（8-30）。

$$\text{酵母细胞数（个/mL）} = \frac{80 \text{ 个小格内酵母细胞数}}{80} \times 400 \times 10000 \times \text{稀释倍数} \quad (8-30)$$

（4）说明

①位于中格线上的酵母，一般只计数上方及右方线上的细胞。

②凡酵母的芽孢，其大小达酵母一半时，即按两个细胞计。

③稀释时，常加入少量的稀硫酸（1:9），用来防止醪液发生气泡，抑制酵母繁殖，并使酵母分散均匀。

2. 酵母出芽率测定

酵母出芽率按式（8-31）计算。

$$\text{酵母出芽率（\%）} = \frac{\text{出芽酵母细胞数}}{\text{总酵母细胞数}} \times 100 \quad (8-31)$$

计数时，凡芽孢小于细胞的一半，而尚未脱离者计入出芽酵母细胞数，其计数方法同酵母细胞数测定。也可以测定酵母细胞数的同时测定出芽率。

3. 酵母死亡率测定

取干净的玻璃棒蘸 1 滴未经稀释的醪液于载玻片上，滴加 1 滴 1g/L 的次甲基蓝染色剂（0.1g 次甲基蓝溶于 100mL 水中），混合均匀，染色 3~5min，盖上盖玻片，用滤纸吸去多余水分，在显微镜下观察，染成蓝色者为死细胞，在 2~3 个视野中，计算酵母总数及染色酵母数，酵母死亡率按式（8-32）

计算。

$$酵母死亡率（\%）=\frac{染色酵母数}{酵母总数}\times100 \tag{8-32}$$

（二）化学分析

发酵醪理化指标主要监测酒精度、还原糖、总酸三项指标。检测前样品应进行预处理。检测酒精度、还原糖时，发酵醪用双层纱布过滤即可；检测总酸时，样品经双层纱布过滤后，需再进行离心处理。

1. 酒精度的测定

酒精度的测定方法可参照成品黄酒的测定。样品量可用 100mL，收集馏出液约 95mL，定容至 100mL，用分度值为 0.2%vol 的酒精计测定。蒸馏时需加菜籽油或消泡剂，以防溢出。

2. 还原糖的测定

还原糖的测定方法参照成品黄酒总糖的测定，样品根据含糖量高低进行适当稀释。

3. 总酸的测定

（1）试剂　同本章小曲原始酸度测定。

（2）试样的测定　吸取经离心后的上层清液 5mL 于 150mL 三角瓶中，加 50mL 蒸馏水，滴入 2~3 滴 10g/L 酚酞指示剂，用 0.1mol/L 氢氧化钠标准溶液滴至溶液呈微红色，半分钟内不褪色为终点。记录消耗 0.1mol/L 氢氧化钠标准溶液的体积（V），同时做空白试验。

（3）计算　试样中总酸含量按式（8-33）计算：

$$X=\frac{(V-V_0)\times c\times90}{5} \tag{8-33}$$

式中　X——试样中总酸的含量，g/L；

$\quad\quad V$——测定试样时，消耗 0.1mol/L 氢氧化钠标准滴定溶液的体积，mL；

$\quad\quad V_0$——空白试验时，消耗 0.1mol/L 氢氧化钠标准滴定溶液的体积，mL；

$\quad\quad c$——氢氧化钠标准滴定溶液的浓度，mol/L；

$\quad\quad 90$——乳酸的摩尔质量的数值，g/mol；

$\quad\quad 5$——吸取试样的体积，mL。

传统工艺黄酒发酵醪的检测频率为 2d、7d、14d、30d、榨前；新工艺黄酒发酵醪的检测频率为 2d、4d、14d、榨前。具体检测频率、监控指标等内容，各黄酒酿造企业因酿造原料、工艺等不同而略有差异。

第三节　成品黄酒的分析检测

根据 GB/T 13662—2018《黄酒》及 GB/T 17946—2008《地理标志产品绍兴酒（绍兴黄酒）》国家标准的规定，黄酒产品的出厂检验项目包括理化指标中的总糖、非糖固形物、酒精度、总酸、氨基酸态氮、pH、挥发酯（仅限于执行 GB/T 17946—2008 标准中的加饭酒、花雕酒）。同时在 GB/T 13662—2018《黄酒》国家标准理化指标中去掉了 β-苯乙醇，增加了黄酒发酵、贮存过程中自然产生的苯甲酸本底值，卫生指标中的菌落总数已不作要求，但各企业仍将其作为内部控制指标。

一、理化指标的测定

（一）总糖的测定

1. 第一法——廉-爱农法

廉-爱农法（Lane Evnon method），适用于甜酒和半甜酒。

（1）原理　斐林溶液与还原糖共沸，生成氧化亚铜沉淀。以次甲基蓝为指示液，用试样水解液滴定沸腾状态的斐林溶液。达到终点时，稍微过量的还原糖将次甲基蓝还原成无色，依据试样水解液的消耗体积，计算总糖含量。

（2）试剂

①斐林甲液：见本章原料分析中粗淀粉的测定。

②斐林乙液：见本章原料分析中粗淀粉的测定。

③葡萄糖标准溶液（2.5g/L）：见本章原料分析中粗淀粉的测定。

④次甲基蓝指示液（10g/L）：见本章原料分析中粗淀粉的测定。

⑤盐酸溶液（6mol/L）：见本章原料分析中粗淀粉的测定。

⑥甲基红指示液（1g/L）：称取甲基红 0.10g，溶于乙醇并稀释至 100mL。

⑦氢氧化钠溶液（200g/L）：见本章原料分析中粗淀粉的测定。

（3）仪器

①分析天平：感量 0.0001g。

②分析天平：感量 0.01g。

③电炉：300~500W。

（4）分析步骤

①标定斐林溶液的预滴定：见本章原料分析中粗淀粉的测定。

②斐林溶液的标定：见本章原料分析中粗淀粉的测定。

斐林甲、乙液各 5mL 相当于葡萄糖的质量按式（8-34）计算：

$$m_1 = \frac{m \times V_1}{1000} \tag{8-34}$$

式中 m_1——斐林甲、乙液各 5mL 相当于葡萄糖的质量，g；

m ——称取葡萄糖的质量，g；

V_1——正式标定时，消耗葡萄糖标准溶液的总体积，mL。

③试样的测定：吸取试样 2~10mL（控制水解液总糖量为 1~2g/L）于 500mL 容量瓶中，加水 50mL 和 6mol/L 盐酸溶液 5mL，在 68~70℃ 水浴中加热 15min。冷却后，加入甲基红指示液两滴，用 200g/L 氢氧化钠溶液中和至红色消失（近似于中性）。加水定容，摇匀，用滤纸过滤后备用。

测定时，以试样水解液代替葡萄糖标准溶液，操作步骤同斐林溶液的标定。

（5）结果计算 试样中总糖含量按式（8-35）计算。

$$X = \frac{500 \times m_1}{V_2 \times V_3} \times 1000 \tag{8-35}$$

式中 X——试样中总糖的含量，g/L；

m_1——斐林甲、乙液各 5mL 相当于葡萄糖的质量，g；

V_2——滴定时消耗试样稀释液的体积，mL；

V_3——吸取试样的体积，mL。

所得结果表示至一位小数。

（6）精密度 在重复性条件下获得的两次独立测定结果的绝对差值不得超过算术平均值的 5%。

2. 第二法——亚铁氰化钾滴定法

亚铁氰化钾滴定法，适用于干黄酒和半干黄酒。

（1）原理 斐林溶液与还原糖共沸，在碱性溶液中将铜离子还原成亚铜离子，并与溶液中的亚铁氰化钾络合而呈黄色。以次甲基蓝为指示剂，达到终点时，稍微过量的还原糖将次甲基蓝还原成无色。依据试样水解液的消耗体积，计算总含糖量。

（2）试剂

①甲溶液：称取硫酸铜（$CuSO_4 \cdot 5H_2O$）15.0g 及次甲基蓝 0.05g，加水溶解并定容至 1000mL，摇匀备用。

②乙溶液：称取酒石酸钾钠 50g、氢氧化钠 54g、亚铁氰化钾 4g，加水溶解并定容至 1000mL，摇匀备用。

③葡萄糖标准溶液（1g/L）：称取经 103~105℃ 烘干至恒重的无水葡萄糖 1g（精确至 0.0001g），加水溶解，并加浓盐酸 5mL，用水定容至 1000mL，摇匀备用。

（3）仪器　同第一法。

（4）分析步骤

①空白试验：准确吸取甲、乙溶液各 5mL 于 100mL 锥形瓶中，加入 1g/L 葡萄糖标准溶液 9mL，混匀后置于电炉上加热，在 2min 内沸腾，然后以 4~5s 一滴的速度继续滴入葡萄糖标准溶液，直至蓝色消失立即呈现黄色为终点，记录消耗葡萄糖标准溶液的总量（V_0）。

②试样的测定

a. 吸取试样 2~10mL（控制水解液含糖量在 1~2g/L）于 100mL 容量瓶中，加水 30mL 和 6mol/L 盐酸溶液 5mL，在 68~70℃ 水浴中加热水解 15min。冷却后，加入甲基红指示液两滴，用 200g/L 氢氧化钠溶液中和至红色消失（近似于中性），加水定容至 100mL，摇匀，用滤纸过滤后，作为试样水解液备用。

b. 预滴定。准确吸取甲、乙溶液各 5mL 及试样水解液 5mL 于 100mL 锥形瓶中，摇匀后置于电炉上加热至沸腾，用 1g/L 葡萄糖标准溶液滴定至终点，记录消耗葡萄糖标准溶液的体积。

c. 滴定。准确吸取甲、乙溶液各 5mL 及试样水解液 5mL 于 100mL 锥形瓶中，加入比预滴定少 1.00mL 的 1g/L 葡萄糖标准溶液，摇匀后置于电炉上加热至沸腾，继续用葡萄糖标准溶液滴定至终点。记录消耗葡萄糖标准溶液的体积（V）。接近终点时，滴入的葡萄糖标准溶液的用量应控制在 0.5~1.0mL。

（5）结果计算　试样中总糖含量按式（8-36）计算。

$$X = \frac{(V_0 - V) \times c \times n}{5} \times 1000 \tag{8-36}$$

式中　X——试样中总糖的含量，g/L；

V_0——空白试验时，消耗葡萄糖标准溶液的体积，mL；

V——试样测定时，消耗葡萄糖标准溶液的体积，mL；

c——葡萄糖标准溶液的浓度，g/mL；

n——试样的稀释倍数。

所得结果表示至一位小数。

（6）精密度　在重复性条件下获得的两次独立测定结果的绝对差值不得超过算术平均值的 5%。

3. 第三法—斐林试剂-间接碘量电位滴定法

（1）原理　用中性乙酸铅将试样澄清处理，斐林溶液与还原糖共沸，在碱性溶液中将铜离子还原成亚铜离子，亚铜离子可将 I⁻ 还原为 I_2，用氧化还原电极测出氧化还原反应中电动势的变化，电动势变化斜率最大时为反应终点，根据硫代硫酸钠溶液的使用量计算试样中总糖的含量。

（2）试剂和溶剂

①斐林甲液：同第一法。

②斐林乙液：同第一法。

③葡萄糖标准溶液（2.5g/L）：同第一法。

④硫代硫酸钠溶液（0.1mol/L）：按照 GB/T 601—2016《化学试剂　标准滴定溶液的制备》配制，也可使用商品化的产品。

⑤盐酸溶液（6mol/L）：同第一法。

⑥甲基红指标液（1g/L）：同第一法。

⑦硫酸溶液（1+5）：按 1∶5（体积比）的比例用水稀释浓硫酸。

⑧氢氧化钠溶液（500g/L）：称取氢氧化钠 50g，用水溶解并定容至 100mL。

⑨碘化钾溶液（200g/L）：称取碘化钾 20g，用水溶解并定容至 100mL。

⑩中性乙酸铅（近饱和）溶液（500g/L）：称取中性乙酸铅［Pb(CH$_3$COO)$_2$·3H$_2$O］250g，加沸水至 500mL，搅拌至全部溶解。

⑪磷酸氢二钠溶液（70g/L）：称取 70g 磷酸氢二钠，用水溶解并定容至 1000mL。

（3）仪器

①电位滴定仪：配加液器、磁力搅拌器。

②复合铂电极。

③电子恒温水浴锅。

④电炉：300~500W。

（4）分析步骤

①葡萄糖标准溶液的滴定：准确吸取 10mL 葡萄糖标准溶液、斐林甲液和斐林乙液各 5mL 于 150mL 烧杯中，加入 20mL 水，煮沸 2min，冷却后加入 10mL 碘化钾溶液、5mL 硫酸溶液摇匀，在合适的搅拌转速下用硫代硫酸钠溶液进行电位滴定，电动势变化斜率最大时为反应终点，记录硫代硫酸钠溶液的消耗体积 V。

②试样制备：准确吸取一定量的试样（控制水解液含糖量在 1~5g/L）于 100mL 容量瓶中，加水至 50mL，混匀后加入 2mL 中性乙酸铅溶液摇匀，静置 5min 后加入 3mL 磷酸氢二钠溶液摇匀，用水定容至 100mL，放置至试样澄清。准确吸取 10mL 试样上清液于 150mL 烧杯中，加入 5mL 盐酸和 5mL 水，于（68±1）℃水浴 15min，冷却后，用氢氧化钠溶液调至 pH 为 6~8。

③试样滴定：准确吸取斐林甲液和斐林乙液各 5mL 于制备的试样中，煮沸 2min，冷却后加入 10mL 碘化钾溶液、5mL 硫酸溶液摇匀，在合适的搅拌转速下用硫代硫酸钠溶液进行电位滴定，电动势变化斜率最大时为反应终点，记

录硫代硫酸钠溶液的消耗体积 V_1。

④空白试验：准确吸取斐林甲液和斐林乙液各 5mL 于 150mL 烧杯中，加 30mL 水，煮沸 2min，冷却后加入 10mL 碘化钾溶液、5mL 硫酸溶液摇匀，在合适的搅拌转速下用硫代硫酸钠溶液进行电位滴定，电动势变化斜率最大时为反应终点，记录硫代硫酸钠溶液的消耗体积 V_0。

（5）结果计算　试样中总糖按式（8-37）计算。

$$X = \frac{V_0 - V_1}{V_0 - V} \times c \times n \qquad (8-37)$$

式中　X——试样中总糖含量，g/L；

　　　V——葡萄糖标准溶液滴定时，消耗硫代硫酸钠溶液的体积，mL；

　　　V_1——测定试样时，消耗硫代硫酸钠溶液的体积，mL；

　　　V_0——空白试验时，消耗硫代硫酸钠溶液的体积，mL；

　　　c——葡萄糖标准溶液的浓度，g/L；

　　　n——样品稀释倍数。

（6）精密度　在重复性条件下获得的两次独立测定结果的绝对差值不得超过算术平均值的 5%。

（二）非糖固形物的测定

1. 第一法——重量法（仲裁法）

（1）原理　试样经 100~105℃ 加热，其中的水分、乙醇等可挥发性物质被蒸发，剩余的残留物即为总固形物。总固形物减去总糖即为非糖固形物。

（2）仪器

①天平：感量 0.0001g。

②电热干燥箱：温控±1℃。

③干燥器：内装有效干燥剂。

（3）分析步骤　吸取试样 5mL（干、半干黄酒直接取样，半甜黄酒稀释 1~2 倍后取样，甜黄酒稀释 2~6 倍后取样）于已知干燥至恒重的蒸发皿（或直径为 50mm、高 30mm 称量瓶）中，放入（103±2）℃电热干燥箱中烘干 4h，取出称量。

（4）结果计算　试样中总固形物含量按式（8-38）计算。

$$X_1 = \frac{(m_1 - m_2) \times n}{V} \times 1000 \qquad (8-38)$$

式中　X_1——试样中总固形物的含量，g/L；

　　　m_1——蒸发皿（或称量瓶）和试样烘干至恒重的质量，g；

　　　m_2——蒸发皿（或称量瓶）烘干至恒重的质量，g；

　　　n——试样稀释倍数；

V——吸取试样的体积，mL。

试样中非糖固形物含量按式（8-39）计算。

$$X = X_1 - X_2 \tag{8-39}$$

式中　X——试样中非糖固形物的含量，g/L；

X_1——试样中总固形物的含量，g/L；

X_2——试样中总糖含量，g/L。

所得结果表示至一位小数。

（5）精密度　在重复性条件下获得的两次独立测定结果的绝对差值不得超过算术平均值的5%。

2. 第二法——仪器法

（1）原理　利用仪器测定试样脱醇馏出液密度和试样的原始密度，仪器自动换算总固形物的含量，总固形物含量减去总糖的含量，即得非糖固形物的含量。

（2）试剂

①消泡剂。

②氧化钙。

③氧化钙溶液（12%）：称取12.00g氧化钙于烧杯中，加水至100g，混匀呈乳浊液。

（3）仪器

①快速蒸馏器。

②全自动天平密度仪（或其他同等功能仪器）：精度0.00005kg/L，测量范围0.5~2.25kg/L。

③恒温水浴锅：温控±0.2℃。

④容量瓶：100mL。

（4）分析步骤

①样品蒸馏：使用100mL容量瓶取试样100mL（液温20℃），全部移入快速蒸馏器的蒸馏瓶中，用100mL水分3次洗涤容量瓶，洗液并入蒸馏瓶中，在蒸馏瓶中依次加入约1mL氧化钙溶液（12%）。选择酒精蒸馏模式，将快速蒸馏器的馏出液质量设置为85g，开启冷却水（冷却水温度宜低于15℃），启动仪器，用原100mL容量瓶接收馏出液。蒸馏结束后，待馏出液恢复至20℃，使用20℃的水将馏出液定容至刻度，摇匀，待测。

②样品测定：将校正后的全自动天平密度仪调至固形物测定模式，将试样（液温20℃）注入全自动天平密度仪测定其密度ρ_s；用蒸馏水将仪器冲洗干净后注入该试样蒸馏定容后的待测液测定其密度ρ_e，之后仪器自动换算并显示试样中总固形物，待计数稳定后记录测定值。

（5）结果表达　根据仪器测定的试样总固形物含量，减去试样总糖含量，即为试样中非糖固形物含量。

（6）精密度　在重复性条件下获得的两次独立测定结果的绝对差值不得超过算术平均值的 5%。

（三）酒精度的测定

1. 第一法——酒精计法

（1）原理　以蒸馏法去除样品中不挥发性物质，用酒精计测得酒精体积分数示值，用温度计测得蒸馏液温度，按酒精计温度、酒精度换算表进行温度校正，求得在 20℃ 时乙醇含量的体积分数，即为酒精度。

（2）仪器

①电炉：500~800W。

②全玻蒸馏器：500mL。

③酒精计：标准温度 20℃，分度值为 0.1%vol。

④水银温度计：50℃，分度值为 0.1℃。

⑤容量瓶：200mL。

（3）分析步骤　用一洁净、干燥的 200mL 容量瓶，准确量取 200mL（具体取样量应按酒精计的要求增减）样品（液温 20℃）于 500mL 或 1000mL 蒸馏瓶中。用 100mL 水分三次冲洗容量瓶，洗液并入蒸馏瓶中，加几颗沸石（或玻璃珠），连接蛇形冷凝管，以取样用的原容量瓶作接收器（外加冰浴），开启冷却水（冷却水温度宜低于 15℃），缓慢加热蒸馏，收集馏出液。当接近刻度时，取下容量瓶，盖塞，于 20℃ 水浴中保温 30min，再补加水至刻度，混匀，倒入 200mL 量筒中，静置数分钟，待酒中气泡消失后，放入洁净、擦干的酒精计，再轻轻按一下，不应接触量筒壁，同时插入温度计，平衡约 5min，水平观测，读取与弯月面相切处的刻度示值，同时记录温度。按测得的实际温度和酒精度标示值查换算表，换算成 20℃ 时的酒精度。

（4）计算　所得结果表示至一位小数。

（5）精密度　在重复性条件下获得的两次独立测定结果的绝对差值不得超过算术平均值的 5%。

2. 第二法——振荡密度计法

（1）原理　试样经过蒸馏，用振荡密度计测定馏出液中酒精的含量。

（2）仪器

①电炉：500~800W。

②冷凝管：玻璃，直形。

③振荡密度计：0.0001g/cm³。

④烧杯：100mL。

⑤5mL 注射器。

（3）分析步骤 蒸馏、定容过程同第一法。馏出液倒入 100mL 烧杯中，用 5mL 注射器吸取一定量的馏出液注入振荡密度计中读取 20℃时相对密度，根据密度查换算表，换算成 20℃时的酒精度（大部分振荡密度计均内置了密度、酒精度换算表，检测时可直接读出酒精度）。

（4）计算 所得结果表示至一位小数。

（5）精密度 在重复性条件下获得的两次独立测定结果的绝对差值不得超过算术平均值的 5%。

（四）pH 测定

（1）原理 将玻璃电极和甘汞电极浸入试样溶液中，构成一个原电池。两极间的电动势与溶液的 pH 有关。通过测量原电池的电动势，即可得到试样溶液的 pH。

（2）仪器 酸度计，精度 0.01pH，备有玻璃电极和甘汞电极（或复合电极）。

（3）分析步骤

①按仪器使用说明书调试和校正酸度计。

②用水冲洗电极，再用试液洗涤电极两次，用滤纸吸干电极外面附着的液珠，调整试液温度至（25±1）℃，直接测定，直至 pH 读数稳定 1min 为止，记录。或在室温下测定，换算成 25℃时的 pH。所得结果表示至小数点后一位。

（4）精密度 在重复性条件下获得的两次独立测定结果的绝对差值不得超过算术平均值的 1%。

（五）总酸及氨基酸态氮的测定

（1）原理 氨基酸是两性化合物，分子中的氨基与甲醛反应后失去碱性，而使羧基呈酸性。用氢氧化钠标准溶液滴定羧基，通过氢氧化钠标准溶液消耗的量可以计算出氨基酸态氮的含量。

（2）试剂

①甲醛溶液：36%～38%（无缩合沉淀）。

②无二氧化碳的水：按 GB/T 603—2023《化学试剂 试验方法中所用制剂及制品的制备》制备。

③氢氧化钠标准滴定溶液（0.1mol/L）：按 GB/T 601—2016《化学试剂 标准滴定溶液的制备》配制和标定。

（3）仪器

①酸度计或自动电位滴定仪：精度 0.01pH。

②磁力搅拌器。

③分析天平：感量 0.0001g。

（4）分析步骤　按仪器使用说明书调试和校正酸度计。吸取试样 10mL 于 150mL 烧杯中，加入无二氧化碳的水 50mL。烧杯中放入磁力搅拌棒，置于电磁搅拌器上，开启搅拌，用 0.1mol/L 氢氧化钠标准滴定液滴定，开始时可加速滴加氢氧化钠标准滴定溶液，当滴定至 pH=7.0 时，放慢滴定速度，每次加半滴氢氧化钠标准滴定液，直至 pH=8.20 为终点。记录消耗 0.1mol/L 氢氧化钠标准滴定溶液的体积（V_1）。加入甲醛溶液 10mL，继续用氢氧化钠标准滴定溶液滴定至 pH=9.20，记录加甲醛后消耗氢氧化钠标准滴定溶液的体积（V_2）。同时做空白试验，分别记录不加甲醛溶液及加入甲醛溶液时，空白试验所消耗氢氧化钠标准滴定溶液的体积（V_3、V_4）。

（5）结果计算　试样中总酸含量按式（8-40）计算。

$$X_1 = \frac{(V_1 - V_3) \times c \times 90}{V} \tag{8-40}$$

式中　X_1——试样中总酸的含量，g/L；

　　　V_1——测定试样时，消耗 0.1mol/L 氢氧化钠标准滴定溶液的体积，mL；

　　　V_3——空白试验时，消耗 0.1mol/L 氢氧化钠标准滴定溶液的体积，mL；

　　　c——氢氧化钠标准滴定溶液的浓度，mol/L；

　　　90——乳酸摩尔质量，g/mol；

　　　V——吸取试样的体积，mL。

试样中氨基酸态氮含量按式（8-41）计算。

$$X_2 = \frac{(V_2 - V_4) \times c \times 14}{V} \tag{8-41}$$

式中　X_2——试样中氨基酸态氮的含量，g/L；

　　　V_2——加甲醛后，测定试样时消耗 0.1mol/L 氢氧化钠标准滴定溶液的体积，mL；

　　　V_4——加甲醛后，空白试验时消耗 0.1mol/L 氢氧化钠标准滴定溶液的体积，mL；

　　　c——氢氧化钠标准滴定溶液的浓度，mol/L；

　　　14——氮摩尔质量，g/mol；

　　　V——吸取试样的体积，mL。

所得结果表示至两位小数。

（6）精密度　在重复性条件下获得的两次独立测定结果的绝对差值不得超过算术平均值的 5%。

（六）氧化钙的测定

GB/T 13662—2018《黄酒》国家标准中氧化钙的测定方法有三种。其中第一法为原子吸收分光光度法，为仲裁测定方法。第二法为高锰酸钾滴定法，企业很少采用。目前黄酒企业普遍采用第三法——EDTA滴定法作为氧化钙的测定方法。

1. 第一法——原子吸收分光光度法

（1）原理 试样经火焰燃烧产生原子蒸气，通过从光源辐射出待测元素特征波长的光，被蒸气中待测元素的基态原子吸收，吸收程度与火焰中元素浓度的关系符合朗伯比尔定律。

（2）试剂

①浓硝酸：优级纯（GR）。

②浓盐酸：优级纯（GR）。

③氯化镧溶液（50g/L）：称取氯化镧5.0g，加去离子水溶解，并定容至100mL。

④钙标准贮备液（1mL溶液含有100μg钙）：精确称取于105～110℃干燥至恒重的碳酸钙（GR）0.250g，用浓盐酸10mL溶解后，移入1000mL容量瓶中，用去离子水定容。

⑤钙标准使用液：分别吸取钙标准贮备液0.00、1.00、2.00、4.00、8.00mL于5个100mL容量瓶中，各加50g/L氯化镧溶液10mL和浓硝酸1mL，用去离子水定容，此溶液每毫升分别相当于0.00、1.00、2.00、4.00、8.00μg钙。

（3）仪器

①原子吸收分光光度计。

②高压釜：50mL，带聚四氟乙烯内套。

③电热干燥箱：温控±1℃。

④天平：感量0.0001g。

（4）分析步骤

①试样的处理：准确吸取试样2～5mL（V_1）于50mL带聚四氟乙烯内套的高压釜中，加入硝酸4mL，置于电热干燥箱（120℃）内，加热消解4～6h。冷却后转移至500mL（V_2）容量瓶中，加50g/L氯化镧溶液5mL，用去离子水定容，摇匀。同时做空白试验。

②光谱条件：测量波长为422.7nm，狭缝宽度为0.7nm，火焰为空气乙炔气，灯电流为10mA。

③测定：将钙标准使用液、试剂空白溶液和处理后的试样液依次导入火焰中进行测定，记录其吸光度。

④绘制标准曲线：以标准溶液的钙含量（μg/mL）与对应的吸光度绘制标准工作曲线（或用回归方程计算）。

分别以试剂空白溶液和试样液的吸光度，从标准工作曲线中查出钙含量（A_0、A）（或用回归方程计算）。

（5）结果计算　试样中氧化钙的含量按式（8-42）计算。

$$X = \frac{(A-A_0) \times V_2 \times 1.4 \times 1000}{V_1 \times 1000 \times 1000} = \frac{(A-A_0) \times V_2 \times 1.4}{V_1 \times 1000} \qquad (8-42)$$

式中　X——试样中氧化钙的含量，g/L；

　　　A——从标准工作曲线中查出（或用回归方程计算）试样中钙的含量，μg/mL；

　　　A_0——从标准工作曲线中查出（或用回归方程计算）试样空白中钙的含量，μg/mL；

　　　V_2——试样稀释后的总体积，mL；

　　　1.4——钙与氧化钙的换算系数；

　　　V_1——吸取试样的体积，mL。

所得结果表示至一位小数。

（6）精密度　在重复性条件下获得的两次独立测定结果的绝对差值不得超过算术平均值的5%。

2. 第二法——高锰酸钾滴定法

（1）原理　试样中的钙离子与草酸铵反应生成草酸钙沉淀。将沉淀滤出，洗涤后，用硫酸溶解，再用高锰酸钾溶液滴定草酸根，根据高锰酸钾溶液的消耗量计算试样中氧化钙的含量。

（2）试剂

①甲基橙指示液（1g/L）：称取0.10g甲基橙，用水溶解并稀释至100mL。

②饱和草酸铵溶液。

③浓盐酸。

④氢氧化铵溶液（1+10）：1体积氢氧化铵加入10体积的水，混匀。

⑤硫酸溶液（1+3）：1体积硫酸缓慢加入至3体积水中，冷却后混匀。

⑥高锰酸钾标准溶液（0.01mol/L）：按GB/T 601—2016《化学试剂　标准滴定溶液的制备》配制与标定。临用前，准确稀释10倍。

（3）仪器

①电炉：300~500W。

②滴定管：50mL。

（4）分析步骤　准确吸取试样25mL于400mL烧杯中，加水50mL，再依次加入甲基橙指示液3滴、浓盐酸2mL、饱和草酸铵溶液30mL，加热煮沸，搅拌，逐滴加入氢氧化铵溶液（1+10）直至试液变为黄色。

将上述烧杯置于约 40℃ 温热处保温 2~3h，用玻璃漏斗和滤纸过滤，用 500mL 氢氧化铵溶液（1+10）分数次洗涤沉淀，直至无氯离子（经硝酸酸化，用硝酸银检验）。将沉淀及滤纸小心从玻璃漏斗中取出，放入烧杯中，加沸水 100mL 和硫酸溶液（1+3）25mL，加热，保持 60~80℃ 使沉淀完全溶解。用高锰酸钾标准溶液（0.01mol/L）滴定至微红色并保持 30s 为终点。记录消耗的高锰酸钾标准溶液的体积（V_1）。同时用 25mL 水代替试样做空白试验，记录消耗高锰酸钾标准溶液的体积（V_0）。

（5）结果计算 试样中氧化钙的含量按式（8-43）计算。

$$X = \frac{(V_1 - V_0) \times c \times 56.1}{V_2 \times 2} \times 1000 \qquad (8\text{-}43)$$

式中 X——试样中氧化钙的含量，g/L；

  V_1——测定试样时，消耗 0.01mol/L 高锰酸钾标准溶液的体积，mL；

  V_0——空白试验时，消耗 0.01mol/L 高锰酸钾标准溶液的体积，mL；

  c——高锰酸钾标准溶液的实际浓度，mol/L；

  56.1——氧化钙摩尔质量，g/mol；

  V_2——吸取试样的体积，mL；

  2——高锰酸钾滴定草酸钙的摩尔比例系数。

所得结果表示至一位小数。

（6）精密度 在重复性条件下获得的两次独立测定结果的绝对差值不得超过算术平均值的 5%。

3. 第三法——EDTA 滴定法

（1）原理 用氢氧化钾溶液调整试样的 pH 至 12 以上。以盐酸羟胺、三乙醇胺和硫化钠作掩蔽剂，排除锰、铁、铜等离子的干扰。在过量 EDTA 存在下，用钙标准溶液进行反滴定。

（2）试剂

①钙指示剂：称取 1.00g 钙羧基 [2-羟基-1-（2-羟基-4-磺基-1-萘偶氮）-3-萘甲酸] 指示剂和干燥研细的氯化钠 100g 于研钵中，充分研磨呈紫红色的均匀粉末，置于棕色瓶中保存、备用。

②氯化镁溶液（100g/L）：称取氯化镁 100g，溶解于 1000mL 水中。

③盐酸羟胺溶液（10g/L）：称取盐酸羟胺 10g，溶解于 1000mL 水中。

④三乙醇胺溶液（500g/L）：称取三乙醇胺 500g，溶解于 1000mL 水中。

⑤硫化钠溶液（50g/L）：称取硫化钠 50g，溶解于 1000mL 水中。

⑥氢氧化钾溶液（5mol/L）：称取氢氧化钾 280g，溶解于 1000mL 水中。

⑦氢氧化钾溶液（1mol/L）：吸取 5mol/L 氢氧化钾溶液 20mL，用水定容至 100mL。

⑧盐酸溶液（1+4）。

⑨钙标准溶液（0.01mol/L）：精确称取于105℃烘干至恒重的基准级碳酸钙1g（精确至0.0001g）于小烧杯中，加水50mL，用盐酸溶液（1+4）使之溶解，煮沸，冷却至室温。用1mol/L氢氧化钾溶液中和至pH为6~8，用水定容至1000mL。

⑩EDTA溶液（0.02mol/L）：称取EDTA（乙二胺四乙酸二钠）7.44g溶于1000mL水中。

（3）仪器

①电热干燥箱：（105±2）℃。

②滴定管：50mL。

（4）分析步骤　准确吸取试样2~5mL（视试样中钙含量的高低而定）于250mL锥形瓶中，加水50mL，依次加入氯化镁溶液1mL、盐酸羟胺溶液1mL、三乙醇胺溶液0.5mL、硫化钠溶液0.5mL，摇匀，加1mol/L氢氧化钾溶液5mL，再准确加入0.02mol/L EDTA溶液5mL、钙指示剂一小勺（约0.1g），摇匀，用0.01mol/L钙标准溶液滴定至蓝色消失并初现酒红色为终点。记录消耗钙标准溶液的体积（V_1）。同时以水代替试样做空白试验，记录消耗钙标准溶液的体积（V_0）。

（5）结果计算　试样中氧化钙的含量按式（8-44）计算。

$$X = \frac{c \times (V_0 - V_1) \times 56.1}{V} \qquad (8\text{-}44)$$

式中　X——试样中氧化钙的含量，g/L；

　　　c——钙标准溶液的质量浓度，g/L；

　　　V_0——空白试验时，消耗钙标准溶液的体积，mL；

　　　V_1——测定试样时，消耗钙标准溶液的体积，mL；

　56.1——氧化钙摩尔质量，g/mol；

　　　V——吸取试样的体积，mL。

所得结果表示至一位小数。

（6）精密度　在重复性条件下获得的两次独立测定结果的绝对差值不得超过算术平均值的5%。

（七）β-苯乙醇的测定

黄酒中β-苯乙醇的来源主要通过两个途径：一个是经Ehrlich途径将L-苯丙氨酸转化为β-苯乙醇；另一个为糖代谢，酵母菌通过糖酵解和磷酸戊糖途径从头合成β-苯乙醇。β-苯乙醇是稻米黄酒的特性组分，用于区分非稻米黄酒。

（1）原理　试样被气化后，随同载气进入色谱柱。利用被测各组分在气、液两相中具有不同的分配系数，在柱内形成迁移速度的差异而得到分离。分离后的组分先后流出色谱柱，进入氢火焰检测器中被检测，依据色谱图各组分的保留值与标样作对照定性；利用峰面积，按内标法定量。

（2）试剂

①乙醇溶液（15%体积分数）：吸取 15mL 乙醇（色谱纯），加水稀释至 100mL，摇匀。

②β-苯乙醇标准溶液（2%体积分数）：吸取 β-苯乙醇（色谱纯）2mL，用乙醇溶液（15%体积分数）定容至 100mL。

③2-乙基正丁酸内标溶液（2%体积分数）：吸取 2-乙基正丁酸（色谱纯）2mL，用乙醇溶液（15%体积分数）定容至 100mL。

（3）仪器

①气相色谱仪：配有氢火焰离子化检测器（FID）。

②微量注射器：2μL。

③毛细管色谱柱：PEG20M，柱长 25~30m，内径 0.32mm，或同等分析效果的其他色谱柱。

（4）色谱条件

载气：高纯氮。

气化室温度：230℃。

检测器温度：250℃。

柱温（PEG20M 毛细管色谱柱）：在 50℃ 恒温 2min 后，以 5℃/min 的升温速度至 200℃，继续恒温 10min。

载气、氢气、空气的流速：随仪器而异，应通过实验选择最佳操作流速，使 β-苯乙醇、内标峰与酒样中其他组分峰获得完全分离。

（5）标样 f 值的测定　吸取 β-苯乙醇标准溶液 1mL，移入 100mL 容量瓶中，加入 2-乙基正丁酸内标溶液（2%体积分数）1mL，用乙醇溶液（15%体积分数）定容。此溶液中 β-苯乙醇和 2-乙基正丁酸内标的浓度均为 0.02%体积分数。

开启仪器，待色谱仪基线稳定后，用微量注射器进样（进样量随仪器的灵敏度而定）。记录 β-苯乙醇峰和内标的保留时间及其峰面积。

β-苯乙醇的相对校正因子 f 值按式（8-45）计算：

$$f = \frac{A_1}{A_2} \times \frac{d_2}{d_1} \qquad (8-45)$$

式中　f——β-苯乙醇的相对校正因子；

A_1——测定标样 f 值时，内标的峰面积；

A_2——测定标样 f 值时，β-苯乙醇的峰面积；

d_2——β-苯乙醇的相对密度；

d_1——内标物的相对密度。

（6）试样的测定　取试样约 8mL 于 10mL 容量瓶中，加入 2-乙基正丁酸内标溶液（2%体积分数）0.1mL，用试样定容。混匀后，在与测定 f 值相同的条件下进样。依据保留时间确定 β-苯乙醇和内标色谱峰的位置，并测定其面积，计算出试样中 β-苯乙醇的含量。

（7）结果计算　试样中 β-苯乙醇的含量按式（8-46）计算：

$$X = f \times \frac{A_3}{A_4} \times c \qquad (8\text{-}46)$$

式中　X——试样中 β-苯乙醇的含量，mg/L；

　　　A_3——试样中 β-苯乙醇的峰面积；

　　　A_4——添加于试样中内标的峰面积；

　　　c——试样中添加内标的浓度，mg/L。

所得结果表示至一位小数。

（8）精密度　在重复性条件下获得的两次独立测定结果的绝对差值不得超过算术平均值的 5%。

（八）挥发酯的测定

挥发酯只对执行 GB/T 17946—2008《地理标志产品　绍兴酒（绍兴黄酒）》标准的半干型绍兴加饭（花雕）酒有要求。

（1）原理　黄酒通过蒸馏，酒中的挥发酯收集在馏出液中。先用碱中和馏出液中的挥发酸，再加入一定的碱使酯皂化，过量的碱再用酸反滴定，其反应式为：

$$R-\overset{\overset{\displaystyle O}{\|}}{C}-OR + NaOH \longrightarrow R-\overset{\overset{\displaystyle O}{\|}}{C}-ONa + ROH$$

$$2NaOH + H_2SO_4 \longrightarrow Na_2SO_4 + 2H_2O$$

（2）试剂

①10g/L 酚酞指示剂：见本章小曲原始酸度测定。

②0.1mol/L 硫酸标准溶液：按 GB/T 601—2016《化学试剂　标准滴定溶液的制备》规定进行。

③0.1mol/L 氢氧化钠标准溶液：见本章小曲原始酸度测定。

（3）仪器　250mL 全玻璃回流装置。

（4）检测　吸取测定酒精度的溜出液 50.0mL 于 250mL 锥形瓶中，加入酚酞指示剂 2 滴，以 0.1mol/L 氢氧化钠标准溶液滴至微红色，准确加入 0.1mol/L 氢氧化钠标准溶液 25.0mL，摇匀，装上冷凝管，于沸水中回流半小时，取下加塞后，马上用流水冷却至室温。然后再准确加入 0.1mol/L 硫酸标准溶液 25.0mL，摇匀，用 0.1mol/L 氢氧化钠标准溶液滴至微红色，半分钟内不消失为止，记录消耗氢氧化钠标准溶液的体积。

（5）结果计算　挥发酯含量按式（8-47）计算。

$$A = \frac{[(25.0+V) \times c_1 - 25.0 \times c_2] \times 88}{50.0} \tag{8-47}$$

式中　A——挥发酯含量，g/L；

c_1——氢氧化钠标准溶液浓度，mol/L；

c_2——硫酸标准溶液浓度，mol/L；

V——滴定剩余硫酸所耗用的氢氧化钠标准溶液的体积，mL；

88——乙酸乙酯的摩尔质量，g/mol。

（6）结果的允差　同一样品两次测定值之差，不得超过 0.01g/L。

（九）苯甲酸的测定（高效液相色谱法）

（1）原理　采用液相色谱分离、紫外检测器检测，外标法定量。

（2）试剂和材料

①甲酸（色谱纯）—乙酸铵（色谱纯）溶液（2 mmol/L 甲酸+20mmol/L 乙酸铵）：称取 1.54 g 乙酸铵，加入适量水溶解，再加入 75.2μL 甲酸，用水定容至 1000mL，经 0.22μm 水相微孔滤膜过滤后备用。

②苯甲酸标准储备溶液（1000mg/L）：准确称取苯甲酸钠标准品（纯度≥99.0%）0.118 g（精确到 0.0001g），用甲醇（色谱纯）溶解并定容至 100mL。于 4℃贮存，保存期为 6 个月。

③苯甲酸标准中间溶液（200mg/L）：准确吸取苯甲酸标准储备溶液 10.0mL 于 50mL 容量瓶中，用甲醇（色谱纯）定容。于 4℃贮存，保存期为 3 个月。

④苯甲酸标准系列工作溶液：分别准确吸取苯甲酸标准中间溶液 0、0.05、0.25、0.50、1.00、2.50、5.00 和 10.0mL，用甲醇（色谱纯）定容至 10mL，配制成质量浓度分别为 0、1.00、5.00、10.0、20.0、50.0、100 和 200mg/L 的标准系列工作溶液。临用现配。

⑤水相微孔滤膜：0.22μm。

⑥塑料离心管：50mL。

（3）仪器和设备

①高效液相色谱仪：配紫外检测器。

②分析天平：感量为 0.001g 和 0.0001g。

③涡旋振荡器。

④离心机：转速>8000r/min。

⑤恒温水浴锅。

⑥超声波发生器。

（4）试样提取　准确称取约 2g（精确到 0.001g）试样于 10mL 容量瓶，加水至刻度，混匀。取适量试样过 0.22μm 滤膜，待液相色谱测定。

（5）仪器参考条件

①色谱柱：C18 柱（250mm×4.6mm，5μm）或等效色谱柱。

②流动相：甲醇+乙酸铵溶液=5+95。

③流速：1mL/min。

④检测波长：230nm。

⑤进样量：10μL。

（6）标准曲线的制作　将标准系列工作溶液分别注入液相色谱仪中，测定相应的峰面积，以标准系列工作溶液的质量浓度为横坐标，以峰面积为纵坐标，绘制标准曲线。

（7）试样溶液的测定　将试样溶液注入液相色谱仪中，得到峰面积，根据标准曲线得到待测液中苯甲酸的质量浓度。

（8）分析结果的表述　试样中苯甲酸的含量按式（8-48）计算。

$$X = \frac{\rho \times V}{m \times 1000} \tag{8-48}$$

式中　X——试样中待测组分含量，g/kg；

ρ——由标准曲线得出的试样液中待测物的质量浓度，mg/L；

V——试样定容体积，mL；

m——试样质量，g；

1000——由 mg/kg 转换为 g/kg 的换算因子。

结果保留 3 位有效数字。

（9）精密度　在重复性条件下获得的两次独立测定结果的绝对差值不得超过算术平均值的 5%。

（十）黄酒色率的测定

黄酒色率是反映黄酒产品色泽深浅的指标，一般以在特定波长下样品的吸光率来表示，大多数黄酒企业都将其作为一项重要的内控指标，用以控制相同产品不同批次间色泽的差异。但对于黄酒色率的检测，目前还未形成统一的、正式的检测方法，主要是用分光光度计检测时不同企业选择了不同的检测波长。以浙江古越龙山绍兴酒股份有限公司为主的企业选用了 610nm 的检测波长，因国内大多数黄酒产品中均添加了焦糖色，色泽较深，因此参考了焦糖色的检测波长，可直接进样检测，比较方便；以浙江会稽山绍兴酒股份有限公司为主的企业选用 430nm 的检测波长，主要是参考了日本清酒的检测方法，但日本清酒经脱色后色泽很浅，可直接进样测定，而黄酒必须先稀释后再检测，既增加了操作步骤，又会在稀释过程中引入误差。

下面以 610nm 作为检测波长介绍一下黄酒色率的检测方法。

（1）仪器和设备

①分光光度计。

②离心机。

（2）分析步骤 取 10mL 酒样于 10mL 离心管中，于 2400r/min 离心 15~20min（或用滤纸过滤），取此试样置于 1cm 比色皿中，以水做空白对照，用分光光度计在 610nm 处测定其吸光度（吸光度建议控制在 0.8 以下，否则应适当稀释后再重新测定），记录分光光度计的读数即为黄酒色率（稀释的样品需乘以稀释倍数），结果保留 2 位小数。

（3）精密度 在重复性条件下获得的两次独立测定结果的绝对差值不得超过算术平均值的 5%。

（十一）氯化钠的测定

目前国内市场中的料酒大多以黄酒为酒基，再添加食盐、香辛料等勾调而成。

（1）原理 用硝酸银标准滴定溶液滴定试样中的氯化钠，生成氯化银沉淀，待全部氯化银沉淀后，多滴加的硝酸银与铬酸钾指示剂生成铬酸银，使溶液呈橘红色即为终点。由硝酸银标准滴定溶液消耗量计算氯化钠的含量。

（2）仪器 微量滴定管。

（3）试剂

①0.1mol/L 硝酸银标准滴定溶液：按 GB/T 601—2016《化学试剂　标准滴定溶液的制备》规定的方法配制和标定。

②铬酸钾溶液（50g/L）：称取 5g 铬酸钾，用少量水溶解后定容至 100mL。

（4）分析步骤 吸取 10.0mL 的酒样（酒样色泽较深可用适量活性炭先脱色）于 150mL 锥形瓶中，加 50mL 蒸馏水及 1mL 铬酸钾溶液，用硝酸银标准滴定溶液（0.1mol/L）进行滴定至初显橘红色。记下消耗硝酸银标准滴定溶液的毫升数。

量取 50mL 水同时做空白试验。

（5）结果计算 试样中食盐含量按式（8-49）计算。

$$X = \frac{(V_1 - V_0) \times c \times 0.0585}{V} \times 1000 \qquad (8-49)$$

式中 X——试样中食盐（以氯化钠计）的含量，g/L；

V_1——测定试样时，消耗硝酸银标准滴定溶液的体积，mL；

V_0——空白试验时，消耗硝酸银标准滴定溶液的体积，mL；

c——硝酸银标准滴定溶液的浓度，mol/L；

0.0585——1.00mL 硝酸银标准滴定溶液的浓度（1.000mol/L）相当于氯化钠的质量，g；

V——吸取试样的体积，mL。

计算结果保留两位有效数字。

（6）精密度　在重复性条件下获得的两次独立测定结果的绝对差值不得超过算术平均值的 5%。

二、菌落总数的测定

（一）设备和材料

除微生物实验室常规灭菌及培养设备外，其他设备和材料如下：

（1）恒温培养箱　（36±1）℃。

（2）冰箱　2~5℃。

（3）恒温装置　（48±2）℃。

（4）天平　感量为 0.1g。

（5）均质器。

（6）振荡器。

（7）无菌吸管　1mL（具 0.01mL 刻度）、10mL（具 0.1mL 刻度）或微量移液器及吸头。

（8）无菌锥形瓶　容量 250mL、500mL。

（9）无菌培养皿　直径 90mm。

（10）pH 计或 pH 比色管或精密 pH 试纸。

（11）放大镜或/和菌落计数器。

（二）培养基和试剂

1. 平板计数琼脂培养基

（1）成分　胰蛋白胨：5.0g，酵母浸膏：2.5g；葡萄糖：1.0g；琼脂：15.0g；蒸馏水：1000mL；pH 7.0±0.2。

（2）制法　将上述成分加入蒸馏水中，煮沸溶解，调节 pH。分装试管或锥形瓶，121℃高压灭菌 15min。

2. 无菌磷酸盐缓冲液

（1）成分　磷酸二氢钾：34.0g；蒸馏水：500mL；pH 7.2。

（2）制法

①贮存液：称取 34.0g 磷酸二氢钾于 500mL 蒸馏水中，用大约 175mL 的 1mol/L 氢氧化钠溶液调节 pH，用蒸馏水稀释至 1000mL 后贮存于冰箱。

②稀释液：取贮存液 1.25mL，用蒸馏水稀释至 1000mL，分装于适宜容器

中，121℃高压灭菌 15min。

3. 无菌生理盐水

（1）成分　氯化钠：8.5g；蒸馏水：1000mL。

（2）制法　称取 8.5g 氯化钠溶于 1000mL 蒸馏水中，121℃高压灭菌 15min。

（三）操作步骤

1. 样品的稀释

①用无菌吸管吸取 25mL 样品置于盛有 225mL 无菌磷酸盐缓冲液或无菌生理盐水的无菌锥形瓶（瓶内可预置适当数量的无菌玻璃珠）中，充分混匀，或放入盛有 225mL 稀释液的无菌均质袋中，用拍击式均质器拍打 1~2min，制成 1∶10 的样品匀液。

②用 1mL 无菌吸管或微量移液器吸取 1∶10 样品匀液 1mL，沿管壁缓慢注于盛有 9mL 稀释液的无菌试管中（注意吸管或吸头尖端不要触及稀释液面），在振荡器上振荡混匀，制成 1∶100 的样品匀液。

③按②操作程序，制备 10 倍系列稀释样品匀液。每递增稀释一次，换用 1 次 1mL 无菌吸管或吸头。

④根据对样品污染状况的估计，选择 1~3 个适宜稀释度的样品匀液（液体样品可包括原液），吸取 1mL 样品匀液于无菌培养皿内，每个稀释度做两个培养皿。同时，分别吸取 1mL 空白稀释液加入两个无菌培养皿内作空白对照。

⑤及时将 15~20mL 冷却至 46~50℃ 的平板计数琼脂培养基 ［可放置于（48±2）℃恒温装置中保温］倾注平皿，并转动平皿使其混合均匀。

2. 培养

①水平放置待琼脂凝固后，将平板翻转，（36±1）℃培养（48±2）h。

②如果样品中可能含有在琼脂培养基表面弥漫生长的菌落时，可在凝固后的琼脂表面覆盖一薄层琼脂培养基（约4mL），凝固后翻转平板，按①条件进行培养。

（3）菌落计数

①可用肉眼观察，必要时用放大镜或菌落计数器，记录稀释倍数和相应的菌落数量。菌落计数以菌落形成单位（Colony forming unit，CFU）表示。

②选取菌落数在 30~300CFU、无蔓延菌落生长的平板计数菌落总数。低于 30CFU 的平板记录具体菌落数，大于 300CFU 的可记录为多不可计。每个稀释度的菌落数应采用两个平板的平均数。

③其中一个平板有较大片状菌落生长时，则不宜采用，而应以无片状菌落生长的平板作为该稀释度的菌落数；若片状菌落不到平板的一半，而其余一半中菌落分布又很均匀，即可计算半个平板后乘以 2，代表一个平板菌落数。

④当平板上出现菌落间无明显界限的链状生长时，则将每条单链作为一个

菌落计数。

（四）结果与报告

①若只有一个稀释度平板上的菌落数在适宜计数范围内，计算两个平板菌落数的平均值，再将平均值乘以相应稀释倍数，作为每克（或每毫升）样品中菌落总数结果。

②若有两个连续稀释度的平板菌落数在适宜计数范围内时，按式（8-50）计算：

$$N=\frac{\sum C}{(n_1+0.1n_2)d} \tag{8-50}$$

式中 N——样品中菌落数；

$\sum C$——平板（含适宜范围菌落数的平板）菌落数之和；

n_1——第一稀释度（低稀释倍数）平板个数；

n_2——第二稀释度（高稀释倍数）平板个数；

d——稀释因子（第一稀释度）。

③若所有稀释度的平板上菌落数均大于300CFU，则对稀释度最高的平板进行计数，其他平板可记录为多不可计，结果按平均菌落数乘以最高稀释倍数计算。

④若所有稀释度的平板菌落数均小于30CFU，则应按稀释度最低的平均菌落数乘以稀释倍数计算。

⑤若所有稀释度（包括液体样品原液）平板均无菌落生长，则以小于1乘以最低稀释倍数计算。

⑥若所有稀释度的平板菌落数均不在30~300CFU，其中一部分小于30CFU或大于300CFU时，则以最接近30CFU或300CFU的平均菌落数乘以稀释倍数计算。

（五）菌落总数的报告

①菌落数小于100CFU时，按"四舍五入"原则修约，以整数报告。

②菌落数大于或等于100CFU时，第三位数字采用"四舍五入"原则修约后，采用两位有效数字，后面用0代替位数；也可用10的指数形式来表示，按"四舍五入"原则修约后，采用两位有效数字。

③若空白对照上有菌落生长，则此次检测结果无效。

④黄酒以体积取样，因此以CFU/mL为单位报告。

第四节　黄酒微量成分的分析检测

由于黄酒酿造采用多菌种浓醪发酵的工艺，因此黄酒的成分比目前世界上任何一种发酵酒都要复杂，其中的微量成分既包括了挥发性、半挥发性、非挥发性的风味物质，又有许多微量的功能性成分（如氨基酸、低聚肽、多糖等）、丰富的微量无机元素和部分微量潜在风险物质（如氨基甲酸乙酯、生物胺等）。由此可见，黄酒微量成分的分析检测所包含的内容相当广泛。

一、黄酒风味物质的测定

（一）黄酒中游离氨基酸的测定（高效液相色谱法）

1. 原理

采用异硫氰酸苯酯衍生剂与黄酒中氨基酸进行衍生反应，氨基酸衍生产物在特定紫外波长有强吸收，经色谱柱分离后，紫外检测器检测，外标法定量分析。

2. 试剂

（1）色谱纯　乙腈。

（2）分析纯　异硫氰酸苯酯（≥99%）、三乙胺、无水乙酸钠、正己烷、冰乙酸（99.0%）、浓盐酸。

（3）异硫氰酸苯酯的乙腈溶液　移取 0.12 mL 异硫氰酸苯酯至 10mL 容量瓶中，用乙腈定容至刻度。

（4）三乙胺的乙腈溶液　移取 1.40mL 三乙胺至 10mL 容量瓶中，用乙腈定容至刻度，混匀。

（5）20%（体积比）乙酸溶液　取 2mL 冰乙酸至 10mL 容量瓶，用水定容至刻度，混匀。

（6）0.1mol/L 盐酸溶液　取 0.90mL 浓盐酸至 100mL 容量瓶，用水定容至刻度，混匀。

（7）氨基酸标准物质（具体名称见表 8-3）：纯度≥98%。

（8）标准储备液：准确称取一定质量的各氨基酸标准品，用 0.1 moL/L 盐酸溶解后，混匀，使其浓度为 0.5mg/mL，储存在 4℃冰箱，有效期 3 个月。

（9）标准工作液：准确量取标准储备液，用水稀释，依次配制成 $10\mu g/mL$、$20\mu g/mL$、$40\mu g/mL$、$60\mu g/mL$、$80\mu g/mL$ 的标准溶液。

表 8-3　　　　　　　　18 种氨基酸的分子式和相对分子质量

名　称	英文名称	分子式	相对分子质量
天冬氨酸	Aspartic acid	$C_4H_7O_4N$	133.10

续表

名 称	英文名称	分子式	相对分子质量
谷氨酸	Glutamic acid	$C_5H_9O_4N$	147.13
丝氨酸	Serine	$C_3H_7O_3N$	105.09
甘氨酸	Glycine	$C_2H_5O_2N$	75.07
组氨酸	Histidine	$C_6H_9O_2N_3$	155.16
精氨酸	Arginine	$C_6H_{14}O_2N_4$	174.20
苏氨酸	Threonine	$C_4H_9O_3N$	119.12
4-氨基丁酸	4-Aminobutyric acid	$C_4H_9O_2$	103.12
丙氨酸	Alanine	$C_3H_7O_2N$	89.09
脯氨酸	Proline	$C_5H_9O_2N$	115.13
酪氨酸	Tyrosine	$C_9H_{11}O_3N$	181.19
缬氨酸	Valine	$C_5H_{11}O_2N$	117.15
甲硫氨酸	Methionine	$C_5H_{11}O_2NS$	149.21
异亮氨酸	Isoleucine	$C_6H_{13}O_2N$	131.17
亮氨酸	Leucine	$C_6H_{13}O_2N$	131.17
苯丙氨酸	Phenylalanine	$C_9H_{11}O_2N$	165.19
色氨酸	Tryptophan	$C_{11}H_{12}O_2N_2$	204.23
赖氨酸	Lysine	$C_6H_{14}O_2N_2$	146.19

3. 仪器和材料

（1）高效液相色谱仪　配有紫外检测器或二极管阵列检测器。

（2）分析天平　感量 0.1mg。

（3）漩涡混合器。

（4）具塞试管。

（5）微孔有机滤膜　孔径 0.45μm（有机系和水系）。

4. 分析步骤

（1）样品衍生　准确吸取黄酒样品 1.0mL，于 10mL 容量瓶中，用水定容至刻度，混匀，取 500μL 稀释后的酒样，置于具塞试管中，加入异硫氰酸苯酯的乙腈溶液 250μL、三乙胺的乙腈溶液 250μL，混匀，室温下放置 1h 后，加入 50μL 乙酸溶液，混匀。

（2）萃取净化　向上述衍生后的溶液中加入 1.0mL 正己烷，漩涡混合器振荡 1min，静置分层后弃去上层正己烷溶液，采用针头注射器小心吸取下层溶液，经 0.45μm 有机滤膜过滤，用于液相色谱测定。

（3）标准工作液衍生　分别移取 500μL 系列标准工作液，置于具塞试管中，加入异硫氰酸苯酯的乙腈溶液 250μL、三乙胺的乙腈溶液 250μL，混匀，室温下放置 1h 后，加入 50μL 乙酸溶液。按（2）进行萃取净化。

（4）色谱条件　色谱柱：C18 色谱柱（250mm×4.6mm，5μm）或等效色谱柱；流量：1.0mL /min；进样体积：10μL；柱温：40℃；检测波长：254nm；流动相 A：称取 1.64g 无水乙酸钠，加适量水溶解，加入 0.5mL 三乙胺，用水定容至 1000mL，用 20% 乙酸溶液调 pH 至 6.20，0.45μm 水系滤膜过滤；流动相 B：乙腈+水＝8+2（体积比）。洗脱程序见表 8-4。

表 8-4　　　　　　　　　　　　　梯度洗脱顺序

时间/min	A/%	B/%
0	92	8
2	92	8
10	90	10
12	81	19
19	74	26
21	65	35
31	54	46
33	0	100
36	0	100
38	92	8
45	92	8

（5）定性　根据氨基酸标准样品的保留时间与待测样品中组分的保留时间进行定性，定性色谱图参考图 8-5。

（6）外标法定量　以氨基酸标准工作液浓度为横坐标，以峰面积为纵坐标，绘制标准工作曲线，将经过衍生和萃取处理后的样品注入液相色谱仪，测定样品中各氨基酸色谱峰面积，由标准工作曲线计算样品中的各氨基酸浓度。

（7）结果计算　样品中各组分的含量按式（8-51）计算。

$$X_i = c_i \times F \times \frac{1000}{1000} \tag{8-51}$$

式中　X_i——样品中各组分的含量，mg/L；

　　　c_i——从标准曲线求得样品中组分的含量，mg/L；

　　　F——样品稀释倍数。

平行测定结果用算术平均值表示，保留至小数点后 1 位。在重复性条件下，获得的两次独立测定结果的相对偏差不大于 10%。

图 8-5　18 种氨基酸标准样品的色谱图

（二）黄酒中挥发性酯类的测定（静态顶空-气相色谱法）

1. 原理

在密闭容器中，易挥发的酯类组分在一定温度下气液两相间达到动态平衡，此时酯类组分在气相中的浓度和它在液相中的浓度成正比，吸取上部气体进样，经色谱柱分离后，用氢火焰离子化检测器检测，内标法定量。

2. 试剂和材料

除另有说明外，所有试剂均为分析纯，水为 GB/T 6682—2008《分析实验室用水规格和试验方法》规定的二级水。

（1）乙醇　色谱纯。

（2）氯化钠。

（3）甲酸乙酯、乙酸乙酯、乙酸丁酯、乙酸异戊酯、己酸乙酯、叔戊醇标准物质　纯度不小于 99%。

（4）乙醇溶液（60%，体积分数）　量取 60mL 乙醇（色谱纯），用水定容至 100mL，混匀。

（5）乙醇溶液（15%，体积分数）　量取 15mL 乙醇（色谱纯），用水定容至 100mL，混匀。

（6）叔戊醇内标贮备液（2.0mg/mL）　准确称取 0.200g 叔戊醇至 100mL 容量瓶中，用 15% 乙醇定容至 100mL，混匀，0~4℃ 冰箱密封保存，1 个月内使用。

（7）酯混合标准贮备液 分别称取甲酸乙酯 1.000g、乙酸乙酯 5.000g、乙酸丁酯 0.100g、乙酸异戊酯 0.100g、己酸乙酯 0.100g 于 100mL 容量瓶中，用 15%乙醇定容至 100mL，混匀，0~4℃冰箱密封保存，1 个月内使用。

3. 仪器和设备

（1）气相色谱仪，配氢火焰离子化检测器（FID）及顶空装置。

（2）分析天平 感量为 0.1mg。

（3）顶空进样瓶 体积为 20mL。

（4）顶空进样针。

（5）移液管 1.0mL 和 5.0mL。

4. 分析步骤

（1）色谱参考条件 色谱柱：聚乙二醇毛细管柱（50m×0.25mm，0.25μm）或等效色谱柱；色谱柱温度：初温 35℃，保持 1min，以 3.5℃/min 升到 120℃，以 15℃/min 升到 200℃，保持 2min；检测器温度：250℃；进样口温度：200℃；载气流量：1.0mL/min；进样量：1.0mL；不分流。

（2）顶空参考条件 平衡温度：50℃；平衡时间：30min；振荡频率：500r/min。

（3）校正因子（f）的测定 准确吸取酯混合标准贮备液 0.10mL、0.20mL、0.30mL、0.40mL 于 4 个 100mL 容量瓶中，用同一黄酒样品定容至刻度，混匀。分别吸取上述制备的加标样品及未加标的黄酒样品各 5.0mL，置于 5 个 20mL 顶空进样瓶中，加入 2.0g 氯化钠和 0.10mL 叔戊醇内标贮备液，压紧瓶盖后混匀，按照色谱条件及顶空条件测定，记录各组分的峰面积（或峰高），按照式（8-52）和式（8-53）计算各组分的相对校正因子：

$$A'_3 = \frac{A_1}{A_2} \times A_3 \qquad (8-52)$$

式中 A'_3——加标样品中的组分校正后的峰面积（或峰高）；

$\quad\quad A_1$——未加标样品中内标峰面积（或峰高）；

$\quad\quad A_2$——加标样品内标峰面积（或峰高）；

$\quad\quad A_3$——加标样品中组分峰面积（或峰高）。

$$f = \frac{A_1}{A'_3 - A_4} \times \frac{C_2}{C_1} \qquad (8-53)$$

式中 f——各组分的相对校正因子；

$\quad\quad A_1$——未加标样品中内标峰面积（或峰高）；

$\quad\quad A'_3$——加标样品中的组分校正后的峰面积（或峰高）；

$\quad\quad A_4$——未加标样品中各组分峰面积（或峰高）；

$\quad\quad C_2$——样品中加入的各组分标准溶液质量浓度，mg/L；

C_1——样品中加入的叔戊醇质量浓度，mg/L。

5. 样品前处理及测定

准确吸取 5.0mL 待测样品于 20mL 顶空进样瓶中，加入 2.0g 氯化钠，100μL 叔戊醇内标贮备液，压紧瓶盖后，混匀。按色谱条件及顶空条件进行样品测定，5 种酯标准品色谱图如图 8-6 所示。

图 8-6　5 种酯标准品的色谱图

6. 结果计算

样品中各组分的含量按式（8-54）计算。

$$X = C_1 \times \frac{A_5}{A_6} \times f \tag{8-54}$$

式中　X——样品中各组分的含量，mg/L；

　　A_5——样品中各组分的峰面积（或峰高）；

　　A_6——样品中叔戊醇内标的峰面积（或峰高）；

　　f——各组分校正因子的算术平均值；

　　C_1——样品中加入的叔戊醇质量浓度，mg/L。

以重复性条件下获得的两次独立测定结果的算术平均值表示，结果保留两位有效数字。

7. 精密度

在重复性测定条件下获得的两次独立测定结果的绝对差值，不超过其算术平均值的 10%。

（三）黄酒中挥发性醇类的测定（静态顶空–气相色谱法）

1. 原理

在密闭容器中，易挥发的醇类组分在一定温度下气液两相间达到动态平衡，此时醇类组分在气相中的浓度和它在液相中的浓度成正比，吸取上部气体进样，经色谱柱分离后，用氢火焰离子化检测器检测，内标法定量。

2. 试剂和材料

除另有说明外，所有试剂均为分析纯，水为 GB/T 6682—2008《分析实验室用水规格和实验方法》规定的二级水。

（1）乙醇　色谱纯。

（2）氯化钠。

（3）正丙醇、异丁醇、正丁醇、活性戊醇、异戊醇、正己醇、叔戊醇标准物质　纯度不小于 99%。

（4）乙醇溶液（60%，体积分数）　量取 60mL 乙醇（色谱纯），用水定容至 100mL，混匀。

（5）乙醇溶液（15%，体积分数）　量取 15mL 乙醇（色谱纯），用水定容至 100mL，混匀。

（6）叔戊醇内标贮备液（2.0mg/mL）　准确称取 0.200g 叔戊醇至 100mL 容量瓶中，用 15% 乙醇定容至 100mL，混匀，0~4℃冰箱密封保存，1 个月内使用。

（7）醇混合标准贮备液　分别称取正丙醇 2.500g、异丁醇 2.500g、正丁醇 0.100g、活性戊醇 2.500g、异戊醇 5.000g、正己醇 0.100g 于 100mL 容量瓶中，用 15% 乙醇定容至 100mL，混匀，0~4℃冰箱密封保存，1 个月内使用。

3. 仪器和设备

（1）气相色谱仪，配氢火焰离子化检测器（FID）及顶空装置。

（2）分析天平　感量为 0.1 mg。

（3）顶空进样瓶　体积为 20mL。

（4）顶空进样针。

（5）移液管　1.0mL 和 5.0mL。

4. 分析步骤

（1）色谱参考条件　色谱柱：聚乙二醇毛细管柱（50m×0.25mm，0.25μm）或等效色谱柱；色谱柱温度：初温 35℃，保持 1min，以 3.5℃/min 升到 120℃，以 15℃/min 升到 200℃，保持 2min；检测器温度：250℃；进样口温度：200℃；载气流量：1.0mL/min；进样量：1.0mL；不分流。

（2）顶空参考条件　平衡温度：50℃；平衡时间：30min；振荡频

率：500r/min。

（3）校正因子（f）的测定 准确吸取醇混合标准贮备液 0.10、0.20、0.30、0.40mL 于 4 个 100mL 容量瓶中，用同一黄酒样品定容至刻度，混匀。分别吸取上述制备的加标样品及未加标的黄酒样品各 5.0mL，置于 5 个 20mL 顶空进样瓶中，加入 2.0g 氯化钠和 0.10mL 叔戊醇内标贮备液，压紧瓶盖后混匀，按照色谱条件及顶空条件测定，记录各组分的峰面积（或峰高），按照式（8-55）和式（8-56）计算各组分的相对校正因子：

$$A'_3 = \frac{A_1}{A_2} \times A_3 \tag{8-55}$$

式中 A'_3——加标样品中的组分校正后的峰面积（或峰高）；

　　A_1——未加标样品中内标峰面积（或峰高）；

　　A_2——加标样品内标峰面积（或峰高）；

　　A_3——加标样品中组分峰面积（或峰高）。

$$f = \frac{A_1}{A'_3 - A_4} \times \frac{C_2}{C_1} \tag{8-56}$$

式中 f——各组分的相对校正因子；

　　A_1——未加标样品中内标峰面积（或峰高）；

　　A'_3——加标样品中的组分校正后的峰面积（或峰高）；

　　A_4——未加标样品中各组分峰面积（或峰高）；

　　C_2——样品中加入的各组分标准溶液浓度，mg/L；

　　C_1——样品中加入的叔戊醇质量浓度，mg/L。

5. 样品前处理及测定

准确吸取 5.0mL 待测样品于 20mL 顶空进样瓶中，加入 2.0g 氯化钠，100μL 叔戊醇内标贮备液，压紧瓶盖后，混匀。按色谱条件及顶空条件进行样品测定，6 种醇标准品色谱图如图 8-7 所示。

6. 结果计算

样品中各组分的含量按式（8-57）计算。

$$X = C_1 \times \frac{A_5}{A_6} \times f \tag{8-57}$$

式中 X——样品中各组分的含量，mg/L；

　　A_5——样品中各组分的峰面积（或峰高）；

　　A_6——样品中叔戊醇内标的峰面积（或峰高）；

　　f——各组分校正因子的算术平均值；

　　C_1——样品中加入的叔戊醇质量浓度，mg/L。

以重复性条件下获得的两次独立测定结果的算术平均值表示，结果保留两

图 8-7 6 种醇标准品色谱图

位有效数字。

7. 精密度

在重复性测定条件下获得的两次独立测定结果的绝对差值，不超过其算术平均值的 10%。

二、黄酒微量潜在风险物质的测定

（一）黄酒中氨基甲酸乙酯的测定

氨基甲酸乙酯是广泛存在于发酵食品中的一种有害物质，在黄酒中氨基甲酸乙酯主要是由尿素与乙醇反应生成，其含量在贮存过程中不断进行着动态变化。随着国家对饮料酒中氨基甲酸乙酯限量标准的制定，对黄酒中氨基甲酸乙酯的监控与检测将成为黄酒生产企业进行产品质量安全控制的重点之一。

1. 原理

试样加 D_5-氨基甲酸乙酯内标后，经过碱性硅藻土固相萃取柱净化、洗脱，洗脱液浓缩后，用气相色谱-质谱仪进行测定，内标法定量。

2. 试剂

（1）色谱纯 正己烷、乙酸乙酯、乙醚、甲醇。

（2）分析纯 无水硫酸钠（450℃烘烤4h）、氯化钠。

（3）标准品 氨基甲酸乙酯（纯度>99%，CAS：51-79-6）

　　　　　　D₅-氨基甲酸乙酯（纯度>98%，CAS：73962-07-9）

（4）碱性硅藻土固相萃取柱 填料4000mg，柱容量12mL。

（5）5%乙酸乙酯-乙醚溶液。

3. 标准溶液配制

（1）D₅-氨基甲酸乙酯储备液（1.00mg/mL） 准确称取0.01g（精确到0.0001g）D₅-氨基甲酸乙酯标准品，用甲醇溶解、定容至10mL，4℃以下保存。

（2）D₅-氨基甲酸乙酯使用液（2.00μg/mL） 准确吸取D₅-氨基甲酸乙酯储备液（1.00mg/mL）0.10mL，用甲醇定容至50mL，4℃以下保存。

（3）氨基甲酸乙酯储备液（1.00mg/mL） 准确称取0.05g（精确到0.0001g）氨基甲酸乙酯标准品，用甲醇溶解、定容至50mL，4℃以下保存，保存期3个月。

（4）氨基甲酸乙酯中间液（10.0μg/mL） 准确吸取氨基甲酸乙酯储备液（1.00mg/mL）1.00mL，用甲醇定容至100mL，4℃以下保存，保存期1个月。

（5）氨基甲酸乙酯中间液（0.50μg/mL） 准确吸取氨基甲酸乙酯中间液（10.0μg/mL）5.00mL，用甲醇定容至100mL，4℃以下保存，现配现用。

（6）标准曲线工作溶液 分别准确吸取一定量的氨基甲酸乙酯中间液，加100.0μL D₅-氨基甲酸乙酯使用液（2.00μg/mL），用甲醇定容至1.0mL，得到10.0、25.0、50.0、100.0、200.0、400.0、1000.0ng/mL的标准使用液（内含200.0ng/mL D₅-氨基甲酸乙酯）。

4. 仪器设备

气相色谱-质谱仪（带EI源）、涡旋混匀器、氮吹仪、固相萃取仪（配真空泵）、超声波清洗机、马弗炉、天平（感量为1.0mg和0.01g）。

5. 样品预处理

准确称取黄酒样品2.00g，加100μL D₅-氨基甲酸乙酯使用液（2.00μg/mL）、0.3g氯化钠，超声溶解，混匀，加样到碱性硅藻土固相萃取柱，抽真空，试样慢慢渗入到萃取柱，静置约10min，先用10mL正已烷淋洗除杂，然后用10mL 5%乙酸乙酯-乙醚溶液以1mL/min流速洗脱并收集洗脱液于10mL具塞刻度试管中，洗脱液经无水硫酸钠脱水后，室温下用氮气缓缓吹至0.5mL，用甲醇定容至1.0mL供气相色谱-质谱分析。

6. 气相色谱-质谱仪参考条件

毛细管色谱柱：DB-INNOWAX（30m×0.25mm，0.25μm）或相当色谱

柱；进样口温度：220℃；柱温：初始温度50℃保持1min，然后以8℃/min升温至180℃，程序运行完后，240℃后运行5min；载气：高纯氦气，流速1mL/min；进样方式：不分流进行，进样量1~2μL。

接口温度：240℃；电离方式：EI源，能量70eV；离子源温度：230℃；四极杆温度：150℃；氨基甲酸乙酯选择监测离子（m/z）：44、62、74、89，定量离子62；D_5-氨基甲酸乙酯选择监测离子（m/z）：64、76，定量离子64。

7. 标准曲线的制作

将上述配制的不同浓度氨基甲酸乙酯标准使用液进行气相色谱-质谱测定，以氨基甲酸乙酯浓度为横坐标，以相应浓度的峰面积与内标物峰面积比值为纵坐标，绘制标准曲线。氨基甲酸乙酯及内标物D_5-氨基甲酸乙酯的总离子流图如图8-8所示。

图8-8　氨基甲酸乙酯及D_5-氨基甲酸乙酯的总离子流图

8. 试样测定

将试样溶液同标准溶液进行测定，根据标准曲线得到待测液中氨基甲酸乙酯的浓度。试样中氨基甲酸乙酯含量低的采用10.0、25.0、50.0、100.0、200.0ng/mL的标准使用液作标准曲线；试样中氨基甲酸乙酯含量高的采用50.0、100.0、200.0、400.0、1000.0ng/mL的标准使用液作标准曲线。

9. 结果计算

试样中氨基甲酸乙酯含量按式（8-58）计算。

$$X = \frac{C \times V \times 1000}{m \times 1000} \tag{8-58}$$

式中　X——试样中氨基甲酸乙酯含量，μg/kg；

　　　C——测定液中氨基甲酸乙酯质量浓度，ng/mL；

V——试样测定液的定容体积，mL；

m——试样质量，g；

1000——换算系数。

计算结果以重复性条件下获得的两次独立测定结果的算术平均值表示，保留 3 位有效数字。

试样中氨基甲酸乙酯含量>20μg/kg 时，重复性条件下获得的两次独立测定结果相对偏差不大于 15%；含量<20μg/kg 时，重复性条件下获得的两次独立测定结果相对偏差不大于 20%。

（二）黄酒中尿素的测定（高效液相色谱法）

1. 原理

采用 9-羟基占吨衍生剂与黄酒中的尿素进行衍生反应，尿素衍生产物具有荧光特性，经色谱柱分离后，可通过荧光检测器测定，外标法定量分析。

2. 材料和试剂

除另有说明外，所有试剂均为分析纯，水为 GB/T 6682—2008《分析实验室用水规格和实验方法》规定的一级水。

（1）无水乙酸钠。

（2）浓盐酸。

（3）9-羟基占吨。

（4）无水乙醇。

（5）正丙醇。

（6）乙腈 色谱纯。

（7）冰乙酸（≥99.0%）。

（8）乙酸溶液（1.0%，体积分数） 吸取 1.0mL 冰乙酸至 100mL 容量瓶中，用水定容至刻度，混匀。

（9）乙酸钠溶液（0.02mol/L） 称取 1.64g 无水乙酸钠溶解于 1000mL 水中，用乙酸溶液（1.0%，体积分数）将乙酸钠溶液 pH 调至 7.2。

（10）盐酸溶液（1.5mol/L） 移取 6.2mL 的浓盐酸于 50mL 容量瓶中，用水定容至刻度，混匀。

（11）9-羟基占吨溶液（0.02mol/L） 称取 0.198g 9-羟基占吨，用正丙醇溶解并定容至 50mL，混匀，于 0~4℃冰箱避光保存，1 个月内使用。

（12）尿素标品 纯度≥99%。

（13）尿素标准储备液（1.0mg/mL） 准确称取 0.100g 尿素标准品，用无水乙醇溶解并定容至 100mL，混匀，于 0~4℃冰箱避光保存，1 个月内使用。

（14）标准工作液 准确吸取尿素标准储备液于容量瓶中，用无水乙醇依次配制成浓度为 2.00、4.00、8.00、20.00mg/L 的尿素标准工作液，现配现用。

3. 仪器和材料

（1）高效液相色谱仪 配有荧光检测器。

（2）pH 计。

（3）分析天平 感量 0.1 mg。

（4）涡旋混合器。

（5）带塞试管。

（6）微孔过滤膜 孔径 0.45μm（有机系）。

（7）移液管 1.0mL 和 2.0mL。

4. 分析步骤

（1）样品衍生 准确吸取样品 2.0mL 于 10mL 容量瓶中，用无水乙醇定容至刻度，混匀；准确吸取 0.4mL 稀释后的样品，置于带塞试管中，加入 0.1mL 盐酸溶液（1.5mol/L）、0.6mL 9-羟基占吨溶液（0.02mol/L）混匀，室温避光衍生 30min，经 0.45μm 有机系滤膜过滤，滤液用于液相色谱测定。

（2）参考色谱条件 色谱柱：C18 色谱柱（250mm×4.6mm，5μm）或等效色谱柱；柱温：35℃；检测波长：$\lambda_{ex} = 213$nm，$\lambda_{em} = 308$nm；流速：1.0mL/min；进样体积：10μL；梯度洗脱，详见表 8-5。

表 8-5 梯度洗脱程序表

时间/min	0.02mol/L 乙酸钠/%	乙腈/%
0.00	80	20
12.00	50	50
15.60	0	100
22.0	0	100
23.00	80	20
30.00	80	20

（3）定性测定 根据尿素标品衍生物的保留时间，与待测样品中组分的保留时间进行定性，定性色谱图参见图 8-9。

（4）外标法定量 分别吸取 0.40mL 各浓度尿素标准工作液和 0.40mL 黄酒样品，衍生，以尿素标准工作液系列浓度为横坐标，峰面积响应值为纵坐标绘制标准曲线。得到黄酒样品中尿素色谱峰面积后，由标准曲线计算黄酒样品中的尿素浓度。

（5）空白试验　除不称取试样外，均按上述步骤同时完成空白试验。

5. 结果计算

样品中尿素的含量按式（8-59）计算：

$$X = (c-c_0) \times f \qquad (8-59)$$

式中　X——样品中各组分的含量，mg/L；

c——从标准曲线查得黄酒样品中尿素的含量，mg/L；

c_0——从标准曲线查得试剂空白中尿素的含量，mg/L；

f——样品稀释倍数。

测定结果表示至小数点后 2 位。

6. 精密度

在重复性测定条件下获得的两次独立测定结果的绝对差值不超过其算术平均值的 10%。

图 8-9　尿素标准品衍生物色谱图

（三）黄酒中生物胺的测定

1. 黄酒中生物胺的测定（液相色谱法）

（1）原理　试样用丹磺酰氯衍生，C18 色谱柱分离，高效液相色谱—紫外检测器检测，内标法定量。

（2）试剂和材料

①丙酮、乙腈、乙酸、乙酸铵：色谱纯。

②乙醚：重蒸。

③盐酸、氯化钠、谷氨酸钠、碳酸氢钠：分析纯。

④生物胺标准品

a. 组胺盐酸盐（Histamine dihydrochloride，$C_5H_9N_3 \cdot 2HCl$，CAS 号：56-92-8）标准品（纯度>99%）。

b. β-苯乙胺盐酸盐（β-phenylethylamine hydrochloride，$C_8H_{11}N \cdot HCl$，CAS 号：64-04-0）标准品（纯度>98%）。

c. 酪胺盐酸盐（Tyramine hydrochloride，$C_8H_{11}NO \cdot HCl$，CAS 号：60-19-5）标准品（纯度>98%）。

d. 腐胺盐酸盐（Putreseine dihydrochloride，$C_4H_{12}N_2 \cdot 2HCl$，CAS 号：333-93-7）标准品（纯度>98%）。

e. 尸胺盐酸盐（Cadaverine dihydrochloride，$C_5H_{14}N_2 \cdot 2HCl$，CAS 号：1476-39-7）标准品（纯度>98%）。

f. 色胺盐酸盐（Tryptamine hydrochloride，$C_{10}H_{12}N_2 \cdot HCl$，CAS 号：61-54-1）标准品（纯度>99%）。

g. 精胺盐酸盐（Spermine tetrahydrochloride，$C_{10}H_{26}N_4 \cdot 4HCl$，CAS 号：306-67-2）标准品（纯度>97%）。

h. 亚精胺盐酸盐（Spermidine trihydrochloride，$C_7H_{19}N_3 \cdot 3HCl$，CAS 号：334-50-9）标准品（纯度>97%）。

i. 章鱼胺盐酸盐（Octopamine hydrochloride，$C_8H_{11}NO_2 \cdot HCl$，CAS 号：770-05-9）标准品（纯度>97%）。

⑤1，7-二氨基庚烷（1，7-Diaminoheptane，$C_7H_{18}N_2$，CAS 号：646-19-5）内标标准品（纯度>98%）。

⑥丹磺酰氯（Dansyl chloride，$C_{12}H_{12}ClNO_2S$，CAS 号：605-65-2，纯度>99%）。

（3）试剂配制

①1mol/L 盐酸溶液：准确量取 8.6mL 盐酸于 100mL 容量瓶中，用水定容至刻度。

②0.1mol/L 盐酸溶液：准确量取 1mol/L 盐酸溶液 10mL 于 100mL 容量瓶中，用水定容至刻度。

③1mol/L 氢氧化钠溶液：称取 4g 氢氧化钠，加入 100mL 水完全溶解。

④饱和碳酸氢钠溶液：称取 15g 碳酸氢钠，加入 100mL 水溶解，取上清液即为饱和溶液。

⑤50mg/mL 谷氨酸钠溶液：准确称取 5.0g 谷氨酸钠，用饱和碳酸氢钠溶液溶解并定容至 100mL。

⑥含 1%乙酸的 0.01mol/L 乙酸铵溶液：称取 0.77g 乙酸铵溶解于水中，转移至 1000mL 容量瓶中，加入 10mL 乙酸，用水定容至刻度。

⑦流动相 A：量取 100mL 含 1%乙酸的 0.01mol/L 乙酸铵溶液加入 900mL 乙腈。

⑧流动相 B：量取 900mL 含 1%乙酸的 0.01mol/L 乙酸铵溶液加入 100mL 乙腈。

⑨生物胺标准储备液的配制：准确称取各种生物胺标准品适量，分别置于 10mL 小烧杯中，用 0.1mol/L 盐酸溶液溶解后转移至 10mL 容量瓶中，定容至刻度，混匀，配制成浓度为 1000mg/L（以各种生物胺单体计）的标准储备溶液，置-20℃冰箱储存。保存期为 6 个月。

⑩生物胺标准储备混合使用液的配制：分别吸取 1.0mL 各生物胺单组分标准储备溶液，置于同一个 10mL 容量瓶中，用 0.1mol/L 盐酸稀释至刻度，混匀，配制成生物胺标准混合使用液（100mg/L）。保存期为 3 个月。

⑪生物胺标准系列溶液配制：分别吸取 0.10、0.25、0.50、1.0、1.50、2.50、5.0mL 生物胺标准储备混合使用液（100mg/L），置于 10mL 容量瓶中，用 0.1mol/L 盐酸溶液稀释至刻度，混匀，使浓度分别为 1.0、2.5、5.0、10.0、15.0、25.0、50.0mg/L，临用现配。

⑫内标标准储备溶液的配制：准确称取内标标准品适量，置于 10mL 容量瓶中，用 0.1mol/L 盐酸溶液溶解后稀释至刻度，混匀，配制成浓度为 10mg/mL 的内标标准储备溶液，置-20℃冰箱储存。保存期为 6 个月。

⑬内标标准中间使用液的配制：吸取 1.0mL 内标标准储备溶液于 10mL 容量瓶中，用 0.1mol/L 盐酸稀释至刻度，混匀，作为内标使用液（1.0mg/mL）。保存期为 3 个月。

⑭内标标准使用液的配制：吸取 1.0mL 内标标准中间使用液于 10mL 容量瓶中，用 0.1mol/L 盐酸稀释至刻度，混匀，作为内标使用液（100mg/L），临用现配。

⑮丹磺酰氯衍生剂溶液的配制：准确称取丹磺酰氯适量，以丙酮为溶剂配制浓度为 10mg/mL 的衍生剂使用液，置 4℃冰箱避光储存。

（4）仪器和设备

①高效液相色谱仪：配有紫外检测器或二极管阵列检测器。

②涡旋振荡器。

③水浴装置。

④氮气浓缩装置。

⑤天平：感量分别为 0.01g 和 0.0001g。

⑥酸度计：±0.1pH。

⑦超纯水器。

⑧0.22μm针头微孔滤膜过滤器。

（5）试样制备

①试样衍生：准确量取1.0mL样品于15mL塑料离心管中，依次加入250μL内标溶液（100mg/L）、1mL饱和碳酸氢钠溶液、100μL氢氧化钠溶液（1mol/L）、1mL衍生试剂，涡旋混匀1min后置于60℃恒温水浴锅中衍生15min，取出，分别加入100μL谷氨酸钠溶液，振荡混匀，60℃恒温反应15min，取出冷却至室温，于每个离心管中加入1mL超纯水，涡旋混合1min，40℃水浴下氮吹除去丙酮（约1mL），加入0.5g氯化钠涡旋振荡至完全溶解，再加入5mL乙醚，涡旋振荡2min，静置分层后，转移上层有机相（乙醚层）于15mL离心管中，水相（下层）再萃取一次，合并两次乙醚萃取液，40℃水浴下氮气吹干。加入1mL乙腈振荡混匀，使残留物溶解，0.22μm滤膜针头滤器过滤，待测定。

②标准的衍生：分别移取1mL生物胺标准系列溶液，置于10mL具塞试管中，依次加入250μL内标使用液（100mg/L），以下操作同试样的衍生步骤。

（6）液相色谱参考条件　色谱柱为C18柱（250mm×4.6mm，5μm），紫外检测波长254nm，进样量20μL，柱温35℃，流动相A为90%乙腈/10%（含0.1%乙酸的0.01mol/L乙酸铵溶液），流动相B为10%乙腈/90%（含0.1%乙酸的0.01mol/L乙酸铵溶液），流速0.8mL/min。梯度洗脱程序如表8-6所示。

表8-6　　　　　　　　　　　HPLC梯度洗脱程序表

组成	时间/min					
	0	22	25	32	32.01	37
流动相A/%	60	85	100	100	60	60
流动相B/%	40	15	0	0	40	40

（7）标准曲线的制作　将20μL系列混合标准工作液的衍生液分别注入高效液相色谱仪，测得目标化合物的峰面积，以系列混合标准工作液的浓度为横坐标，以目标化合物的峰面积与内标的峰面积的比值为纵坐标，绘制标准曲线。标准溶液的色谱图如图8-10所示。

（8）试样的测定　将试样的衍生溶液注入高效液相色谱仪中，测得峰面积，以保留时间定性。根据标准曲线得到待测液中各目标化合物的浓度。

图 8-10　9 种生物胺标准品色谱图

（9）结果计算　试样中生物胺含量按式（8-60）计算。

$$X = \frac{c \times V \times f}{m}$$　　　　　　　（8-60）

式中　X——试样中被测组分的含量，mg/L；

c——试样溶液中被测组分的浓度，mg/L；

V——试样溶液的体积，mL；

f——试样稀释倍数；

m——试样的质量，g。

计算结果保留 3 位有效数字。

（10）精密度　在重复性测定条件下获得的两次独立测定结果的绝对差值，不超过其平均值的 10%。

（11）其他

①检出限：β-苯乙胺 2mg/L、腐胺 2mg/L、尸胺 2mg/L、组胺 2mg/L、酪胺 2mg/L、章鱼胺 5mg/L、色胺 5mg/L、亚精胺 5mg/L、精胺 5mg/L。

②定量限：β-苯乙胺 5mg/L、腐胺 5mg/L、尸胺 5mg/L、组胺 5mg/L、酪胺 5mg/L、章鱼胺 10mg/L、色胺 10mg/L、亚精胺 10mg/L、精胺 10mg/L。

随着国内外黄酒消费者对黄酒产品质量要求的不断提高，国家相关法律法规对食品安全要求越来越严，以及现代分析检测技术的快速发展，与黄酒相关的检测技术也需要不断地进步，因此今后一些新的、快速的、高精度的检测方法会被不断开发、更新，这就要求分析检测人员在平时的工作中要不断学习新的检测知识，以适应快速发展的黄酒检测技术。

附　　录

附录一　《GB/T 13662—2018 黄酒》（摘要）

一、感官要求

（一）传统型黄酒

传统型黄酒感官要求见附表1。

附表 1　　　　　　　　　　　传统型黄酒感官要求

项目	类型	优级	一级	二级
外观	干黄酒	淡黄色至深褐色，清亮透明，有光泽，允许瓶（坛）底有微量聚集物		淡黄色至深褐色，清亮透明，允许瓶（坛）底有少量聚集物
	半干黄酒			
	半甜黄酒			
	甜黄酒			
香气	干黄酒	具有黄酒特有的浓郁醇香，无异香	黄酒特有的醇香较浓郁，无异香	具有黄酒特有的醇香，无异味
	半干黄酒			
	半甜黄酒			
	甜黄酒			
口味	干黄酒	醇和，爽口，无异味	醇和，较爽口，无异味	尚醇和，爽口，无异味
	半干黄酒	醇厚，柔和鲜爽，无异味	醇厚，较柔和鲜爽，无异味	尚醇厚鲜爽，无异味
	半甜黄酒	醇厚，鲜甜爽口，无异味	醇厚，较鲜甜爽口，无异味	醇厚，尚鲜甜爽口，无异味
	甜黄酒	鲜甜，醇厚，无异味	鲜甜，较醇厚，无异味	鲜甜，尚醇厚，无异味

续表

项目	类型	优级	一级	二级
风格	干黄酒	酒体协调，具有黄酒品种的典型风格	酒体较协调，具有黄酒品种的典型风格	酒体尚协调，具有黄酒品种的典型风格
	半干黄酒			
	半甜黄酒			
	甜黄酒			

（二）清爽型黄酒

清爽型黄酒感官要求见附表2。

附表2　　　　　　　　　　清爽型黄酒感官要求

项目	类型	一级	二级
外观	干黄酒	淡黄色至黄褐色，清亮透明，有光泽，允许瓶（坛）底有微量聚集物	
	半干黄酒		
	半甜黄酒		
香气	干黄酒	具有本类型黄酒特有的清雅醇香，无异香	
	半干黄酒		
	半甜黄酒		
口味	干黄酒	柔净醇和、清爽、无异味	柔净醇和、较清爽、无异味
	半干黄酒	柔和、鲜爽、无异味	柔和、较鲜爽、无异味
	半甜黄酒	柔和、鲜甜、清爽、无异味	柔和、鲜甜、较清爽、无异味
风格	干黄酒	酒体协调，具有本类黄酒的典型风格	酒体较协调，具有本类黄酒的典型风格
	半干黄酒		
	半甜黄酒		

（三）特型黄酒

特型黄酒感官的基本要求应符合附表1和附表2的要求。

二、理化指标

（一）传统型黄酒

传统型黄酒理化指标应符合附表3的要求。

附表 3 传统型黄酒理化指标

类型	项目		指标				
			稻米黄酒			非稻米黄酒	
			优级	一级	二级	优级	一级
干黄酒	总糖（以葡萄糖计）/（g/L）	≤	15.0				
	非糖固形物/（g/L）	≥	14.0	11.5	9.5	14.0	11.5
	酒精度（20℃）/（%vol）	≥	8.0[a]			8.0[b]	
	总酸（以乳酸计）/（g/L）		3.0~7.0			3.0~10.0	
	氨基酸态氮/（g/L）	≥	0.35	0.25	0.20	0.16	
	pH		3.5~4.6				
	氧化钙/（g/L）	≤	1.0				
	苯甲酸[c]/（g/kg）	≤	0.05				
半干黄酒	总糖（以葡萄糖计）/（g/L）		15.1~40.0				
	非糖固形物/（g/L）	≥	18.5	16.0	13.0	15.5	13.0
	酒精度（20℃）/（%vol）	≥	8.0[a]			8.0[b]	
	总酸（以乳酸计）/（g/L）		3.0~7.5			3.0~10.0	
	氨基酸态氮/（g/L）	≥	0.40	0.35	0.30	0.16	
	pH		3.5~4.6				
	氧化钙/（g/L）	≤	1.0				
	苯甲酸[c]/（g/kg）	≤	0.05				
半甜黄酒	总糖（以葡萄糖计）/（g/L）		40.1~100.0				
	非糖固形物/（g/L）	≥	18.5	16.0	13.0	16.0	13.0
	酒精度（20℃）/（%vol）	≥	8.0[a]			8.0[b]	
	总酸（以乳酸计）/（g/L）		4.0~8.0			4.0~10.0	
	氨基酸态氮/（g/L）	≥	0.35	0.30	0.20	0.16	
	pH		3.5~4.6				
	氧化钙/（g/L）	≤	1.0				
	苯甲酸[c]/（g/kg）	≤	0.05				

续表

类型	项目		指标				
			稻米黄酒			非稻米黄酒	
			优级	一级	二级	优级	一级
甜黄酒	总糖（以葡萄糖计）/（g/L）	>	100.0				
	非糖固形物/（g/L）	≥	16.5	14.0	13.0	14.0	11.5
	酒精度（20℃）/（%vol）	≥	8.0ᵃ			8.0ᵇ	
	总酸（以乳酸计）/（g/L）		4.0~8.0			4.0~10.0	
	氨基酸态氮/（g/L）	≥	0.30	0.25	0.20	0.16	
	pH		3.5~4.8				
	氧化钙/（g/L）	≤	1.0				
	苯甲酸ᶜ/（g/kg）	≤	0.05				

注： ᵃ 稻米黄酒：酒精度低于14%vol时，非糖固形物和氨基酸态氮的值按14%vol折算，酒精度标签
所示值与实测值之间差为±1.0%vol。

ᵇ 非稻米黄酒：酒精度低于11%vol时，非糖固形物和氨基酸态氮的值按11%vol折算，酒精度
标签所示值与实测值之间差为±1.0%vol。

ᶜ 指黄酒发酵及贮存过程中自然产生的苯甲酸。

（二）清爽型黄酒

清爽型黄酒理化指标应符合附表4的要求。

附表4 清爽型黄酒理化指标

类型	项目		指标			
			稻米黄酒		非稻米黄酒	
			一级	二级	一级	二级
干黄酒	总糖（以葡萄糖计）/（g/L）	≤	15.0			
	非糖固形物/（g/L）	≥	5.0			
	酒精度（20℃）/（%vol）	≥	6.0ᵃ		6.0ᵇ	
	pH		3.5~4.6			
	总酸（以乳酸计）/（g/L）		2.5~7.0		2.5~10.0	
	氨基酸态氮/（g/L）	≥	0.20		0.16	
	氧化钙/（g/L）	≤	0.5			
	苯甲酸ᶜ/（g/kg）	≤	0.05			

续表

类型	项目		指标			
			稻米黄酒		非稻米黄酒	
			一级	二级	一级	二级
半干黄酒	总糖（以葡萄糖计）/（g/L）		15.1~40.0			
	非糖固形物/（g/L）	≥	10.5	8.5	10.5	8.5
	酒精度（20℃）/（%vol）	≥	6.0ᵃ		6.0ᵇ	
	pH		3.5~4.6			
	总酸（以乳酸计）/（g/L）		2.5~7.0		2.5~10.0	
	氨基酸态氮/（g/L）	≥	0.30	0.20	0.16	
	氧化钙/（g/L）	≤	0.5			
	苯甲酸ᶜ/（g/kg）	≤	0.05			
半甜黄酒	总糖（以葡萄糖计）/（g/L）		40.1~100.0			
	非糖固形物/（g/L）	≥	7.0	5.5	7.0	5.5
	酒精度（20℃）/（%vol）	≥	6.0ᵃ		6.0ᵇ	
	pH		3.5~4.6			
	总酸（以乳酸计）/（g/L）		3.8~8.0		3.8~10.0	
	氨基酸态氮/（g/L）	≥	0.25	0.20	0.16	
	氧化钙/（g/L）	≤	0.5			
	苯甲酸ᶜ/（g/kg）	≤	0.05			

注：ᵃ 稻米黄酒：酒精度低于14%vol 时，非糖固形物和氨基酸态氮的值按 14%vol 折算，酒精度标签所示值与实测值之间差为±1.0%vol。

　　ᵇ 非稻米黄酒：酒精度低于 11%vol 时，非糖固形物和氨基酸态氮的值按 11%vol 折算，酒精度标签所示值与实测值之间差为±1.0%vol。

　　ᶜ 指黄酒发酵及贮存过程中自然产生的苯甲酸。

（三）特型黄酒

按照相应的产品标准执行，产品标准中各项指标的设定，不应低于本标准相应产品类型的最低级别要求。

附录二　《GB／T17946—2008 地理标志产品 绍兴酒（绍兴黄酒）》（摘要）

一、感官要求

绍兴酒感官要求见附表5。

附表5　　　　　　　　　　　　　绍兴酒感官要求

项目	类型	优等品	一等品	合格品
色泽	绍兴加饭（花雕）酒，绍兴元红酒，绍兴善酿酒，绍兴香雪酒	橙黄色、清亮透明，有光泽。允许瓶（坛）底有微量聚集物	橙黄色、清亮透明，光泽较好。允许瓶（坛）底有微量聚集物	橙黄色、清亮透明，光泽尚好。允许瓶（坛）底有少量聚集物
香气	绍兴加饭（花雕）酒，绍兴元红酒，绍兴善酿酒，绍兴香雪酒	具有绍兴酒特有的香气，醇香浓郁，无异香、异气。三年陈以上的陈酒应具有与酒龄相符的陈酒香和酯香	具有绍兴酒特有的香气，醇香较浓郁。无异香、异气	具有绍兴酒特有的香气，醇香尚浓郁。无异香、异气
口味	绍兴加饭（花雕）酒	具有绍兴加饭（花雕）酒特有的口味，醇厚、柔和、鲜爽、无异味	具有绍兴加饭（花雕）酒特有的口味，醇厚、较柔和、较鲜爽、无异味	具有绍兴加饭（花雕）酒特有的口味，醇厚、尚柔和、尚鲜爽、无异味
	绍兴元红酒	具有绍兴元红酒特有的口味，醇和，爽口，无异味	具有绍兴元红酒特有的口味，醇和，较爽口，无异味	具有绍兴元红酒特有的口味，醇和，尚爽口，无异味
	绍兴善酿酒	具有绍兴善酿酒特有口味，醇厚，鲜甜爽口，无异味	具有绍兴善酿酒特有口味，醇厚，较鲜甜爽口，无异味	具有绍兴善酿酒特有口味，醇厚，尚鲜甜爽口，无异味
	绍兴香雪酒	具有绍兴香雪酒特有的口味，鲜甜，醇厚，无异味	具有绍兴香雪酒特有的口味，鲜甜，较醇厚，无异味	具有绍兴香雪酒特有的口味，鲜甜，尚醇厚，无异味

续表

项目	类型	优等品	一等品	合格品
风格	绍兴加饭（花雕）酒，绍兴元红酒，绍兴善酿酒，绍兴香雪酒	酒体组分协调，具有绍兴酒的独特风格	酒体组分较协调，具有绍兴酒的独特风格	酒体组分尚协调，具有绍兴酒的独特风格

二、理化指标

绍兴酒理化指标见附表6。

附表6　　　　　　　　　　　绍兴酒理化指标

类型	项目		指标		
			优等品	一等品	合格品
绍兴元红酒	总糖（以葡萄糖计）/（g/L）	≤	15.0		
	非糖固形物/（g/L）	≥	20.0	17.0	13.5
	酒精度（20℃）/%vol	≥	13.0		
	总酸（以乳酸计）/（g/L）		4.0~7.0		
	氨基酸态氮/（g/L）	≥	0.50		
	pH（25℃）		3.8~4.5		
	氧化钙/（g/L）	≤	1.0		
绍兴加饭（花雕）酒	总糖（以葡萄糖计）/（g/L）		15.1~40.0		
	非糖固形物/（g/L）	≥	30.0	25.0	22.0
	酒精度（20℃）/%vol　≥	酒龄3年以下（不含3年） ≥	15.5		
		酒龄3~5年（不含5年） ≥	15.0		
		酒龄5年以上 ≥	14.0		
	总酸（以乳酸计）/（g/L）		4.5~7.5		
	氨基酸态氮/（g/L）	≥	0.60		
	pH（25℃）		3.8~4.6		
	氧化钙/（g/L）	≤	1.0		
	挥发酯（以乙酸乙酯计）/（g/L）	酒龄3年以下（不含3年） ≥	0.15		
		酒龄3~5年（不含5年） ≥	0.18		
		酒龄5~10年（不含10年） ≥	0.20		
		酒龄10年以上 ≥	0.25		

续表

类型	项目		指标		
			优等品	一等品	合格品
绍兴善酿酒	总糖（以葡萄糖计）/（g/L）		40.1~100.0		
	非糖固形物/（g/L）	≥	30.0	25.0	22.0
	酒精度（20℃）/%vol	≥	12.0		
	总酸（以乳酸计）/（g/L）		5.0~8.0		
	氨基酸态氮/（g/L）	≥	0.50		
	pH（25℃）		3.5~4.5		
	氧化钙/（g/L）	≤	1.0		
绍兴香雪酒	总糖（以葡萄糖计）/（g/L）	>	100.0		
	非糖固形物/（g/L）	≥	26.0	23.0	20.0
	酒精度（20℃）/%vol	≥	15.0		
	总酸（以乳酸计）/（g/L）		4.0~8.0		
	氨基酸态氮/（g/L）	≥	0.40		
	pH（25℃）		3.5~4.5		
	氧化钙/（g/L）	≤	1.0		

注：酒精度低于14%vol 时，非糖固形物、氨基酸态氮的值按 14%vol 折算。

主要参考文献

［1］朱宝镛，章克昌．中国酒经［M］．上海：上海文化出版社，2000.

［2］张伟平．酿酒酵母氮代谢物阻遏效应系统生物学解析和全局调控［D］．无锡：江南大学，2018.

［3］陈双．中国黄酒挥发性组分及香气特征研究［D］．无锡：江南大学，2013.

［4］王程成，陈双，王栋，等．黄酒中"焦糖香"特征香气物质葫芦巴内酯的检测及风味贡献研究［J］．食品与发酵工业，2018，44（8）：246-251.

［5］WANG Juan，WANG Danqing，HUANG Mingquan，et al. Identifiation of nonvolatile chemical constituents in Chinese Huangjiu using widely targeted metabolomics［J］．Food Research International，2023，172：113226.

［6］谢广发．重新认识黄酒的保健作用［J］．中国酒，2001（4）：30-31.

［7］谢广发，戴军，赵光鳌，等．科学认识黄酒的保健养生功能［J］．中国酿造，2004（1）：30-31.

［8］谢广发，戴军，赵光鳌，等．黄酒中的 γ-氨基丁酸及其功能［J］．中国酿造，2005（3）：49-50.

［9］谢广发．绍兴黄酒功能性组分的检测与研究［D］．无锡：江南大学，2005.

［10］LU Zhendong，XIE Guangfa，WU Dianhui，et al. Isolation and identification of the bitter compound from Huangjiu［J］．Food Chemistry，2021，349：129133.

［11］谢广发，朱成钢，胡志明，等．黄酒的体外抗氧化性及其机理研究［J］．食品与发酵工业，2005，31（10）：5-8.

［12］谢广发，朱成钢，胡志明，等．绍兴黄酒对大鼠学习记忆力的影响［J］．酿酒科技，2007，（5）：139-141.

［13］周家骐．黄酒生产工艺学［M］．2版．北京：中国轻工出版社，1996.

［14］顾国贤．酿造酒工艺学［M］．北京：中国轻工业出版社，1996.

［15］CHEN Chen，LIU Yang，TIAN Huaixiang，et al. Metagenomic analysis reveals the impact of JIUYAO microbial diversity on fermentation and the volatile profile of Shaoxing-jiu［J］．Food Microbiology，2019，86：103326.

［16］臧威，谢广发，孙剑秋，等．绍兴黄酒酒药中酵母菌的物种资源［J］．菌物学报，2015，34（6）：1078-1084.

［17］陈建尧，曹钰，谢广发，等．黄酒机械成型麦曲制曲过程中真菌动态变化的研究［J］．食品与发酵工业，2008，34（8）：42-47.

［18］陆健，曹钰，方华，等．绍兴黄酒麦曲中真菌的初步研究［C］．北京：2006年国际酒文化学术研讨会论文集，2006：86-92.

［19］XIE Guangfa，LI Wangjun，LU Jian，et al. Isolation and identification of representative fungi from Shaoxing rice wine wheat Qu using a polyphasic approach of culture-based and molecular-based methods［J］．Journal of the Institute of Brewing，2007，113（3）：272-279.

[20] XIE Guangfa, WANG Lan, GAO Qikang, et al. Microbial community structure in fermentation process of Shaoxing rice wine by Illumina-based metagenomic sequencing [J]. Journal of the Science of Food and Agriculture, 2013, 93: 3121-3125.

[21] 张波. 绍兴黄酒麦曲及其制曲过程的宏蛋白质组学研究 [D]. 无锡：江南大学, 2012.

[22] 莫新良. 黄酒麦曲香气物质及其重要香气物质香草醛形成机制的研究 [D]. 无锡：江南大学, 2010.

[23] 王智耀, 卞丹, 何理琴, 等. 红曲黄酒酿造用曲真菌菌群分析 [J]. 中国食品学报, 2019, 19 (1): 200-206.

[24] PENG Qi, ZHENG Huajun, MENG Kai, et al. Quantitative study on core bacteria producing flavor substances in Huangjiu (Chinese yellow rice wine) [J]. LWT-Food Science and Technology. 2022, 168: 113900.

[25] 李童, 孙军勇, 吴殿辉, 等. YDL080C 和 LEU2 基因敲除对工业黄酒酵母异戊醇生成量的影响 [J]. 食品工业科技, 2015, 36 (15): 189-193.

[26] 张兴亚. 黄酒中高级醇含量控制的工艺研究 [D]. 杭州：浙江工商大学, 2012.

[27] 张敬, 赵树欣, 薛洁, 等. 发酵型饮料酒中生物胺含量的调查与分析 [J]. 食品与发酵工业, 2012 (6): 165-169.

[28] 张凤杰, 薛洁, 王异静, 等. 黄酒中生物胺的形成及其影响因素 [J]. 食品与发酵工业, 2013 (2): 62-67.

[29] 赵光鳌. 黄酒工业手册 [M]. 北京：中国轻工出版社, 2020.

[30] 毛青钟. 黄酒浸米浆水及其微生物变化和作用 [J]. 酿酒科技, 2004 (3): 73-76.

[31] 谢广发, 曹钰, 程斐, 等. 应用生物酸化浸米技术生产黄酒 [J]. 食品与生物技术学报. 2014, 33 (2): 217-223.

[32] 张波, 谢广发, 李国龙, 等. 黄酒生物酸化浸米与浸米浆水的利用 [J]. 食品与发酵工业, 2021, 47 (7): 168-174.

[33] 谢广发. 新工艺酒母在传统工艺黄酒中的应用中试 [J]. 食品工业科技, 2001, 22 (1): 72-73.

[34] 胡健, 池国红. 黄酒中陈香物质来源的探讨 [J]. 酿酒科技, 2012 (2): 30-32.

[35] 陈磊, 黄雪松. 高效液相色谱法同时检测黄酒中的 5-羟甲基糠醛和 9 种多酚 [J]. 分析化学, 2010 (1): 133-137.

[36] 张建华, 陶绍木, 毛忠贵, 等. 高温流化 α-化工艺对酿造黄酒风味的影响 [J]. 食品与发酵工业, 2008 (5): 92-96.

[37] 陆燕, 徐岩, 徐文琦, 等. 膨化技术及其在酿酒工业中的应用 [J]. 酿酒, 2002 (5): 75-77.

[38] 许荣年, 鲍忠定, 潘兴祥, 等. 黄酒的陈化 [J]. 酿酒, 2003 (3): 50-52.

[39] 鲍忠定, 孙培龙, 许荣年. 吹扫捕集与气相色谱-质谱联用测定不同酒龄绍兴酒中挥发性醇酯类化合物 [J]. 酿酒科技, 2008 (9): 104-107.

[40] 罗涛. 清爽型黄酒香气特征及麦曲对其香气的影响 [D]. 无锡：江南大学, 2008.

［41］王程成．黄酒陈酿关键香气组分及其形成影响因素的研究［D］．无锡：江南大学，2018．

［42］王栋，经斌，徐岩，等．中国黄酒风味感官特征及其风味轮的构建［J］．食品科学，2013，34（5）：90-95．

［43］王蒙，周志磊，姬中伟，等．黄酒感官质量评价体系研究——以绍兴黄酒为例［J］．食品与发酵工业，2023，49（8）：7-13．

［44］谢广发，周建弟，胡志明，等．瓶装黄酒酒脚成分的测定［J］．酿酒科技，2002（6）：80．

［45］孙军勇，樊世英，谢广发，等．绍兴黄酒混浊蛋白的分离鉴定及其氨基酸组成、二级结构分析［J］．食品与发酵工业，2016（2）：1-6．

［46］谢广发，樊世英，傅建伟，等．黄酒浑浊蛋白组成成分及来源分析［J］．食品科学，2020，41（8）：215-219．

［47］谢广发，沈斌，胡志明，等．黄酒中的另一种沉淀——草酸钙沉淀［J］．酿酒，2011（3）：26-28．

［48］谢广发，陆健，孙军勇，等．黄酒非生物稳定性的预测模型［J］．食品科学，2020，41（5）：31-38．

［49］谢广发，周建弟，孟中法，等．错流膜过滤提高黄酒非生物稳定性的研究［J］．酿酒科技，2003（4）：80-81．

［50］何国庆．食品发酵与酿造工艺学［M］．北京：中国农业出版社，2001．

［51］鲍忠定，许荣年，顾秀英，等．糟烧白酒风味组分的研究［J］．酿酒科技，2013（5）：23-25．

［52］陈宝良．内循环（jix-IC）厌氧反应器在黄酒生产废水处理中的应用［J］．酿酒，2018，45（2）：88-92．

［53］毛青钟，陈宝良，胡梦莎，等．自动化控制在黄酒酿造废水处理系统中应用［J］．清洗世界，2022，38（2）：184-186．

［54］赵光鳌，金岭南．黄酒生产分析检验［M］．北京：中国轻工业出版社，1987．

［55］GB/T 13662—2018．黄酒［S］．

［56］GB/T 17946—2008．地理标志产品　绍兴酒（绍兴黄酒）［S］．

［57］GB/T 5494—2009．粮油检验　粮食、油料的杂质、不完善粒检验［S］．

［58］GB/T 5498—2013．粮油检验　容重测定［S］．

［59］GB/T 5009.9—2023．食品安全国家标准　食品中淀粉的测定［S］．

［60］GB 5009.5—2016．食品安全国家标准　食品中蛋白质的测定［S］．

［61］GB 5009.6—2016．食品安全国家标准食品中脂肪的测定［S］．

［62］GB 4789.2—2016．食品安全国家标准　食品微生物学检验　菌落总数测定［S］．

［63］QB/T 4356—2012．黄酒中游离氨基酸的测定　高效液相色谱法［S］．

［64］QB/T 4709—2014．黄酒中挥发性酯类的测定方法　静态顶空—气相色谱法［S］．

［65］QB/T 4708—2014．黄酒中挥发性醇类的测定方法　静态顶空—气相色谱法［S］．

［66］GB 5009.223—2014．食品安全国家标准　食品中氨基甲酸乙酯的测定［S］．

［67］QB/T 4710—2014. 发酵酒中尿素的测定方法　高效液相色谱法［S］.

［68］GB 5009.208—2016. 食品安全国家标准　食品中生物胺含量的测定［S］.

［69］魏桃英，寿泉洪，张水娟. 黄酒分析与检测技术［M］. 北京：中国轻工业出版社，2014.

［70］GB 5009.28—2016. 食品安全国家标准 食品中苯甲酸、山梨酸和糖精钠的测定［S］.

后　记

本书吸收了行业的新技术和成果，融入了编著者多年的科研成果、实践经验和理论思考，具有一定的独创性。

从 2010 年第一版起编入了许多在以往黄酒书籍中没有的新内容，有的已被近年出版的书籍引用，包括：①科研成果：酚类化合物、低聚糖、GABA、生物活性肽、PEP 抑制肽、萜烯类、四甲基吡嗪、多糖、香豆素和木脂素等功能因子；酒曲、酒母和发酵醪微生物群落组成；麦曲中香气成分、酶的种类及来源；高级醇生成途径及关键基因、影响因素，在各种酒类中适宜的含量范围；醛类（苯甲醛、3-甲基丁醛、苯乙醛、糠醛等）、EC 和生物胺形成机制；黄酒 2000 多种挥发性和非挥发性成分、陈酿香气关键物质、沉淀蛋白质种类、沉淀预测方法、草酸钙沉淀、风味轮；糟烧风味成分。②工艺技术：行业科技进步和产品创新介绍；箱曲和爆麦曲生产工艺；速酿酒母和高温糖化酒母实例；香雪酒和善酿酒机械化生产工艺；清爽型、黑米及红小米黄酒生产工艺；液化法酿造；增酸发酵；大罐贮酒；错流膜过滤沉淀处理技术；热灌装技术。③设备结构与工作原理：麦曲压块机；种曲培养机和圆盘制曲机；炒麦机；锥底出米浸米罐；自动出糟压榨机；薄板式换热器；陶坛清洗灌装机。④图片：以各工序操作图片制作的流程图；85 号、XZ-11 和苏-16 菌株形态；前酵罐结构示意图；封缸酒和红小米酒操作照片；草酸钙沉淀显微照片；污染微生物显微形态。

从第一版起提出或提炼了一些在以往黄酒书籍中未出现的观点：黄酒起源于 7000~9000 年前；《调鼎集》中草包曲源于《齐民要术》笨曲，绍兴黄酒融合南北两大酿酒技术之精华；酸浆法比欧洲在啤酒酿造中使用生物酸化绿色工艺早 1400 多年；黄酒"后劲"大可能与丰富的营养物质（延缓了酒精吸收）有关；黄酒中酚类物质来自原料和微生物转化；功能性低聚糖种类及生成途径；黄酒改善脑功能的功效及功能因子；绍兴黄酒酿造宜用垩白少的糯米，在粳米黄酒酿造中使用 α-淀粉酶需缩短浸米时间；纯种小曲的酵母接种量不宜过大，以免前期发酵过于旺盛，发酵结束早；人工踩制曲块的提浆效果和保湿性能好，利于真菌生长繁殖，机制曲块有待改进；培养温度影响酒曲菌群结构、酶系及风味物质；苏-16 的分类命名应为米曲霉；种曲量化评价指标；绍兴加饭酒氨基酸态氮标准宜适当降低；发酵温度和溶氧量影响产品风格和微量组分；纯种酵母混合发酵而成的酒香气纯正，口味柔和、余味舒适；黄酒中甲醇含量远低于葡萄酒和白酒；6 种蛋白质沉淀形式等。

本书对以往黄酒书籍中的个别错误进行了考证，例如：关于厦门白曲的配方，笔者认为以往黄酒书籍中散曲的加水比过低，难以满足微生物生长需要，经考证，将原料（米糠和米粉）加水比更正为粒曲 60%~65%、散曲 35%~40%；关于丹阳封缸酒生产，有的书籍中认为不搭窝，且配方中所用白酒为糟烧，但该酒并无糟烧的特殊风味，经考证，更正为小曲米白酒，并增加了生产搭窝照片；关于福建红曲制曲工艺，在周家骐主编的《黄酒生产工艺》中叙述了一种制造曲种方法，在配方和操作中并未提到加醋，而在接种时将该曲种称为醋糟，同样的问题也出现在其他黄酒书籍中，经考证，本书得以修正。

囿于编著者水平，书中提出的观点难免错误，且由于研究缺乏系统深入，罗列的许多基础研究成果无法形成理论体系，敬请同行指正，并期待通过同行共同努力予以完善。

谢广发——我与黄酒三十年

时光流逝，转眼间，我走出校门，踏入社会，已然在黄酒行业工作近 30 个年头了。不经意间，回眸这一路走来留下的一串串或深或浅的脚印，不禁心绪起伏。

我于 1992 年从江西工业大学（现南昌大学）毕业后，分配在家乡粮食局工作。因为学发酵工程专业，早慕绍兴黄酒之名，于是，1993 年只身来到千里之遥的绍兴，有幸成为绍兴市沈永和酒厂的一员，从此与黄酒结下了不解之缘。

来到绍兴已是金秋 10 月，早过了企业招聘和毕业分配的季节，当时沈永和酒厂本没打算招人。人事科徐关泉科长看到我满怀憧憬和热忱，且学习成绩优异（我的大学入学成绩和毕业成绩均为全班第一，当年高考成绩位列全县前几名，班上有分数比我低的同学被南京大学录取了），认为我是一个努力上进的人。于是出于对人才的爱惜，决定把我留下，同年 11 月正式调入沈永和酒厂。对此，我感到非常幸运，也一直心怀感激。

1994 年，"古越龙山"与"沈永和"强强联合，成立中国绍兴黄酒集团公司。1995 年 12 月，我通过公司内部公开招聘进入技术中心从事研发工作。1998 年底，我申报了绍兴市科技局科研项目，该项目列入 1999 年市重点技术创新项目计划，获 8 万元经费资助。2000 年 6 月，公司精简机构并实行中层干部竞聘上岗，将技术中心与质管部合并成立质量技术中心，我通过竞聘成为质量技术中心副主任，主要负责原技术中心的工作（曾兼任多年研发科科长）。我在较短时间内理出科研思路，2001 年成功申报了两个市重点科研项目，2002 年又成功申报了省重点技术创新项目，均获得经费资助。

为提升自身科研水平，2001 年我提出进修的要求，得到公司领导的支持。在工作多年后能有机会重新踏上求学之路，我对此十分珍惜，备考期间经常复习到深夜，最终在全国联考中取得了英语 85 分、数学 95 分（满分 100 分）的好成绩，以英语和数学全校第一、总分专业第一的成绩于 2002 年入读江南大学。三年的学习使我开阔了视野，拓宽了思路，在后来的工作中受益匪浅。

在 2000 年的竞聘演讲中，我提出创建国家级研发平台。由于黄酒作为传统产业，很长一段时间不属于省科技厅资助领域，且科研人员长期缺乏，但我坚守当初的诺言，咬定目标不懈努力。得益于公司良好的平台和我个人的辛勤付出，2000—2012 年任质量技术中心副主任期间，粗略不完全统计申请到政府科研和平台建设项目经费 1300 万元以上（不含国家工程中心经费），公司在科研立项、成果获奖、论文、专利各方面均处于行业领先地位。2009 年，公司申报的"浙江省黄酒技术与装备重点实验室"获省科技厅立项建设。在重点实验室的申报中，我独立撰写申报材料，晚上睡觉还在构思、斟酌。作为重点实验室副主任和学术委员会委员，我在重点实验室的建设和验收中更是付出了大量心血。2011 年，在公司领导的高度重视和全力争取下，"国家黄酒工程技术研究中心"获科技部立项建设。有幸见证并参与了黄酒行业首家（同时也是绍兴市首家）省级重点实验室和国家工程技术研究中心的诞生和建设，我为此感到由衷的高兴和自豪。

2018 年，我离开了前后工作 26 年的古越龙山，来到浙江树人学院，继续从事黄酒教学和科研工作。到学校工作后，获得浙江省基础公益项目和教育部产学协同育人教改项目，并获多项企业委托项目，指导学生在浙江省大学生生命科学竞赛和全国大学生节能减排科技竞赛中获奖，作为第一完成人获中国产学研合作创新成果二等奖和中国食品工业协会科学技术奖一等奖，作为主要完成人获中国商业联合会科学技术奖特等奖（排名第二）、中国轻工业联合会科学技术进步三等奖和教育部科学技术进步二等奖。

从事科研工作以来，我主持了省重大科技专项、省重点技术创新、省应对技术性贸易壁垒、省基础公益和市重点项目 10 余项，作为骨干成员或子课题实际负责人完成国家级项目多项，且作为实际负责人申报和实施了许多省市级项目。先后获浙江省科学技术进步奖 6 项（主持或技术负责 5 项），主持的省科学技术进步二等奖是迄今为止黄酒企业为第一完成单位获得的最高等级政府科技奖；在 *Food Chemistry*、*Journal of Agricultural and Food Chemistry*、《中国食品学报》《食品科学》等国内外刊物发表论文 140 余篇，其中第一或通讯作者 80 余篇，获中国酒业协会科技进步优秀论文一等奖和绍兴市自然科学优秀论文一等奖各 2 篇；编著的《黄酒酿造技术》第一版和第二版出版后很快售罄并重印，第三版自出版以来，一直用作绍兴市黄酒酿造技师、高级技师培训教材。

我的一些科研成果或在生产上应用，或在行业产生了较大影响，如生料和复合菌种通风培养法制曲工艺，自 1999 年起在沈永和酒厂（原古越龙山第三酿酒厂）机黄车间应用至今，不但大幅提高了酶活力和消除了酒中的熟麦味，而且使机黄酒苦味明显减轻；研发的冷冻错流膜过滤沉淀处理技术在行业推广，并研发有显效的皂土等复合澄清剂处理技术；首次分析鉴定了黄酒中多酚、功能性低聚糖、γ-氨基丁酸、生物活性肽等功能因子，并首次通过动物实验等科学手段证实黄酒具有抗氧化、延缓衰老、增强免疫力和学习记忆能力等保健功能，为黄酒的宣传提供了科学依据；开发的新产品创造了良好的经济效益；选育的低产 EC 前体酵母全国领先，已在古越龙山酒厂机黄车间连续应用十多年（注：新建成的黄酒产业园机黄车间仍用作生产菌种），其优良的酿酒性能受到该车间林仁华主任高度评价，并由安琪酵母股份有限公司制成产品推广；为古越龙山重要出口产品味淋酒选育生产菌种，制定适用的种曲生产工艺，解决将酒醪制成出口成品酒的整套技术问题（包括沉淀处理技术等），成果应用至今。此外，主持开展了一些基础性和前沿性研究工作，如绍兴黄酒中生物胺的分析研究，论文发表于 *Food Control*（2012 年）；采用 16S rDNA/ITS 高通量测序和宏基因组学技术分析麦曲和黄酒发酵醪微生物多样性，论文发表于 *Journal of the Science of Food and Agriculture*（2013 年）和 *Scientific Reports*（2016 年）；活性干酵母（由选育的低产 EC 前体酵母制成）应用于机械化和传统工艺绍兴黄酒酿造的研究，论文发表于《酿酒科技》（2015 年）和《食品与发酵工业》（2015 年）；不产生物胺乳酸菌生物酸化浸米与米浆水循环利用研究，论文发表于《食品生物技术学报》（2013 年和 2014 年）和《食品与发酵工业》（2020 年网络首发）；黄酒沉淀蛋白质鉴定，论文发表于《食品科学》（2020 年）等；黄酒苦味物质研究，论文发表于 *Food Chemistry*（2021 年）。

由于业绩较突出，我于 2002 年提前破格晋升高级工程师，并于 2007 年晋升教授级高级工程师，是迄今为止行业中晋升时最年轻的教授级高级工程师。我也收获了一些荣誉：浙江省十大杰出青年岗位能手、全国做出突出贡献的工程硕士学位获得者、绍兴市优秀科技工作者、黄酒集团（古越龙山）董事长特别奖、浙江省 151 人才（第二层次），被聘为中国酒业协会黄酒分会技术委员会委员（自 2004 年首届起）、浙江省食品学会常务理事、浙江省酒业协会技术委员会副秘书长、浙江省黄酒产业技术创新战略联盟副秘书长、浙江省高等学校本科教学指导委员会委员。

作为一名黄酒从业人员，我也一直关注着整个产业的发展，多次撰文提出自己对产业发展的看法和建议，如 2001 年提出通过科学研究发掘黄酒的保健功能，为古老的黄酒注入新的活力，并首次提出黄酒中富含多酚、生物活性肽（包括谷胱甘肽）、功能性低聚糖等多种功能因子（《中国酒》），2004 年首次提出功能因子 γ-氨基丁酸（《中国酿造》）；2002 年提出建立原料基地和黄酒学院（《酿酒》）；2003 年提出绍兴黄酒既要保护传统又要发展清爽型产品以及申报世界文化遗产（《中国黄酒》《中国酒》）；2004 年提出绍兴黄酒通过异地并购拓展全国市场（《中国酿造》）；2006—2010 年多次提出大企业以体现精雕细琢和科技内涵（例如，在《再谈"小规模精酿"》中提出控制高级醇和生物胺等微量组分）的小规模精酿产品打造高端品牌（《古越龙山》《中国酒》），在中国酒业"黄金十年"中多次呼吁大企业带动行业价格提升（《古越龙山》《华夏酒报》等）；2007—2008年提出绍兴黄酒时尚化的关键在于打造时尚品牌形象和有个性高品质的高端产品，而不在于层出不穷地推出清爽型产品，即"让传统成为时尚经典"（《古越龙山》《中国酒》）；2011年提出黄酒三大独特卖点（冬天热饮、与大闸蟹绝配、保健养生）及"亲情和关爱"的营销定位（《中国黄酒》《华夏酒报》），并针对当时大量关于"绍兴黄酒业必须整合出'航空母舰'"的呼声，提出"与其奢谈整合，不如重点扶持一家龙头企业做大做强，打造出标杆性企业和品牌"和"在尚无标杆性企业和品牌的情况下，绍兴黄酒地域品牌是把双刃剑"的观点（《古越龙山》《华夏酒报》）；2011年起多次呼吁规范黄酒术语英译名（《2015年国际酒文化学术研讨会论文集》等），并于2016年在《黄酒酿造技术》第二版书名中使用"Huangjiu"作为黄酒的英译名（2018年国家标准采用）；针对酒业低谷期降价潮，2015年呼吁黄酒行业坚守价格底线，并指出提质提价才是黄酒产业持续健康发展之路（《中国酒》）。此外，曾对营销策划公司提出"古越龙山品牌走高端路线，沈永和品牌走中低端路线"的品牌策划方案提出异议，并于2006—2011年多次撰文提出"古越龙山宜以副品牌进军高端市场，而不应以牺牲三百年金字招牌沈永和的品牌形象（沦为中低端品牌）为代价"和"沈永和必须推出中高端产品，以提升品牌形象和市场地位"的观点（《古越龙山》《华夏酒报》）。以上观点和建议在今天看来是正确和前瞻的。

"中国黄酒，天下一绝"，黄酒是中华民族的宝贵遗产，振兴黄酒产业是每一位黄酒人的神圣职责。作为一名从业三十年的黄酒老兵，我坚信，通过全体黄酒人开拓创新、砥砺奋进，黄酒产业必将迎来辉煌的未来。

原刊于《酿酒》2022年第2期